吕舟　主编

变化中的
世界遗产

2013—2019

中国建筑工业出版社

序

　　2020年新冠疫情在全球蔓延，原本计划在福州召开的第44届世界遗产委员会大会被延后召开。作为我们关注世界遗产的观念发展、实践行动工具的"世界遗产大会年度观察报告"已经进行了7年，现将近年进行的主题研究，在整理、深化的基础上，辑集出版。

　　世界遗产是一个具有全球普遍意义的文化项目，反映了第二次世界大战之后逐步形成的人类共同命运的观念。世界本身是一个随着时间的延续不断变化的"过程"。这个"过程"没有一刻停歇或静止过。文化的问题如此，环境的问题同样如此。文化的本质是在一个相对封闭的环境中，逐步形成了趋同的思维方式、价值观、审美趣味、生活方式和行为模式。在人类进入现当代社会之后，文化之间的藩篱就在不断地被冲破和改变，文化的交汇、融合以前所未有的规模不断扩展，影响着整个人类的思想和生活。环境的问题也是如此，随着工业化的进程，人类掌握了越来越强大的改变自然的能力，并以这种能力不断加速地球环境的变化。这些变化在20世纪以前所未有的剧烈程度呈现在人类面前，影响着人类的生活。教科文组织的《保护世界文化和自然遗产公约》（以下简称《世界遗产公约》）是人类面对这些变化时的反应和采取的共同措施，也是施加于这种快速的变化过程的影响因素。《世界遗产公约》在文化方面，促进了人类对于自身文化多样性的认知觉醒，促进了人们保护、延续文化多样性的实践；在环境的方面，促进人类认识到环境的改变对于人类自身的影响，促进了对作为人类生存环境的地球，无论地质环境，还是生态环境的保护运动的发展。

　　1972年的《世界遗产公约》是基于当时人们对正在发生变化的忧虑，并试图降低和减缓这一变化的程度和速度的努力，但其本身却也在这一巨变过程中被不断改变。这些变化在《世界遗产大会年度观察报告》中曾被不断地展现和论述。从认知的角度，把对象做适度的简化，使之相对固定，或呈现出规律的变化状态，便于人们去理解；从实践的角度，人们希望对象是相对不变或稳定的，可以采用以往的经验，用传统的方式做有效的应对。但事实却远非人们所期待的那样，变化会由于人类的干预而趋于稳定；相反，变化也会由于各种干预而产生新的变化；变化不断叠加并不断产生新的变化是人类面对的真实现实。基于这一认知，人类面对变化的干预措施也需要不断变化，以适应变化的对象。世界遗产的辨识、保护和管理同样如此。

人类活动遵循着一个基本目标——人类的可持续发展。世界遗产是人们实现可持续发展的一种手段，因此世界遗产保护观念的发展，从文化的物质遗存和自然物质存在的方式，到文化与自然的融合、不可移动与可移动对象、物质与非物质遗产的融合和整体化，再到可持续发展的基本目标，都展现了这一过程。从世界遗产自身而言，影响和制约世界遗产发展的因素是多方面的，不仅有观念和意识的问题，同样也有手段和条件的问题。从系统的角度，这些因素处在一个整体当中，相互之间也在不断地影响，产生着新的变化。近期关于新的《实施世界遗产公约的操作指南》的讨论中，重新对文化景观类型遗产的强调，可以视为自20世纪90年代以来对一系列新的文化遗产类型发展的回顾和总结；对世界遗产申报预审程序的设置，则是在寻找对世界遗产申报不断扩大和加剧争议的解决途径。前者或许孕育着新的遗产类型的发展，后者或许会促进新的关于世界遗产平衡性或公正性的讨论和实践。

　　本书的三个部分内容"世界遗产全球战略的实施与机制建设""世界遗产申报与保护"和"世界遗产近期焦点问题"都反映了世界遗产的辨识、保护和管理从观念到实践的变化。这些变化有的已经呈现出变化的结果，有的则仍然处于变化的过程当中。第一部分"世界遗产全球战略的实施与机制建设"讨论了从20世纪90年代在世界遗产保护中提出的平衡性和可信性问题，这是《世界遗产公约》自1972年通过之后，发生的第一次大的变化。平衡性是缔约国的要求，而可信性则是基于世界遗产关于突出普遍价值的品质要求，这二者的相互关系本身就意味着矛盾的平衡。这种关系又必然影响到申报、审议过程的博弈，影响到对保护和管理状况在世界遗产认定和评估中的比重。从中不难看到那种基于变化的动态的平衡关系。2007年世界遗产的全球战略中被加入了"社区"的内容，这既反映了现实的社会需求，其本身也同样反映了遗产保护"政治化"特征的显现。"上游程序"则是针对所谓遗产申报过程中的"政治化"倾向采取的技术化平衡方式，这种平衡方式在近年的实践中确实发挥了明显的作用。第二部分"世界遗产申报与保护管理"讨论了从文化遗产物质的真实性要求到"文化语境"中的真实性的变化，所导致的真实性标准的泛化和消解对文化遗产认知的影响，以及2005年之后原本仅适用于自然遗产的"完整性"标准被运用于文化遗产，导致的文化遗产申报的变化，进一步扩展到对文化遗产申报策略和方法的影响。

第三部分"世界遗产近期焦点问题"对近年世界遗产申报、遗产保护观念和遗产管理中新的问题，如"重建"等问题认识的变化做了梳理、分析和阐述。这些研究的核心就如同本书的题目"变化中的世界遗产"。

变化，带来新的视角和机遇。在变化中从不同的角度观察和认识世界遗产，理解它所反映的更大范围的变化，理解这种变化的必然性，认识它与人类可持续发展之间的关系，以便面向未来，审视理解人们对于世界遗产要求的变化。通过世界遗产的认定、保护，传承与弘扬世界遗产所承载的人类文明智慧，促进人类社会的可持续发展。世界遗产的保护本质上是人类面向未来应对各方面变化与挑战的一项重要事业。

"世界遗产大会年度观察报告"是在时任教育部中国联合国教科文组织全国委员会秘书长杜越先生的提议下进行的。从2013年这一项目开始就一直得到了中国联合国教科文组织全国委员会、教科文组织世界遗产中心、国家文物局、住房和城乡建设部、中国常驻教科文组织代表团的支持。这一观察报告不仅成为中国关注世界遗产发展的窗口，也成为教科文组织获得中国对于世界遗产专业意见的桥梁。

在此感谢所有支持"世界遗产大会年度观察报告"项目的人们！

清华大学国家遗产中心主任　吕舟

国内专家推荐

世界遗产承载着大自然的宝贵精华，也承载着人类的历史与记忆，是全人类共享的宝贵财富。《世界遗产公约》自 1972 年由联合国教科文组织通过，至今已有 194 个缔约国加入，成为全球范围内最具号召力和影响力的国际公约之一。而中国自 1985 年加入《世界遗产公约》以来已经成为世界上拥有世界遗产最多、类别最为齐全的国家之一。截至 2019 年 7 月，中国已拥有世界遗产 55 项，其中文化遗产 37 项，自然遗产 14 项，混合遗产 4 项。在这一过程中，中国积极担负起《公约》赋予的责任与义务，近年来已经在世界遗产保护管理、申报与预备项目储备、法律法规建设、国际交流与合作等方面取得了丰硕的成果。

作为一名已参与教科文组织工作多年的"老教科文"，虽然中国在世界遗产领域已取得的成果让世人瞩目，但我仍时常深切地感受到这一领域缺少"中国故事""中国声音"。我们虽然深入地参与到世界遗产工作体系中，但是在规则程序制定、把握近期趋势、引领理论创新等方面的参与度和影响力则是不够的。这也是为什么我私下向吕舟教授建议发起世界遗产大会观察报告这个研究项目的原因。我很高兴地看到清华大学国家遗产中心勇于"做第一个吃螃蟹的人"，欣然在没有外部资金支持的条件下就承担了这份研究，并将其作为一项长期的研究课题。这几位国家遗产中心的青年研究者也成为遗产大会期间会场最为专注的观察员。从 2013 年至今坚持 7 年的工作形成了这本书，该书的内容以数据分析和案例研讨为基础，紧跟近期大会的热点议题，涉及世界遗产全球战略的执行、遗产申报和保护管理、定期报告、上游程序、政策原则调整等多个问题，其内容在广度与深度上均进行了有益的探索。

2020 年时值联合国教科文组织成立 75 周年，中国加入《世界遗产公约》35 周年，希望这本书的出版能够为中国遗产保护领域深入介绍世界遗产工作体系，为中国深入参与全球治理提供专业与理论支撑，并能使世界遗产保护领域关注到中国声音与中国观点。衷心期待清华大学国家遗产中心能够在世界遗产领域长期持续开展研究！

联合国教科文组织非洲优先和对外联系部门跨部门合作与伙伴关系主任　　杜越

国外专家推荐

这本《变化中的世界遗产 2013-2019》重点介绍了清华大学国家遗产中心主任吕舟教授及其团队在 2013 年至 2019 年期间所做的工作，并汇聚了包括中国在内的世界遗产保护工作所取得的重要成就。

作为唯一业务范围涉及文化领域的联合国专门机构，教科文组织在捍卫和保护具有"突出普遍价值"的文化和自然遗产以及代表构成我们共同记忆的遗产和文化方面发挥着关键作用。这一责任首先属于其成员国。世界遗产大会会议表明，1972 年通过的《保护世界文化和自然遗产公约》的 194 个缔约国能够为我们的共同遗产发挥关键作用。教科文组织成员国身份意味着重大的责任，需要发挥凝聚力，并承诺在坚定的决心和良好的道德价值指引下采取强有力的共同行动。

世界遗产大会的成员国致力于确保所有决策过程透明、尊重专业知识并本着对话的精神开展。作为大会的战略目标之一，公信力应始终占据大会决策过程的核心。为了促进这项工作，世界遗产中心开发了许多工具，特别是《政策纲要》[1]，其中包括自 1972 年《保护世界文化和自然遗产公约》以来通过的所有决定。

保护、保存和振兴人类遗产既关乎了解他人，更关乎自我认知。文化和遗产一次次被证明是认同与和平的重要载体，因此世界遗产大会的责任远不止于保护各个遗址，而是直接关乎超越时空界限、能够使我们彼此团结的事物。

积极实践我们共同使命的人都胸怀保护世界遗产的热情。正是由于所有人付出辛勤努力来识别、保护和振兴世界遗产，1972 年《保护世界文化和自然遗产公约》已成为捍卫我们的文化和自然遗产的最通用的国际法律工具。

最近，《世界遗产公约》在应对许多自然和人为灾害方面的作用得到展现。在紧急情况（例如最近的火灾、洪灾）发生后，我们世界遗产中心及其咨询机构应世界各国政府要求，迅速向其提供专业帮助。共享财政和实物支援不仅是我们共同的责任，也是彰显国际团结的有力标志。展望未来，我总是很高兴看到年轻一代致力于遗产保护，很多年轻人通过青年论坛积极参加世界遗产大会会议。这表明年轻一代希望参与旨在保护卓越的文化和自然遗产的活动，将资深同行的学识发扬光大，这令我对世界遗产的未来充满希望。

实际上，许多大学和研究机构以观察员身份参加了世界遗产大会。清华大学的年轻团队利用自身专业知识，对世界遗产大会的审议和决策过程进行了独立的观察、审查和评论。本书的确提供了非常有价值的研究参考。

由于教科文组织并未参与本书的编写，因此本书所含的材料不代表本组织的任何观点，尤其是有关任何国家、属地、城市或地区及其政府法律地位，或其边界划分的表述。我在此感谢全球学术界，尤其是清华大学国家遗产中心，他们的努力丰富了我们关于世界遗产的辩论，并为我们的工作提供了必要的科学和方法支持。对世界遗产大会的决策和程序进行独立观察和审查，对于确保在遗产领域开展和贡献博学的、创新型研究及思想至关重要。我对参与本书工作的研究人员所做的努力表示赞赏。

我深信，吕舟教授及其团队的研究将为捍卫人类共同宝藏这一崇高目标作出更大贡献。

联合国教科文组织世界遗产中心主任　梅希蒂尔德·罗斯勒

目 录
CONTENTS

第三部分
世界遗产近期焦点问题

后记
作者介绍

第一部分
世界遗产全球战略的
实施与机制建设

世界遗产申报与全球战略的实施：2004 年以后文化遗产列入项目的平衡性与代表性分析[1]

文 / 史晨暄　吕宁

1 背景

1.1　1994 年世界遗产委员会全球战略

自《世界遗产公约》实施以来，20 世纪 80 年代《世界遗产名录》（以下简称《名录》）的建立主要参考全球研究的方法，即与世界遗产申报和列入相关的机构及工作组开展关于全球遗产资源的研究，试图通过制定不同类型全球框架和主题研究，给缔约国提供参考，从而建立有代表性的《名录》。

然而，全球研究过于注重纪念性建筑、考古遗址等古典艺术史的传统门类，将重心放在研究建筑的范例和优势文化上，导致欧洲的皇宫、城堡、教堂、修道院等建筑类项目大量列入，而世界其他地区和其他类型的遗产列入严重不足。

20 世纪 90 年代初，世界遗产委员会开始对《名录》的均衡性、代表性与可信性等问题展开讨论。1991 年《名录》上共有世界遗产 365 个，分布在 5 个 UNESCO 地区[2]。其中非洲地区 42 个，亚洲和太平洋地区 65 个，欧洲和北美地区 167 个，拉丁美洲和加勒比地区 48 个，阿拉伯地区 43 个（图 1）。1992 年《公约》有 130 个缔约国[3]。从当时开展的《名录》代表性分析[4]表明，遗产数最多的 4 个国家（每国

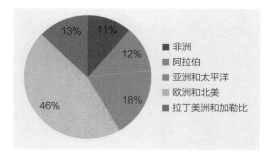

图 1　1991 年各 UNESCO 地区世界遗产比例

非洲　11%
阿拉伯　12%
亚洲和太平洋　18%
欧洲和北美　46%
拉丁美洲和加勒比　13%

1　本文根据《世界遗产委员会大会观察报告》2014/2013 专题 "十年文化遗产申报项目平衡性分析（2005–2014）" 补充完成，原作者吕宁，原刊于《世界遗产》2014 年增刊。

2　联合国教科文组织将全球划分成不同的地区以开展活动。地区的划分方式在不同时期会有变化。目前的划分包括：非洲地区、亚洲及太平洋地区、欧洲及北美地区、拉丁美洲和加勒比地区、阿拉伯国家。除非特别注明，本文提及的 "地区" 均指这些联合国教科文组织当前划分的地区。

3　世界遗产中心数据 https://whc.unesco.org/en/statesparties/stat/#sp3.

4　世界遗产中心文件 clt-92-conf003-9e. https://whc.unesco.org/en/documents.

超过 17 个）就占有 72 个遗产，而遗产数量最少的 99 个国家（每国少于 3 个）仅占有 87 个遗产。这样的国家和地区分布状况严重损害了《名录》的平衡性和代表性。《名录》被批评有 "欧洲基础"，具体表现在以下几个方面：

（1）欧洲遗产相比其他地区过多；

（2）历史城镇和宗教建筑相比其他类型过多；

（3）基督教遗产相比其他宗教和信仰过多；

（4）古代时期相比近代及 20 世纪遗产过多；

（5）杰出建筑相比民间建筑过多。

针对这种情况，1994 年世界遗产委员会启动了 "为了具有代表性、平衡性和可信的《名录》的全球战略" 工作，以识别《名录》上低代表性的地区、类型、文化、时代和主题，给予优先考虑，以此拓宽遗产类型的定义，并在《实施〈保护世界文化与自然遗产公约〉的操作指南》（以下简称《操作指南》）中增加特殊类型申报导则，鼓励更多的缔约国申报。"全球战略" 试图纠正《名录》中存在的不平衡问题，其基本目标有二：增强 "具有突出普遍价值" 的世界遗产种类的代表性；保障世界遗产在全球各地区及各国的均衡分布。[1]

1.2　2004 年 ICOMOS《填补空白》报告

全球战略实施十年以后，《公约》的缔约国从 139 个增加到 178 个，然而《名录》不平衡的状况却没有得到根本性改变。2004 年 ICOMOS 发布了题为《填补空白——面向未来的行动计划》（以下简称《填补空白》）（Filling the gaps-An action plan for the future）的报告，正是全球战略实施成果的一部分。在报告中，ICOMOS 从类型框架、时间 / 地区框架以及主题框架三个角度出发，对《名录》和《预备名录》中的文化遗产项目进行了统计分析[2]。报告指出，无论从类型、时间 / 地区和主题角度，《名录》都表现出了不平衡性和欠缺：

（1）截止到 2004 年的 788 处世界遗产从类型框架来看，历史建筑、历史城镇和考古遗址共占到文化遗产的 69%。

（2）从时间 / 地区框架来看，欧洲遗产占到名录的 49%（344 处），亚洲 14%（87 处），美洲 13%（78 处），而撒哈拉以南非洲遗产数只占到 4%（26 处），太平洋和澳大利亚区域只有 2 处遗产（0%）。

（3）从主题框架来看，大部分遗产地都与 "创造力的表达" 这一主题相关，表现为与这一主题相关的纪念物（Monuments）和建筑群占到遗产名录的 65%，而

1　UNESCO Global Strategy for a Representative and Balanced World Heritage List. https：//whc.unesco.org/en/global strategy/

2　ICOMOS. The World Heritage List：Filling the Gaps-an Action Plan for the Future.[R/OL]. [2004-5-10]. https：//whc.unesco.org/en/documents/5297.

剩下的 35% 则与其他主题相关：文化关联 9%、精神回应 13%、人类迁移 7%。

　　自《填补空白》报告发布以来，它成为实施全球战略的重要指导性文件。至今，该报告发布已过去 15 年，它识别的《名录》空白是否得到填补？当前的《名录》平衡性和代表性如何？下文将依据这一报告中使用的分析方法，以地区、类型、主题为框架对《名录》上的项目进行归类，对当前（2019 年）《名录》的平衡性及十五年来（2004-2019 年）列入《名录》的项目做一分析，以期对未来的申报和列入提供参考。

2　当前《名录》中文化遗产的平衡性与代表性

　　《公约》目前有 193 个缔约国，自全球战略实施以来缔约国的数量增长了近 40%，世界遗产保护运动具有了更普遍的参与性。当前《名录》上有 1121 个世界遗产项目，其中 869 个为文化遗产（78%），213 个为自然遗产（19%），39 个为混合遗产（3%）。

　　《名录》上项目分布在 167 个缔约国，尚无遗产的缔约国有 26 个。《名录》上项目最多的 5 个缔约国为意大利、中国、西班牙、德国和法国，每个国家至少列入 45 个项目，合计列入 249 个项目，占《名录》全部项目的 20.78%。《名录》上项目最多的 20 个缔约国，每国至少列入 15 个项目，合计列入 600 个项目，占《名录》项目的 50.08%。没有列入或列入项目较少的缔约国有 110 个，每个国家不超过三个项目列入。这意味着，《名录》上大部分的世界遗产项目只集中在少数缔约国中，《名录》作为人类共同遗产的象征存在着巨大的不平衡性，影响了《公约》的可信性。（表 1、图 2）

　　在文化遗产、自然遗产与混合遗产的分布比例上，不平衡现象一直存在。目前文化遗产总量是自然遗产的 4 倍以上，这与世界不同地区的文化多样性和生物地理多样性分布不均衡有关，目前文化遗产的品类远远多于自然遗产的类型。本文主要讨论文化遗产的均衡性与代表性问题。

2019 年缔约国及其拥有世界遗产数量对比　　　　　　　　　　表 1

按照缔约国拥有世界遗产数量排名	缔约国数量	占全部缔约国比例	每国列入项目	合计列入项目	合计列入项目占《名录》项目比例
1~5 名	5	2.59%	不少于 45 个	249	20.78%
6~20 名	15	8.01%	15~44 个	351	29.30%
21~83 名	62	32.65%	4~14 个	368	32.83%
84~167 名	84	43.52%	1~3 个	153	13.65%
168~193 名	26	13.47%	0 个	0	0

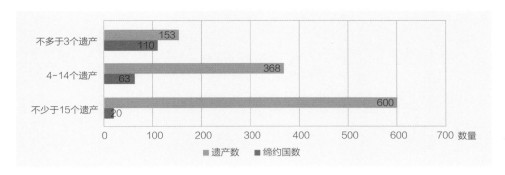

图 2　2019 年不同缔约国拥有遗产数量对比

2.1　地区分布

《公约》的 193 个缔约国分布在 5 个 UNESCO 地区。非洲地区缔约国数量占 21%，阿拉伯地区缔约国数量占 11%，亚洲和太平洋地区缔约国数量占 21%，欧洲和北美地区缔约国数量占 30%，拉丁美洲地区缔约国数量占 17%。

各地区的遗产数量存在巨大差异。欧洲和北美地区的世界遗产占《名录》项目的 47.19%（1991 年为 46%），接近全部世界遗产数量的一半。亚洲和太平洋地区的世界遗产占《名录》项目的 23.91%（1991 年为 18%），接近全部世界遗产数量的四分之一。拉丁美洲的世界遗产占《名录》项目的 12.67%（1991 年为 13%），非洲的世界遗产占《名录》项目的 8.56%（1991 年为 11%），阿拉伯地区的世界遗产占《名录》项目的 7.67%（1991 年为 12%）。这样的地区平衡性显然不能令人感到满意，尤其是拉丁美洲、非洲、阿拉伯三个地区的总和仅占《名录》项目的 28.90%，而欧美与亚洲和太平洋地区的遗产总和则达到《名录》项目的 71.10%。

全球遗产最多的 5 个缔约国中有 4 个分布在欧洲。欧洲数目巨大的文化遗产奠定了这种不平衡的基础。如果仅计算欧洲和北美地区的文化遗产，它们就占到《名录》上全部文化遗产的半数以上（52.13%），《名录》上全部项目的 40.41%。（图 3、图 4）

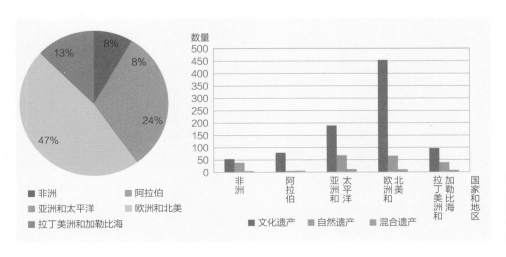

图 3　2019 年世界遗产地区分布（左）
图 4　2019 年文化、自然和混合遗产地区分布（右）

2.2　类型分布

按照 ICOMOS《填补空白》报告中提出的遗产类型框架对当前《名录》进行分析可以得知，各类型间同样存在着严重的比例不平衡。数量最多的相关类型仍然是历史建筑（19%）、历史城镇（16%）、宗教遗产（14%）、考古遗址（13%），这四个类型的总和达到《名录》的 62%；而数量最少的相关类型是文化线路（1%）、古人类遗址（1%）、现代遗产（2%）、丧葬遗址（3%）、象征性遗产（3%）、岩石艺术（3%）、乡土建筑（3%），这七个类型的总和只占《名录》总量的 16%。其余的文化景观、军事遗产、工农业和技术遗产三个类型的总和占《名录》的 22%。由此可见，不同遗产类型在《名录》上的代表性不同，传统的历史建筑型、文物型遗产已得到较为充分的表现，而新兴的文化线路、现代遗产等类型代表性仍旧很低。（图 5）

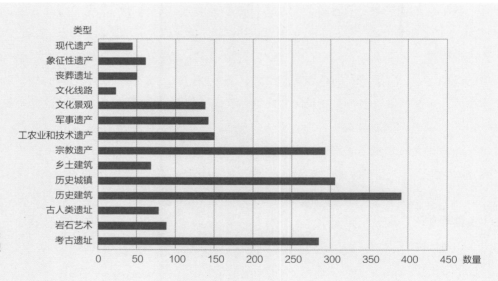

图 5　2019 年《名录》上文化遗产类型分布

2.3　主题分布

按照 ICOMOS《填补空白》报告中提出的遗产主题框架对当前《名录》进行分析可以得知，文化遗产中数量最多的相关主题仍是创造性的表达（61.95%），数量最少的相关主题是科技的发展（2.74%），其他四个相关主题（文化关联、精神回应、自然资源使用、人类迁徙）共占 35.31%。《名录》上的大部分项目都可以联系到创造性的表达，近现代社会突飞猛进的技术发展和进步尚未在《名录》上得到充分体现。自然资源使用和人类迁徙两个主题的代表性也较低，它们对于表现《公约》在文化与自然结合的保护方面具有的独特作用十分重要，诸多表现人与自然相互作用的项目都与之相关。近年来所强调的《公约》对于可持续发展主题的支持尚未在《名录》上得到充分体现。（图 6）

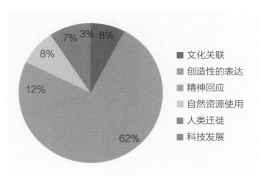

图 6　2019 年《名录》上文化遗产主题分布

3　自 2004 年以来列入的文化遗产对《填补空白》报告的回应

自 2004 年 ICOMOS 发布《填补空白》报告至今已过去十五年，大量新的世界遗产项目列入《名录》。它们是否改变了《名录》的平衡性和代表性？是否填补了《名录》空白？下文将以 ICOMOS 报告中提出的分析框架为依据，对 2004–2019 年这十五年来列入《名录》的文化遗产项目进行统计，从地区分布、类型分布、主题分布三个方面评估它们对于《填补空白》报告的实施状况。

3.1　地区分布

将《名录》建立以来的历史分为三个阶段（《填补空白》报告发布之前的 1978–2003 年、《填补空白》报告发布后的 2004–2014 年、最近五年 2015–2019 年），研究不同阶段《名录》上项目的地区分布状况，可以看出《名录》上严重的地区不平衡现象没有太大的改变。

首先聚焦于最近五年，2015–2019 年列入的项目中欧洲和北美地区项目最多，合计约 43%。亚洲和太平洋地区列入的项目合计约 32%。上述地区列入项目总和就占到全部列入项目的 75%。而非洲（6%）、阿拉伯地区（8%）、拉丁美洲地区（11%）的列入项目较少。

回顾 2004–2019 年列入《名录》的项目，欧洲和北美地区列入的项目仍然占据着《名录》的主要部分，合计约 40%。亚洲和太平洋地区列入的项目也稳定在较高的比例上，合计约 32%。上述地区列入项目的总和就占到全部列入项目的 72%。而非洲（10%）、阿拉伯地区（8%）、拉丁美洲地区（10%）的项目始终列入较少，均不超过 10%，合计 28%，有些年份甚至整个地区没有一个项目列入。在这样的情况下，《名录》已经形成的地区间不平衡状况很难得到大的改变。（图 7、图 8）

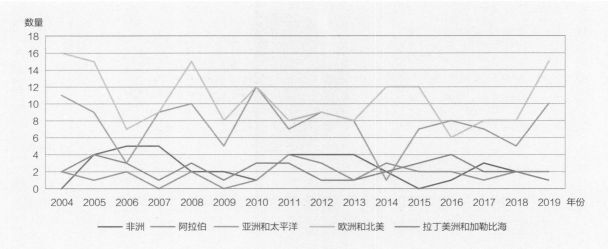

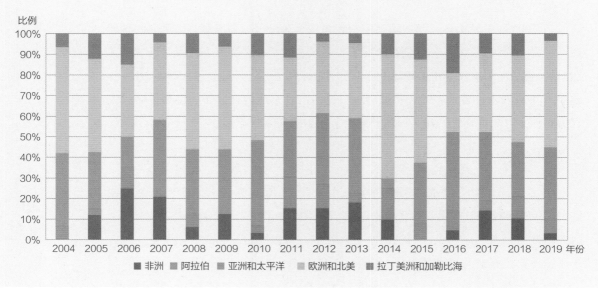

图 7 2004-2019 年 各 UNESCO 地区列入《名录》数量（上）

图 8 2004-2019 年 各 UNESCO 地区列入《名录》项目比例（下）

与 2004 年 ICOMOS 发布《填补空白》报告时的《名录》地区平衡性相比，欧洲和北美地区列入《名录》项目的比例从 51% 变成 47%，下降了 4%。亚洲和太平洋地区从 20% 变成 24%，上涨了 4%，非洲、拉丁美洲和阿拉伯地区的份额基本没有变化。欧洲和北美地区及亚洲和太平洋地区的总和始终超过《名录》上项目的 70%，《名录》在地区上仍然呈现出巨大的不平衡状况。

不过，从 2004 年以后申报的项目中仍可以看出一些变化。欧洲列入项目的份额在近十五年中有所降低，从 2004 年以前的 51% 降低为 2004 年以后的 40% 左右。亚洲和太平洋地区在近十五年中列入项目的比例不断升高，从 2004 年以前的 20% 攀升至 2004 年以后的 32%。但是非洲和拉丁美洲地区的列入项目比例在近五年进一步降低，阿拉伯地区则没有改观。（图 9）

如果只分析文化遗产，就可以发现 2004 年以后的十年间欧洲和北美地区列入的文化遗产比例有所降低，约为《名录》列入全部文化遗产项目的 41% 左右。亚洲和太平洋地区紧随其后，占全部文化遗产项目的 31%。然而最近五年，欧洲和北美

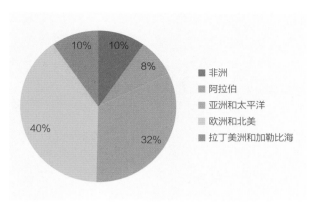

图 9　2004–2019 年列入《名录》项目的地区分布比例

地区的文化遗产列入又升高至 49%。非洲列入的文化遗产从之前十年（2004–2014 年）的 10% 进一步降低至最近五年的 5%，基本回到 2003 年以前《名录》的比例。非洲、拉丁美洲和加勒比地区分别出现过连续两年没有文化遗产列入《名录》的情况。可见，2004 年以来所开展的针对地区不平衡性的援助和优先政策反映在《名录》建立方面收效甚微。（图 10）

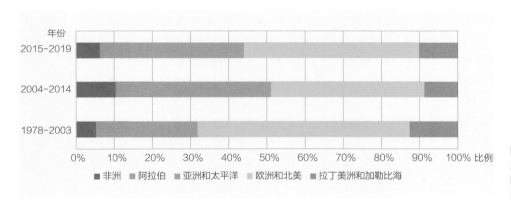

图 10　三个不同历史阶段列入《名录》的文化遗产地区分布比例

3.2　类型分布

首先聚焦在最近五年，以 2004 年 ICOMOS《填补空白》报告中提出的遗产类型框架进行分析，《名录》列入最多的遗产类型是工农业和技术遗产、考古遗址、文化景观。现代遗产的列入也超过了历史建筑的列入，给《名录》平衡性带来了新的变化。

以地区和类型双重框架统计，欧洲和北美地区在大部分类型下都得到了较为充分的代表，但是与文化线路和乡土建筑相关的申报近年较少。亚洲和太平洋地区情况类似，同时亚洲和太平洋地区的军事遗产、古人类遗址在近五年较少列入。拉丁美洲和加勒比地区的丧葬遗址、文化线路、军事遗产、宗教遗产、古人类和

遗址和岩石艺术在近年没有项目列入。阿拉伯地区只有考古遗址、历史城镇、文化景观、宗教遗产、丧葬遗址、工农业和技术遗产以及岩石艺术在近五年有所列入。非洲列入的项目与现代遗产、文化景观、工农业和技术遗产、乡土建筑、历史建筑和历史城镇、岩石艺术和考古遗址相关。

回顾 2005-2019 年列入《名录》的文化遗产，以类型框架进行分析，这十五年间列入项目最多的相关类型是考古遗址、工农业和技术遗产、历史城镇、文化景观（图 11）。

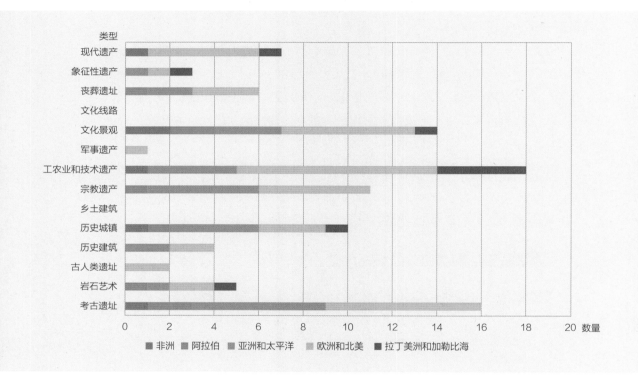

图 11　2015-2019 年列入文化遗产地区与类型分布

将这十五年分为两个阶段进行对比，在 2005-2014 年这十年间，列入最多的类型是考古遗址、历史城镇、历史建筑和文化景观。而在 2015-2019 年这最近五年间，工农业技术遗产和文化景观的大量列入使其超过了历史城镇、历史建筑这些传统类型。历史建筑和历史城镇曾为 2004 年《填补空白》报告识别的具有绝对优势的项目，但是这之后的十五年已经与文化景观、工农业和技术遗产的申报数量持平。（图 12、图 13）

从这十五年间每年列入文化遗产的比例上看，考古遗址、历史建筑和历史城镇三类相关项目最多，仍然在每年列入《名录》的项目中占据着 40% 以上的比例。而文化景观、工农业和技术遗产、现代遗产这几个相关类型，在近年的申报中也稳定地占据着约 30% 的比例。

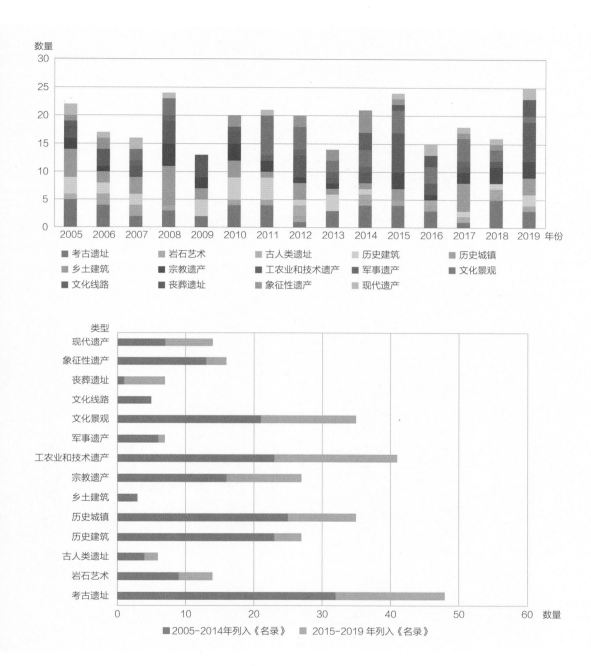

逐年看来，2004 年以后由考古遗址、历史建筑、历史城镇这些传统优势类型构成的列入项目之和，较之工农业和技术遗产、文化景观、现代遗产这些新兴类型构成的列入项目之和，比例正在逐年降低。

将 1978 年至今的列入项目分成三个时期（1978-2004 年、2005-2014 年、2015-2019 年），对比不同遗产类型在不同时期所占的比例，可以明显看出历史建筑与建筑群、历史城镇、宗教遗产这三种被《填补空白》报告识别为优势类型

图 12　2005-2019 年列入的文化遗产类型分布（上）

图 13　2005-2014 年、2015-2019 年列入《名录》的文化遗产类型对比（下）

的项目，所占比例正逐渐缩小。工农业和技术遗产、文化景观、现代遗产、丧葬遗址所占比例逐渐加重，在《名录》上的代表性增强。考古遗址的比例稳定在较高状态，乡土建筑、文化线路、军事遗产在近年都很少列入，代表性仍然较低。（图 14）

从 1978—2004 年、2005—2014 年、2015—2019 年这三个阶段的列入项目进行分析，可以得出每个类型每年平均列入的项目数量。从图 15 可以看出，考古遗址是这三个阶段始终列入速度较高的类型。而历史建筑、历史城镇、宗教遗产这三个类型，曾经列入速度很高，可以较为明显地看出现在速度正在逐渐放慢。相反，工农业和技术遗产、文化景观、现代遗产三个类型则在迅速加快列入。

2004 年以后列入的若干文化遗产类型的数量较 2003 年以前发生了明显的变化（图 16），可以看作是对于《填补空白》报告的回应。《名录》上若干代表性较高的类型列入有所放缓，代表性较低的类型得到了一定的强调，但还存在若干空白。

图 14　2005—2014 年每年新列入项目传统类型和新类型数量对比（上）

图 15　三个不同历史阶段列入《名录》的文化遗产类型分布比例（下）

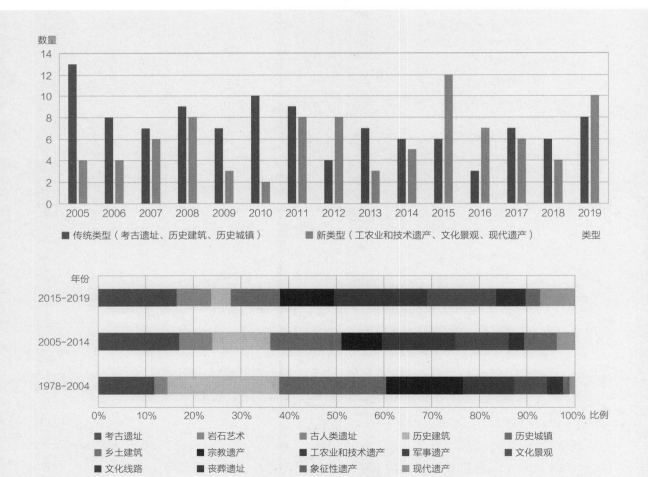

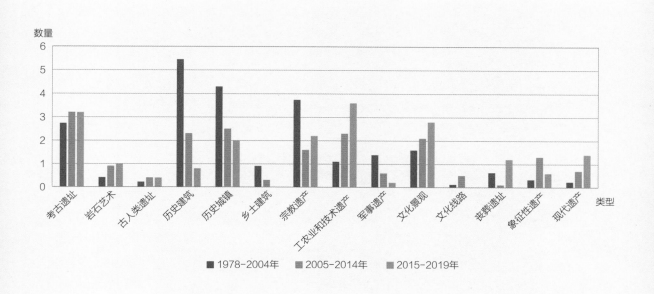

■ 1978-2004年　　■ 2005-2014年　　■ 2015-2019年

3.3　主题分布

　　从最近五年（2015–2019 年）列入《名录》的文化遗产来看，首先以 2004 年 ICOMOS《填补空白》报告中提出的遗产主题框架进行分析，创造力的表达这一主题仍然占据着 40% 以上的申报项目。其次是自然资源使用和精神回应。文化的联系、技术的发展和人类的运动这几个主题的相关项目普遍识别不足。而从最近五年列入项目的地区分布上看，亚洲和太平洋与欧洲和北美地区对自然资源的利用这一主题识别较为充分，欧洲与北美和拉丁美洲对于技术进步主题的识别较为充分，非洲和阿拉伯地区对于文化的联系、自然资源的利用、技术的发展这几个主题的识别都存在不足。

　　对于 2005–2019 年列入《名录》的文化遗产，以 2004 年 ICOMOS《填补空白》报告中提出的遗产主题框架进行分析，可见这十五年间列入项目最多的相关主题仍是创造性的表达，十五年累计列入项目中与其相关的项目占全部项目的 56%。其次是自然资源使用主题，占 16%，精神回应占 12%，人类迁徙占 6%，文化关联占 5%，科技发展占 4%。虽然创造力的表达仍然最多，但是可见其近五年明显减少的趋势，从最初的 60% 左右逐渐降低到 40% 左右。取而代之的是利用自然资源使用、科技发展等新主题，从最初的 20% 左右逐渐增加到 30%。（图 17）

　　将《名录》建立过程分为三个历史阶段（1978–2003 年、2004–2014 年、2015–2019 年）进行对比，可以看出以下规律：最近五年（2015–2019 年）与之前十年（2005–2014 年）相比，与科技发展和自然资源使用这两个主题相关的列

图 16　三个不同历史阶段每年平均列入《名录》文化遗产各类型数量对比

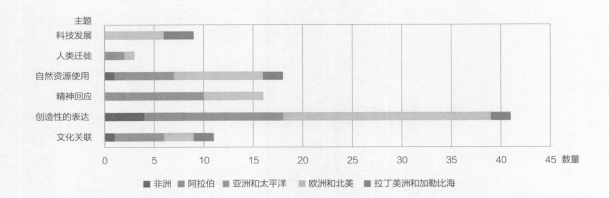

主题

科技发展	
人类迁徙	
自然资源使用	
精神回应	
创造性的表达	
文化关联	

■ 非洲　　■ 阿拉伯　　■ 亚洲和太平洋　　■ 欧洲和北美　　■ 拉丁美洲和加勒比海

图 17　2015-2019 年列入文化遗产地区与主题分布

图 18　2005-2019 年列入文化遗产主题分布（上）

图 19　1978-2003 年、2004-2014 年、2015-2019 年列入文化遗产各主题分布比例（下）

入项目有大幅度增加，而较为传统的创造力表达主题的相关项目比例有所下降（图 18）。总体而言，近十五年（2004 年以后）的列入项目与此前列入的项目（1978-2003 年）相对比，创造力表达的项目仍然占据半数以上，但是有逐渐降低的趋势。对自然资源的利用较前面的阶段（1978-2003 年）有大幅度增加，科技发展和精神回应也占据着重要份额（图 19）。

将上述三个阶段分别以每年为单位计算与每个主题相关的列入项目数量，可以发现如下规律。创造力的表达是列入速度最高的主题，文化关联、人类迁徙和科技发展列入速度最低。在这三个阶段中，创造力的表达列入速度正在逐渐降低，而自然资源使用和科技发展正在逐渐加快速度。（图 20）

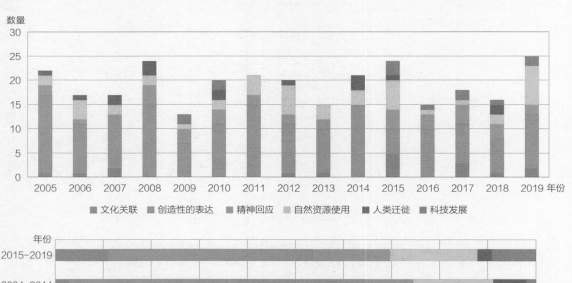

■ 文化关联　　■ 创造性的表达　　■ 精神回应　　■ 自然资源使用　　■ 人类迁徙　　■ 科技发展

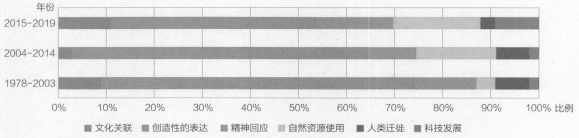

■ 文化关联　　■ 创造性的表达　　■ 精神回应　　■ 自然资源使用　　■ 人类迁徙　　■ 科技发展

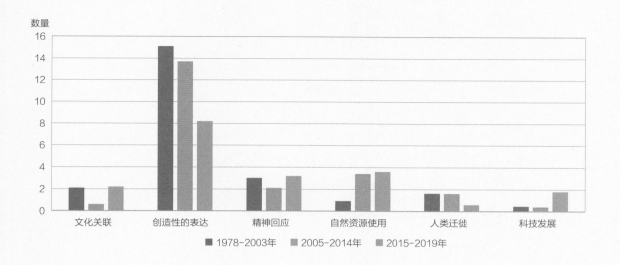

4 当前存在的问题及其原因

从上述统计与分析得知，自 2004 年《填补空白》报告发布十五年以来，乃至 1994 年《全球战略》实施二十五年以来，《名录》在平衡性和代表性方面取得的进展非常有限。

图20　三个不同历史阶段每年平均列入《名录》文化遗产各主题数量对比

4.1 地区不平衡性依然严重

《公约》的缔约国从 1994 年的 139 个增加到 2019 年的 193 个，增长了近 40%。然而从《名录》项目的地区分布来看，自 1994 年至今欧洲和北美地区的遗产项目在《名录》上的份额基本没有下降，一直稳定在接近半数，甚至在 2004 年前后一度超过半数。不过，自 2004 年以后欧洲和北美地区所占比例略微有所下降。（图 21）

图 21　1994 年、2004 年及 2019 年《名录》上项目在各 UNESCO 地区的分布比例

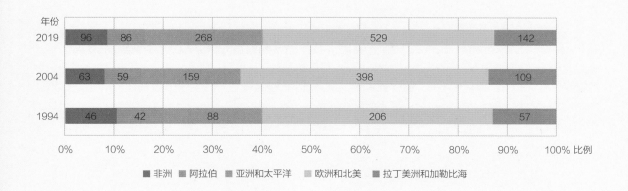

从 1994 年至今，这二十五年来增长份额最多的地区是亚洲和太平洋地区，从 20% 增长到 24%。与之同时，非洲、拉丁美洲地区、阿拉伯地区列入项目的总和占据的比例反而从 33% 下降到 29%。其中，拉丁美洲和加勒比地区的份额一直保持在 13% 左右，而非洲和阿拉伯地区的份额各下降了 2% 左右。

由此看来，在欧洲及北美地区、亚洲和太平洋地区的申报和列入一直保持高速的情况下，如果不能通过有效的调控手段，例如已经实施的上游程序、国际援助及尚在讨论之中的申报程序改革等增加非洲和阿拉伯地区申报项目的列入成功率，那么这些地区的项目在《名录》上的比例有可能被进一步压缩，《名录》的地区平衡性存在进一步恶化的危险。

4.2 文化遗产类型和主题有所变化

从《名录》上文化遗产项目的类型分布来看，自 2004 年《填补空白》报告发布以来，至今各类型比例更加均衡。在 2003 年《名录》上占据绝对优势的历史建筑、历史城镇和宗教遗产这几个传统类型所占的比例明显降低，而其他各个类型的比例都有所增加。考古遗址、岩石艺术和古人类遗址的比例持续增加，近年新兴的工农业和技术遗产的比例增加也很明显。而文化景观、现代遗产等新类型虽然在近年列入较多，但是由于《名录》上原有项目的基数很大，比例变化尚不明显。伴随着未来的申报和列入，这几个新兴遗产类型在《名录》上所占的比例会进一步增加。（图 22）

从《名录》上文化遗产项目的主题分布来看，自 2004 年《填补空白》报告发布以来，与各主题相关的项目分布更加平衡。与创造力的表达相关的项目仍然占据绝对优势，不过从 65% 降低到 62%。文化关联、精神回应、人类迁徙这几个主

图 22 2004 年及 2019 年《名录》上文化遗产各类型分布比例

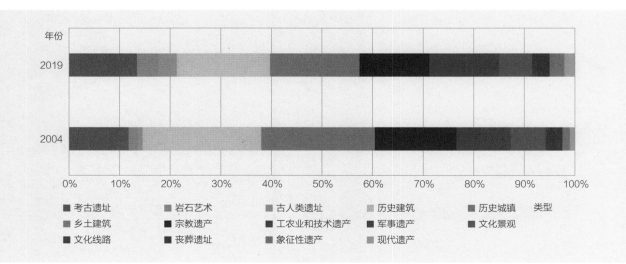

类型
■ 考古遗址 ■ 岩石艺术 ■ 古人类遗址 ■ 历史建筑 ■ 历史城镇
■ 乡土建筑 ■ 宗教遗产 ■ 工农业和技术遗产 ■ 军事遗产 ■ 文化景观
■ 文化线路 ■ 丧葬遗址 ■ 象征性遗产 ■ 现代遗产

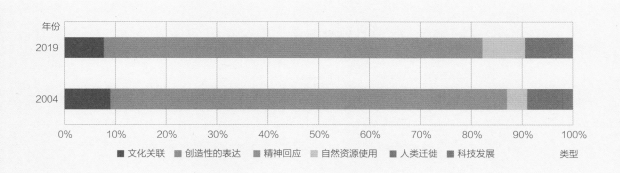

图 23　2004 年 及 2019 年《名录》上 文化遗产各主题分布 比列

题比例仍然较低，都在 10% 以下。不过近年来大量申报和列入的对自然资源使用相关项目从 8% 增加到 18%，而科技发展相关项目则从 3% 增加到 9%，比例增加最为明显。伴随《公约》与可持续发展主题的紧密结合，这两个主题的相关项目仍是未来申报的热点，在《名录》上的比例也会进一步增加。而持续保持较低比例的几个主题，则是填补《名录》空白、改进平衡性与代表性非常有潜力的主题，值得在未来申报中着重考虑。（图 23）

4.3　多种原因造成《名录》的不平衡

对于《名录》上文化遗产在地区上、类型上、主题上存在的各种不平衡现象，其原因主要有以下几个方面：

（1）《名录》建立早期的历史原因；

（2）各地区社会发展及遗产保护专业水平的差异；

（3）咨询机构在评估申报项目时对全球战略的重视不足；

（4）由缔约国构成的委员会追求各国利益。

首先，20 世纪 80 年代《名录》建立早期出现不平衡的基础，造成难以挽回的后果，这也是全球战略出现的原因。然而，从 1978 年到 1993 年只有十五年时间，而"全球战略"自 1994 年发布以来已过去二十五年，《填补空白》报告自 2004 年发布以来也过去十五年时间，《名录》的不平衡状况没有得到根本改善。这体现出不同地区和国家在遗产申报和保护水平上的不均衡与社会经济和文化发展密切相关。

欧洲和北美的发达国家有较为全面和系统的遗产保护体系，对世界遗产的申报与保护十分有利，申报项目的成功率也很高。亚洲和太平洋地区正在紧随其后逐渐赶上，中国已成为拥有世界遗产最多的国家之一，许多其他亚洲和太平洋地区的国家也拥有了丰富的遗产申报和保护经验。相比之下，非洲、阿拉伯地区、拉丁美洲和加勒比地区在许多遗产类型和主题上还存在空白，这与上述地区的遗产资源并不吻合。正如 ICOMOS 在《填补空白》中指出，这些地区可能"缺乏可信的预备名录、缺乏知识和资源、缺乏法律和管理系统等"。本质上，这是由不同地区的社会文化和经济状况差异造成的遗产保护专业水平的差异，还受到战争、灾害等特殊情况的影响。

在这种情况下，如果仍然按照目前实行的基于《操作指南》的评估体系，在列入一个项目时仅考虑遗产本身的客观要素而忽略遗产地所处的社会发展状况，那么对于申报项目的评估结果就会与此前四十余年的评估结果一致，在很长时间内无法改变《名录》的不平衡状况，因为当前的《名录》就是在这种评估体系下产生的。

以文化遗产申报为例，现在咨询机构的评估主要围绕 OUV 的三大支柱进行衡量，即突出普遍价值的标准、真实性和完整性状况、保护管理要求三个方面，它并没有将申报项目在全球战略的实施、改善《名录》平衡性与代表性方面的作用作为一个考量指标纳入评估范围。ICOMOS 近五年的评估报告中，既不对来自《名录》中低代表性的遗产类型或地区的申报项目采取鼓励的措施，也不对已经有过高代表性的遗产类型和地区采取限制的措施。这样的评估结论导致来自欧美地区的申报项目仍然在每年的列入项目中占主导地位。这在某种程度上也造成了世界遗产委员会与咨询机构之间意见的差异日趋严重。

由缔约国代表构成的世界遗产委员会，不可能在列入申报项目时做到绝对的客观与公正，尤其是当委员会成员国遇到本国申报的遗产项目时并不进行回避，这带来不可避免的利益角逐。虽然委员会成员在反驳咨询机构的评估建议时经常援引全球战略的观点，但是对于每一个具体的申报项目却持有不同的态度。某些委员会成员国甚至利用职务之便，为国家间的关系或本国利益而牺牲评估标准及全球战略的方针，这导致在《名录》上代表性已经很高的地区和遗产类型仍然不断列入，而代表性较低的地区和遗产类型反而在有些年份列入项目为零。

4.4 可能的解决方案

2004 年 ICOMOS 在《填补空白》报告中提出了未来行动计划和挑战：
（1）为缔约国建立可信的世界遗产预备名录；
（2）优化世界遗产的成功申报过程；
（3）建立新的操作指南；
（4）实现遗产地的可持续发展；
（5）提高对世界遗产的认知。
以及两方面的挑战：
（1）结构性的——与世界遗产申报过程和遗产地保护管理相关；

（2）定性的——与遗产地认知、评估相关。

十五年过去了，这些行动计划在当前仍然有效，而挑战也依然存在。2019 年第 43 届世界遗产大会上关于申报程序改革和《操作指南》修订的议题，正是希望通过对《预备名录》上的项目进行预审等手段，促进缔约国和咨询机构之间的充分对话，加强具有潜在 OUV 的申报项目的列入成功率，从而改善《名录》的平衡性、代表性和可信性。而《操作指南》的修订也进一步限制了已经具有较高代表性的遗产项目的列入数量。这些改革的效果如何，将反映在下一个十五年乃至未来的《名录》建立过程中。

世界遗产保护起源于 UNESCO 发起的国际合作遗产保护运动，《公约》是全球最重要的文化与自然保护工具，它所强调的是基于全人类的利益保护共同遗产。虽然世界遗产属于每个缔约国，但是一个国家或一个地区的成功并不意味着世界遗产保护运动的成功。《名录》的平衡性和代表性才是《公约》实施的关键。只有加强国际与地区合作，更新《预备名录》，通过上游程序、申报程序改革、《操作指南》修订等多种手段进行干预和介入，提高低代表性地区和主题的申报成功率，才会在未来的《名录》平衡性代表性方面取得实质性进展，否则《填补空白》报告中提出的问题将一直存在。

世界文化遗产申报审议环节的博弈关系分析

文／徐桐

世界遗产申报的审议环节中，由世界遗产委员会[1]对申报项目是否符合列入标准进行讨论和评估，这包括判断其是否具有"突出普遍价值"（OUV）、真实性和完整性，满足保护管理要求。而咨询机构的评估报告是该环节的主要参考意见。如此，缔约国、世界遗产委员会国家、咨询机构三方构成了申报项目审议过程的参与主体。大会现场的三方讨论、交锋过程，结合现场之外缔约国申报文本的准备、咨询机构的评估过程（现场和文本）共同建构了一个完整的"审议过程"。

作为提名遗产地的拥有者、专业意见提供者以及最终决议确定者，缔约国、咨询机构和委员会由于各自的立场、思考出发点和承担角色不同，这三方对申报项目的评估往往存在不同意见，因此，以上三方在申报项目的审议环节存在着一种博弈关系——都试图以各自的意见影响其他参与者，从而影响申报项目的列入。

从短期角度来看，申报审议环节三方意见的博弈，直接影响到提名项目申报的成败。而从长远角度来看，委员会决议对申报项目评判的公正性、专业性、一贯性又影响到世界遗产名录的公信力（Credibility），从而成为实现全球战略的重要途径。（图1）

1 申报审议环节的博弈规则及其缺陷

《保护世界遗产文化和自然遗产公约》（以下简称《世界遗产公约》）及其《实施〈保护世界文化和自然遗产公约〉的操作指南》（以下简称《操作指南》）作为上述"博弈关系"运行的根本规则依据，其在总体目标上追求申报评审的"合作共赢博弈关系"。然而，在申报裁决的具体规则设置上，却存在着制度缺陷。而这一制度缺陷使"申报国""咨询机构"和"委员会国"在申报评审环节出现"不合作博弈行为"成为可能。

---

1 世界遗产委员会由21个委员会国家代表组成，每一个国家任期不超过四年。

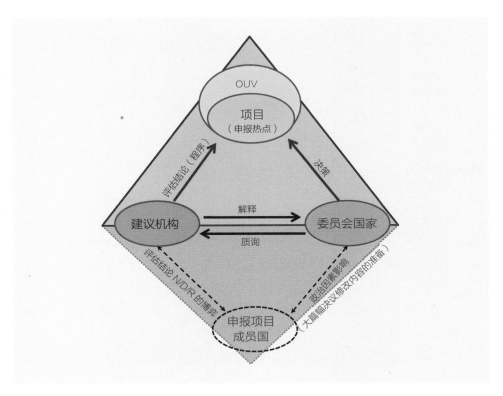

图 1 "咨询机构"
和"委员会国"围绕
"申报项目的 OUV"
博弈过程示意图

　　根据《世界遗产公约》第 11（2）款内容，申报国项目能否被列入"世界遗产名录"最终决定权属于《世界遗产公约》缔约国选举产生的 21 个世界遗产委员会成员国，而这些委员会国本身也申报自己国家的项目列入世界遗产名录，委员会国所申报项目占当年申报项目的比例很高（占缔约国 11% 的委员会国申报了40% 的遗产项目），这存在着"既做运动员又做裁判员"的制度缺陷。

　　咨询机构（ICOMOS 和 IUCN）的评估结论本身只有建议性质，其能否被接纳取决于世界遗产委员会的协商讨论（或投票决定）。在申报国推动自己项目列入世界遗产名录的主观意愿下，其通常会对现任委员会国进行游说，而委员会国往往顾及国际关系影响并考虑委员会改选后申报国可能当选新任委员会国后的利益交换问题，其对申报国项目的发言并不再完全遵从"咨询机构"专业判断的意见。虽然在审议咨询机构评估结论时，委员会一般仍基于其 OUV 本身情况进行，但也确实存在由于上述各种原因造成的咨询机构建议"不列入""推迟申报""发还待议"（N/D/R）的项目被委员会讨论更改为"列入"（I）而登录成功，特别是申报国存在的利益驱动愈加强烈时，上述更改情况也更加普遍。

　　这种现象在历届世界遗产大会上屡见不鲜，当然也造成了对世界遗产可信性的潜在威胁。针对上述制度上的缺陷，世界遗产委员会和其秘书处也在讨论可能的解决方式：

（1）引入外部独立监督机构；

（2）委员会成员国在担任委员会成员期间自愿暂停申报新的遗产项目。

然而，相关内容在《保护世界文化和自然遗产公约》中都没有相应规定，在第38 届世界遗产大会及近年几次大会的讨论环节，上述解决方案的决议仍未最终通过。

2 申报国参与申报博弈的内在动因

2.1　提交申报的缔约国在申遗前期的巨额投入

由于世界遗产委员会、世界遗产中心和咨询机构在缔约国报送"预备清单"环节并没有"否定权"，且没有参与进行"建议"环节，仅仅是做"备案"工作。因此，缔约国有权根据自己的判断报送"预备清单"，即使是从事后咨询机构评估结论为"不具备 OUV，或 OUV 存在问题"的项目也能够顺利备案。

各缔约国在选择一个"备案"成功的"预备清单"中的项目正式申报，并接受由咨询机构委派的评估专家考察之前，往往会动用巨大的人力和财力进行项目申报文本的编写、环境整治以及舆论造势等工作。这种高额的经济成本和社会的广泛关注，使得申报的缔约国（甚至是委员会国自己的申报）政府承担了巨大的压力，而会力争使项目列入《名录》。如果世界遗产委员会能够要求咨询机构在缔约国提交预备清单之后，及时协助缔约国对预备清单上的项目是否具有潜在的突出普遍价值进行分析，就可能提高缔约国申报的成功率和世界遗产项目申报的整体水平。

2.2　国际政治与地缘政治因素的影响客观存在

《世界遗产公约》虽然目标是保护世界遗产作为"对全世界人民都很重要的罕见且无法替代的财产"，且其内容尽量规避过多国际政治因素的影响，但是作为联合国体系下联合教科文组织的国际公约，其缔约国仍不免进行国际政治因素的考量。这也影响了委员会国家代表在比较敏感的项目列入时审议咨询机构评估结论所做的判断与决策。

例如，第 38 届世界遗产大会上，巴勒斯坦申请作为"紧急提名项目"的巴蒂尔，橄榄与葡萄酒之地——南耶路撒冷文化景观（Land of Olives and Vines-Cultural Landscape of Southern Jerusalem，Battir），由于位于巴勒斯坦和以色列冲突地区，存在建立隔离区等敏感问题，委员会审议其项目时受到了上述利益双方背后国际政治关系的影响。

3 咨询机构准备申报项目评估报告的规则及其缺陷

以第 38 届世界遗产大会为代表，文化遗产申报咨询机构遗产评审工作方面仍然存在较大的改善空间。

3.1 咨询机构面临的资源短缺问题

以 ICOMOS 为例，为了保证评审的公正性，评估不从申报的缔约国获得经费，其对世界遗产申报项目的评估经费由世界遗产中心提供，然而随着 UNESCO 自身经费的紧张，其向 ICOMOS 支付的评估经费也难以增长，因此 ICOMOS 所能支付现场考察、撰写书面评估报告的评审专家经费和进行整个世界遗产项目评审工作的经费都相当有限。

另外，ICOMOS 评估专家的人力也存在不足。一方面原因是熟悉世界遗产保护的专业人员的匮乏；另一方面原因也在于 ICOMOS 对于专家遴选程序和相关领域专家在遗产保护相关知识与保护经验培训上存在不足。

现在 ICOMOS 承担的一年一度世界遗产大会的申报项目评审以及保存状况评估的工作量已经饱和（图 2），对于上述缔约国要求 ICOMOS 开放递交补充材料的时间、增加评估人员等内容，均依赖于 ICOMOS 能否有资源改善其现有的人力与物力所能承担的工作强度。

从第 38 届世界遗产大会讨论的情况看，委员会国和申报国对于咨询机构，尤其是评估文化遗产的 ICOMOS 有不小的意见，质疑其对遗产地申报结果建议的权威性和专业性。因此在关于新的世界遗产申报的最终决议的判断上也与 ICOMOS

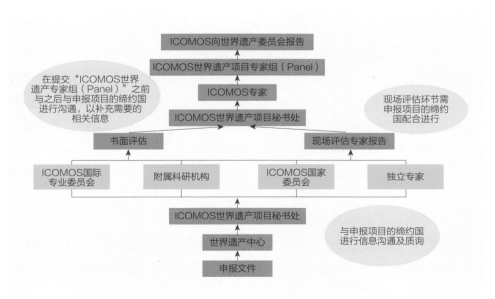

图 2　ICOMOS 评估世界遗产申报项目流程图
（来源：根据第 38 届世界遗产大会上 ICOMOS 阐释其评估流程所用英文材料翻译而成）

的意见出入较大，共有 14 项决议被修改，最终通过修改决议而列入名录的数量占总提名数量的 90%。造成咨询机构被质疑的原因是多方面的，这其中也包括咨询机构参与准备申报项目评估报告过程中的缺陷。

3.2　咨询机构评估程序透明化问题

在第 38 届世界遗产大会上，文化遗产申报评估咨询机构 ICOMOS 在评估程序透明化上受到委员会国代表的较多质疑。

以 ICOMOS 遴选派遣现场评估专家的程序为例，并没有公开的遴选标准或审核产生程序，而是由相关国家和世界遗产申报评审团（Panel）成员进行提名，并内部讨论产生。这一过程显然存在较大的改善空间。

其次，ICOMOS 遗产申报评估"世界遗产申报评审团"（Panel）的工作是相对封闭的，各阶段评估结论的成果有待进一步透明化。

再者，申报参与各方在 ICOMOS 评估程序中处于被动状态，主动沟通的渠道并不畅通。ICOMOS 同申报项目缔约国之间的沟通也是单向的，即使是现场评估专家，其提交的评估报告也只成为 Panel 顾问撰写书面评估结论的参考材料之一，且评估流程中为了避免过大的工作量而采取的对于申报缔约国较为严苛的时间点控制，这些方面均受到了第 38 届世界遗产大会委员会国代表国家的普遍质疑。

针对上述评估程序透明化及与申报国家的沟通问题，ICOMOS 在第 38 届世界遗产大会后进行了较多工作改进，减轻了评审过程中申报国补充材料递交时间的限制，增加了评估结论完成后同申报国主动沟通的环节等，这些内容在第 41 届世界遗产大会上得到了委员会国代表的充分肯定。

3.3　咨询机构评估专家组成问题

3.3.1　遗产评估现场专家和报告起草专家脱节

在 ICOMOS 工作报告环节（Item 5B 咨询机构报告，ICOMOS 工作报告），ICOMOS 对缔约国申报项目的评估程序中，其现场评估派遣一名专家，而最终评估报告与决议草案的撰写却由没有去过现场的专家进行撰写，这样的评估安排在大会的申报审议环节中也受到了委员会国代表的较大质疑，代表们认为这样的评估程序容易造成评估结论与实际情况的脱节。

在对其他咨询机构专家的访谈中，这种质疑也得到了支持。

3.3.2　咨询机构专家组成中"地区专家"不足

同样在 ICOMOS 工作报告环节（Item 5B 咨询机构报告，ICOMOS 工作报告），ICOMOS 的派遣现场专家以及评估专家的构成受到了阿拉伯及亚洲和太平洋地区国家的质疑。

　　在现场采访中，委员会国家代表认为咨询机构在派遣现场考察专家，以及项目评估报告的起草专家时，在选择上不能做到对申报项目文化背景的完全了解，来自阿拉伯及亚洲和太平洋地区的委员会国代表则认为负责撰写评估报告的专家多以欧美专家为主，在派遣现场专家时，也存在向阿拉伯地区、亚洲和太平洋地区派遣的地区专家不足的情况。

　　此外，委员会国代表认为对于咨询机构"世界遗产专家组"的遴选方式也表达了担忧，他们认为现在以推荐为主的专家遴选方式缺乏透明，一个开放的选拔机制更有利于一些熟悉申报项目的"地区专家"进入"世界遗产专家组"。

　　这种现象也得到了其他咨询机构的关注与担忧。

3.3.3　咨询机构专家在保护观念上的认知差异

　　ICOMOS 在评估报告中长期坚持的评估申报遗产地 OUV 的 6 条标准的真实性和完整性以及保护与管理状况等三个支撑是否能完全反映现在遗产保护快速发展的理念变化，也受到了部分参会专家的质疑。特别是在 ICOMOS 认可申报项目具有突出普遍价值，但是在真实性和完整性、保护与管理上存在问题的项目时，这种质疑的声音更加强烈。

　　以真实性和完整性为例，受访专家质疑 ICOMOS 对于将真实性标准放在"文化多样性"背景下的讨论——《奈良真实性文件》（1994 年）的成果进一步的研究和推进。在世界范围内"文化景观""城市历史景观""农业遗产"等新的遗产概念背后反映"遗产保护理念快速发展"的今天，如何使评判标准与保护理念进行同步发展，是 ICOMOS 面临的一个重要课题。

4　委员会国代表参与审议环节参与博弈的角色

　　世界遗产委员会自 1976 年成立以来已 40 多年，在近 10 年中变得更为强势，是《世界遗产公约》40 多年以来在世界范围内得到广泛认可、知识普及和利益相关方积极参与的结果。根据访谈咨询机构代表，自 2010 年开始委员会在讨论咨询机构做出的申报项目评估报告与申报决议草案时表现得愈加强势，世界遗产大会上申报项目被咨询机构评估为推迟申报（Deferral）的决议，经委员会讨论变更为列入的项目在明显增加。

4.1　委员会国代表能够有效参与审议环节博弈

　　通过于 1972 年的《保护世界文化和自然遗产公约》（Convention Concerning the Protection of the World Cultural and Natural Heritage，通常简称《世界遗产公约》）是

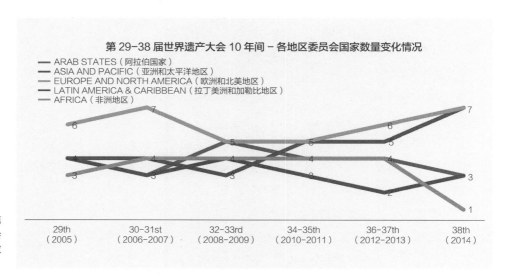

第29-38届世界遗产大会10年间 - 各地区委员会国家数量变化情况

— ARAB STATES（阿拉伯国家）
— ASIA AND PACIFIC（亚洲和太平洋地区）
— EUROPE AND NORTH AMERICA（欧洲和北美地区）
— LATIN AMERICA & CARIBBEAN（拉丁美洲和加勒比地区）
— AFRICA（非洲地区）

29th（2005） 30-31st（2006-2007） 32-33rd（2008-2009） 34-35th（2010-2011） 36-37th（2012-2013） 38th（2014）

图3　第29届至第38届世界遗产大会各地区委员会国家数量变化情况

教科文组织推出的缔约国家最多的公约之一，迄今为止已经有192个缔约国（2014年7月：教科文组织195个会员国，9个非正式会员国），其中161个国家在世界遗产名录中已经有了的世界遗产项目。自1978年首批12处世界遗产列入，到2014年《名录》登录项目突破1000项，达到1007项（图3）。

由于登录《名录》而为世界遗产项目带来更好保护的同时，可预期的游客和旅游收入的增长也刺激了各国政府积极参与世界遗产申报之中，随之而来的是世界遗产申报的相关程序、申报文件的日益细致与专业化。而各缔约国，特别是遗产项目较多的国家，在组织申报的过程中已经培养了一大批熟悉世界遗产评判标准、申报规则，甚至是直接参加世界遗产咨询机构评审工作的专家。他们能够为自己经历数年、十数年甚至数十年（德国案例60年的持续保护工作）准备的申报项目同咨询机构在经费有限的情况下，仅用几个月时间提出的评估报告进行有效质疑。

4.2　委员会国家代表参与审议环节博弈行为存在缺陷

4.2.1　委员会国家代表的专业素养问题

即使存在博弈因素的潜在影响，委员会国家代表审议咨询机构对申报项目的评估报告所能够依据的评审标准依然是申报项目的"OUV"三大要素是否具备。因此，世界遗产委员会国家的代表在世界遗产领域的专业素养以及对申报和评估的各项流程与标准的熟悉程度，对于最终结论的形成具有明显的影响。

在咨询机构阐释评估一个遗产申报项目的"OUV"是否完备，应当包括"是否符合世界遗产标准"、遗产项目"真实性和完整性是否足以支撑其OUV"以及"保护与管理状况是否足以支撑OUV"三个方面，这种语境下的"OUV"已经具有上述特殊含义，而非其字面含义"突出普遍价值"一点。然而，通过大会现场观察发现，在委员会国代表针对真实性和完整性以及保护与管理状况存在问题的项目进行审议时，会出现将项目符合世界遗产标准（即具有突出普遍价值）等同于项目具有 OUV，从而将上述 OUV 的另外两个支撑置于次要地位的现象，并据此要求修改评估结论，使仅仅符合标准的项目得以"带病列入"。

例如：土耳其 Bursa 老城在真实性和完整性存在问题的情况下，委员会国家发言时基于"奥斯曼帝国诞生地"这一简单的历史价值，发言认定其具有 OUV，明显是将 OUV 与 6 条判断标准等同。

类似发言在相关"真实性和完整性"存在问题，管理存在问题的项目上也有体现。

4.2.2　政治因素干扰问题

《世界遗产公约》虽然目标是保护世界遗产作为"对全世界人民都很重要的罕见且无法替代的财产"，且公约内容尽量规避过多国际政治因素的影响，但是作为联合国体系下联合教科文组织的国际公约，其缔约国仍不免进行国际政治因素的考量。特别是涉及巴以问题的敏感项目列入时，委员会国审议咨询机构评估结论所做的判断与决策受到政治因素影响愈加明显。

例如，第 38 届世界遗产大会上，巴勒斯坦申请作为"紧急提名项目"[1]的巴蒂尔，橄榄与葡萄酒之地——南耶路撒冷文化景观（Land of Olives and Vines-Cultural Landscape of Southern Jerusalem，Battir），由于位于巴勒斯坦和以色列冲突，建立隔离墙等敏感地区，委员会审议其项目时受到了上述利益双方背后国际政治关系的影响。

虽然咨询机构（ICOMOS）在评估中指出其 OUV 研究以及支撑 OUV 的保护管理存在如下问题：

（1）比较研究仍然不足，相似的遗产也有；

（2）完整性：提名没有覆盖整个灌溉系统；

（3）威胁：公路的修建、定居点和隔离墙的建立（且列入也难以消除此威胁）。

且认为其不符合通过"紧急提名"程序而列入的要求。但是在辩论环节充分讨论后，仍然有黎巴嫩提交要求列入的决议草案，而德国则明确要求进行审议申报项目环节较少进行的"投票"决定，且为"不计名投票"（Secret Ballot）。[2]

---

1 《操作指南》第 161 款：如某项遗产在相关咨询机构看来毫无疑问符合列入《名录》的标准，且因为自然或人为因素而受到损害或面临某种重大的危险，其申报材料的提交和提名的受理不适用通常的时间表和关于材料完整性的定义。这类提名将被紧急受理，可能会被同时列入《名录》和《濒危世界遗产名录》。

2 世界遗产委员会在审议申报项目时，原则上采取协商一致的方式，尽量避免投票，因为投票被视作遗产委员会的公开分裂。

投票内容：是否同意黎巴嫩的修改建议：决议草案 –YES–NO– 弃权：投票。

投票结果：7 票弃权；14 票有效（11 票赞成，3 票反对）

项目得以列入，且进入"濒危世界遗产名录"。

4.2.3 其他影响因素

"全球战略"中基于"平衡性"和"可信性"《名录》的目标，也一定程度上影响了委员会在审议首次申请世界遗产的缔约国所提交项目。

根据 2002 年通过的《布达佩斯世界遗产宣言》确定的"致力于构建一个具有代表性、平衡性和可信性的（Representative，Balanced and Credible）《名录》"世界遗产"全球战略"。对于没有遗产列入的缔约国在委员会组成和世界遗产申报登记的顺序等方面均有优先安排。

例如，在第 38 届世界遗产大会审议的缅甸提交的缅甸蒲甘古城项目（*Pyu Ancient Cities*，38 COM 8B–28），在委员会更改咨询机构（ICOMOS）评估为推迟申报（Deferral）的评估结论时，委员会国家代表明确发言，希望基于"平衡性"和"可信性"考虑，支持缅甸首个世界遗产项目列入。显然，此考量因素与评估机构衡量是否列入世界遗产名录的项目支撑"OUV"的三大要素是否完备无直接关系。

5 结语

遗产大会中申报部分的讨论是所有议题中占用时间最长的一项，世界遗产总数的迅速增长也表明了越来越多的国家在相关事务上的积极性，以及世界遗产品牌知名度的提升和认可度的增强。但在申报审议环节中，"申报国"利用世界遗产评审规则的缺陷，有意识地通过"不合作博弈行为"放大咨询机构客观存在的评估报告出台过程中的缺陷，从而推动委员会国家修改"咨询机构"相对较为专业性的评估报告结论，客观上也影响了世界遗产的公信力。以第 38 届世界遗产大会为例，12 个项目的决议被委员会审议更改而得以列入，最终列入项目比例高达90%。如此高的决议修改比例，在近年大会中也是罕见的，究其原因，可能有如下几方面：

第一，这反映出在审议过程中，围绕申报项目"OUV"这一内容，咨询机构与委员会的部分成员显然在 OUV 评判的"标准"、"真实性和完整性"理解以及"保护与管理状况"等三个关键方面存在理解上的差异和分歧。

第二，由《联合国教育、科学及文化组织〈保护世界文化和自然遗产公约〉缔约国大会议事规则》《实施〈保护世界文化与自然遗产公约〉的操作指南》等文件构成的对于《世界遗产公约》的操作与实施体系在遗产申报裁决环节的制度设计上仍有不足，而这些制度上的不足在实践中，会由于缔约国基于对其申报准备阶段前期投入的汇报预期，以及上述申报评判标准上的分歧而被放大。

第三，由于世界遗产的概念经过 40 年的发展之后新的保护理念，以及包括亚洲和太平洋、拉丁美洲、阿拉伯以及非洲等地区代表的多样文化得到认可，大大影响了世界遗产评估、遴选、保护以及管理理念的发展，而咨询机构如何认识、研究，并在这种发展变化的过程中发挥作为专业咨询机构的专业作用，使对缔约国的支持、评估程序更加公正、透明已经成为咨询机构和委员会、缔约国共同面对的挑战。

世界遗产委员会、遗产中心、咨询机构，包括缔约国和委员会国代表也已经意识到上述问题，并正在致力于避免上述制度缺陷和观念分歧影响世界遗产名录的"公信力"。然而，由于申报程序和监督机制的改革需要委员会国家自愿牺牲部分利益；咨询机构也需要投入更多资源（人力、物力和时间）才能满足世界遗产发展到今天出现的新要求。因此，上述问题的解决仍需要假以时日，相关各方都需要投入更多的力量才能使关于世界遗产保护的全球战略得以实现。

从定期报告的更新变化看世界遗产公约的发展与推行机制

文 / 魏青

定期报告的设想最早由世界遗产委员会在 1994 年第 18 届世界遗产大会上提出，以回应第 17 届遗产大会上提出的"系统性监测"工作需求[1]。这一系统性监测报告的目的是在缔约国和遗产地按《保护世界文化和自然遗产公约》（以下简称《公约》）要求开展日常监测的同时，建立的一套外部的、独立的和专业性的监测系统。这次大会上委员会邀请秘书处围绕这项工作起草了一份可以落地的计划，包括制定采集和管理遗产地基准信息（Baseline Information）的指南，修订申报文本要求和评估程序以确保遗产地列入世界遗产名录时就具备可靠的基准信息[2]，设定定期报告的基本格式，起草《操作指南》中关于监测的修订内容，和咨询机构共同确定这项监测所需的培训工作，测算缔约国执行这项工作的成本投入并寻求缔约国可能的支持，以及在世界遗产中心建立工作团队专门负责这项系统监测工作的实施[3]。

这次会议之后，定期报告的准备工作正式启动。三年之后，经过《公约》缔约国第 11 届世界遗产大会（1997 年）和联合国教科文组织第 29 届世界遗产大会（1997 年）的讨论，在 1998 年第 22 次世界遗产大会上，定期报告被正式纳入实施《世界遗产公约》的工作内容[4]，成为在中长期关注和反馈缔约国、遗产地以及地区等多个层面实施《公约》状况的重要工具。

由于定期报告特有的周期跨度，其工作目标、关注重点、任务要求等方面的延续与变化，反映了世界遗产保护管理理念和工作策略的阶段性发展，其完善过程和整个管理体系形成的互动和支撑关系也越来越紧密。本文即在回顾定期报告

---

1 第 17 届世界遗产大会上指出世界遗产的监测应该包括三种类型，分别是系统性的监测（Systematic Monitoring）；行政性的监测（Administrative Monitoring，由遗产中心实施的确认世界遗产委员会对遗产地的决议或建议是否被执行的行动）；反应性监测（Ad hoc or Reactive Monitoring）.

2 事实上修订草案在本届大会上就已经提出，补充了专门论述遗产地管理、影响因素和监测工作的章节内容，基本确立了现行申报文本的篇章内容。这一格式要求最终被纳入 1997 年版的《操作指南》中。

3 联合国教科文组织，世界遗产委员会 .whc-94-conf003-6e；Monitoring of the state of conservation of World Heritage cultural and natural properties [EB/OL]〔1994〕. http : // whc.unesco.org/en/documents/747.

4 联合国教科文组织世界遗产委员会 Decision 22 COM VI.7.

的发展过程，对比第三轮与第二轮定期报告变化的基础上，梳理这种互动关系，并试图分析当前定期报告工作面临的挑战和可能需要做出的调整。

1 世界遗产定期报告的发展概况

1.1 定期报告工作机制的初步建立

世界遗产委员会在 1998 年第 22 届世界遗产大会上详细讨论了定期报告的工作框架，包括定期报告的目标、执行程序、报告的体例和基本内容、评估和后续工作内容[1]。

其中定期报告的目标包括：

（1）评估缔约国对《公约》的执行情况；

（2）评估《名录》中遗产地世界遗产价值是否得到长期保持；

（3）提供遗产地的更新信息以记录其环境和保存状况的变化；

（4）就《公约》实施及世界遗产保护事宜，为缔约国提供一种区域间合作以及信息分享、经验交流的机制。

基于上述目标，为通过定期报告加强地区之间的沟通与合作，并在定期报告之后对各地区不同情况作出针对性的回应，大会讨论决定以地区为主而不是列入世界遗产的时间顺序安排提交和审议定期报告的次序[2]。第一轮定期报告的工作顺序为：阿拉伯地区（2000 年），非洲（2001 年），亚洲和太平洋地区（2002 年），拉丁美洲和加勒比地区（2003 年），欧洲和北美地区（2004–2005 年）[3]。秘书处会同咨询机构根据各地区的组织结构和专业能力，制定定期报告的执行策略。在缔约国提交定期报告之后，世界遗产委员会安排各地区开展对缔约国报告的审核工作，继而由遗产中心将各地区的报告汇总为综合报告提交委员会审议。各地区在汇总报告的基础上制定区域性的行动计划，落实下一阶段执行世界遗产公约的目标、策略和任务的优先级。

缔约国提交的定期报告内容被设定为两部分：一是缔约国的总体情况报告（Section-I）；二是缔约国境内在提交报告时已列入世界遗产 6 年以上的各遗产地的

1 联合国教科文组织，世界遗产中心 . whc–98–conf203–6e ANNEX I：PERIODIC REPORTING ON THE APPLICATION OF THE WORLD HERITAGE CONVENTION [EB/OL]〔1998〕. http：//whc.unesco.org/en/documents/142.

2 联合国教科文组织，世界遗产中心 . whc–98–conf203–18；Report of the 22nd Session of the World Heritage Committee [EB/OL] [1998]. http：//whc.unesco.org/en/documents/1771.

3 由于欧洲和北美区域缔约国和遗产地数量，对该区域报告的审查时间为两年。

保护状况报告（Section-II）。大会讨论并确定了各部分报告的提纲目录。

为了帮助缔约国开展定期报告的编写，委员会还通过了一份针对定期报告的注释说明。该注释说明对定期报告提纲中的内容条目和编制要求作出详细解释，并给出相关内容在《公约》、《实施〈保护世界文化和自然遗产公约〉的操作指南》（以下简称《操作指南》）及相关文件中的索引。这一方式在后期的定期报告中得以延续和发展。

在 1999 年更新《操作指南》时，增补了定期报告相关内容。其中关于定期报告主要目的的阐述并未采用第 22 届世界遗产大会上提出的 4 点目标[1]，而是从遗产地、缔约国、地区、委员会和秘书处 4 个主要参与者层面强调了定期报告工作应起到的作用——在遗产地层面和缔约国层面提升政策、保护管理和规划水平，通过预防性保护有效降低干预；在地区层面加强合作，加强区域政策和有针对性的行动；在委员会和秘书处层面更好地了解遗产地的保存状况和遗产地、国家及地区各层面的需求，提升政策制定和决策能力[2]。同时，《操作指南》中还强调了缔约国在实施《公约》并将监测工作纳入日常保护管理上的首要责任。

1.2 第一轮定期报告的执行概况

第一轮定期报告共有 139 个缔约国提交了第一部分的报告，502 个遗产地提交了第二部分的报告（表 1）。虽与应提交报告的总量有一定的差距，但总体来说得到了缔约国的积极回应，尽管各地区的报告在内容和深度上不尽相同。各地区也在汇总缔约国提交报告的基础上完成了地区的总结报告。

第一轮定期报告执行概况表 　　　　　　　　　　　表 1

地区	缔约国	遗产地	统计时段
阿拉伯国家	11（12）	39（46）	1978-1992 年
非洲	16（18）	40（40）	1978-1993 年
亚洲和太平洋地区	36（39）	83（88）	1978-1994 年
拉丁美洲和加勒比地区	28（31）	61（62）	1978-1995 年
欧洲和北美地区	48（48）	274（275）	1978-1996 年
合计	139（148）	502（511）	

注：表中数据根据第一轮定期报告各地区报告数据汇总，括号中数字为各地区应提交报告的数量。

1　第 22 届世界大会上提出的四个目标后被写入 2005 版的《操作指南》。

2　联合国教科文组织，世界遗产中心.实施《世界遗产公约》操作指南 WHC/99-2. [EB/OL]〔1999〕. http : //whc. unesco.org/archive/opguide99.pdf.

在《世界遗产公约》的而立之年，第一次完成了基于统一框架在地区层面对《世界遗产公约》执行状况的统计分析研究。同时，和定期报告工作一同提出的对申报文本内容的新要求，也使第一轮定期报告之后列入名录的遗产地初步具备了定期报告要求的基准数据，可以更好地支撑下一轮定期报告的开展。定期报告作为一种多维度沟通工具，横向在各地区缔约国和子区域之间，纵向从遗产地到缔约国，再到地区和世界遗产中心的合作之中，均得以显现。

1.3 第一轮定期报告后的反思总结环节

第一轮定期报告初次探索的成效，使其在推动《公约》实施中能起到的积极作用被广泛认可。其结果不仅反映了《公约》在全球执行中的主要问题，也反映出这一工具在应对全球性复杂问题时有尚不成熟的地方。2004年世界遗产委员会第七次特别会议上提出对第一轮定期报告进行总结回顾[1]。2006–2008年被作为定期报告的反思年（Reflection Years），总结第一轮定期报告取得的反馈，对定期报告的执行机制、工具、方法提出系统性的改进方案。这一轮的改进主要包括以下5个方面[2]：

（1）再次强调突出普遍价值作为一切世界遗产工作基石的重要性。通过第一轮定期报告的反馈，很多早期申报的遗产地因为没有清晰的突出普遍价值声明，很难建立保护目标。世界遗产委员会敦促各缔约国在执行第二轮定期报告之前首先完成突出普遍价值声明的修订。

（2）衔接定期报告和世界遗产其他工作程序，例如和世界遗产的提名、列入，反应性监测以及除名程序的衔接等。这些工作程序之间信息数据的互通，将其他程序已有数据预先汇入定期报告的问卷，可以帮助定期报告成为更有效的长期监测工具。

（3）通过回顾性清单（Retrospective Inventory）[3]加强基础数据，包括遗产地理信息的辨认、遗产的边界和规范的地图等，世界遗产委员会就此向遗产中心提出要求——在第二轮定期报告之前做好相关的数据和技术准备工作。

（4）基于第一轮定期报告发现大量遗产地相关信息数据的分散状态，世界遗产委员会要求将所有基础数据整合为完整的遗产地档案数据库，不仅可以将相关

---

1 联合国教科文组织，世界遗产委员会 Decision：7 EXT.COM 5 First cycle of Periodic Reporting [EB/OL]〔2004〕. https：//whc.unesco.org/en/decisions/40.

2 联合国教科文组织，世界遗产委员会 .WHC–08/32.COM/11E：Reflection on the preparation of the next cycle of Periodic Reporting[EB/OL][2008]. http：//whc.unesco.org/en/documents/10067.

3 Retrospective Inventory 是对早期（1978–1998年）世界遗产项目申报文件的深入检查，通过补充规范的地图和信息数据清单完善遗产的认定。这一需求在第一轮定期报告的推进过程中逐渐凸显出来。由世界遗产中心、IUCN和ICOMOS 共同主导，于2004年在欧洲区域第一轮定期报告工作同期试点展开，并建立了标准规范，继而在第二轮定期报告中推行。（详见 WHC–06/30.COM/8D，p. 1）.

信息预填入下一轮定期报告的问卷中，也可供各方查询访问。

（5）简化定期报告问卷和填报方式。为此专门成立了一个包括统计学领域专家的工作组，以良好的可操作性、高效、公用性和可持续性为基本原则设计问卷的内容和指标体系，并开发基于网页的填报系统。

上述改进工作总体上可以分为两个层面：一是对基础工作不足的早期申报项目补充必要的信息和数据，以便将其纳入系统性的监测体系；二是围绕定期报告目标进行的"基础设施"建设。

为期两年多的总结不仅对定期报告工作的改进起到了促进作用，也对《公约》的实施起到了促进作用。2002年《布达佩斯宣言》中提出的4C's战略[1]，在这一轮回顾和改进中得到了积极响应。第二轮定期报告的推动无疑对突出普遍价值声明和遗产认定的回顾性工作以及强化世界遗产名录的可信性都具有重要意义。在提升保护水平方面，本次修订定期报告问卷的研究过程中对影响世界遗产突出普遍价值的影响因素做了系统分析，最终一个包括14类、83项主要影响因素类别的清单于2008年第32届世界遗产大会上被委员会认可，并成为保护状况报告工作相关统计分析研究的依据[2]。而定期报告在工作机制和执行方式上的更新完善，也为在全球推动能力建设、加强沟通提供了越来越积极有效的工具。

第一轮定期报告之后反思总结的成效也得到了世界遗产委员会的认可，在《操作指南》2005年的修订版本中加入了这一环节，标志着定期报告完整的工作框架得以确立。

1.4 第二轮定期报告对问卷的调整

第二轮定期报告保持了由两部分报告组成的基本模式，但报告的内容形式有所调整，从按照提纲填写内容变为对一系列具体问题按规定作答。其中第一部分针对缔约国的问卷，共包括13个章节、93个问题；第二部分针对遗产地层面的问卷，共分6个章节、176个问题。这些问题大致可以分为表2中的3类，绝大部分问题集中在针对保护管理的各项调查中。

在第二轮定期报告的填报系统中，采用了多种尽可能标准化的问答形式：

（1）确认和更正类型，主要针对根据遗产中心预填写的数据，由缔约国和遗产地核实并作出必要的更正，如遗产地地理坐标、规模等基础数据和遗产地突出普遍价值声明等；

---

1 当时提出的4C's包括：可信的遗产名录（Credibility）、保护（Conservation）、能力建设（Capacity-Building）和沟通（Communication），后于2007年加入社区（Community）成为5C's.
2 联合国教科文组织世界遗产中心 http://whc.unesco.org/en/factors/.

第二轮定期报告问卷内容框架表   表 2

内容分类	第一部分 Section I		第二部分 Section II	
	内容	问题数（个）	内容	问题数（个）
基本信息	概况； 名录清单； 预备名录； 申报情况	20	世界遗产基础数据； 突出普遍价值声明	13
保护管理	总体政策； 保护、保存和展示的服务状态； 科学和技术研究； 经费状况和人力资源； 培训； 国际合作； 教育、信息（传播）和意识提升； 总结和行动建议	67	遗产地影响因素； 对遗产的保护、管理和监测； 汇总结论	152
对定期报告工作的反馈	对定期报告工作的评估	6	对定期报告工作的评估	11

（2）是 / 否类型；

（3）选择，分为单向或多项；

（4）等级评定，如针对遗产地管理各领域专业需求，从"无法获得"到"资源充分"划分为若干级；

（5）百分比量化评估，仅出现在经费和人力资源等少量问题中；

（6）开放性问题，大部分章节和主要问题之后都可以填写 500 字以内的详细说明或评论。

由此可见，在第二轮定期报告的问卷设计中，突出了以定性而不是定量为主的评估指标和统计分析方式。从世界遗产类型、规模、所在地区和缔约国社会经济技术发展水平千差万别的实际情况来说，这是一种更为合理的工作策略。这种分析指标期望引导的，更多是缔约国和遗产地管理者对各类影响因素、管理任务和要点之间关系的判断。从定期报告作为一种用于长期跟踪工具的角度，也会引导决策者对上述关系变化趋势的认知和分析。这种归结为主次层级、轻重缓急关系的评估结论，也更有利于进行地区之间的比较研究，为宏观策目标、策略的制定提供更可靠的依据。

从对第二轮定期报告各种汇总分析的结果来看，问卷形式的调整，确实使定期报告基于数据的分析能力得到提升。基于欧洲地区的填报数据，对所有影响因素在各个遗产地报告中被提及的总量，结合内部或外部，积极作用或消极作用，当前存在或潜在等属性作出的综合性的可视化数据分析成果（图 1）。

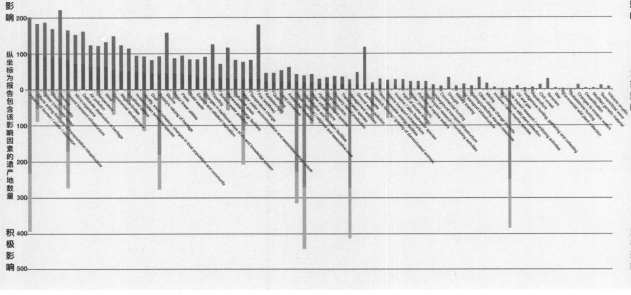

图1　基于第二轮定期报告欧洲地区的数据对影响因素作出的多维度统计分析图[1]
（来源：教科文组织世界遗产中心 WHC–15/39 COM/10A p.47）

1.5　第二轮定期报告的工作任务和执行概况

　　针对反思中发现的主要问题，第二轮定期报告除了要求缔约国对问卷作答完成报告外，还要在第二轮定期报告中完成两项重要工作：世界遗产突出普遍价值回顾性声明（rSOUV）和回顾性清单（Retrospective Inventory）。第二轮定期报告于2008年从阿拉伯国家地区启动，各地区的执行次序延续了第一轮定期报告的顺序。在这一轮定期报告中共有176个缔约国，参与率达到95%。926项遗产参与，参与率达到98%，如表3所示。

第二轮定期报告执行概况表　　　　　　　　　　表3

地区	缔约国	遗产地	rSOUV	Inventory
阿拉伯国家	15（18）	59（65）	45（65）	—
非洲	41（44）	78（78）	45（70）	—
亚洲和太平洋地区	41（41）	198（198）	165（166）	64（96）
拉丁美洲和加勒比地区	29（32）	122（128）	67[2]（116）	50（70）
欧洲和北美地区	48（49）	432（443）	226[3]（360）	208（269）
	2（2）	37（37）	31（31）	18（20）
合计	176（186）	926（949）	579（788）	

1　图中横坐标上排列的为各类影响因素，每个影响因素有上下两段柱状图，上部为报告该因素起负面影响的遗产地数量，下部为报告该因素起积极影响的遗产地数量。柱状图中靠近中线颜色相对较深的段落为报告该因素在当前起作用的遗产地数量，颜色较浅的段落表示报告该因素有潜在作用的遗产地数量。

2　拉美地区提交报告时绝大部分缔约国已经上交 rSOUV 报告，但经过地区审议提交世界遗产委员会的只有66份，另有一份已经获得委员会认可。

3　截止到欧洲地区提交报告当年，已经有世界遗产委员会审议170处，已提交待审议56处。

在地区报告的规范性和统一性方面，第二轮定期报告也比第一轮各行其道的状态有了明显提升。这体现出遗产中心和咨询机构发挥的重要作用。报告基本内容都涵盖从第一轮定期报告开始的工作回顾，在数据分析基础上对各地区缔约国实施公约情况和遗产地保护管理状况的评估总结，并基于结论制定地区未来的工作重点和行动计划。作为衔接评估结论和未来工作指引的行动计划部分，则更强调地区特点的针对性而不是地区之间的统一性，因此在主题设定和内容体例等方面有较大差异。

阿拉伯国家地区的行动计划基本参照了定期报告问卷的内容要点，在保护清单的确认，预备名录，遗产申报，宏观政策，科学技术研究，经费和人力资源，培训，国际合作，教育、信息与意识提升等方面设定了未来的工作任务[1]。

非洲地区则延续了第一轮定期报告之后启动的"非洲地区计划"（Africa 2009），继续将能力建设作为工作重点，结合定期报告细化能力建设在社区推广、风险防御、立法体系与政策强化、保护等方面的具体需求[2]。

亚洲和太平洋地区的行动计划分为亚洲区域和大洋洲区域两部分。亚洲区域聚焦在管理规划的编制和执行、灾害风险防御和更好的区域合作3个主要方面，也关注社区参与，以及对预备名录中亚洲和太平洋地区的空白及相应的主题研究等重要任务。

大洋洲区域已启动了"2010–2015行动计划"，第二轮定期报告正好成为该行动计划的中期评估总结工作，并由此提出对原计划两方面的调整补充——对一系列重要影响因素的关注和需要优先进行的培训内容[3]。

拉丁美洲和加勒比地区的行动计划一方面设定了一系列工作主题，如对文化景观的保护、将非洲和拉美地区联系起来的奴隶之路的保护、对玛雅文明遗迹的保护、在自然遗产方面对气候变化的对策，以及通过世界遗产保护消除饥饿等。

通过这些主题性工作的组织加强地区间和缔约国之间的沟通合作，也强调了能力建设在未来工作中的重要性。上述各地区的行动计划，在近几年世界遗产的申报准备、能力建设、专题研究等各方面工作都有所体现[4]。

---

1 联合国教科文组织，世界遗产委员会.WHC–10/34.COM/10A：Report on the Second Cycle of Periodic Reporting in the Arab States[EB/OL]〔2010〕.http：//whc.unesco.org/en/documents/104581.

2 联合国教科文组织，世界遗产委员会.WHC–11/35.COM/10A：Report on the Second Cycle of Periodic Reporting in the Africa region[EB/OL]〔2011〕.http：//whc.unesco.org/en/documents/106683.

3 联合国教科文组织，世界遗产委员会.WHC–12/36.COM/10A：Final report on the results of the second cycle of the Periodic Reporting exercise for Asia and the Pacific[EB/OL]〔2012〕.http：//whc.unesco.org/en/documents/116967.

4 联合国教科文组织，世界遗产委员会.WHC–13/37.COM/10A：Final Report on the results of the second cycle of the Periodic Reporting Exercise for Latin American and the Caribbean[EB/OL]〔2013〕.http：//whc.unesco.org/en/documents/123037.

最后递交报告的欧洲地区在行动计划方面做得更为深入[1]。这份行动计划的最终版本因在 2014 年赫尔辛基的工作会议上确定，因而又被称为"赫尔辛基行动计划"[2]。该计划在认定和保护突出普遍价值、有效管理世界遗产、提升对《公约》的意识 3 个方向上设定了 7 大类 34 项行动任务，详细制定了每项任务的目标、内容、主要执行人、对任务执行情况进行监测评估的关键指标，以及各项任务在各个子区域的优先级别。

可以说，基于欧洲国家之间相对更成熟的沟通合作基础，定期报告加强区域内缔约国之间合作的目标在该区域第二轮的工作中取得了最为显著的成效。更为突出的是，虽然各地区的行动计划都是以全球战略为基本框架，但欧洲行动计划对此体现得更为清晰。所有任务都以 5C 战略为前提引导，建立每项任务与各战略之间的对应关系，使得行动计划对公约实施的支撑作用更加突出。而其实际执行效果，将可以依据监测指标，在第三轮定期报告中得到检验（表 4）。

欧洲第二轮定期报告中行动计划（赫尔辛基行动计划）的基本结构　　表 4

5C's					优先行动领域	目标	具体任务编号	具体任务内容	主导合作机构	任务执行监测指标	欧洲在第三轮定期报告前的目标	分区任务			
可信度	保护	能力建设	沟通	社区								中东及东南欧	地中海	西欧	北欧波罗的海
工作方向一（认定和保护突出普遍价值）															
	√	√			领域 A	目标 1	1	任务 1				√		√	
√	√		√				2	任务 2					√		
		√				目标 2	3	任务 3						√	
				√			4	任务 4							√
		√			领域 B	目标 3	5	任务 5					√		
√			√	√			6	任务 6				√			√
……															

在 2015 年第 39 届世界遗产大会上，委员会决定将 2015–2017 年作为第二轮定期报告后的反思总结阶段。这一次除了总结问卷中对定期报告工作的意见建议外，还在 2015 年发起了一项专门的反馈调查，共采集到 75 个缔约国的反馈意见。同年组织了一个专家工作组，负责定期报告工作改进的具体工作。2016 年工作组

1　北美地区只包括加拿大和美国，定期报告和欧洲同期进行，在 2014 年第 38 届世界遗产大会上提交报告，行动计划于 2015 年欧洲地区的汇总报告同时提交，但内容相对简要，并不在赫尔辛基行动计划中。

2　联合国教科文组织，世界遗产委员会.WHC–15/39.COM/10A：Final Report on the Results of the Second Cycle of the Periodic Reporting Exercise for the Europe Region and Action Plan[EB/OL]〔2015〕. http：//whc.unesco.org/en/documents/136521.

经过研究后提出了 6 个工作重点 [1]：

①分析第二轮定期报告的各种经验教训；

②起草定期报告执行程序和问卷的修订建议，修订关注点主要包括程序、体例格式、关联性、核心主题、培训和指导、数据的使用和分析以及工作效率；

③起草与其他和文化或生物多样性相关公约建立协作关系的建议；

④起草在定期报告的内容框架中整合可持续发展相关内容的建议 [2]；

⑤确认监测指标并起草关于定期报告分析框架的建议；

⑥结合反馈调查的成果，准备关于编制全球世界遗产报告的可行性报告。

显然，上述重点不仅聚焦在定期报告工作本身，而且随着世界遗产保护理念的发展和视野的扩展，关注到和相关领域合作、协作关系的建立，并试图通过定期报告起到推动作用。上述工作重点在一系列工作会议中不断被细化，最终经过两年的持续工作，在 2018 年第 42 届遗产大会前完成了对问卷的全面更新，并为第三轮定期报告的启动做了各方面准备工作。

2　第三轮定期报告工作机制方面的新调整

2.1　在《操作指南》中对定期报告工作机制的修订

在对第二轮定期报告的总结中，世界遗产委员会讨论了一系列对工作机制的调整意见，并于 2017 年对《操作指南》相关内容作出了修订。本次修订内容主要包括以下三方面内容。

（1）对定期报告作用的补充

①第 202 条，强调定期报告也是评估世界遗产委员会和缔约国大会推行的政策在缔约国和遗产地层面实施效果的重要工具；

②第 205 条，定期报告应被作为区域间交流合作的机会以加强缔约国之间的积极协作，特别是对跨境遗产和跨国遗产的协作。

这些对定期报告作用的扩展和细化，反映了世界遗产委员会对此项工作已有成效的认可和未来发挥更充分作用的期盼。

1　联合国教科文组织，世界遗产委员会 .WHC/17/41.COM/10A：Report on the Periodic Reporting Reflection（2015–2017）and launch of the third Cycle[EB/OL]〔2017〕. http：//whc.unesco.org/en/documents/157931.

2　2015 年第 20 届世界遗产大会通过了《将可持续发展观点纳入世界遗产公约进程的政策性文件》，认为"世界遗产公约是教科文组织促进公平的可持续发展及促进和平与安全的首要任务的组成部分"。（参见 UNESCO，activity–834–5.1）。

（2）对缔约国责任的强调

①第 200 条，原来只强调秘书处和咨询机构的支持作用，修订版本首先强调定期报告应尽可能由缔约国主导，秘书处负责全球的协调和支持工作；

②第 208 条，补充说明区域性报告的整理工作主要由缔约国完成，秘书处和咨询机构提供支持（起辅助作用）；

③第 210 条，补充说明区域性长期计划的主要制定者也是相关各缔约国，秘书处和咨询机构是这项工作的合作者。

上述对缔约国责任的强调，一方面有《公约》条款作为依据；另一方面或许也反映了随着世界遗产名录和定期报告本身工作任务要求两方面带来的工作压力的增长，需要缔约国更积极地参与。

（3）对工作程序的补充和细化

①第 204 条，明确了六年周期之间对定期报告执行机制的评估和修订工作周期，并指出世界遗产委员会有可能在这期间编制发布世界遗产全球报告；

②第 205 条，补充说明每轮报告之后都有可能调整报告格式；

③第 207 条，明确以后的报告形式将采取在线填报提交的方式[1]。

这些对评估和修订机制的确认，说明定期报告是一项仍在发展甚至探索中的工作，其实也是世界遗产提倡的通过能力建设寻求可持续提升的一个案例。

2.2　对系统分析框架的建议

欧洲地区在第二轮定期报告中使用的统计分析方法为挖掘定期报告采集的信息数据提供了一个值得借鉴的案例（图 1）。专家组认为有必要在第三轮定期报告开始前就建立并推广一个标准化的分析框架，以确保对采集数据分析进行有深度的、统一的、流程化的分析，使各地区向世界遗产委员会提交的报告内容和分析方法更为统一规范，甚至可以在此基础上编写全球报告。同时，指标体系应在各轮定期报告中保持尽可能的连贯性。专家组基于欧洲地区的经验和第三轮定期报告的目标方向和工作重点，对系统分析框架提出了一系列具体建议。其中一项核心内容是完善用以分析的数据集，共包括四个部分。

前两个部分基于定期报告，分别是缔约国问卷中采集的数据和遗产地问卷中采集的数据。在数据集中每个缔约国或遗产地应占有一行，对应指标有多栏。这些数据信息是缔约国自我鉴定的结论，其中包含大量定性数据和少量定量数据。专家组建议对定性数据应仔细研判。

1　联合国教科文组织，世界遗产中心．实施《世界遗产公约》操作指南 2017 中译版 [EB/OL]〔2017〕．http：//www.icomoschina.org.cn/download.php?class=135.

第三部分是每个遗产地承载突出普遍价值的特征要素（Attributes）及其保存状态的相关数据。专家组提出在数据集中每个被确认的遗产要素都应占有一行以便被独立分析，确认其保存状态。遗产地可能因遗产要素的多少占据不同多的行数。这意味着第三轮定期报告之中，需要对各个遗产地的价值特征要素和保存状态进行采集并确认。专家组还明确提出，除通过定期报告采集数据外，还需要将其与保护状况报告（SOC）的数据集进行联通。自查性的数据和经委员会和专业咨询机构研究分析后的判断相结合，才能形成有效的预判机制，对当前或潜在影响因素演变成威胁的趋势作出准确判断。

第四部分是影响因素数据集，既包括积极影响因素也包括消极影响因素；既包括当前的也包括潜在的；范围上除了遗产地内部的也包括来自遗产地的缓冲区和外围环境。数据集中，每个遗产地根据其在定期报告中判定的影响因素，每个因素占据一行。这个数据集同样需要整合定期报告中的数据和保护状况报告中的数据。对这个数据集的分析应该实现对各项积极或消极影响因素的长期跟踪，以判断其发展趋势。对有重要影响或重大影响的因素需要特别关注，并可能由此启动遗产地的保护状况报告工作。

事实上，这一分析框架的提出，回应了定期报告概念提出时设想的系统性监测的概念。目前对这一系统分析框架的完善工作仍在继续。在第 42 届世界遗产大会上提出了新的建议，希望进一步提升数据的可达性和实用性，以便缔约国可以将其作为本国监测工作的工具。

2.3　对全球报告可行性的探讨

尽管前两次定期报告都没有编写过全球报告，但在第二轮之后的反馈调查中，有 81% 的参与者对是否需要编写全球报告给出了积极响应 [1]。专家组建议可以在每轮 6 年报告周期后的总结反馈阶段开展这项工作。而对于这样一份全面汇总数据，展现整体图景，预测未来趋势的报告应该是什么样子，专家组一致认为欧洲地区在第二轮总结报告基础上出版的《欧洲世界遗产的现状》（*World Heritage in Europe Today*）是最值得借鉴的案例。其成功之处在于具有更宽广的视野，并通过整合定期报告数据和其他信息资源展现了欧洲世界遗产的完整面貌，出版之后已被广泛接受。专家组建议以它为基础，结合第三轮首批开展工作地区的成果制定全球报告的内容框架和编写方法 [2]。考虑到全球报告不会早于 2022 年或 2023 年出版，相关具体

1　联合国教科文组织，世界遗产委员会 .WHC/16/40.COM/10A：Progress report on the Periodic Reporting Reflection（2015–2017）[EB/OL]〔2016〕. http：//whc.unesco.org/en/documents/141712.

2　联合国教科文组织，世界遗产委员会 .WHC/17/41.COM/10A：Report on the Periodic Reporting Reflection（2015–2017）and launch of the third Cycle[EB/OL]〔2017〕. http：//whc.unesco.org/en/documents/157931.

工作尚未开展。但就其可行性方面做出的肯定，已经反映在新修订的《操作指南》中[1]。如果相关工作得以顺利进行，也将是第三轮定期报告产生的一个新变化。

3 第三轮定期报告问卷的调整

3.1　问卷结构和内容的调整

　　第三轮定期报告的问卷，延续了第二轮确定的基本形式，但在内容和细节方面做出了大幅度的调整和增补。具体体现在以下三个方面。

　　（1）最直观的是缔约国和遗产地报告中细分结构和问卷问题数量的变化。缔约国报告部分从 13 章扩展到 15 章[2]，问题总量从 93 个增加到 138 个（图 2）。新增加章节中最重要的是第 2 章对世界遗产保护和其他国际公约建立协作情况的调查，共涉及 7 项多边环境协定，4 项由联合国教科文组织订立的与文化相关的公约（世界遗产公约、海牙公约及其第二议定书、禁止和防止非法活动手段公约）和两个由教科文组织发起的项目（政府间人与生物圈计划和世界地质公园），关注缔约国加入上述公约、项目的情况和未来加入的可能性和计划。这一章共包括 23 个问题，成为缔约国报告部分问题数量最多的一个章节，并且被置于非常优先的位置。新增加的第 10 章和第 5 章对缔约国针对各类文化、自然遗产资源的宏观政策调查相呼应。同时第 5 章的问题量在这一轮也有明显的扩充。除了对一些问题的细化，如对很多管理项目的评估结论都要求提供具体案例说明，还非常具体地针对教科文组织推行的城市历史景观建议书，世界遗产委员会推行的政策和策略——包括应对气候变化的影响、降低世界遗产的灾害风险等，在各缔约国保护文化与自然遗产立法体系建设中所起作用的调查。这两部分关于缔约国政策的调查总计问题达到 28 项。另一个新增章节是优秀实践，希望缔约国针对 6 个主题（详见 3.2）提供缔约国具体的实践案例[3]。

　　针对遗产地的第二部分报告在结构上从原来的 6 个章节扩充到 15 个章节，问题总量从第二轮的 176 个增加到 230 个（图 3）。和缔约国报告对应的，在第 2 章

1　联合国教科文组织，世界遗产中心 . 实施《世界遗产公约》操作指南 2017 中译版 .[EB/OL]〔2017〕. http：//www. icomoschina.org.cn/download.php?class=135.

2　这一部分新增 3 个章节，取消了科学技术研究章节。第二轮定期报告的这一部分只是对缔约国和世界遗产保护相关研究项目信息的获取，可能统计分析的意义不大，因此被取消，但在针对遗产地的第二部分报告中仍保留了这一部分内容。

3　这些问题的提出得益于第二轮定期报告中欧洲地区总结反馈的需求，很多遗产地的管理者希望能更好地通过这个机会反馈积极的经验。（参见教科文组织，世界遗产中心，Understanding World Heritage in Europe and North America. P27。）

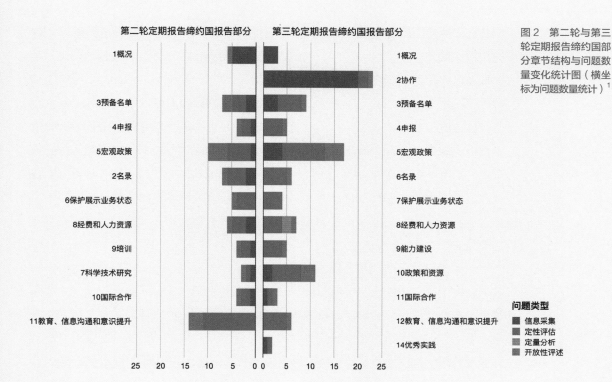

图 2　第二轮与第三轮定期报告缔约国部分章节结构与问题数量变化统计图（横坐标为问题数量统计）[1]

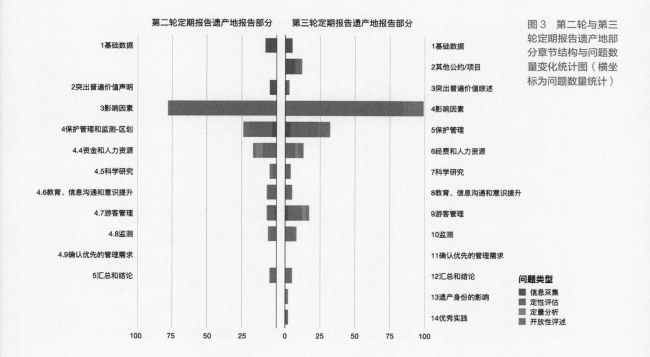

图 3　第二轮与第三轮定期报告遗产地部分章节结构与问题数量变化统计图（横坐标为问题数量统计）

1　图 1 和图 2 根据世界遗产中心网站发布的第三轮定期报告问卷演示版本对照第二轮定期报告问卷内容统计，其中不包括根据填报信息自动汇总的综述章节和对定期报告工作本身的调查章节内容。

节补充了对遗产地和其他公约、保护项目相关性的调查内容。在第 14 章补充了优秀实践的征集内容，连同第 13 章对世界遗产身份影响的调查，都是试图突出以积极的态度评估世界遗产项目的实施效果和值得借鉴推广的经验。第 6 章至第 11 章的扩充，拆分自第二轮定期报告第 4 章保护管理方面的内容。本轮问卷不仅从章节结构上进一步强调了保护管理各方面问题，而且在每个部分问题的数量和深度上都有所提升。这部分新增问题和第一部分缔约国问卷中的变化也有明确的呼应关系，如第 5 章新增的 10 余项中，近一半是针对教科文组织推行的各项政策、建议在遗产地层面所起作用的调查。另外，导致问题数量增多的主要章节是影响因素。这和基于第二轮定期报告制定的影响因素清单在近几年得到的进一步完善直接相关。

除了问题数量的增加之外，很多问题中的子项也有补充。如针对遗产地部分，第三轮定期报告中的 3.2.1 补充对遗产地价值特征要素（Attributes）的认定，要求每个遗产地归纳确认突出普遍价值载体，认定要素不超过 15 项，并需逐项评估其当前的保存状况。第三轮定期报告中的 5.3.2 关于管理系统的调查，可能是考虑到很多缔约国和遗产地不一定了解所谓管理工具的范畴，详细列举了 17 种可能适合世界遗产管理需求的工具类型，请遗产地管理者逐一确认。再如对遗产地管理多方参与的一系列调查项目中，对第二轮列举的八组人群也都做了扩充，特别关注了妇女、青少年和儿童、非政府组织等群体，对游客群体也细分为本体和外来群体。第三轮定期报告中的 13.1 总结对世界遗产影响因素部分，基于本轮对世界遗产和可持续发展政策关系的关注，需要遗产地作出评析判断的子项目从第二轮的 14 个方面增加到 19 个方面。[1]

（2）其次是问卷指标细则要求的变化，特别是作为定性分析工具的很多指标细则在本轮中被进一步完善。在第二轮报告中对影响因素的分析，要求判断每个因素的影响作用是积极还是消极、当前影响还是潜在影响，来源是在遗产内部还是外部。这些指标总体上关注到了影响因素的基本性质。在第三轮报告中将所有影响因素分为积极和消极两方面，然后就其状态、来源做判断，并补充对发展趋势的分析。这种指标结构，使对某些复杂影响因素拆分积极作用和消极作用两方面的分析成为可能，呼应了本轮更关注积极视角的主旨。对影响因素的作用是在降低、稳定或提升的发展趋势判断，一方面可以更好地反映缔约国遗产地对相关因素研究的深入程度，指导遗产地对最小干预原则和预防性保护策略的贯彻；另一方面也更有利于通过定期报告对相关因素做长期的跟踪分析，并进而对缔约国一

---

1 联合国教科文组织，世界遗产中心 .The demo version of the revised questionnaire.[EB/OL]〔2018〕http：//whc.unesco.org/en/prcycle3/.

第二轮和第三轮定期报告对影响因素的分析指标　　　　表5

第二轮	影响作用				来源	
	积极 ⊕	消极 ⊖	当前 🗂	潜在 🗂	内部 ⊙	外部 🗂

第三轮	影响因素	状态		来源		发展趋势		
	影响作用	当前 🗂	潜在 🗂	内部 ⊙	外部 🗂	降低 ↘	稳定 ➡	提升 ↗
	积极 ⊕							
	消极 ⊖							

遗产地的管理能力作出判断(表5)。类似的问题还出现在遗产地报告第4章的最后，要求对6年后（下一轮定期报告时）各个遗产特征要素保存状态的预判。这些指标采集的数据和信息，显然也有利于引导定期报告最后行动计划相关任务和监测指标的制定（参见前文对赫尔辛基行动计划的介绍），并和保护状况报告、反应性监测等一系列工作建立更紧密的关联关系。

对于定量分析指标，第三轮定期报告只是略有增加和调整。其中一部分辅助对各缔约国在遗产保护国家政策和宏观机制分析的，如缔约国在文化和自然遗产保护（不限于世界遗产，而是所有级别的文化和自然遗产）投入经费的比例，和这些经费在国家、省或地区和遗产所在地投入的比例关系；另一部分则聚焦在遗产地层面对旅游活动影响的调查，不仅包括了每年的游客量，也包括游客量在平均逗留时长方面的分级分布，以及游客在不同类型消费项目上的平均支出，并要求提供这些数据信息的具体来源以判定其可靠性。

（3）本轮问卷另一个重要的变化还在于对问卷条目的说明、注释、索引内容的进一步丰富。配合问卷的辅助性文字内容除了解释问卷问题和填报技术要求外，更主要的是对问卷中提及的保护理念、政策（如2015年世界遗产可持续发展政策），《世界遗产公约》和《操作指南》提出的保护管理要求（如对反映遗产区划和遗产要素地图的具体技术要求），以及一些名词概念（如5C's战略中"社区"的由来和具体对象）的解释说明，甚至包括对一些较复杂的世界遗产保护管理工作流程、方法的解读（如什么是价值特征要素以及如何认定并评估其保存状态）。据不完全统计，两部分问卷中这些解释说明的文字总量达到一万字（英文单词）以上。除了从教科文组织和世界价值中心的官方文件、会议决议、指南和手册以及咨询机构的相关国际文件中援引直接的解释说明外，说明注释中还尽可能地给出了相关材料的网址链接，以便进一步查阅原文和扩展阅读。这些内容的完善，使定期报告问卷在采集信息数据之外，更可以作为能力建设的培训教材。

3.2 主题框架下的关键指标

第三轮定期报告问卷数百个问题之中，除了问卷本身的结构层次之外，还有一个内在的主题框架。从工作的 4 个基本目标出发，共有 6 个主题，分别是世界遗产的保护状况、管理、治理、协作，可持续发展和能力建设。基于这六个主题，共有 42 项关键指标体现在本轮问卷中。这些指标大部分以问卷中的某个问题提出，有些指标则体现在不同问卷不同部分的多个问题中，如治理主题下一项关键指标是有多少缔约国就其文化和自然遗产的认定、保护、保存和展示在利益相关者间建立了有效的合作机制，对应着缔约国部分问卷第 7 章中的 4 个具体问题，分别关注了政府核心部门、政府相关部门、从中央到地方各级政府，以及政府和民间组织之间的合作关系。管理主题下一项关注遗产地保护管理系统或规划的指标，则对应了问卷在遗产地部分第 5 章的 3 个具体问题，分别关注建立了管理系统或有管理规划的遗产地、管理系统或规划已经被充分执行和监测的遗产地，以及管理系统或规划对保护突出普遍价值起到充分有效作用的遗产地。

这六个主题和对应的关键指标是随着世界遗产保护的发展，从第一轮定期报告开始陆续被纳入这个工作体系的。对这一关系的梳理和分析，能帮助我们更清晰地看到本轮问卷的内在变化和其原因，也呈现出这一系统性监测工具的动态性（图 4）。

图 4 第三轮定期报告主题框架对关键指标分析图 [1]
（来源：本图基于 WHC/17/41.COM/10AAnnes1P17–25 的内容自绘）

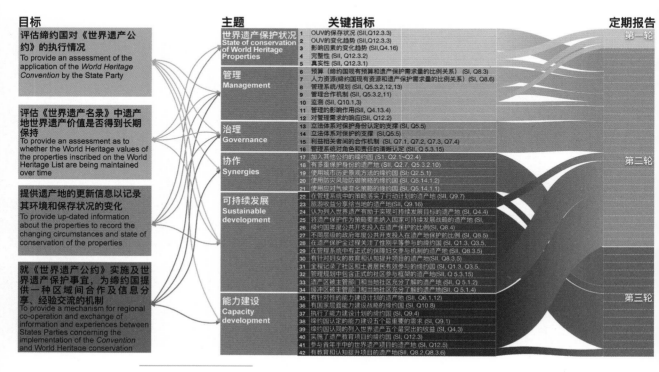

1 本图数据基于 WHC/–17/41.COM/10AAnnes1 P17–25 的内容。

　　第一轮中涉及的关键指标较少，主要在"保护状况"和"管理"方面。第二轮增加了大量的关键指标，涵盖"保护状况"、"管理"、"能力建设"等重要主题，整体上反映了世界遗产保护管理相关理论和框架体系在这个时期逐渐成熟的发展过程。2007年世界遗产全球战略加入了"社区参与"，从4C's扩展到5C's，随后开展的第二轮定期报告也加入了"社区参与"的相关指标，关注参与机制和收益与当地社区的分享等问题，这些关键指标在本次主题分析中被纳入可持续发展的主题范畴。第三轮中扩充的关键指标，大部分属于"可持续发展"和"协作"两个主题。其中和"可持续发展"相关的关键指标，重点关注缔约国层面宏观政策对可持续发展理念的体现，以及对妇女、青少年等群体参与机制的保障。在"协作"主题方面，包括两个层次：一是关注缔约国和遗产地在《世界遗产公约》与联合国其他公约、项目、计划之间建立的协作关系；二是关注教科文组织推行的城市历史景观方法，世界遗产委员会推行的应对气候变化、灾害风险防御、能力建设等政策和策略在缔约国和遗产地的推行效果。

　　第三轮定期报告问卷修订后，于2017年4月进行了线上测试和意见咨询。超过100个缔约国责任机构（Focal Points）或遗产地管理者参与了这次测试（图5）。在2017年第41届世界遗产大会上，专家组根据反馈对本次问卷更新

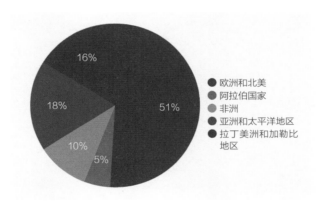

图5　参与更新问卷测试的缔约国责任机构和遗产地分布情况
（来源：作者自绘）

总结道：第三轮定期报告的问卷不再是仅用来关注《公约》执行的工具，而是具有了更宽广的视角和范畴，并以此反映了《世界遗产》在当代的与时俱进。问卷囊括了数量众多的世界遗产相关政策，着力打造与其他公约、项目、建议书的联结，强化与保护状况报告、上游程序以及能力建设战略等相关工作的联系。这一工具的提升，回应了参与其中各方利益相关者（无论是被调查对象还是管理制或数据分析者）的需求，并为他们的使用提供了更大的灵活性。在保持其功能的同时采取了更具前瞻性的方法，使其作为一个监测工具可以对全球遗产保护的趋势提供至关重要的洞见[1]。

1　联合国教科文组织，世界遗产委员会 .WHC/17/41.COM/10A：Report on the Periodic Reporting Reflection（2015–2017）and launch of the third Cycle[EB/OL]〔2017〕. http：//whc.unesco.org/en/documents/157931.

3.3 第三轮定期报告启动前的准备工作

第三轮定期报告原计划在回顾性工作结束之后于 2017 年启动。但在 2017 年第 41 届世界遗产大会上，虽然委员会官方宣布启动了第三轮定期报告的工作，但考虑到秘书处和将要率先开展工作的阿拉伯地区的请求，决定将各地区提交报告的时间推迟一年，以给组织方和参与方更多时间准备[1]。在延长的一年准备期中，除了对官方网站、在线填报平台功能的完善和组织协调方面的准备工作外，主要的工作是大量培训和指南材料的准备。其目的主要是服务于缔约国有效地组织定期报告工作和进行相关的能力建设。考虑到可能面对的广大而多样的人群，本次的培训材料强化了用户友好性和直观理解等特色[2]。这些材料包括：

（1）问卷的指南，这部分主要以文字注释的形式嵌入问卷，同时也提供单独的文件供下载。

（2）术语表，一套涵盖世界遗产和联合国工作系统与遗产保护相关的专有名词、专业术语的详细解释及 web 链接。

（3）阐述定期报告整体工作的动画视频，现已发布英文、法文、阿拉伯语版本，随定期报告的开展还会陆续发布西班牙文、中文、俄文等其他语言版本。

（4）面向遗产地管理者就定期报告第二部分讲解工作目标、程序和格式要求等的动画视频，同样也会陆续发布多语言版本。

（5）遗产地管理者手册，面向遗产地管理者的填报指南，也将准备多语言版本。

（6）一套定期报告的培训课件，用以帮助缔约国责任机构或专家开展相关培训活动。这套课件包括 4 个核心模块和 7 个专题模块。前文所述本次定期报告的主题框架也落实到了课件模块的设计组织中。模块 1 是对本轮工作的总体介绍，模块 2 是对本轮问卷基本内容填报操作的解读，对应了主题框架中的前 4 个主题；模块 3 和模块 4 分别重点解读"协作"和"可持续发展"两个主题。专题模块分别针对实施《公约》的一系列重要工作的技术指导，包括突出普遍价值声明和确认遗产价值特征要素、监测指标和分析框架、边界的澄清和修订、影响因素、从世界遗产能力建设战略到地区行动计划、旅游管理、防灾减灾共七个方面，其中遗产价值特征要素的认定是最核心的一项工作。[3]

1 参见联合国教科文组织世界遗产委员会决议 Decision：41 COM 10A.

2 联合国教科文组织，世界遗产委员会 .WHC/18/42.COM/10A：Progress Report on the Preparation of the Third Cycle of Periodic Reporting. [EB/OL]〔2018〕. http：//whc.unesco.org/en/documents/168020.

3 联合国教科文组织，世界遗产中心 .document-368-16：Introduction of Periodic Reporting Curriculum. [EB/OL]〔2018〕. http：//whc.unesco.org/en/prcycle3/.

4 定期报告工作面临的挑战

4.1 推动以价值为核心的工作逻辑仍然任重道远

第三轮定期报告的准备过程中，专家组明确提出在全球的世界遗产地切实推行以价值为核心的工作逻辑，在突出普遍价值的基础上认定遗产地的价值特征要素（Attributes）是本轮定期报告最核心的工作任务。这确实是对遗产地保护管理状况进行评价的基础。世界遗产保护管理体系中其他用于监测评估的工具，如保护状况报告等，也都需要以此为依据。近几年世界遗产大会多次出现专家群体和委员会国家代表对某些遗产地突出普遍价值受损程度的争议，其关键原因也往往在于遗产地价值特征要素的认定不明确，双方对其认知的角度和标准不一致。其中最突出的案例是 2016 年被列入濒危名录的沙赫利苏伯兹历史中心，2017 年遗产大会上，世界遗产中心和专业咨询机构与缔约国和其委员会国"盟友"之间曾就其是否应被除名而陷入争执僵局。该古城中心因城市建设而被大规模拆改，咨询机构和遗产中心认为城市中心的空间结构和肌理是其突出普遍价值的核心载体，已遭到不可逆转的破坏，理应被除名；但反对方则以被拆除历史建筑的比例和被改变街区面积的比例对等于突出普遍价值受损的比例，认为突出普遍价值并无大碍，不应被除名。[1] 如果对该遗产地价值特征要素的认定能事先做到内容清晰，层次分明，经缔约国和委员会及遗产中心共同确认并载入官方档案数据库，相关的争论至少能有一个客观且明确的评判标准。

应当说，定期报告工作为突出普遍价值载体的认定已经做了长期的努力。从第一轮之后即要求各遗产地对突出普遍价值进行确认，到第二轮定期报告开始要求遗产地对价值特征要素进行表述，并提交遗产地图等确认遗产要素的技术文件。第三轮问卷更新中，进一步细化为每个遗产地填写不超过 15 项价值特征要素，不仅要求具体的文字表述，还需要对其保存状况进行评估分级。为了指导遗产地管理者填报这些条目，在问卷的说明注释部分和培训教材部分都提供了尽可能详细地解读说明，以期在这一轮彻底完成这项工作。但这项工作面临的困难和潜在的风险依然存在。

一方面，现有说明注释援引的主要是《实施世界遗产公约操作指南》、《文化遗产保护管理》等手册上较为笼统的论述内容，尚达不到系统的技术指南的深度，对各类遗产也没有公认的可参照的案例成果。回顾第二轮定期报告对此项内容的

_1_　联合国教科文组织，世界遗产委员会 . Decision：42 COM 7A.4；Historic Centre of Shakhrisyabz（Uzbekistan）（C 885）. [EB/OL] http：//whc.unesco.org/en/decisions/7177.

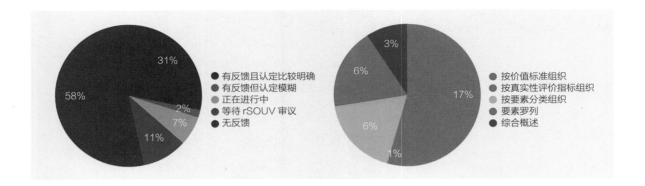

图6 第二轮定期报告中部分欧洲国家遗产地对遗产价值特征要素的反馈分类统计（数值为给出各类反馈的遗产地数量）[2]（左）
（来源：作者自绘）

图7 第二轮定期报告中部分欧洲国家遗产地价值特征载体认定方式分类统计图（数值为遗产地数量）[3]（右）
（来源：作者自绘）

填报情况，也是五花八门极不统一。以在保护理念和工作经验最为成熟的欧洲地区为例，笔者选取了意大利、英国、瑞典和波兰[1]等几个国家对其在第二轮定期报告就遗产价值特征要素一项的填报情况做了统计。在报告中作出正面回应，填报了特征要素的总体上占少数（图6）。没有填报的遗产地多数坦率地给出了比较客观的解释。原因主要是回顾性突出普遍价值声明尚待审议，或保护管理规划尚在编制，与相关方的协商正在进行等。有些遗产地直接反馈相关工作困难很大，甚至在对价值理解认知上还存在争议，难以完成。相对来说，这种坦率比草率的填报要理性得多。而对已经填报的遗产地来说，认定方法、和突出普遍价值主题及标准的对应关系、认定对象的分类方式、认定的深度也都非常不统一。大部分作出回应的遗产地对应价值标准罗列价值特征要素或对各类特征进行概要性的描述，也有不少遗产地以要素分类组织为主。有些遗产地在表述中梳理了这两种组织体系的交叉关系，价值标准可能交叉对应着多组要素，同组要素也可能对应了多个价值标准。个别遗产地则以真实性的评价指标来组织价值特征要素。其他还有简单罗列要素或只做简要综述的。（图7）考虑到世界遗产在类型和规模尺度、构成内容的层次关系有着巨大的差异，以及第二轮定期报告中显现出的多种理解和处理方式，第三轮定期报告希望以不超过15项单一层次的列表解决各类遗产地价值特征要素的认定，可能是个非常困难的任务。

　　另一方面，在实际操作中，遗产地、缔约国提交的价值特征要素认定结果，势必要经世界遗产委员会审议确认，并作为未来对其保护管理的评估基准。这会导致两方面的难点，一是这些要素必须和遗产申报时的价值相匹配，既不能增，也不能减。而对这种匹配关系的确认，需要相当专业和谨慎的工作投入，特别是对早期申报的遗产项目。这或许是欧洲很多遗产地在这一问题上仍在反复斟酌的

1　四个国家分别位于欧洲定期报告工作组织中划分的四个子区域。

2　统计数据来源于世界遗产中心官方网站公布的欧洲地区各缔约国。

3　统计数据来源于世界遗产中心官方网站公布的欧洲地区各缔约国。

原因，其中不乏保护管理工作已经相当完备的遗产地。二是对世界遗产价值的认知和理解在不断深化扩展，例如早期申报的遗产项目可能并未关注到文化景观方面的价值而仅以建筑群或纪念物的类型列入。对这些遗产地是否应伴随理念发展，提出对文化景观相关价值特征要素的保护要求，也是个两难的问题。

无论如何，这方面的工作，显然仍需要更具体的原则、标准、工作方法，以及为承担这份责任投入巨大的工作。

4.2　空间与时间跨度对目标愿景的挑战

加强缔约国之间、地区内以及跨地区的合作一直是世界遗产委员会开展定期报告的愿景之一。在第一轮、第二轮定期报告执行过程中，这方面确实取得了很多积极成效，也获得了较为普遍的认同。但对第二轮定期报告的反馈调查中关于定期报告四个目标实现度的调查，指向加强地区合作和缔约国之间交流的目标四是认同感最低的，40%的被调查者反馈认为没有达到该项目标。在之后修订《操作指南》的讨论中，曾经因此考虑过是否保留这一目标的问题。可见相对于其他三项主要依靠纵向工作关系可以达成的目标来说，需要通过横向合作达成的目标在实施上确实面临更大的挑战。而地区之间在参与定期报告横向工作的不平衡也是非常现实的。以第二轮定期报告之后补充的反馈调查为例，各地区的参与状况差异极大（图8）。而这些环节的工作，恰恰是推动定期报告工作机制完善的重要环节。

定期报告从一开始，就确立了六年一周期的基本模式，加上前两轮之后已经逐渐确定的反馈总结环节，时间跨度将近十年。这也给定期报告带来一个不小的挑战。对很多缔约国、遗产地管理机构来说，十年往往意味着管理人员的新老更替甚至管理机构的变更。

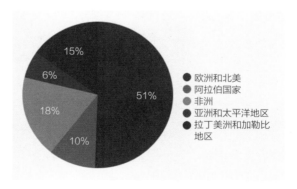

图8　参与第二轮定期报告反馈调查缔约国和机构的分布[1]
（来源：作者自绘）

特别是在发展变化较快的地区更是如此。新人对定期报告工作不熟悉的问题可以通过越来越完善的培训和准备工作来解决。但在遗产地管理方面，如果本身尚未建立系统完善的监测体系，管理目标和管理方式屡经变化，甚至对遗产要素的认定都尚不清晰，将很难保证两轮定期报告提供的信息数据在评估视角、

1　图8数据来源于联合国教科文组织世界遗产中心，Activity-867-7 Periodic Reporting Reflection Survey-A Summary of Results，2018.

分析逻辑和数据来源依据等方面的一致性。

随着第三轮定期报告在工作机制和技术手段上的更新，第二轮定期报告提交的数据会被预先填入第三轮的问卷。而出现上述人员、机构变更的遗产地的管理者是否认同上一轮的分析判断（如前文所述，绝大部分是定性分析判断），如何应对新一轮的填报，就可能处于两难境地。处理不当，必然会导致对下一轮未来十年数据可信性的影响。这显然对希望通过定期报告逐渐建立对全球《公约》实施状况，各遗产地保护状况的动态跟踪和发展趋势预测这一目标造成不小的麻烦。和保存状况报告的数据信息建立横向联系有助于解决一些有突出状况遗产地的问题，但很难全面解决问题。配合每轮定期报告开展的培训和能力建设工作也不太可能有效解决这些问题。《操作指南》反复强调定期报告首先是缔约国的责任，从这方面来看，通过缔约国的努力，尽可能保持遗产地保护管理工作系统的连贯性和可持续更新，是实现定期报告预期目标非常关键的基础。

如果把横向和纵向跨度的挑战综合起来，还会发现对全球报告来说，如何处理时间周期跨度导致地区间呈现发展阶段的不平衡性也是一个需要面对的挑战。如前文的梳理，六年的时间跨度意味着各方面客观的发展变化，即便是在水平相当的地区之间，都会在填报的准备工作上，缔约国和遗产地实际保护管理效果和水平的提升上，对定期报告各技术环节操作的熟练度上，与时俱进和新理念新方法的结合上，甚至对定期报告工作理念方法技术新一轮的更新上呈现差异。现实情况下，欧洲地区本来的优势，必然会进一步拉大和先期启动地区的差异。如果仅以地区报告的数据编写全球报告，将这样的差距客观地反映到全球报告中，似乎并不公平，也不利于体现《公约》精神。或许加强定期报告之后的跟踪工作，尽可能反映各地区在同一发展阶段的状况，有可能缓解这种不平衡性。本轮工作之前世界遗产中心和专家团队在诸多技术方面所做的努力，完善定期报告的数据基础和指标体系，并加强数据更新的系统性和动态性，也可能对此起到积极作用。或许在将来，定期报告的周期性，更大意义仍是对地区或缔约国进行阶段性回顾并制定未来行动计划，而对于全球视角来说，应越来越关注相关工作的常态化。

4.3 推动定期报告发展的核心动力和全球能力建设不均衡状态的矛盾关系

世界遗产作为联合国倡导和平、平等，尊重全球文化多样性的文化项目，一直在试图扭转其建立初期形成的以欧洲为中心、主导的状态。但无论在世界遗产名录的地区平衡性方面，还是在各区域的能力建设方面，都还未实现理想的成效。在 1998 年第 22 届世界遗产大会首次确定定期报告的工作机制时，即设定了全球六个区域提交报告的顺序。在当时可能出于三方面考虑：

（1）阿拉伯地区和非洲地区世界遗产保护可能面临更紧迫的风险和威胁；

（2）就缔约国和遗产地数量来说，排在前面的区域相对少，便于在工作中磨合优化工作方法，欧洲则是遗产数量众多、工作压力最大的地区；

（3）欧洲和北美区域在遗产保护理念和保护能力、经验等各方面在全球的领先和优势地位，更有利于在最后总结经验。

从前文的梳理可以看出，欧洲区域在第一轮定期报告期间启动的对早期申报项目的回顾性工作，在第二轮定期报告之后作出的地区报告，都对下一轮定期报告的工作目标、内容、方法产生了积极的影响和推动作用。欧洲地区在第二轮工作总结中的积极参与，也在对第三轮定期报告的改进中起到了关键甚至主导作用。这些改进无疑使定期报告的工作体系更加成熟，有利于在全球建立更完善的长效监督和对调整、优化宏观策略的积极反馈。同时，更广泛的调查内容，更高的数据要求，也对数据的准备工作提出更高的要求，对发展中地区和欠发展地区意味着更高的挑战和工作压力。显然，这涉及从缔约国到其所辖遗产地管理系统多个层面，世界遗产理念是否深入人心，相关专业技术是否得到普及，社会基础层面的能力建设是否满足要求。由于定期报告的成果还同时涉及地区、子地区发展趋势的分析判断和未来计划的制定，因此更需要不同层次区域内缔约国、专业机构相互沟通合作的能力。而不同地区间缔约国之间的外交政治关系、内在社会文化结构，专业群体的资源和其社会角色、组织形式等方面的差异，可能是地区间在上述能力上存在深层差异的重要原因。

5 结论

定期报告工作启动之初，世界遗产共有 552 处，如今全球世界遗产的总量已经翻倍，缔约国的数量也从 155 增加到 193。定期报告工作的开展，支撑世界遗产保护管理体系逐步建立起一个系统化的监测工具，并同时在多维度的沟通和面向全球各地区的能力建设方面起到了积极作用。它的发展和完善过程，展现了《公约》实施中与时俱进的发展，不仅推动了从 4C's 到 5C's 战略各个方面的落实，也在推动世界遗产委员会一系列重要工作策略在全球的贯彻实施，并积极促进《世界遗产公约》与联合国其他公约、计划间建立协作关系，特别是与全球可持续发展战略的融合。

近年来世界遗产大会上政治化的影响越来越凸显，世界遗产的可信度、专业性、公平性、公正性等很多方面都面临越来越多的争议，似乎专业力量在其中越来越难有作为。但从定期报告这一工作体系的发展可以看到，作为这个机制运转重要角色的中枢机构和专家群体，对世界遗产原有技术体系和运行机制将面临的挑战有所预判，由此提出定期报告这一系统性监测体系。就当时世界遗产项目在全球的影响力和信誉度来说，启动定期报告的决策有着相当的前瞻性。这一覆盖全球的系统化工具被创立、推行和不断完善的过程，也较为全面地展现了世界遗产保护体系自身的能力建设水平。显然，其发展进程也说明这是一个旷日持久的工作，整个监测评估体系的完善进程和各方面对世界遗产体系侵扰因素的发展之间存在某种竞赛关系，定期报告工作体系和成果的完善有相当的紧迫性。

另一方面，对定期报告发展历程的观察还可以发现深藏在世界遗产项目的初心与核心动力之间内在机制上的自我矛盾。定期报告不断完善并取得成效的背后，是对问题的认知和分析能力、机制创新的想象力、技术的解决能力，更有执行中的组织协调与合作能力。除去专家或机构个体层面的贡献外，欧洲地区总是发挥着主导、引领和示范作用。对这一越来越庞大、越来越专业化、复杂化的系统项目来说，试图推进发展、对其进行改进提升的意愿越强烈越急切，真正能提供有效且及时支持的动力就越会来自于发展业已成熟并拥有丰富技术资源的地区。正如我们在定期报告的发展和执行机制中看到的，欧洲地区由于在遗产资源和工作能力上的优势从一开始就被置于每轮工作最后的报告地区，确实在总结其他地区经验，通过自身实践反思进而在完善更新方面起到了非常积极和突出的作用，其他地区或者是跟从效仿上一阶段的成熟经验，或者是作为新机制新方法的先期试验者，为后来者提供可供研究和总结的经验。因此，越是在这种机制下积极努力，地区间内在的不平衡趋势就可能越强。这可以被理解为地区间能力公平竞争的结果，如同世界遗产名录在地区间的平衡性问题，尽管各方都付出了巨大的努力，但从客观数据来看，也只是保持了遗产地数量在地区间的差距没有拉得更大。定期报告和其他实施《公约》重要工具的使用和完善，毋庸置疑会促进全球所有地区遗产地保护管理和能力建设的普遍提升，但在对《公约》执行和发展的贡献度上可能被拉开的地区不平衡性应得到进一步关注。

OUV 定义中加入保护管理评估对世界遗产申报的影响

文／吕宁

　　符合的标准、真实性与完整性及保护管理状况的要求作为世界文化遗产突出普遍价值（Outstanding Universal Value，下文简称 OUV）的三大支柱，为遗产领域研究者所熟知。然而事实上，这三大支柱并非同时确立。随着《实施〈保护世界文化与自然遗产公约〉的操作指南》（以下简称《操作指南》）的修订，对保护管理状况的要求和评估于 2005 年才增加在 OUV 定义中，修订的初衷在于从申报环节就加强对遗产地保护的重视。然而近年来，随着遗产类型的逐渐丰富、遗产地面临的威胁日益增多，在申报评估环节中，因保护管理状况出现问题而被咨询机构建议"补报"（Referral）或"重报"（Deferral）的状况屡见不鲜，世界遗产委员会、缔约国常常以遗产地"已符合价值标准"为前提，就保护管理状况要求是否应影响列入而展开与咨询机构的博弈。基于此，本文试图从保护管理状况加入 OUV 的源起、初衷出发，通过数据和案例分析，探讨保护管理状况作为申报要求的一部分加入 OUV 后，对世界遗产申报的影响。

1 OUV 的定义及保护管理状况要求的纳入

　　不同于"符合的标准"和"真实性完整性"作为世界遗产列入标准，较为迅速地得到了咨询机构、委员会和缔约国的普遍认可，"保护管理状况要求"纳入 OUV 经历了较长时间的讨论。

　　1977 年第 1 届世界遗产大会中，委员会要求咨询机构之一的国际古迹遗址理事会（以下简称 ICOMOS）起草《操作指南》。在当年形成的初版《操作指南》中，OUV 被认为是"对全世界人们具有普遍或者广泛评定的重要性、突出影响和价值"[1]，并提出了 5 条标准，此时还并未有 OUV "支柱"之说。首次提出"文化

1 UNESCO. CC–77/CONF. [R]. 001/8，2.

遗产地具有 OUV，必须满足 6 条标准中的至少 1 条，同时满足真实性要求。"[1] 是在 1980 年版《操作指南》。此后，价值标准和真实性、完整性要求逐渐成为世界文化遗产申报评估环节的重要评定因素。至 1998 年，世界遗产中心与荷兰政府联合在阿姆斯特丹举办了世界遗产全球自然和文化遗产战略框架专家会议（Global Strategy Meeting in Amsterdam，1998）。与会专家更新了 OUV 的定义，"所有文化共同或共享普遍性问题的出色回应"[2]（An outstanding response to issues of universal nature common to or shared by all cultures），并建议建立统一的文化和自然遗产标准。相关内容在 2005 年版的《操作指南》中予以确认；同时还提出了对 OUV、真实性和完整性定义的有关建议，包括遗产地保护管理应被纳入价值的综合战略进程（Integrated Strategic Process）中统一考量等。次年马拉喀什第 23 届世界遗产大会上，通过了对《操作指南》修订的决议。2000 年 4 月，联合国教科文在英国组织了题为"《操作指南》修订"的国际专家研讨会（the International Expert Meeting on the Revision of the Operational Guidelines），会上专家们主要提出了三条建议[3]：

（1）《操作指南》文件应具有逻辑性、描述性和简略性，对用户友好，将资料放置于附件中。

（2）首次提出在尽量保留原有段落的基础上增加关于遗产地保护和保存（Protection and Conservation）的综合篇章。

（3）（为一些议题）提出一些新的草案。

在同年召开的第 24 届世界遗产大会上，委员会通过了新的《操作指南》目录框架，其中第三部分为"世界遗产的保护与保存"（Protection and Conservation of World Heritage Properties）专章。2001 年第 25 届世界遗产大会上，委员会决定于次年成立《操作指南》修订小组，讨论包括如下三个核心问题在内的修订[4]：

（1）紧急情况下谁有权利提交世界遗产的申报？

（2）标准 v 和标准 vi 文本的修订确认。

（3）在列入世界遗产名录之前，保护管理规划是否为申报的必要条件？

修订小组的工作于 2003 年 2 月世界遗产委员会在巴黎召开的第 6 届特别会议（World Heritage Committee Sixth extraordinary session，Paris）议程 5 "《操作指南》的修订"中进行了汇报。根据 1998 年阿姆斯特丹会议和 2000 年英国会议精神，该版草案对《保护世界文化和自然遗产公约》（以下简称《公约》）中缺乏清晰定义的 OUV 进行了详细的界定，达成了对标准 v 和标准 vi 的修订共识；同时也探讨

1　WHC/2 Revised（October 1980）[R]，3.
2　Susan Denyer. Retrospective Statements of OUV for World Heritage Properties inscribed before 1998. [M] ICOMOS. 7.
3　WHC-03/6 EXT.COM[R]. INF.5A，7-14.
4　WHC-02/CONF. [R] 202/14A，6.

了真实性和完整性的应用框架：参与修订小组的缔约国普遍认可了真实性和完整性二者标准的使用方式不同，前者仅在文化遗产申报中使用，而后者通用于文化和自然遗产；同时提出，《操作指南》中关于真实性标准应以一般概念为主，不必过于精准严苛，以适应不同文化背景下的使用。就管理与法规要求而言，修订小组对法规 / 管理体系要求的多样性（包括传统保护体系）予以充分考量，认为有必要对尚未编制世界遗产管理规划的遗产地提供针对性的国际援助。至于保护管理规划是否应为申报世界遗产之时的充要条件，当时的《操作指南》修订小组认为这是一项政策性事务，应该由世界遗产委员会进行决定[1]。

在 2003 年第 27 届世界遗产大会上，《操作指南》草案 II.C.1 条中提出[2]"此外，被视为具有 OUV 的遗产地还需满足真实性和完整性要求，且具备恰当的法律 / 管理体系以确保遗产地安全。[3]"但大会审议中，就该版草案的讨论并未达成共识，委员会要求《公约》各缔约国继续提交就《操作指南》草案的意见。根据《操作指南》两年一修订的惯例，2004 年第 28 届世界遗产大会并未专门讨论该议题。

经过 2003–2005 年为期两年的继续讨论，在广泛征求了缔约国、委员会的意见之后，根据 2003 年巴黎特别会议精神修订的《操作指南》最终于第 29 届世界遗产大会上通过并公布。除了将保护管理要求纳入 OUV 定义、正式提出"三大支柱"之说外，这版《操作指南》还做出了申报数量限制、符合标准的若干修订等若干重要修订。因此，其在世界遗产中心的官网上首次以英语、法语、阿拉伯语、希伯来语、西班牙语、葡萄牙语、日语和俄语 8 种语言共同发布[4]。在本版《操作指南》第 78 条中，"保护管理要求"首次与符合的标准、真实性和完整性状况一起，被纳入 OUV 定义中[5]。考虑到一些遗产地（尤其是文化景观或土著遗产）仍然沿用着传统的管理制度，且被认为合理有效，保护管理要求中并未明确提出必须在申报前完成保护管理规划，而是以相对更灵活的"需要具备完善的保护管理体系 / 制度"代替。至此，OUV 三大支柱的格局形成，此后的申报评估中，保护管理状况被纳入了 OUV 的评估内容中。（图 1）

从修订初衷来说，与此前同样对保护管理提出了要求、但却并非 OUV 的必要组成相比，将保护管理相关要求纳入 OUV 定义无疑提高了缔约国对提名地保护管理的重视度。以中国为例，《遗产地保护管理规划》的编制逐渐受到重视，最终被确定为提名地申报的必要条件之一，基本上 2010 年后申报的项目都在文本中有专

1　WHC–03/6 EXT.COM[R]. INF.5A，7–14.

2　WHC–03/27.COM. [R]. 10，15.

3　II.C.1 .In addition to having been deemed to be of outstanding universal value，a property must also meet the conditions of authenticity and/or integrity and must have an adequate legal/management protection system to ensure its safeguarding.

4　通常情况下修订的《操作指南》发布英语和法语两个版本。

5　WHC. 05/2 2 February 2005，Operational Guidelines for the Implementation of the World Heritage Convention，[M]. 20.

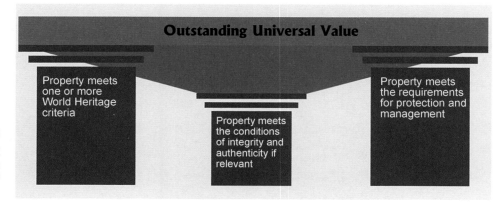

图1 OUV 三大支柱
（图片来源：Jon Day. Understanding your Outstanding Universal Value. World Heritage Committee WHC39, Bonn, 4.）

门章节对保护管理规划编制和实施情况做了较为详细的说明。然而，从世界范围来看，OUV 定义中增加了"新的支柱"，是否真的能扭转缔约国"重申报、轻保护"的现状，是否对世界遗产名录的代表性和可信性有所影响，都是有待商榷的。下文中，笔者统计了 2007-2018 年相关的申报数据，试图对上述问题做探讨。

2 世界遗产申报中的保护管理状况评估

2.1 2007-2018 年申报相关数据统计

2005 年《操作指南》公布后，申报文本体例并未发生大的改变，对提名地保护管理状况的评估仍然依据申报文本第 4 章"遗产地影响因素（Factors Affecting the Property）"和第 5 章"保存与管理状况（Factors affecting the Property）"中的相关章节完成。但从 2006 年提交申报文本的项目[1]开始，保护管理状况作为 OUV 组成部分，其评估结果对咨询机构给予的最终评估结论产生了影响。根据咨询机构、法律顾问和世界遗产中心秘书处的解释，咨询机构对提名地进行申报评估后，给出的四种结论性意见及阐释如下[2]：

（1）直接列入（Inscription）：OUV 三大支柱均能较好地满足要求。

（2）要求补报（Referral）：OUV 三大支柱中，符合的标准满足要求，真实性完整性基本满足要求，保护管理状况有所欠缺。

1　即 2007 年大会讨论项目.

2　关于咨询机构四种评估意见的区分，尤其是"补报（Referral）"和"重报（Deferral）"的区别，《操作指南》等文件中并没有官方解释，文中定义根据 2015 年波恩世界遗产大会上咨询机构和法律顾问的现场解释以及对世界遗产中心亚洲和太平洋区主任景峰的采访而来。

（3）要求重报（Deferral）：具有潜在"符合的标准"的可能性，但仍需要进一步研究。同时真实性完整性、保护管理状况可能都具有较严重的问题。

（4）不予列入（Not Inscribed）：该项目没有符合任何一条标准的可能，无从谈起 OUV。

从上述解释出发，我们可以看出，"三大支柱"之间似乎本身就存在逻辑上的递进关系：一方面，"符合的标准"是讨论 OUV 的基石，若提名地没有符合任一标准的可能，那么其他两大支柱也就随之"垮塌"。而只有提名地符合一条或几条标准，或起码具备这种可能性，才能进一步考虑真实性和完整性要求及保护与管理状况的要求是否满足。另一方面，真实性和完整性与价值标准的关系显得更为密切，保护与管理状况则相对独立。从这个角度出发，我们可以对咨询机构的这四种评估结论做简单地区分：

（1）直接列入（Inscription）：OUV 三大支柱均被认可。

（2）要求补报（Referral）：保护管理状况有问题而其他两大支柱被认可。

（3）要求重报（Deferral）："符合的标准"可能性被认可，其他两大支柱都有问题。

（4）不予列入（Not Inscribed）：OUV 三大支柱均有问题。

基于此，通过统计 2007-2018 年这 12 年世界遗产申报项目的数量、咨询机构对提名地项目评估的结论和委员会对提名地项目评估最终决议的差别，以及"要求补报（Referral）"的项目数量比例及最终列入的项目数量与比例，可以较为直观地看到咨询机构、委员会和缔约国 OUV 三大支柱评估及保护管理状况纳入 OUV 后的态度。（图 2~ 图 8）

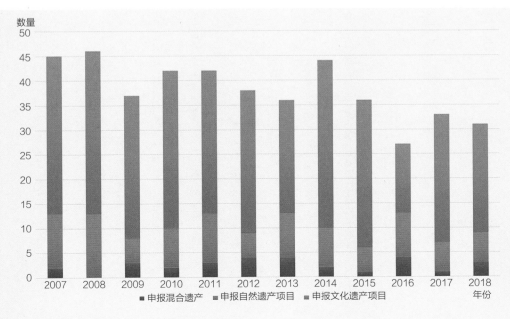

图 2　2007-2018 年缔约国提名遗产地数量
（数据来源：2007-2018 年世界遗产大会文件，http://whc.unesco.org/en/）

从 2007–2018 年这 12 年的申报数据统计来看，这 12 年内全球申报总数量稳定在 25–45 项之间；就 ICOMOS 对提名地 OUV 的评估来看，三大支柱均被认可的约在 40%~60%，其次是支柱二、三均存在问题的项目，约在 20%~30%，仅支柱三即保护管理状况不达标的比例和三大支柱均未被认可的比例基本均等，在

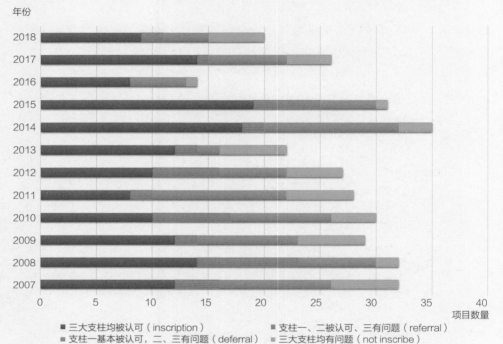

图 3　2007–2018 年 ICOMOS 对全球申报文化遗产项目的 OUV 评估结论（支柱一：符合的标准；支柱二：真实性和完整性要求；支柱三：保护与管理状况要求）

（数据来源：2007–2018 年世界遗产大会文件. http://whc.unesco.org/en/）

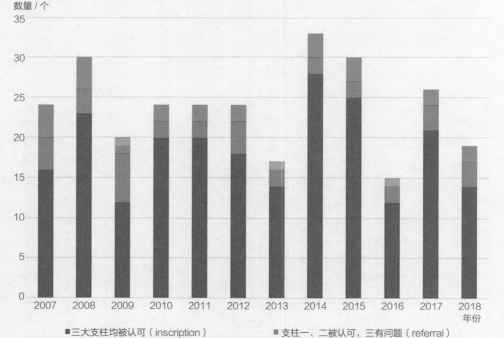

图 4　2007–2018 年委员会对全球申报文化遗产项目的 OUV 评估结论（支柱一：符合的标准；支柱二：真实性和完整性要求；支柱三：保护与管理状况要求）

（数据来源：2007–2018 年世界遗产大会文件. http://whc.unesco.org/en/）

5%~20% 之间。而委员会对 OUV 评估的最终决议显然与 ICOMOS 有较大差异，三大支柱均被认可即直接列入世界遗产名录的项目平均占到 60%~85%，其余有问题的项目共同只占 15%~40%。进一步分析，更改咨询机构建议而列入世界文化遗产名录的项目数量最多为 2011 年，其次是 2010 年、2014 年、2008 年、2012 年和 2017 年；就比例来看，除上述年份外，2015 年、2016 年和 2018 年也是比例较高的时间。也就是说，2014 年后，委员会对咨询机构的建议更改，即不认可 ICOMOS 对 OUV 的评价持续在一个较高的比例上。而在咨询机构未直接建议列入的三种情况中，从比例来看，由"要求补报"（Referral）更改为"列入"（Inscription）

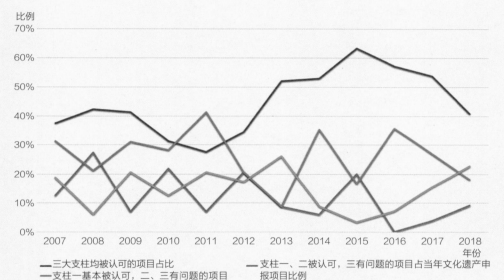

图 5　2007–2018 年 ICOMOS 对文化遗产类项目 OUV 评估结论的比例（支柱一：符合的标准；支柱二：真实性和完整性要求；支柱三：保护与管理状况要求）

（数据来源：2007–2018 年世界遗产大会文件．http://whc.unesco.org/en/）

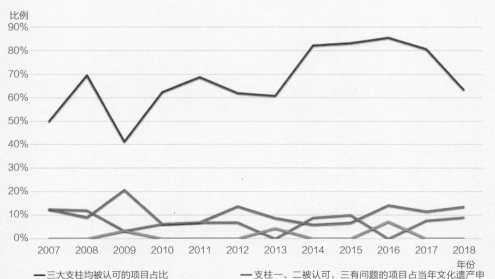

图 6　2007–2018 年委员会对文化遗产类项目 OUV 评估结论的比例（支柱一：符合的标准，支柱二：真实性和完整性要求，支柱三：保护与管理状况要求）

（数据来源：2007–2018 年世界遗产大会文件．http://whc.unesco.org/en/）

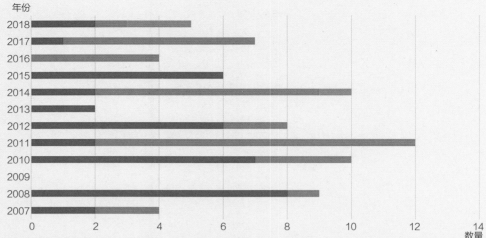

图 7　2007–2018 年因委员会与 ICOMOS 对 OUV 的评价差异而列入世界文化遗产的项目数量（支柱一：符合的标准；支柱二：真实性和完整性要求；支柱三：保护与管理状况要求）

（数据来源：2007–2018 年世界遗产大会文件 http://whc.unesco.org/en/）

■ 委员会更改支柱三有问题为认可的决议数量（R-I）　　■ 委员会更改支柱二、三有问题为认可的决议数量（D-I）

■ 委员会更改三大支柱均有问题为认可的决议数量（N-I）

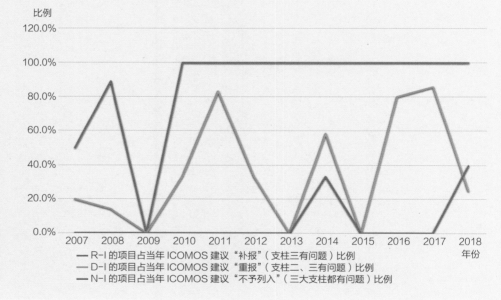

图 8　2007–2018 年因委员会与 ICOMOS 对 OUV 评价差异而列入《名录》的项目比例（支柱一：符合的标准；支柱二：真实性和完整性要求；支柱三：保护与管理状况要求）

（数据来源：2007–2018 年世界遗产大会文件. http://whc.unesco.org/en/）

—— R-I 的项目占当年 ICOMOS 建议"补报"（支柱三有问题）比例
—— D-I 的项目占当年 ICOMOS 建议"重报"（支柱二、三有问题）比例
—— N-I 的项目占当年 ICOMOS 建议"不予列入"（三大支柱都有问题）比例

的项目占当年所有建议"要求补报"的项目比例，在 2009 年以前还时有起落，而从 2010 年开始，近十年来，一直稳定在 100%；换言之，在 2010 年后，ICOMOS 所有建议"补报"（Referral）的项目，即评估认为保护管理要求在申报时未达标的项目都在委员会审议环节被更改为直接列入。第二种情况为"要求重报"（Deferral）更改为"列入"（Inscription），即 ICOMOS 并不认可提名地的真实性、完整性和保护管理状况满足要求，而委员会认为 OUV 达标应该列入名录。这种情况从统计数据来看，并无特别明显的规律，基本上呈现出"大小年"的状况，"大年"更改比例高达 80%，而"小年"则低至 0%，这与每年咨询机构本身建议"重报"的项目情况最复杂、数量最多有一定关系，也与每一届委员会的组成不同有关。第三种

情况较为极端，由"不予列入"（Not Inscribed）直接更改为"列入"（Inscription），即委员会完全推翻了 ICOMOS 对提名地 OUV 三大支柱都不认可的评价，这种情况在此前仅出现在 2014 年巴勒斯坦以紧急程序申报的橄榄核葡萄园文化景观（Palestine：Land of Olives and Vines–Cultural Landscape of Southern Jerusalem，Battir）项目中，而在 2018 年则实现了"突破"并达到了所有不予列入项目数量的 40%。

2.2　对 OUV 支柱三（保护管理状况）的差异性评价案例　（由"R"变"I"）

（1）阿曼卡尔哈特古城（Ancient City of Qalhat）

卡尔哈特古城遗址（图 9）位于阿曼苏丹国东海岸的卡尔哈特，提名地包括拥有内外城墙的卡尔哈特古城及城墙外的墓地。在 11~15 世纪的霍尔木兹王朝统

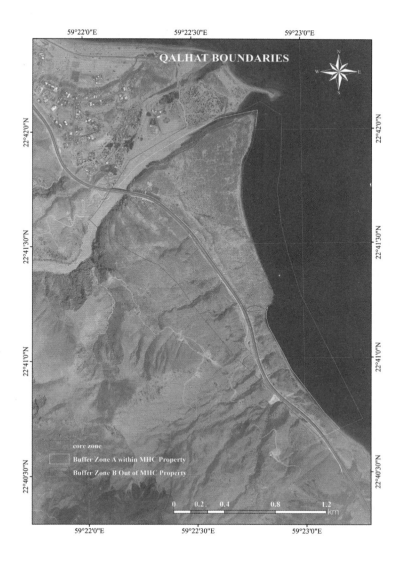

图 9　卡尔哈特古城遗址遗产区划图
（资料来源：http://whc.unesco.org/en/list/1537/）

图 10　第 42 届世界
遗产大会现场审议

治期间，卡尔哈特发展成为阿拉伯东海岸的主要港口。如今它已成为阿拉伯东海岸与东非、印度、中国和东南亚之间的贸易联系的独特见证。阿曼于 2017 年提交申报文本，2018 年该项目在第 42 届巴林世界遗产大会上进行了审议（图 10）。

　　在 ICOMOS 的评估报告中，比较研究、标准 ii、标准 iii 都得到了认可，标准 v 和标准 vi 因突出性不足、与文学传统的联系不够直接而被否认；考古遗址的真实性也在各方面满足了申报要求；仅保护管理状况存在一定问题[1]：

　　①原申报缓冲区过小，在 ICOMOS 中期报告的建议下，缔约国从 109 公顷扩大到 175 公顷，同时减少了南部没有考古遗址的遗产区范围，但 ICOMOS 仍然认为，历史上的港口和海岸线应该被纳入遗产区范围内，以确保遗产地的完整性；另外，缓冲区应该排除高速公路的范围，这更像是威胁因素的一种而非遗产属性。

　　②对考古遗址的发掘应出台最小干预策略和措施。

　　③尽管缔约国已经建立了管理系统，但在人力资源、游客管理等方面仍需加强，需尽快完成并公布包括风险防御、灾害响应和旅游管理等内容在内的保护管理规划，以确保遗产地管理的有效性。

　　④尽快实施遗产地监测。

　　基于上述理由，ICOMOS 建议再给缔约国一年的时间用以调整区划、完善并公布管理规划、落实监测指标并谨慎地对待未来的可能建设、完善影响评估程序等，充分加强能力建设，以便未来更好地进行遗产地的保护管理、控制城市发展。然而在大会审议中，巴林、科威特、阿塞拜疆、巴西都认为缔约国已经根据咨询机构意见进行过一轮很好的回应，包括边界调整、规划的制定和对社区的进一步关

1　WHC–18/42.COM. [R]. INF.8B1，72–75.

注等，可以直接列入名录；印尼、突尼斯、津巴布韦和中国则认为，监测和管理规划可以在列入后再实施，通过世界遗产的平台，遗产地会得到更好的保护，因此也支持直接列入；随后，吉尔吉斯斯坦、圣基茨和尼维斯、坦桑尼亚、匈牙利和古巴也表示了对修改决议的支持，仅挪威、澳大利亚和西班牙提出，希望听到 ICOMOS 的回应。咨询机构重申，如果再有一年时间提名地能够更好地满足 OUV 要求，但仍然尊重委员会的意见。最终，卡尔哈特古城遗址被列入世界遗产名录，并在决议中，删去了 ICOMOS 的大部分建议，仅保留了对人力资源和影响评估的关注两条。

（2）中国大运河（The Grand Canal）

大运河是连接中国东北部和中东部平原的一条广阔水道系统，北起北京，南至浙江。始自公元前 5 世纪、形成至公元 7 世纪（隋朝）的大运河，是工业革命之前世界上最大、最宏伟的土木工程。它支撑着中国内陆之间的通信，也成为粮食和战略材料运输的主要交通方式。至 13 世纪，大运河已形成超过 2000 公里的人工水道系统，连接着中国五个主要的河流流域。大运河在保障国家经济繁荣和稳定方面发挥了重要作用，且至今仍然是重要的沟通交流方式。中国于 2013 年以符合标准 i、标准 iii 和标准 iv 提交了申报文本，而咨询机构经过评估，认可了比较研究、价值标准、真实性等，但就如此宏大复杂的线性遗产，在保护管理方面提出了一些疑义，包括：

①对于此等巨大体量的线性遗产，缓冲区应该建立完善的、分层级的保护管理体系。

②完善监测体系，加强景观保护。

③希望能有更多的时间协调和处理利益相关者之间的关系。

因此，建议"补报"（Referral）。

该项目在 2014 年多哈第 38 届世界遗产大会上进行了审议。在现场审议环节，牙买加、印度、哈萨克斯坦、黎巴嫩等委员会认为大运河价值标准十分清晰，应当列入名录；马来西亚、土耳其等委员会指出，对 ICOMOS 提出的管理问题，缔约国已经在努力改善；同时大部分委员会还支持增加标准 vi。最终，委员会认为大运河满足 OUV 要求，其以标准 i、标准 iii、标准 iv、标准 vi 列入世界遗产名录。但 ICOMOS 仍然指出，大运河作为涉及全国 1.7 亿人口生活、居住的大型遗产地，在保护和管理上面临着非常艰巨的挑战，尤其是缓冲区范围内。因此，ICOMOS 对大运河后续保护管理和保存状况持观望态度，希望以更长的时间检验。最终在委员会决议中，也相应地提出了较多要求，包括：

①继续缓冲区范围内的土地性质变更工作，必要时与当地政府和国土部门进行协商；

②建立大运河遗产监测与档案中心（The Grand Canal Heritage Monitoring and Archive Centre），通过更精准的考古发现来进一步证明大运河的技术特征；

③证明不同历史时期与不同段落之间的代表性；

④加强环境和景观保护，比如定义锥形景观视廊的具体管理要求和控制指标等；

⑤提升开放区域的旅游发展质量、完善游客引导规划（阐释中心、引导等）；

⑥检验在缓冲区内限制建设的具体指标是否具有可行性，因其不仅仅与功能延续性和价值相关，也涉及相关的当地居民；

⑦对近期工程的实施和投资要有清晰阐述，同时区别保护性的疏浚水道工程和旅游发展项目；

⑧结合保护与发展规划，继续提升大运河水质；

⑨加强对大运河相关工作人员的教育与对整体价值的阐释；

⑩鼓励国际合作；

同时要求缔约国在 2015 年 12 月 1 日前提交保存状况报告。

2016 年，ICOMOS 对中国按期提交的报告进行了评估，认可了缔约国在如下方面做出的努力：

①建立起跨省市的大运河保护与管理机构；

②建立了监测中心，对 31 个段落都设立了统一的指标和监测体系；

③汇编了地方和区域旅游接待计划；

④根据考古工作的最新发现扩展了缓冲区；

⑤编制了大运河景观保护和合作指南（A Guide for the Protection and Coordination of the Landscapes of the Grand Canal）加强了对运河景观保护；

⑥制定了水质提升规划，用以控制污染、提升环境质量；

⑦明确了对大运河保护管理方面从国家到地方的资金支持渠道；

⑧加强对大运河相关管理人员的培训与能力建设；

⑨与国际组织展开了在研究、保护和利用方面的合作与交流。

ICOMOS 对上述工作的成效表示了肯定，但也指出，应继续加强对遗产要素和缓冲区的保护保证其可持续发展，评估缓冲区调整的必要性，进一步保护景观视廊；继续遗产区范围的考古及历史研究；并要求缔约国就报告中说明的包括检测中心、水质提升计划、大运河沿线传统村落保护、旅游发展规划以及相关培训等内容就大运河的不同段落进一步评估其实施情况和有效性。在 2017 年 12 月前，继续提交保存状况报告以说明更新的情况。

2017 年 12 月 1 日，根据 40COM 7B.33 决议要求，中国再次提交了大运河的保存状况报告。在报告中，缔约国阐明：《大运河保护管理总体规划（2012–2030）》

已纳入相关地区的城乡经济和社会发展计划，成为大运河遗产区缓冲区相关行政决策的基础；在总规的指导下，持续性的监测和遗产要素的保护正在有序进行，同时还启动了运河生态环境改善计划，展开了一系列水质研究和监测；同时，考古工作一直在继续进行，其丰富的成果和发现进一步完善了大运河的知识体系，并为运河展示与利用打下了基础；沿岸地区建设了丰富的文化展览和休闲公园，不仅提高了价值阐释水平，也改善了大运河沿岸居民的生活质量。

咨询机构和世界遗产中心秘书处对大运河保护管理状况的改善做了评估，他们一致认为，面对大运河这样问题复杂而多样的大型复合遗产，其保护管理对于缔约国来说无疑非常具有挑战性。而这五年来缔约国在保护管理规划、区划、监测等方面做出的持续努力非常引人瞩目。因此，在 2018 年第 42 届世界遗产大会上，大运河入选遗产地保护管理状况"褒奖"（Omnibus）[1] 名单，咨询机构和世界遗产中心一致认为，大运河短期内不需要再提交保存状况报告，委员会鼓励缔约国继续努力，并表示对大运河的未来充满信心。

3 对 OUV 三大支柱的认知及分析

3.1 对 OUV 的差异认知原因

通过 2.2 中的两个案例，可以看到 ICOMOS 对于管理规划、遗产区划的关注。事实上，回顾 2007-2018 年所有由"R"变"I"，即在咨询机构评估中三大支柱中仅保护管理状况不满足要求而被委员会更改为直接列入名录的 42 处案例，有如下 7 个关键词组是出现频率最高的：管理规划、遗产区划和边界、管理机构（委员会等）、监测体系、法律法规和能力建设。这既是提名地在保护管理中出现问题最多的几个方面，也反映出咨询机构对于世界遗产保护管理的核心要求（图 11）。

遗憾的是，委员会通常并

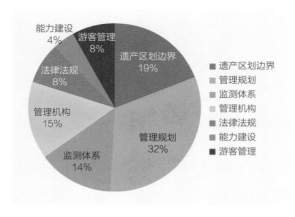

图 11 2007-2018 年由"R"到"I"的项目中 ICOMOS 的建议关键词频度分布
（数据来源：2007-2018 年世界遗产大会文件。http://whc.unesco.org/en/）

1　每届大会在讨论遗产地保存状况时，会公布"褒奖"名单（Omnibus），即保护管理状况的改善获得咨询机构最终认可，短期内不需要再次审查。这类遗产地数量很少，一般在 0-8 处之间。

不认为保护管理的这几项要求必须在申报之前完成。同样回顾这 12 年来遗产大会上对于申报项目的审议，委员会对 OUV 中保护管理状况的要求相较于价值标准和真实性、完整性要求来说，似乎更为放松。在面对 ICOMOS 评价为"OUV 仅保护管理状况不达标"的项目时，委员会普遍认为：

（1）价值标准和真实性已经满足，保护管理的其他要求无须在列入前全部达到；

（2）借助列入后的世界遗产平台和品牌，能够使遗产地获得更好的保护和管理；

（3）缔约国对咨询机构的建议已经做了认真 / 积极回应，相关规划 / 评估 / 调整已经或正在完成；

（4）缔约国能力有限，需要在申报成功后更好地获得国际援助。

咨询机构和委员会在对待保护管理状况的态度出现了明显差异。显然，在 2005 年以后，咨询机构试图遵照《操作指南》以同等标准评估价值、真实性和完整性及保护与管理状况，但这本身就存在操作上的困难，如前所述，OUV 三大支柱并非并列关系，而是有一定的递进层次。这种区分被委员会进一步利用、默认划分了明显的权重：标准的重要性 > 真实性和完整性的重要性 > 保护与管理状况的重要性。与此同时，他们的发言中，经常出现"因价值标准符合，所以提名地具有 OUV"这样的表述。这说明，大部分委员会其实并未真正理解"三大支柱"共同支撑 OUV，更多的情况下依然延续着"OUV= 价值标准"的传统思路。保护管理状况的相关要求，甚至于真实性、完整性要求都被消解，这固然与 OUV 三大支柱的内在属性有关，同时也与不同委员会的专业水平参差不齐，以及近年来越发明显的委员会政治化倾向密切相关。

不应否认，符合标准的确是提名地列入世界遗产名录的基础，提名地必须具有突出普遍"价值"才有列入的可能性；但自 2005 年开始，世界遗产中心、咨询机构和其他独立专家就越来越认识到，OUV 的定义会随着时间推移而发生演变。这种演变既发生在对价值标准的运用中，也发生在 OUV 作为一个系统的内涵扩展上。作为一个专有名词，"突出普遍价值"不再仅指通过对比分析辨识出的特有意义和客观属性，而是成为一个综合指标体系：不仅包括价值基础，也包括价值的状态（真实性和完整性），更应考虑到价值的延续，即保护与管理状况。事实上，对 OUV 定义演变的思考早在 20 世纪 90 年代就已经开始。ICOMOS 负责人喀麦隆（Christina Cameron）女士曾经在 2005 年就全球战略的实施进行回顾分析，最后提出了关于世界遗产的几个"终极"问题 [1]：OUV 是否应该有门槛（Threshold）？世

---

1 Susan Denyer. Retrospective Statements of OUV for World Heritage Properties inscribed before 1998. [M] ICOMOS. 7.

界遗产名录的数量是否应该有上限（cap）？申报会出现自然的停止（Cut Off）吗？她认为，从理智出发，是的；但这取决于 OUV 的定义。《公约》的核心在于保护和国际合作，那么如果委员会和缔约国愿意不断深入的展开保护，那么 OUV 定义向着系统指标体系和"最佳的代表"（Representative of the Best）方向演进则是不可避免的。而如果缔约国认为遗产数量过多而已经出现了管理困难的

图 12　OUV 体系三大支柱的关系
（资料来源：笔者自绘）

问题，或世界遗产相关专项资金已经难以维持保护合作的继续进行，那么 OUV 的演进则必然朝着提高限制的方向进行（图 12）。

从此后至今十几年的实践来看，在全球经济下行的背景下，越来越多的国家将世界遗产当成重要的文化资源和可持续发展的驱动力之一，世界遗产项目的热度只增未减。虽然目前的确出现了因遗产地数量过多、资金短缺而管理困难、世界遗产中心和咨询机构工作难度加大的情况，并因此于 2016 年修订《操作指南》，出台了"一国一项"的申报限制政策，但稀缺的名额似乎更加刺激了缔约国成功申报的决心，许多缔约国往往花费更多的人力、物力和时间来准备提名地的申报，而一些申报项目除了文化意义外，还对缔约国具有一定的政治意义和社会意义。在这种情况下，缔约国对于没有直接列入的接受度更低，专业化往往妥协于政治化倾向，而保护管理状况要求也随之消解。

3.2　OUV 定义中加入保护管理状况后对遗产地状况的跟踪

另一个值得关注的问题是，对于这些 ICOMOS 和委员会对 OUV 第三支柱认知出现分歧、由"R"变"I"的遗产地，其保护管理状况是否在列入后得到了提升？笔者选取 2014 年第 38 届世界遗产大会的情况进行了为期 5 年的跟踪（表 1）。研究发现，在提名地已经列入世界遗产后，咨询机构能够使用的继续督促缔约国完善保护管理状况的手段包括常见的要求提交保存状况报告，建议邀请咨询机构进行咨询或考察任务，要求缔约国补充完善相关缺失环节等。其中，比较能够了解真实情况的 HIA/EIA 以及咨询机构任务（Mission），均为建议性（Recommend）内容，而最常见的"要求（Request）"性的内容为缔约国提交自主编制的保存状况报告（SOC）；对于继续持续影响遗产地价值和安全或未执行决议的一些建设，咨询机构和委员会在以决议形式将其列入濒危之前，主要以表达"遗憾（Regret）"和继续不断督促（Urge）为主要手段。

从结果来看，经过为期 5 年的跟踪，2008 年列入时保护管理状况曾被 ICOMOS 质疑的遗产地中，有 3 处遗产地较为认真地执行了决议中的建议，并获

2014 年第 38 届世界遗产大会上因更改决议而列入的遗产地保护管理情况跟踪　　　　表 1

国家	遗产地	ICOMOS 建议	委员会决议	列入时面临的保护管理问题	保护管理相关决议跟踪	ICOMOS 评价	改善评价
土耳其	波尔萨和库马利基兹克：奥斯曼帝国的诞生	Deferral	列入	1. 城市重建问题严重；2. 缓冲区管理要求和控制措施缺乏	未提交任何报告	未讨论	—
德国	卡洛林时期西建筑和科尔维城	Referral	列入	1. 缺乏保护管理规划；2. 计划中的风力电站建设威胁 OUV；3. 缺乏风险预警与管理体系	完成了保护管理规划；风力电站继续建设，并未进行遗产地影响评估（下文简称 HIA）	经过两轮 SOC 报告的提交，问题得到解决，已获得咨询机构认[1]	好
伊拉克	阿尔比尔城堡	Deferral	列入	1. 缺乏考古调研、记录；2. 博物馆选址及设计不当威胁 OUV；3. 受到恶化的伊拉克局势影响	通过法律框架内、政府与国际社会、NGO 等组织之间的合作与努力，采取了对考古遗址的紧急干预措施	对考古研究表示肯定；威胁依然存在，继续提交 SOC 报告，关注规划措施的实施	一般
沙特阿拉伯	吉达古城：通向麦加之门	Deferral	列入	1. 保护管理规划缺乏；2. 大量重建影响真实性，历史建筑快速损毁，缺乏管理控制要求	完成了保护管理规划，健全了法规体系；展开了对历史建筑的评估；遗产要素的监测体系未建立	建议进行 HIA；继续提交 SOC 报告；建立监测体系	一般
美国	波弗地角纪念土塚	Deferral	列入	1. 缓冲区边界划定依据问题；2. 高速公路影响问题	提供了翔实的考古证据；分析了高速公路影响	已完善，获得咨询机构认可	好
巴勒斯坦	橄榄和葡萄南部土地：耶路撒冷南部景观	（紧急申报）不列入	列入	1. 战争影响；2. 管理体系无法建立；同时列入名录和濒危名录	管理规划完成	对未按要求提交保护措施及时间计划表示遗憾；继续督促完成并实施保护管理规划	较差
土耳其	帕加马和多层次的文化景观	Deferral	列入	1. 缓冲区管理规定的缺失；2. 保护管理规划的缺失；3. 监测中心未建立	未提交 SOC 报告	继续要求缔约国执行决议要求，包括建立完善的建设指标控制体系、建立监测中心等	较差
缅甸	蒲甘古城群	Deferral	列入	1. 需要加强考古研究证明遗产要素对 OUV 的支撑；2. 明确缓冲区边界；3. 完善遗产地保护管理规划	完成了考古研究；保护管理规划仍未提交；完成了对历史水利系统的恢复而做出的评估；2015 年、2017 年提交了两轮 SOC 报告	支持缔约国做出的评估，鼓励继续完成旅游管理规划和风险防御规划，并加强档案记录、培养人才；要求 2019 年继续提交 SOC 报告	一般
伊朗	被焚之城	Deferral	列入	1. 加强缓冲区内考古研究；2. 管理体系的建立和能力提升；3. 景观保护要求的欠缺	完成了考古研究；完成了保护管理规划	2018 年未讨论 2017 年提交的报告	—
中国	大运河[2]	Referral	列入	1. 缓冲区管理体系建立问题；2. 监测体系尚未建立	监测中心、管理体系都按要求完成	认可缔约国对保护管理状况做出的改善	好

1 获得认可即指入选 Omnibus 名单，本表中德国卡洛林时期西建筑和科尔维城、美国波弗地角纪念土塚和中国大运河分别在这 5 年内入选。

2 大运河案例具体分析见 2.2 节。

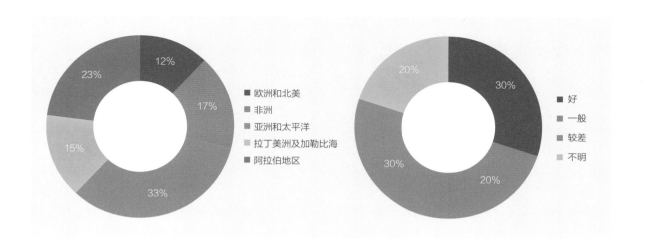

得委员会褒奖；有 3 处做出了一定努力，但效果有限；其余 4 处均未达到理想效果。而在获得褒奖、真正改善了遗产地保护管理状况的案例中，欧洲和北美的缔约国占到多数，在保护管理状况依然存在较大问题的案例中，则以阿拉伯地区的缔约国为主。事实上，统计 2007–2018 年这十二年的数据，"带病列入"的遗产地（即保护管理状况存在问题，但被委员会更改决议而列入的遗产地），其区域分布就体现出一定的差异：亚洲和太平洋区域存在保护管理问题的遗产地数量最多，其次是阿拉伯地区、拉美地区和非洲地区，而欧洲和北美"带病列入"的遗产地数量最少（图 13、图 14）。

　　这与区域经济发展水平和缔约国能力建设不无关系，在欧美等较为发达的缔约国，遗产保护的意识、方法和管理人才培养、能力水平都较为完备，缔约国能力建设水平较高，存在保护管理相关问题的遗产地数量自然较少。即使有问题，也能在 ICOMOS 和世界遗产中心的督促下快速改善。而对于经济欠发达地区，尤其是战乱、冲突地区，保护管理状况存在问题的遗产地数量本身较多，即使委员会更改决议将其列入，因缔约国经济、政治环境和能力水平，其保护管理状况的改善也十分有限，这在一定程度上对《名录》的可信度造成了影响。

4 结论

　　保护管理状况的要求与 OUV 之间的关系自 1998 年被提出讨论，至 2005 年通过《操作指南》修订版公布，与符合的标准、真实性、完整性要求共同成为 OUV 的三大支柱之一。其被纳入 OUV 的初衷是为了提升申报项目质量，更好地保护遗产地价值，并保持世界遗产名录的可信性和代表性。这样的目的和方式也得到

图 13　列入《名录》时保护管理状况有问题的遗产地分布（左）（数据来源：世界遗产中心官网文件 http://whc.unesco.org/en/list）

图 14　对 2014 年更改决议而列入的遗产地保护管理状况跟踪评价（右）（数据来源：世界遗产中心官网文件 http://whc.unesco.org/en/list）

了世界遗产中心、咨询机构、缔约国的一致认同。然而纵观这十二年来的申报实践，我们遗憾地看到，上述目的并未达成。从近十年来所有因保护管理状况未达标而被要求"补报"的项目无一例外在遗产大会上被委员会更改决议为"直接列入"的事实，甚至可以说，对世界遗产品牌的专业性起到了一定的负面效果。而就对于"带病列入"遗产地的跟踪研究，在列入世界遗产名录后，位于欠发达地区、能力建设不够缔约国的遗产地，其保护管理状况改善也十分有限，这也影响了世界遗产名录的可信性。笔者以为，若 OUV 的定义维持不变，或许应该明确三大支柱各自的权重，通过较为精准的量化手段，使咨询机构的建议更为科学，以对抗和平衡委员会的政治化倾向。而从对过去的反思和未来世界遗产项目的可持续发展来说，回归《威尼斯宪章》的现代理性主义，去掉保护管理状况要求、使 OUV 回归原初的"价值"定义，也不失为一种方法：即在申报环节仅需要考虑提名地是否符合至少 1 条的价值标准及载体的现状是否保持着真实性和完整性，而不需达到保护管理的完美状态；同时，对列入濒危世界遗产名录、从名录上除名的程序和要求加以明确和完善，根据反应性监测和保护状况定期报告，若在一定时间内遗产地状况不能改善或持续恶化，则启动列入濒危或除名程序。这样将保护管理状况从申报的瞬时要求变成列入名录后的持续要求和濒危至除名的门槛，或许能对世界遗产名录的动态平衡和可信性、专业性有所裨益。

世界遗产项目上游程序历程回顾与发展分析

文／徐知兰　钟乐

1 上游程序产生的背景与历史回顾

1.1 上游程序产生背景

上游程序是近年来世界遗产中心、咨询机构在世界遗产委员会推动下形成的一项新的程序性试验手段。它的提出源于 2008 年后，世界遗产委员会意识到《保护世界文化与自然遗产公约》（以下简称《世界遗产公约》）即将诞生 40 周年纪念的背景下。世界遗产委员会于 2008 年魁北克第 32 届大会之后启动了一系列相关的专家会议和项目计划，其主题围绕《世界遗产公约》迄今为止（2008 年）的执行情况及其未来将要面对的机遇与挑战而展开。[1] 在评估《世界遗产公约》执行情况与未来机遇挑战的框架下，世界遗产委员会逐渐认识到，造成目前世界遗产名录的种种不平衡状态、许多世界遗产项目列入后保存状况堪忧的原因，与世界遗产登录的程序密切相关。由此，世界遗产委员会有针对性地提出建议，应对遗产申报的上游程序进行深度反思，因此形成了目前以上游程序命名的特殊试验性项目。

作为"对《世界遗产公约》进行反思"而开展的一项工作，上游程序出于"帮

---

1 见 WHC-09/33.COM/14A："2009 年 2 月 25-27 日，世界遗产中心在巴黎的 UNESCO 总部组织了 '《世界遗产公约》的未来' 进行反思的工作坊，得到了澳大利亚、巴西、以色列、瑞士、荷兰和 'UNESCO 帮助发展中国家基金' 的支持，对《世界遗产公约》近 40 年取得的成就进行的遗产保护进行了总结，并指出了实施《世界遗产公约》的成功、日益加深的复杂性和多样性所带来的挑战和机遇。"

此次会议讨论了三个主题：1.《世界遗产公约》的价值、传递的信息和印象；2 保护和可持续发展；3. 世界遗产体系。讨论强调了继续确保《世界遗产公约》的成功和可行的关键是要"加强其可信度"，并认为可信度来源于严格、透明和稳固地应用突出普遍价值（rigorous, transparent and defensible application of outstanding universal value）。确保可信度应该解决的问题包括：1. 可信度；2. 世界遗产名录内部的不平衡性；3. 公众认知和世界遗产品牌价值的最大化；4. 当前对有损保护的登录项目的关注；5. 超负荷且未参与的政府机构。其中针对第 4 点保护状况不佳的项目，会议提出有必要"针对保护和可持续发展的关系，探索一些试点项目（Pilot Projects）的可能性，作为加强保护项目和管理规划作用的手段，同时增加当地社区的参与度"——这是试点项目的首次提出，也表明了其最初目的。

助减少在申报过程中产生重大问题的遗产地数量"[1]的目的,"为改善和加强当前申报过程,寻找各种可能的方法",委员会于 2011 年决定挑选 10 个准备申报的遗产地作为试点项目,"用于拓展创造性手段和新的指导形式",供缔约国在筹备申报工作之前进行参考。[2]

1.2 若干遗产大会关于上游程序讨论掠影

第 37 届世界遗产委员会大会上,关于上游程序的报告对 2011 年挑选的 10 处试点项目的推进情况进行了跟踪。报告显示各方机构已经以各种正式或非正式的方式开展了上游程序的工作,对于实施效果,ICOMOS 的报告认为总体而言非常欢迎这种工作模式,认为它非常显著地促进了咨询机构与缔约国之间的联系,双方在这个框架下的沟通与对话非常有效。ICOMOS 认为,当时较为迫切的是非常需要确定上游程序的范畴,与之相关的主题研究则需要缔约国各自的学术研究支持才能完成。

大会关于上游程序讨论主要集中在 4 个方面:(1)上游程序是否需要拓展至缔约国筹备预备名录的阶段;(2)与开展上游程序相关的资金问题;(3)上游程序执行过程的透明程度;(4)部分缔约国的能力建设问题。在最后的统一答复中,ICOMOS 对缔约国提出的各种建议表达了开放的态度,也解释了造成现有不尽如人意情况的客观原因。

第 38 届世界遗产大会决议(38 COM 9A)继续肯定了为改善上游程序而展开的各项工作,以及缔约国、咨询机构、世界遗产中心在试点项目上取得的进展。同时,决议也承认了除了已有试点项目之外,上游程序有必要尽早介入世界遗产申报的程序阶段,尤其是缔约国修订预备名录的阶段。

委员会敦促缔约国为上游程序提供必要的技术与财政支持,鼓励缔约国在必要的情况下通过世界遗产中心寻求帮助,确保试点项目的推进,同时呼吁国际社会给予支援。

委员会在相关决议中提出,启动将上游程序相关标准作为加入《实施〈保护世界文化与自然遗产公约〉的操作指南》(以下简称《操作指南》)的讨论。具体内容包括,要求咨询机构和世界遗产中心针对试点项目的实施进展准备一份报告,

---

1 见 WHC–13/37.COM/9,委员会关于反思《世界遗产公约》未来发展的决议:"14. 要求世界遗产中心在感兴趣的缔约国支持下,发起一项程序,为第 34 届委员会针对'创新手段'探索和开发可以考虑的建议,包括通过预备名录的过程,这样有可能减少'面临重大问题'的遗产地数量。"(Committee Decisions 33COM 14A.2 Reflection on the future of the World Heritage Convention:14.Requests the World Heritage Centre to convene,with the support of interested States Parties,a process to explore and develop recommendations for consideration of the Committee at its 34th session on creative approaches,including through the Tentative List process,that might reduce the number of properties that experience significant problems.).

2 WHC–13/37.COM/9.

提交 2015 年第 39 届世界遗产大会审阅，并要求就在《操作指南》中纳入上游程序筹备一份提案。提案应在总干事会议"《世界遗产公约》：前瞻性思考"的框架下，确定上游程序制度化实施的形式。这项决议意味着，未来上游程序将作为世界遗产申报准备的标准程序得以确定，如果能够实现在预备名录阶段就通过上游程序引入咨询机构的力量，那么，也许正如上游程序开展的初衷那样，可以帮助一些缔约国克服自身能力不足的问题，成功申报具有潜在 OUV 的遗产地，并在此过程中达到能力建设的目的，确保登录成功之后遗产的有效保护。

第 39 届世界遗产大会在两个环节对上游程序进行了重点讨论，一是工作组修订《操作指南》的环节，主要涉及的内容包括上游程序如何拓展至预备名录的相关工作，以及鼓励缔约国寻求"上游"支持（Upstream Support），并提出应该利用好现有国际援助资源；二是在"全球战略"的上游程序部分进行了专门的讨论。

在上游程序的报告中，ICOMOS 介绍了 2015 年的进展情况。首先是上游程序的工作重点，包括申报文本是否具有坚实的论证基础，以及在筹备申报的过程中还有哪些需要解决的问题；其次是当年上游程序的工作范围不仅包括已有的 10 个试点项目，还拓展到了系列申报和跨国申报，并且也对申报项目的管理和保护提供了咨询。同时在工作方式上也有所变化，针对一些资源有限的缔约国、难以实施现场调查的项目，国际古迹遗址理事会还尝试使用 skype 等网络通信工具进行咨询和指导。针对申报项目早期阶段在咨询机构和缔约国之间展开的对话获得的广泛认可，ICOMOS 感到非常欣慰，并表示正在尽力投入人力资源继续支持这项工作。

在第 39 届世界遗产大会上，上游程序被加入《操作指南》之中。由此，上游程序已不仅仅是申报环节的试点项目，而成为可以惠及众多缔约国的主流程序。不过，会议特别之处上游程序并不保证项目最终被列入《世界遗产名录》（以下简称《名录》），而是致力于减少项目申报中面临的主要困难，给予缔约国探索创造性的方法和指导，用于申报及之前的准备。试验阶段的 10 个项目在当时有 3 个列入《名录》。

第 41 届世界遗产大会上，关于上游程序讨论了应 2016 年世界遗产委员会要求，世界遗产中心 WHC 于 2017 年对上游程序进行的网上调查，此次调查收到了 5 个地区的 80 份回馈。上述反馈评价上游程序应越早进行越好，特别是在遗产申报环节上，最好能够提前到 OUV 评估之前。咨询机构在缔约国准备预备清单环节就应通过上游程序介入，这样能够有效避免进入申报环节后才发现价值的欠缺，造成人力和物力的浪费。反馈意见还建议上游程序应当更多地向四类国家倾斜：欠发达国家、低收入国家，中低收入国家、发展中岛屿国家。针对咨询机构参加上游程序，可能会造成对评估过程公平性、客观性的质疑，有建议要求，针对具体申报项目，通过上游程序参与申报准备环节的专家，不应当参与到申报的评审环节。

　　大会还回顾了几年内上游程序产生的较好效果，将世界遗产中心 WHC、咨询机构的建议高效地传递给缔约国。ICOMOS 建议，必须要保证上游程序的规范性和透明性，也必须保持一定程度上的灵活性，以适应不同缔约国的不同需求。而上游程序也可以有多种形式，不一定只有咨询任务（Advisory Mission）一种形式，也可通过主题研究、研讨会等形式开展，如对大型系列跨境遗产的主题研究，已开展的项目包括丝绸之路、罗马帝国防线等，均取得了很好的效果。事实上，上游程序的收益不仅局限于上述试点项目，也表现在各缔约国遗产保护和管理能力的提升上，这在提交的预备清单和申报项目上都有体现。

　　第 43 届世界遗产大会上，关于上游程序的讨论贯穿了多个决议，除了第 43 届世界遗产大会决议（43 COM 9A）专门关于上游程序的决议之外，关于《操作指南》修订、能力建设、Ad–Hoc 工作组的多项决议也都包含与上游程序相关的内容，最重要的是上游程序尽早开始介入被修订进入《操作指南》，其定义明确为自愿的、前期的、可以拓展至预备名录的直接由咨询机构面向缔约国的准备提名前的指导与帮助。并且确定，这种指导与帮助只是辅助性的，旨在提高申报的水平与能力。[1]《操作指南》相关修订还包括申请上游程序项目的规范过程等内容，是本次《操作指南》修订的重要内容之一。

　　此外，世界遗产中心在报告中还介绍了 2018 年对于上游程序项目的相关工作，包括 Workshop、实地考察等。世界遗产中心还列出了所有收到的申请，并列出了每个申请的紧迫性，虽然总数超过了原定的 10 个上游程序项目，但中心和咨询机构决定尽可能全部满足所有项目的至少包括前期筛选的需求。

2　近年上游程序的发展演变分析

2.1　上游程序的介入范畴历经讨论、不断拓展

　　在第 37 届世界遗产大会上有关上游程序未来发展方向的问题中，最引人注目的是其涉及范畴是否应当包含预备名录的筹备工作。支持方的论据在于，这样能使缔约国在咨询机构的帮助下有的放矢地筹备预备名录，节约资金和时间的投入，工作深入各有侧重；而包括遗产中心和咨询机构在内的反对方，则认为由于世界遗产本身的特殊性，即使咨询机构介入筹备预备名录的工作，也无法保证后续申报的成功，且这有悖于其作为遗产申报评判者的身份和立场。

1　WHC–19/43.COM/11A.

　　支持方中，爱沙尼亚代表提出，咨询机构在上游程序的帮助应该在列入预备名录时就及早参与，其理由是申报文件的筹备非常耗费人力资源与资金。南非代表呼应爱沙尼亚代表的建议，认为上游程序的参与范围除了应对各国的预备名录提出建议之外，也应该对地区定期报告等进行建议；并赞同应该多投入资源，因为实际上这样能够帮助缔约国节约经费——"避免缔约国在不能列入世界遗产名录的项目上浪费资源"。墨西哥代表提出，应该建立有效机制，从一开始就由ICOMOS帮助缔约国澄清遗产地是否具有突出普遍价值，以此作为开展后续工作的基础。马里代表也表示，希望咨询机构一开始就参与预备名录的筹备，与之建立对话关系，这样可以帮助缔约国避免许多困难。

　　针对缔约国的这些要求，明确表示反对或婉拒的是遗产中心和咨询机构。其中，世界遗产中心WHC的发言者明确表达了这项建议的不可操作性及其面对的资源局限，他指出，由于遗产申报的具体过程是一项通过比较研究和准备文本的工作逐渐深入认识的过程，因此只能确保预备名录具有潜在的价值，不可能保证遗产地一定能够满足申报标准和具有突出普遍价值，最终能够成功申报。如果缔约国申请国际专家参与预备名录的制定工作，咨询机构需要根据具体情况决定是否参与，其能力无法涉及所有地区的申请项目。

　　其他的一些缔约国——包括塞内加尔和德国，则支持遗产中心的观点。其中，德国代表除了陈述理由之外，也提出了建设性的意见，试图在不扩大上游程序范畴的情况下，为有需求的缔约国寻求解决问题的方法。他们认为虽然预备名录与上游程序同样重要，但预备名录本身与申报过程并不能等同起来。咨询机构对于预备名录提出的建议，也不如针对具体申报项目提出的建议重要。因此，德国代表最终建议应该成立其他相关的项目，为缔约国提供可以获得的工具，如空白分析（Gap Analysis）、主题研究等，帮助缔约国获得完成预备名录的能力，而不是具体参与预备名录的筹备工作。

　　在第38届世界遗产大会上关于上游程序的讨论中，世界遗产委员会对上游程序作为正式内容加入《操作指南》无异议，最终保留了决议8草案的相关内容，删去了有关延长申报时间的部分，同时同意修订《操作指南》的措辞中保持这些相关议题的开放性。阿尔及利亚代表提出，应该在上游程序内容加入《操作指南》时，对上游程序所涉及范围等进行定义。委员会还针对决议采用的文字进行了讨论，最终以"上游程序的实施形式"（Implementation Modality）一词涵盖了对这项工作的定义范畴，包括上游程序项目的确定过程、避免产生利益冲突的合理机制、涉及的申报文本提交时间表等。正如苏珊·丹尼尔（Susan Denyer）所说，世界遗产体系这种不断创新与突破的过程也正是其经久不衰和魅力所在的一部分。第38届世界遗产大会决议（38 COM 9A）则继续肯定了为改善上游程序而展开的各项工作，以及缔约国、咨询机构、世界遗产中心在试点项目上取得的进展。同时，决议也承认了除了已有试点项目之外，上游程序有必要尽早介入世界遗产申报的程序阶段，尤其是缔约国修订预备名录的阶段。

在第 39 届世界遗产大会上咨询机构的工作得到了缔约国广泛的赞同，也通过《操作指南》相关条款的修订，获得了实质性的推进：有关上游程序的报告决议中，世界遗产委员会鼓励将上游程序延伸到缔约国筹备或修订预备名录阶段，认为除了已经开展的试点项目之外，"为了尽可能有效地实施《世界遗产公约》，上游程序也应该在理想情况下在早期阶段就介入，更精确地说是在缔约国筹备或修订预备名录的阶段即可介入"。此外，世界遗产中心还鼓励缔约国通过各种途径寻求开展上游程序必须的资源，并赞扬了当年成功登陆《名录》的两个试点项目——沙特阿拉伯哈伊勒地区岩画和乌拉圭的弗赖本托斯文化与工业景观。全球战略的报告中还提到了非正式的上游程序项目——2014 年成功登录《名录》的丝绸之路跨国系列申报及印加之路申报项目。

在第 43 届世界遗产大会上，关于上游程序介入范畴这一探讨以上游程序进入《操作指南》修订为标志暂告一个段落，明确上游程序可以扩展到预备名录的阶段。上游程序的范围的扩展并不是达到了极限，在讨论中，布基纳法索代表就指出上游程序可以帮助提高申报质量，需要全球战略的重视，希望得到长程帮助，改善不平衡，提高能力建设，希望开展更多 Work Shop 以及增加跨区域合作。而主办国阿塞拜疆代表则提出上游程序应该是咨询机构与缔约国双方努力的过程，需要建立对话机制。而在 Ad-Hoc 工作组的预选程序中也涉及了上游程序，希望多程序能够协调进行，希望能致力于更多国家收益于上游程序项目。

分析与探讨

虽然第 43 届世界遗产大会已经明确了最新的关于上游程序的定义以及范围——尽量拓展至提名前甚至预备名录的阶段，并纳入了《操作指南》的修订，但这一路走来的过程仅是上游程序发展的重要历程的一个开端，总结这一过程可以帮助我们理解上游程序项目的意义与作用。

回顾历次大会的讨论，在是否拓展上游程序范畴方面存在的支持与反对的声音，都不难理解。一方面，是一些能力和资金投入都较为不足的缔约国，确实需要帮助提高遗产申报的成功率和申报后的保护管理工作，且迫切的心情与紧迫的需求使他们寄希望于最初始的预备名录筹备。另一方面，反对方的理由虽然没有支持方那么理想主义，却也是理性分析的必然结论。在世界遗产中心和咨询机构确实资源有限的情况下，相比较工程浩大又缺乏针对性、难以迅速见效的预备名录筹备过程而言，上游程序开始之初针对具体项目进行辅导的工作方法确实不失为局部最优的选择。

同时，在这种情况下，有些缔约国提出类似"授人以鱼，不如授之以渔"的建议——通过现有机制内的能力建设资源，为有需求的缔约国提供工具的方式——显然具有较好的操作性。因为，类似"空白分析""主题研究"这样的工具，不仅已经在过去的工作中被证明针对某些类型的具体项目行之有效，同时，也具有足够的普遍意义，使这些工作每一次取得的阶段成果都足以对其他的国家和类似的项目产生借鉴意义，并能够不断地纳入世界遗产的经验、知识与理论体系之中。

事实上，多年来上游程序的试点项目尝试有通过能力建设和学术研究的工具紧密联系，不断在新的项目或特殊情况中找到值得深入探索的问题，为遇到困难或能力不足的缔约国提供系统性的帮助，这使得上游程序从最初作为试验性的工具到现在的常规项目，仍然发挥其开拓性和创造性的作用——这种动态与活力，正是上游程序作为反思《世界遗产公约》40 周年的初衷。[1]

2.2 上游程序的透明与对话

上游程序实施过程中面临的另一个核心问题——也是近年来世界遗产的运作体系备受缔约国诟病的问题——就是世界遗产中心、咨询机构与缔约国沟通方式不够充分、透明和公开公正的问题，上游程序作为本身也担负部分提供加强对话沟通的项目，其自身的透明与对话问题也是关于上游程序讨论的热点。

在第 37 届世界遗产大会上，一方面，许多国家都承认，新开展的上游程序确实对"促进缔约国与咨询机构之间的有效对话"起到了非常积极的推动作用；另一方面，也有一些国家对目前的沟通效果提出质疑和建议，借机表达出对咨询机构在这些问题上的表现有所不满。最主要的问题集中在如何建立公开、透明的沟通程序。同时，一些国家也提到当前咨询机构地区分布的不均衡，以及能力建设程度的差异也进一步加剧了不同地区沟通能力上的差异。

针对前一问题，印度代表指出，上游程序项目的选择过程，与许多具体申报项目遗产地价值评估相关的过程类似，都存在决策过程不公开的问题，妨碍了缔约国及时获得信息，因此希望能建立一个系统，可以公开和共享价值评估的相关信息。法国代表明确表示，支持所有与咨询机构进行"更加广泛、透明和开放"对话的建议。阿尔及利亚代表也表示，促进咨询机构与缔约国对话透明度应被视

---

1 2010 年 4 月 27–29 日于泰国普吉岛举办的"申报的上游程序——申报程序的创新方法"专家会议报告中也提到上游程序可以介入预备名录的程序："c. 预备名录的作用——尽管预备名录是递交申报之前的重要程序，它同时也有许多其他独立但同样兼容的作用；与预备名录相关程序可以重新精炼，为缔约国提供获得进一步指导的机会，尤其是来自咨询机构和世界遗产中心的指导，并且还有通过协调程序获得的益处"。

为《世界遗产公约》的关键问题。

针对后者，塞内加尔代表首先对 ICOMOS 的组织架构提出了调整的意见，认为 ICOMOS 在非洲地区还没有设置具有针对性的地区组织，因为来自非洲的国际专家本身数量较少，地区组织的设立对这一现状具有一定的缓解作用。中东地区的国家代表也同样提到了咨询机构专家分布不均带来的问题。阿联酋代表提到了各国经济实力不同产生的不公平现象，指出有些国家因为更有经济实力，因此有能力从国际专家处得到需要的帮助，而其他一些国家却因为资金短缺而不能获得技术支持。阿联酋代表提出，希望能在《世界遗产公约》的背景下实现"大家庭的每个成员都能获得同等机会"的理想。卡塔尔代表则从文化差异的角度阐述了不公平的原因，认为阿拉伯国家之所以表现出能力不足的问题，和该地区缺乏咨询机构专家的状况密切相关。他指出，阿拉伯地区是一个人口众多、文化丰富的地区，理应有许多具有价值、可以登录世界遗产名录的遗产地。一方面由于该地区缺乏有话语权的专家，另一方面又因为咨询机构派来的跨地区专家可能缺乏对阿拉伯文化的理解与知识背景，无法深入地研究该文化中的遗产地，因此无法充分阐释和正确评价来自阿拉伯文化背景的遗产地。

回到关于"广泛、透明和开放"对话的议题，尽管所有的缔约国、世界遗产中心和咨询机构都对此示欢迎和认同，但缔约国代表也并未提出切实可行的建设性意见，因此目前尚难了解，其具体所指和未来改进的方向。不过，能够肯定的是，由于世界遗产项目作为联合国教科文组织的旗舰项目而广受欢迎，投入世界遗产保护的人力、资金等资源有限，遗产名录每年登录的名额限制等因素，近年来世界遗产的申报与登录已经在某种程度上成为竞争十分激烈的过程。世界遗产项目这种强烈的资源竞争性质恐怕与"广泛、透明和开放"对话的属性存在着天然的矛盾，最为根本的解决方案显然是增加相关的资源支持。与之相对，要求遗产价值评估过程的公开透明，这恐怕是并不现实的——需要公开、透明的是进行评估的标准和得出结论的依据，而这正是每年世界遗产大会遗产登录部分进行讨论、解释和表决环节正在做的工作。

另外一方面，由非洲代表提出的专业组织和人员区域分配不均的问题，则涉及能力建设这一命题。显然，如果能够满足非洲国家等缔约国对咨询机构地区组织的需求，将显著增加世界遗产竞争的公平性，符合《世界遗产公约》精神的长期工作方向。而在教科文组织资金日益紧张的今天，如何充分调动各个地区、各个国家的资源和能力可能是这类问题近期比较现实的解决方向。

在第 38 届世界遗产大会上类似讨论也在委员国肯定上游程序的同时展开，一些委员国代表再次提出上游程序存在的潜在隐患。塞内加尔和德国代表指出，应该避免利益冲突，不应该给予咨询机构过多的权力，对申报进程进行干涉。德国代表进一步表示，尽管完全支持把上游程序的内容加入《操作指南》，但反对决议8的草案延长申报时间的内容，因为咨询机构必须避免利益冲突的情况出现，不应该拥有过多的权力。印度在支持塞内加尔和德国的同时，表示需要在上游程序中明确咨询机构参与项目的程度。尽管延长申报时间本身并不是上游程序的一部分，咨询机构却认为这将为申报工作的前期筹备阶段提供更多的时间——其中自然包括实施上游程序的时间，而缔约国则认为这项由咨询机构在没有任何缔约国提议的情况下单独提出的决议，违背了《世界遗产公约》的精神，存在咨询机构越权的潜在危险。这种反对态度表明了缔约国对《世界遗产公约》赋予权力的谨慎态度，也表现出了部分缔约国对于咨询机构的不信任态度。

世界遗产委员会讨论了咨询机构在上游程序中是否存在利益冲突的问题，部分委员会成员国认为咨询机构不应该"又参加比赛又做裁判"，对此持反对态度。而世界遗产中心、咨询机构及部分受益于上游程序的缔约国则认为，咨询机构、缔约国在保护世界遗产的立场上确实完全一致，都是为了保护遗产，且咨询机构并未直接参与文本的编制工作，而是从能力建设的角度予以指导，因此不存在利益冲突。

分析与探讨

尽管"利益冲突"一词在历次大会讨论中被反复提起，事实上，如果仔细分辨委员会、咨询机构和世界遗产中心代表发言的核心论点与论据，不难发现，所谓"利益冲突"问题其实是项目开展的公平性问题。

正如世界遗产中心 WHC 指出，无论世界遗产中心 WHC、咨询机构，还是缔约国在保护世界遗产的目标上是完全一致的。基于这样的目标，应当尽可能发挥咨询机构作为专业力量的作用，促进对具有潜在 OUV 遗产项目的价值认识和有效保护。缔约国应争取和扩大与咨询机构之间的合作，在上游程序实施的过程中努力实现自身的能力建设，对相关遗产进行有效的保护和阐释。对于有意愿但自身缺乏必要资金参与上游程序的缔约国，世界遗产委员会可以考虑建立必要的支持机制，通过世界遗产基金或其他相关基金给予帮助，避免出现有违公平性原则的情况。另外，世界遗产委员会、世界遗产中心和咨询机构如何挑选上游程序的试点项目，保证过程的公开透明，使缔约国能够公平地获得资源的分配，也是缔约国关心的问题。

值得庆幸的是，从目前的进展来看，上游程序所取得的成绩为国际社会有目共睹，表现出了对推动全球遗产资源保护的积极作用。上游程序尽管仍在"试点"阶段，已经有许多缔约国、专业机构认识到它所具有的潜力和在有效保护世界遗产方面的意义。因此，不难想象，通过未来几年对上游程序的继续调整，尤其是上游程序加入《操作指南》之后对上游程序进行了初步的界定与规范，最终结果应该能够充分发挥其优势，改善可能存在的缺陷，成为进一步完善世界遗产体系的重要因素。

2.3　上游程序未来展望

纵观上游程序诞生以来的发展之路，虽然最初是试验性项目，从提出至今依然比较年轻，但发展之路一步步走来不但十分丰富而且充满了辩论与创新，可以说达到了 40 周年时开启试验项目的初衷，并且上游程序也通过《操作指南》的修订、试点项目等成为世界遗产工作的有机组成部分，成为讨论诸多重要问题时会诉诸的工具。与此同时，随着《世界遗产公约》、世界遗产中心、各咨询机构不断开展的其他相关工作与项目，上游程序在能力建设、全球战略、增强对话、均衡名录等方面综合性的角色日益体现。

上游程序项目通过修订《操作指南》之后，随着世界遗产中心、咨询机构以及缔约国的共同努力，试点项目的数量有增加的趋势，形式也会更加多样。可以预见，通过各种机制的合作，上游程序将在缔约国能力建设、世界遗产名录的平衡性与可信度、缔约国与咨询机构的对话沟通能多方面发挥越来越重要的作用。

3　全球战略下的上游程序试点项目与案例

从联合国教科文组织世界遗产委员会、世界遗产中心、咨询机构的工作来看，在战略方向上一大进步是由纳米比亚的纳米布沙海申遗成功所代表的全球战略上游程序所取得的重要成果。尽管当时缔约国对于是否应该将上游程序的实施范围拓展至各缔约国预备名录的筹备工作，是否能够利用现有框架改善条件还存在分歧。对于帮助进行上游程序试点项目的资金来源与分配、如何改善咨询机构与缔约国沟通的透明度，以及如何继续提供和完善能力建设与技术资源的问题，都仍在不断地探讨中。但毫无疑问的是，上游程序及其相关的能力建设工作，都普遍受到了缔约国的欢迎，值得推广。

3.1　试点项目的积极作用

自上游程序试点项目开展以来，获益的缔约国纷纷表示了感谢。如 2015 年因蓝山列入混合遗产名录的牙买加对试点项目的成效赞赏有加，他们认为"已经证明行之有效的工作应该多加强调"，并非常赞同咨询机构的意见，"即使上游程序需要付出额外的代价，缔约国得到的好处也非常明显，希望世界遗产中心可以继续认真推行这个项目"。

　　菲律宾作为参加了试点项目的国家，以切身经历描述了上游程序对明确遗产范畴、遗产类型和促进咨询机构与缔约国对话等方面的帮助，并支持尽早展开上游程序的动议。同样受惠于上游程序并表示感谢的国家还包括马来西亚和哈萨克斯坦。其中，哈萨克斯坦代表认为丝绸之路跨国申报项目就是上游程序有效性的例子，"我们正在考虑举办第四次协调会议，目前共有 12 个参与拓展申报的委员国、3 个观察国参加，并将与世界遗产中心继续开展合作"。

　　正是在这些试点项目的基础上，上游程序后来逐步突破试点项目的范围，修订进入《操作指南》，讨论拓展至筹备预备阶段，这也是世界遗产中心长期推进的结果。

3.2　政策倾斜

　　第 39 届世界遗产大会的讨论中，菲律宾代表在支持上游程序拓展至预备名录阶段的同时，也提出上游程序的覆盖面应该更加倾向于资源匮乏与代表性不足的国家；并希望开展上游程序项目的方式能由目前响应缔约国要求的被动方式，变得更加制度化和主动，以惠及更多的发展中国家。芬兰、越南、塞内加尔等国家代表也对这一主张表示支持。芬兰除认可咨询机构的努力之外，还提到今年上游程序的开展受到财政调整的影响，应该考虑上游程序项目的规范化，优先考虑跨国项目和不发达国家的申请。波兰代表则提醒说："目前仍在开展中的试点项目已由 10 个变为 6 个，应该继续增补，以帮助更多不发达国家的项目成功申报。"

　　ICCROM 代表在回答委员会国家的评论与疑问时也同意有关政策应向不发达国家倾斜的建议，表示目前已经开展了一些帮助相关缔约国长期推进申报和管理的能力建设项目，也期待更多国家的参与。而上游程序目前的覆盖范围，不仅包括 10 个确定的试点项目，还包括此前为丝绸之路和印加之路跨国系列项目提供的支持协调与筹备申报的工作。

　　国际自然保护联盟则表示他们注意到了芬兰提出的政策倾斜问题，目前由于地理位置的关系，咨询机构与欧洲国家沟通最为顺畅，但欧洲也是拥有世界遗产最多的地区，因此这种状况并不利于全球战略的实施。

3.3　侧重保护

　　芬兰代表对世界遗产基金的使用重点提出了不同的看法，他们认为相比申报，世界遗产应该更重视保护。数据表明，尽管近年来世界遗产基金预算经费总数从2000 万美元减少到了 1000 万美元，但用于申报项目的经费反而有所上升，相比之下，用于保护的经费大量减少。由于世界遗产基金没有足够的援助资源，世界遗产中心的人力资源也不充裕，因此不可能覆盖每个国家的需求。国际自然保护联盟代表非常赞同这一观点，因此认为使用预算外资金或缔约国提供经费的上游程序也是参与保护的合理方式。

世界遗产中心则表示上游程序在可获得的资源方面，除了世界遗产基金外，还有预算外资金和缔约国与咨询机构自筹的资金。预算外资金也为建立预备名录、申报前确认潜在突出普遍价值、进行比较研究等上游程序咨询工作提供经费。这项工作此前就已经在非洲广泛开展，最近在加勒比地区也有推进。而总体的工作框架则是帮助缔约国进行能力建设、遗产监测等。

3.4　国际合作

土耳其代表除了感谢世界遗产中心和咨询机构的努力之外，热情赞扬上游程序，他们认为上游程序是委员会近年来启动的最有成效的项目和行动，具有重大意义，应该持续推进，并强烈建议第40届世界遗产委员会在大会前组织工作室和工作小组，开展国际合作。这一提议也获得了世界遗产中心的支持。

同样表示欢迎国际合作的还有韩国。韩国代表首先对"鼓励缔约国筹备预备名录阶段就引入上游程序"的提议表示欢迎，并表示很高兴许多国家从咨询机构的上游支持中获益，避免一些有潜在突出普遍价值却缺乏恰当手段认识和保护这些价值的项目被忽略。同时表示自己与许多亚洲和太平洋地区国家都开展过合作，就遗产申报提供过帮助，并与地区办事处合作，通过世界遗产基金与韩国政府的信托基金开展工作，希望能有越来越多的国际援助资源。

3.5　工作方法

越南和塞内加尔代表都重申了在上游程序中缔约国拥有决定是否采纳咨询机构意见自由这一问题。越南代表还建议未来申报过程中引入的上游程序，能综合考虑缔约国的项目与咨询机构派出人员的效率问题，针对一个缔约国的多个项目派出相同的咨询人员，以便更好地熟悉缔约国遗产主题。这一观点也得到了马来西亚代表的赞同。

国际自然保护联盟针对这一提议原则上表示同意，并解释道，国际自然保护联盟在地区的干预行动主要通过工作坊完成，通常会关注举办工作室的地点及其周边国家的特定主题；如果针对某个国家开展工作，由于范围过小，可能很难找到申报重点，也很难完成跨境申报。

3.6　案例：沙特阿拉伯哈伊勒地区岩画

沙特阿拉伯哈伊勒地区岩画系列遗产由两部分组成，分别位于朱拜（Jubbah）的西曼（Umm Sinman）山区，离哈伊勒市西北方向大约90千米处，以及舒维密斯

（Shuwaymis）的奥曼杰（al-Manjor/Raat）山区，在哈伊勒以南约 250 千米处。这两处目前都由围栏和崖壁上方的台地共同围合保护起来，核心区面积 20.438 平方千米，缓冲区面积 36.095 平方千米。在最终报告中，国际古迹遗址理事会建议项目延迟一年申报，以完成在评估报告最后提出的"为了保护视觉完整性拓展缓冲区边界和消除偷盗、涂鸦与旅游威胁因素"为主要内容的若干措施。但经过委员会的讨论，在其突出普遍价值陈述满足要求，且缔约国已经承诺采取相关措施的前提下，最终决定以标准 i、标准 iii 列入《名录》。

位于朱拜的西曼山区曾经可以俯瞰到一个现已无存的淡水湖泊，过去为纳福（Narfud）大沙漠南部的人类和动物提供水源。当今阿拉伯人的祖先曾在这里留下了有关他们宗教、社会、文化、知识和哲学信仰等方面的记录。这一地区在全新世中期开始变得沙漠化，而该山谷成为沙漠地区唯一的重要水源，直至今日还有人类居住。这里的岩画艺术作品，尤其是大量分布在土质崖壁较低位置的岩画和字刻，记录了人类在这一时期适应环境变化的过程。舒维密斯的奥曼杰山区在更新世早期应是一处有溪流的山谷。两处地点都刻有大量的人像和动物画像，周边缓冲区范围内也有零散分布。

该遗产地的岩画数量多达数千幅，是沙特阿拉伯及其周边地区规模最大和内容最为丰富的岩画艺术群，深刻地反映了新石器时代的文化以及其后更新世晚期的环境恶化过程和人类的适应过程。因此，由岩画、石刻、考古遗址及其周边环境共同组成的遗产要素，成为今天遗产地的主要构成。该遗产地于 1976 年被重新发现，1986 年开始考古调查，2001 年最终完成。

2013 年 4 月，在上游程序试点项目第一阶段的框架下（WHC-11/35.COM/12C），世界遗产中心派出了国际古迹遗址理事会的咨询使团，在工作过程中还咨询了国际岩画学术委员会和若干位独立专家的意见。2014 年 9 月专家团队进行了现场调查，在反复与缔约国沟通之后，于 2015 年 2 月形成了最终报告。

国际古迹遗址理事会认为遗产的突出普遍价值、真实性和完整性都足以列入《名录》，尤其是"朱拜风格"岩画有力地记录了现已没有任何其他遗留痕迹的古代文明，具有突出普遍价值。国际古迹遗址理事会也同意缔约国的比较研究结论，认为这两处阿拉伯地区历史最悠久、最具艺术表现力和分布最为集中的岩画，即便与世界其他地区岩画相比，其申报项目的年代、时间跨度、数量和品质都足以列入《名录》。

对于缔约国申请提交的列入标准，国际古迹遗址理事会赞同遗产符合标准 i："这两个山谷包含了大量无与伦比的岩画，这些岩画仅以简单的石斧使用各种技法在逐渐恶化的环境下雕刻而成，其视觉表现力更是令人叹为观止，是人类创造的杰作"；以及标准 iii："它是山谷历史上存在过的若干传统社会如何应对环境灾害的独特见证。此外，舒维密斯的岩画记录了一个已经消失的社群曾经存在的历史痕迹"。国际古迹遗址理事会评估结论认为，标准 ii 由于并未发现此处岩画对其他地区岩画的外部影响而论据不足，标准 v 则因为岩画所见证的几千年前人类适应自然的传统与文明现已不复存在，不能满足。

总体而言，缔约国在上游程序咨询专家的帮助下，申报项目的突出普遍价值、列入标准、比较研究结论、真实性和完整性等内容基本得到了国际古迹遗址理事会评估报告的认可。主要分歧则集中在缔约国对遗产边界的划定和与保护管理相关的方面。

一方面，咨询机构认为缔约国划定的缓冲区不足以满足遗产保护的需要，遗产视觉完整性需要由更广阔的缓冲区来保证。另一方面，开发与游客监测等管理问题也是缔约国需要注意的问题：目前缓冲区东侧边界处已经建设了几千米长的水坝，以及在西曼山东侧建设中的体量庞大的水塔等，都严重破坏了岩画的景观视线。因此，咨询机构建议该申报推迟一年列入，以便给缔约国留出足够多的时间解决问题。

尽管经过委员会讨论，哈伊勒地区的岩画仍然成功列入了《名录》。但上述过程也说明有着咨询机构参与的上游程序，并不能确保申报项目一定列入《名录》。在咨询机构举办的上游程序主题边会上，国际古迹遗址理事会派出的咨询专家对该项目的经验做了分析与回顾。

首先，国际古迹遗址理事会的咨询专家认为哈伊勒地区岩画是非常典型的上游程序案例，通过在筹备申报文件早期阶段介入，咨询机构与缔约国展开了广泛合作，包括确定开展岩画研究和记录的范围，收集档案和考古遗址的信息，确认岩画与和聚落相关的考古遗址的关系，梳理保护、管理和保管的问题等；继而确认了申报的可行性，并结合不同的利益相关者的建议，最终共同完成申报工作。

接着，咨询机构解释了建议推迟一年而非当年申报的结论产生的原因，其很大程度上与工作开展深度有关：咨询机构的主要工作目标是帮助缔约国确认申报的可行性，即遗产潜在的突出普遍价值，并就保护与管理中可能存在的问题提出建议。作为上游程序的主要成果，申报文件中的这些内容大都得到了评估报告的肯定。正如缔约国代表在若干次讨论中表示的那样，它确实有助于各国加强在申报环节的能力建设。而有关核心区与缓冲区划定范围以及保护管理等方面的工作，则很大程度上是缔约国自己的决定，并不在上游程序的工作框架之内，咨询机构也不可能代替缔约国决定如何申报遗产，因此也就可能成为项目申报的薄弱环节。

最后，世界遗产中心的阿拉伯地区二类中心代表布什那肯（Bouchnachi）先生从更宏观的角度分析了上游程序对申报项目的作用。在岩画项目开始之初，咨询机构就其与约旦佩拉地区历史遗迹在申报潜力上进行了比较，认为后者申报条件并不成熟，而前者潜在的突出普遍价值突出，从而选定了沙特哈伊勒地区的岩画。由此可以看出，预备名录的筛选非常重要。布什那肯还指出，各国递交预备名录时，世界遗产中心只负责检查文件的完整性，而部分国家的《预备名录》只是一个用于保护遗产地的工具，许多项目并不真正具有潜在的突出普遍价值。目前，阿拉伯地区有 90% 的《预备名录》项目是不符合上游程序要求的，必须引起本地区国家的重视。同时，他也建议委员会做出规定，必须及早确定预备名录项目的文化价值（Cultural Significance），在这方面，上游程序则可以参与《预备名录》的筛选。

回顾这一项目的申报过程，不难发现，上游程序确实对资源有限、能力不足的缔约国申报项目起到了明显的帮助作用，咨询机构派出的专家通过上游程序项目帮助缔约国识别和筛选了有申报可能的项目，并通过确认其突出普遍价值，增加了此类项目申报成功的概率，并改善了缔约国甚至本地区的能力建设状况。

但国际古迹遗址理事会本身对申报文本和遗产地现场的评估结果也表明，上游程序受限于咨询专家的经验及遗产地本身，其与申报成功并不能划等号。因此，尽早确认上游程序的工作范畴和咨询机构在其中扮演的角色，是上游程序项目未来发展需要关注的方向。

3.7 乌拉圭弗赖本托斯文化与工业景观

乌拉圭弗赖本托斯文化与工业景观是 2015 年申报的项目，也是上游程序的另一个试点项目。国际古迹遗址理事会曾于 2013 年 2 月派出咨询使团到现场开展上游程序第一阶段工作，此后又于 2013 年 7 月再次派出咨询专家。工作结论认为，申报项目可以形成有说服力的申报文本。

国际古迹遗址理事会的评估过程咨询了若干国际工业遗产保护委员会（TICCIH）的专家和其他几位独立专家。通过文本及现场评估，除申报标准有一项调整之外，国际古迹遗址理事会基本同意缔约国的有关遗产地突出普遍价值的陈述。在保护与管理方面，国际古迹遗址理事会认为需要特别关注遗产构成的清单、综合保护管理规划、考古调查和进行干预的导则与影响评估、风险防范，以及改善档案保存与当地社区代表性等问题，并通过三次致函缔约国询问了相关问题的细节。2015 年 2 月 27 日，乌拉圭政府向国际古迹遗址理事会提供了补充信息，陈述了加强缓冲区法律管理的手段和在遗产地的管理规划中增加一项风险防范规划的内容。

评估报告的最终结论推荐将弗赖本托斯文化与工业景观列入《名录》。世界遗产中心在有关上游程序的报告中认为，"乌拉圭的上游程序项目经证明是有效且成功的，且能够在其他拉丁美洲国家进行推广"，而"国际古迹遗址理事会在上游程序项目中提供的积极支持，以及缔约国在整个过程中的坚定决心是这个项目成功的重要因素"。对比两个案例不难发现，在上游程序的推进过程中，缔约国本身的态度及能力也是一项预示申报项目是否顺利的重要指标。

4 第39届世界遗产大会咨询机构上游程序主题边会实录

咨询机构在大会期间举办了关于上游程序的主题边会。相对于大会上各缔约国对上游程序带来实效及其法理和具体操作程序的讨论，咨询机构的关注点更多集中在上游程序的方法论、对具体试点项目产生的实际作用，以及能够从中总结得出的经验和需要进一步解决的问题等方面。

就具体项目而言，今年国际古迹遗址理事会有两个筹备预备清单上游程序项目，分别针对蒙古和厄瓜多尔。其中，国际古迹遗址理事会为蒙古筹备预备清单的项目举办了两天的工作坊，其主要任务是解释基本的工作方法，如就蒙古在历史上作为游牧民族生存环境可能留存的遗产特征进行分析，并结合国际古迹遗址理事会之前的"中亚地区岩画"等主题研究成果、参考周边国家的历史文献记载，为蒙古的预备名录整理工作提供思路。此外，国际古迹遗址理事会还特别提醒缔约国在筹备预备清单的过程中先做好基础研究，否则贸然地编制预备清单会造成各种不必要的政治干预和竞争等。在厄瓜多尔开展的上游程序项目则通过2014年9月为期三天的工作坊，与本国的保护工作者进行沟通，就缔约国的能力建设进行评估并提出建议，如需要加强比较研究的能力、进一步确认保护与管理状况等。国际古迹遗址理事会认为，尽早开展与筹备预备清单相关的对话与沟通将有助于形成初步的结论。

国际自然保护联盟在边会上的报告内容则比较具体，他们认为上游程序的目的是保护，而不是制造矛盾，由于申报项目会涉及许多利益相关方，应当谨慎平衡他们之间的关系。今年国际自然保护联盟的两个试点项目包括与国际古迹遗址理事会合作的阿尔巴尼亚及马其顿的奥赫里德（Ohrid）地区的混合遗产拓展申报，以及由国际自然保护联盟单独负责的中东地区伊拉克南部艾赫沃尔（Ahwar）的申报项目。

阿尔巴尼亚及马其顿的奥赫里德地区自然与文化遗产跨境项目拓展申报是上游程序的10个正式试点项目之一，于1979年按照自然遗产的标准 iii [今标准 vii]列入《名录》，并于1980年以标准 i、标准 iii、标准 iv 登录《名录》。国际自然保护联盟与国际古迹遗址理事会通过自2012年开展的上游程序协同合作，认为应将遗产地的核心区范围拓展至整个湖区，并确立了应当督促所有权威机构与地方社区共同保护奥赫里德湖的遗产资源、促进跨境合作与有效管理的目标，通过帮助缔约国深入了解该地区的资源分布，寻找有助于可持续发展与旅游的机会，还为缔约国提供筹备文件的技术支持等方式实现这些目标，具体成果包括媒体宣传文本、自然与文化遗产评估、跨境联合会议以及主题培训工作坊等一系列活动，为缔约国提供了颇有成效的支持。

伊拉克南部艾赫沃尔的申报项目则是伊拉克第一个混合遗产的系列申报项目，诸多咨询机构的共同参与（UNEP、UNESCO、IUCN、ARC–WH）与文化、自然领域专家的高度合作对提高当地决策者对遗产地历史、文化与生物多样性的价值认知有极大帮助。通过对当地官员、学者的跨学科培训，各咨询机构设法帮助他们认识到了遗产地的潜在突出普遍价值及筛选标准，并帮助缔约国编制综合管理规划。

边会最后的讨论环节提到了如何改进上游程序的问题，国际古迹遗址理事会非常赞同通过修订《操作指南》，将上游程序纳入筹备预备名录阶段的建议，因为在这个阶段"缔约国尚未投入大量资源"。此外，国际古迹遗址理事会还认为，上游程序需要配合主题研究和填补《名录》空白的相关研究来展开，后者即2003年世界遗产中心完成的《填补空白》报告，此后也有一系列主题研究报告产生。遗憾的是，近年来由于资金问题，国际古迹遗址理事会的该项目大多停滞，仅有少部分政府资助项目仍在继续进行，此类研究成果能够针对如何分配资源和弥合《名录》最近10年以来产生的空白等议题指导国际古迹遗址理事会的工作。

第二部分
世界遗产申报与保护管理

世界遗产保护中"社区参与"思潮给中国的启示

文／徐桐

2015 年中国加入《保护世界文化和自然遗产公约》（以下简称《世界遗产公约》）已经三十周年，这三十年中中国文化遗产保护事业在经历了以《威尼斯宪章》被引介进入中国、1987 年首批 5 项文化遗产和 1 项混合遗产登录世界遗产名录，在世界遗产中心和国际组织的协力推动下，中国文化遗产保护在 20 世纪 90 年代实现了同国际保护理念的快速接轨。进入新世纪，以《中国文物古迹保护准则》（以下简称《准则》）发布为代表，中国尝试将国际保护准则同中国文物古迹保护的具体实践相结合，制定符合中国文脉的文化遗产保护行业规则初见成效。近十年，中国文化遗产保护事业发展越来越快，截至 2006 年，前五批全国重点文物保护单位名单共 1268 处；2006 年第六批新增 1080 处；2013 年第七批全国重点文物保护单位公布，全国重点文物保护单位数量增长到 4295 处。

此外，三十年的发展使中国文化遗产保护的视野也从早期的"古遗址、古墓葬、古建筑、石窟寺及石刻、近现代重要史迹及代表性建筑"拓展至"文化景观、遗产运河和文化线路"等新类型的遗产保护领域。

自 2010 年经中国国家文物局批准进行《准则》修编工作以来，国家文物局重点关注的"传统村落"、"乡土遗产"的价值认定，以及文化遗产在保护的同时成为社区经济和社会发展的推动力，成为新的遗产保护热点。这一方面源于 750 处全国重点文物保护单位规模（截至 2001 年）下仅依靠国家投入和行政管理的模式需要改变。此外，国际遗产保护理念的发展以及诸如长春一汽等工业遗产、景迈古茶园等农业遗产，以及传统村落等活态遗产，乃至一部分已经丧失了原有功能，但难以通过建立博物馆等传统方式进行展示利用的文化遗产，其社会价值如何体现，也成为中国文化遗产保护难以回避的问题。在这个角度下，世界遗产保护的一些案例对中国具有启发意义。

1 "世界遗产与可持续发展议题"推动下的"社区参与"热潮

　　社区在遗产中的角色一直是国际遗产保护领域的热点，早在 1962 年教科文组织第 12 次大会通过的《关于保护景观和遗址的风貌与特性的建议》中便明确指出："12. 景观和遗址的保护应通过使用以下方法予以确保：……（6）由社区获得遗址"。1972 年《世界遗产公约》第 5 条也明确要求缔约国"通过一项旨在使文化和自然遗产在社会生活中起一定作用，并把遗产保护纳入全面规划计划的总政策"。此后直至现今，社区一直是各种宪章、宣言的常见关键词，2007 年世界遗产委员会将"世界遗产的战略目标"从《布达佩斯宣言》的"4C"上升为"5C"，增加了"社区"概念，强调当地民众对世界遗产及其可持续发展的重要性。

　　在世界遗产保护领域，新一轮的"社区在遗产中的角色和作用"的热潮起源于 2010 年左右开始的一系列会议讨论及宣言成果，其出现的大背景为 2012 年 6 月召开的"联合国可持续发展大会"（UN Conference on Sustainable development–UNCSD）。在此国际议题下，2012 年 11 月在日本京都举办的《世界遗产公约》40 周年纪念大会主题定为"世界遗产与可持续发展：当地社区的角色"（WH&SD：the Role of Local Communities），按照此前一年通过的国际古迹遗址理事会《遗产作为发展动力的巴黎宣言》引文中的描述，这一主题的意义形容为"这一目标首先着眼于全球化对于社区和遗产的影响，并确认除了保护遗产之外的遗产使用、推广与提升、其经济社会和文化价值被应用于当地社区及其参观者的利益保障，并最终衡量遗产及其价值用于启发和构筑明日的社区的作用，以抵抗全球化的负面作用"。

　　2014 年，《奈良 +20》继承了《奈良真实性文件》强调"社区"在保护中作用的基本精神，并基于 20 年遗产保护实践总结出的利益相关者的"复杂性"，其相关表述更加具有遗产保护管理的操作导向性。《奈良 +20》呼吁"拥有权威的群体"应努力将所有利益相关者纳入遗产认定和管理，以及遗产资源利用过程中特别是"声音弱小的群体"，且遗产的专业人士应当将研究和决策制定的参与范围扩展到"能够影响遗产的社区性事务"之中。

　　2015 年 6 月 29 日下午，第 39 届世界遗产大会通过了世界遗产与可持续发展"策略草案"（39com.5D–Daft Policy），将世界遗产与可持续发展之间的关系归纳为四个要素：环境可持续性（Environmental Sustainability）、社会包容性发展（Inclusive Social Development）、经济包容性发展（Inclusive Economic Development）、和平与安全（Peace and Security）。

　　从"世界遗产与可持续发展"的议题分析，当今世界遗产保护、遗产地的保护管理不仅仅局限在遗产物质载体安全性这一技术层面的保障。按本届遗产大会遗产地保护状况审议环节中文化遗产咨询机构发言时表达的观点，过去四年保护管理的挑战愈加复杂；影响遗产地突出普遍价值，甚至是物质载体本身安全的因素大多来源于环境、社会及经济的影响。应当以可持续发展的角度审视，在制定保护管理规划时将遗产地社区、遗产地生态和文化多样性，遗产地经济发展、环境安全等一并纳入统筹考虑。

　　现在咨询机构审议世界遗产申报项目，以及已经登录的世界遗产项目的保护状况时，位于世界遗产范围内甚至周边的社区能否参与到遗产保护管理之中，可否从中受益已经成为从世界遗产与可持续发展角度重新审视世界遗产保护管理的普遍做法。

　　在欧洲第二轮定期报告：十项核心建议[1]也采用了可持续发展的观点，将以社区为核心的利益相关者的参与作为保护世界遗产突出普遍价值的核心措施之一，其建议（图1）：

第1条：确保所有的利益相关者都清楚世界遗产的状态并理解其内涵

- 让当地社区和整个公众参与其中
- 提供遗产及其突出普遍价值的清楚信息

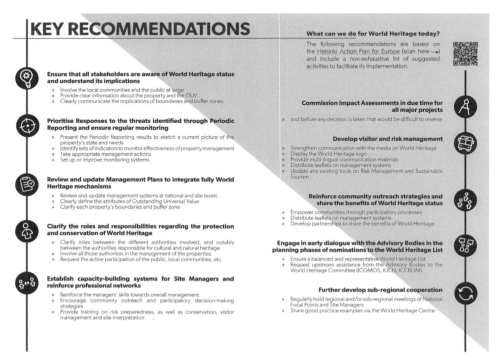

图1　欧洲第二轮定期报告：十项核心建议

（图片来源：世界遗产中心 - 欧洲第二轮定期报告阐释文件）

1　十项核心建议基于《赫尔辛基行动计划》（Helsinki Action Plan for Europe）.

- 公开透明地交流核心区和缓冲区的划设意义

第 8 条：强化社区推广战略并保证社区分享世界遗产带来的收益

- 让社区居民通过"参与"遗产地决策的相关过程而获得权力
- 管理体系中加强社区宣传推广
- 建立世界遗产相关收益的伙伴共享关系

2 世界遗产视角下"社区"在遗产保护中的角色

2.1　社区作为遗产价值承载者

　　在一些遗产地，特别是对自然与文化遗产结合密切的遗产类型而言，本地文化是遗产的重要价值组成，在这些遗产地中，当地社区往往是遗产价值的承载者。而从遗产地本身可持续保护角度看，是否认可其保有的传统知识、技能、信仰等本地文化为遗产地突出普遍价值的重要部分，从而在遗产地保护管理策略和规划中使承载上述文化的社区从中持续获益，进而增强其对抗全球化、商业化冲击时的"文化弹性"，将直接影响世界遗产突出普遍价值本身的可持续保护。

　　而这类通常具有活态特征的遗产，当地社区是世界遗产保护管理的首要利益相关者，在遗产地提名、申报、评估、保护管理、监测和报告中，其知情权、参与权、决策权均应得到充分保障。而在世界遗产申报与审议的实际操作中，这一条也被当作咨询机构和世界遗产委员会评估审议的标准之一。

　　第 39 届世界遗产大会上诞生的牙买加第一个世界遗产蓝山—约翰·克罗国家公园便是符合上述特征并在申报过程中充分保障当地社区知情权、参与权，进而得到咨询机构和世界遗产委员会认可而成功申报的典型案例（图 2）。蓝山—约翰·克罗国家公园位于牙买加东南部崎岖广袤的森林地带，并由于这种地形首先为逃避奴隶制的土著——泰诺人（Tainos）提供了庇护，之后又为已经被奴役过的马卢人（Maroons）提供了庇护，这些社区在逃避欧洲殖民体系过程中，在这一与世隔绝的地区留下了一系列的

图 2　牙买加"蓝山—约翰·克罗国家公园"登录世界遗产后社区代表致辞

踪迹、躲藏地和定居点，这些形成了"南茜村遗产线路"（the Nanny Town Heritage Route）。这一区域的森林提供了马卢人生存所需的一切，也因此马卢人和其所处山脉环境形成了强烈的精神联系，这一精神联系至今仍然能够通过注入宗教仪式、传统医药和传统舞蹈等非物质遗产得以证明。

此外，这一遗产地同样也是加勒比群岛生物多样性的一个代表，拥有众多的植物种类。2011 年第 35 届世界遗产大会上，蓝山—约翰·克罗国家公园曾经按照自然遗产标准 ix 和标准 x 申请世界自然遗产。当时咨询机构和世界遗产委员会给出了"推迟列入"（Deferral）的决议，认为缔约国在申请文件中对上述马卢人与山脉之间精神联系，以及留存下来的躲避奴隶制的文化遗存的文化价值阐释不足，在管理中对当地马卢社区代表的参与权保障不足。在委员会决议中要求缔约国牙买加"深化比较研究以确定此项申报遗产地的突出普遍价值与马卢族（Maroon groups）相关载体的见证关系"，"要求将马卢社区的代表纳入到管理框架之中"。4 年后的第 39 届世界遗产大会上，牙买加再次将这一项目提交到了咨询机构和世界遗产委员会，并按照标准 iii、标准 vi、标准 x 得以顺利列入。

再次申报后的评估中，咨询机构和世界遗产委员会同样积极评价了其保障马卢社区在遗产地保护管理中作用的措施，"遗产地管理充分考虑了自然与文化价值间负责的遗存关系，并且保障了马卢社区在遗产地及其管理中的积极活动"，"将马卢社区的生活纳入保护与管理之中保证了此社区与其遗产间的连接关系的持续，也帮助国家机构成功地将此遗产地托管给当地社区照看"。

除了"蓝山—约翰·克罗国家公园"，第 39 届世界遗产大会通过的其他遗产地社区传统知识、技能、信仰等本地文化为遗产地突出普遍价值的重要部分的文化遗产中，社区的可持续发展，以及社区作为文化遗产保护管理的重要参与者的理念也得到了咨询机构和世界遗产委员会的认可，例如强调人与自然互动关系的七项文化景观。这些案例中，当地社区都是世界遗产地突出普遍价值的承载者，当地社区的可持续性发展将会增强遗产地抵御全球化、商业化等文化侵蚀时遗产地的文化弹性；反之，社区发展存在脆弱性，或许在不远的将来丧失其传统文化、知识、信仰或者生活生产方式，都将损害遗产地的真实性和完整性，从而损害遗产地的突出普遍价值。

2.2   社区作为保护管理体系中的"利益相关者"

在更多世界遗产地中，当地社区不一定承载着世界遗产的突出普遍价值，然而其仍然是直接关系世界遗产地可持续保护和传承的最重要的"利益相关者"。当地社区能否充分理解世界遗产的突出普遍价值，及其承载要素决定了其在发生与世界遗产相关活动时的行为模式。通过充分的宣传教育，使当地社区理解和尊重世界遗产，赋予其参与世界遗产保护管理的权力并给予正确引导，同时在不损害世界遗产的突出普遍价值的前提下，尊重并帮助提升当地社区管理世界遗产地的传统方式，创造条件支持当地社区的可持续发展，特别是通过世界遗产的保护管理，为当地社区创造就业和发展机会等，回馈收益将会正向刺激当地社区积极参与世界遗产地的保护管理进程。

作为蒙古国传说中成吉思汗出生和埋葬之地的蒙古族萨满教及佛教圣地"大不儿罕·合勒敦山及其周边的神圣景观"，在遗产地保护管理上有着传统的方式，特别是作为当地社区的信仰中心，本身不允许在遗产地进行开发、挖掘或者打猎等行为，从而弥补了咨询机构对其保护管理措施中现代规划与法律保护管理上尚存不足的质疑。

此外，在近年的世界遗产大会现场，经常会出现诸如上述蓝山—约翰·克罗国家公园申报成功后邀请当地社区代表表达感受的场面，成为社区作为保护管理体系中重要"利益相关者"，获得保护管理机构赋权的证明。

第 38 届世界遗产大会上，德国卡洛林时期建筑和科尔维城登录为世界文化遗产后，教堂产权人和庄园产权人代表现场致辞（图 3）："这个遗产中的教堂从 1200 年前就已经有了传教士的祈祷活动。我们将继续将这项遗产保存到下一个两千年"；"我的家族已经对这片土地有着 200 年的拥有和管理史，而教堂更是有着 1200 年的历史了，我们有信心和经验保证这项遗产的持续稳定保护与管理，直至交给下一代手中。这次登录成功保证了这项遗产的继续保护和公益性利用，我们作为产权人保证会和遗产管理机构一道将这项遗产保护与管理好"。

而在自然遗产中，社区同样作为世界遗产保护管理的利益相关者，其基本发展权的保障，参与遗产地保护管理的权力的保障，以及能否从世界遗产保护中获益等也是咨询机构和世界遗产委员会评估申报世界遗产项目的重要方面。

图 3　德国"卡洛林时期建筑和科尔维城"登录世界遗产后社区代表致辞

3 总结

在国内文化遗产保护的实践和研究中，有将传统历史、艺术、科学价值作为文化遗产的核心价值或信息类价值，将社会价值（包含经济价值）、文化价值等当作衍生价值的讨论。从"世界遗产与可持续发展策略草案"设立的总体原则和基本要素看，保证世界遗产的突出普遍价值，大体仍然指上述"历史、艺术、科学价值"，而发挥世界遗产在可持续发展中作用的要求更多是对社会价值（包含经济价值）、文化价值等方面的要求。

在中国，将"社区"纳入遗产保护管理工作也已经成为共识，特别是对于仍有社区居民生活在其中的"活态遗产"。2015 年发布的修编版的《中国文物古迹保护准则》第 1 条的阐释中，便将与社区相关的遗产类型保护中"社区"的角色与作用进行了明确的说明："许多文物古迹类型，如：历史文化名城、名镇、名村、文化景观与传统生产、生活方式、信仰等非物质文化遗产相关，它们呈现出'活态'的特征……文物古迹所在社区的参与，是这类文物古迹保护的基础。"

上述条款指的仍然是"社区"作为遗产价值承载者所需要的"参与权"，从"世界遗产和可持续发展"的角度看，遗产保护管理、经济收益甚至通过补偿机制使社区持续收益是参与权之外，管理者和规划策略制定者需要明确解决的，特别是对于此类具有活态特征的遗产，许多时候需要公共政策弥补市场机制调节带来的对当地社区的不利影响。

此外，对于许多已经丧失活态特征的文化遗产和自然遗产，如何发挥其社会价值，使遗产地范围内及其周边社区、社会边缘群体能够积极参与遗产地可持续保护同样是保护管理制定时需要考量的重要因素。

世界遗产真实性评估标准的消解（2006-2016）

文／孙燕

1 世界遗产评估中真实性概念的演变

真实性问题一直是世界遗产申报和保护状况评估的核心标准，也是文化遗产保护的基本原则之一。早在 1977 年第 1 版《实施保护〈世界文化和自然遗产公约〉的操作指南》（以下简称《操作指南》）就将文化遗产的真实性作为列入《世界遗产公约》（以下简称《公约》）的基本条件。指南第 9 条写道："遗产需在设计、材料、技艺、环境等方面满足真实性的检验；真实性并不局限于原有形态和结构，而是包含了所有的后续的改动和添加，在其整个时间周期中，这些（改动和添加）本身也具有艺术或历史价值"[1]。这一时期世界遗产的"文化遗产"就是指《公约》第 1 条所限定的纪念物、建筑群和遗址（或译作遗迹）三种类型：

> "纪念物：从历史、艺术或科学角度看，具有突出的普遍价值的建筑物、纪念性雕塑和绘画、具有考古性质的要素或结构、铭文、窑居以及联合体；
>
> 建筑群：从历史、艺术或科学角度看，因其建筑式样、同质性（特征）或与景观结合的场所（特征）方面具有突出的普遍价值的独立或连接的建筑群；
>
> 遗址：从历史、美学或人类学角度看，具有突出的普遍价值的人类与自然的共同作品和包括考古遗址在内的区域。"[2]

---

[1] World Heritage Centre. CC–77/CONF.001/8 Rev[Z]，1977. Paris. 原文："In addition，the property should meet the test of authenticity in design，materials，workman– ship and setting；authenticity does not limit consideration to original form and structure but includes all subsequent modifications and additions，over the course of time，which in themselves possess artistic or historical values." 网络地址：http：//whc.unesco.org/en/guidelines/，[2016–12–15].

[2] General Conference at its seventeenth session. CONVENTION CONCERNING THE PROTECTION OF THE WORLD CULTURAL AND NATURAL HERITAGE[Z]，1972. Paris. 原文：Article 1 For the purpose of this Convention，the following shall be considered as "cultural heritage"：monuments：architectural works，works of monumental sculpture and painting，elements or structures of an archaeological nature，inscriptions，cave dwellings and combinations of features，which are of outstanding universal value from the point of view of history，art or science；groups of buildings：groups of separate or connected buildings which，because of their architecture，their homogeneity or their place in the landscape，are of outstanding universal value from the point of view of history，art or science；sites：works of man or the combined works of nature and man，and areas including archaeological sites which are of outstanding universal value from the historical，aesthetic，ethnological or anthropological point of view. 网络地址：http：//whc.unesco.org/en/conventiontext/，[2016–12–15].

　　当前似乎已无法确切考证"真实性"一词在文化遗产保护领域何时出现，不过，一般认为在《威尼斯宪章》（1964 年）中就已提到真实性一词，宪章的开篇即指出，*"我们的责任是将它们（历史纪念物）全部的真实性传下去。"* [1] 虽然宪章并没有对真实性的概念提出明确的解释，不过，相比《操作指南》，《威尼斯宪章》对于应如何在设计、材料、技艺和环境方面将历史纪念物的全部真实性保存下来做了更为详细论述。

　　《威尼斯宪章》第 9 条谈到，修复的目的在于*"保存和揭示纪念物的美学和历史价值，并以尊重原始材料和真实的文献为依据。一旦出现臆测，必须立即予以停止。"* [2] 而在历史价值和美学价值之间，《威尼斯宪章》采取了更倾向于保护历史价值的干预原则，如第 11 条强调，*"各个时代为建筑纪念物所做的正当贡献必须予以尊重，因为修复的目的不是追求风格的统一。"* [3] 宪章强调，当代的添加必须有现代的标记，和历史原物相区别，以避免造成年代或艺术风格上的混淆（第 11 条和第 12 条）。在技艺方面，对于修复中的现代干预技术，《威尼斯宪章》采取了比较宽容的态度，指出*"当传统技术被证明为不适用时，可采用任何经科学数据和经验证明为有效的现代建筑及保护技术来加固纪念物"*（第 10 条）[4]。而在遗产的环境方面，宪章强调纪念物不能与其产生的环境分离（第 7 条）[5]，同时强调了传统环境保护的重要性，*"纪念物的保护包含着对一定规模环境的保护。凡传统环境存在的地方必须予以保存。"*（第 6 条）[6] 由此，《威尼斯宪章》确立了以原始材料或历史原物的保存为核心的文化遗产保护原则，也就是我们今天所说的真实性的物质方面，阐明了历史价值和美学价值的关系，阐明了当代干预和历史原物的关系。这些原则在此后很长一段时间内，实质性地构成了文化遗产真实性的评估标准。

　　在 20 世纪 70、80 年代的世界遗产评估体系中，其实并没有开展针对文化遗产真实性的专门评估。在世界遗产申报环节，遗产保护管理状况的评估名为"质

1 IInd International Congress of Architects and Technicians of Historic Monuments. INTERNATIONAL CHARTER FOR THE CONSERVATION AND RESTORATION OF MONUMENTS AND SITES（THE VENICE CHARTER 1964）[Z]. 1964. Venice. 原文：The common responsibility to safeguard them for future generations is recognized. It is our duty to hand them on in the full richness of their authenticity. 网络地址：http://www.icomos.org/en/charters-and-texts, [2016-12-15].

2 同上，原文：Article 9. The process of restoration is a highly specialized operation. Its aim is to preserve and reveal the aesthetic and historic value of the monument and is based on respect for original material and authentic documents. It must stop at the point where conjecture begins, and in this case moreover any extra work which is indispensable must be distinct from the architectural composition and must bear a contemporary stamp.

3 同上，原文：Article 11. The valid contributions of all periods to the building of a monument must be respected, since unity of style is not the aim of a restoration.

4 同上，原文：Article 10. Where traditional techniques prove inadequate, the consolidation of a monument can be achieved by the use of any modern technique for conservation and construction, the efficacy of which has been shown by scientific data and proved by experience.

5 同上，原文：Article 7. A monument is inseparable from the history to which it bears witness and from the setting in which it occurs.

6 同上，原文：Article 6. The conservation of a monument implies preserving a setting which is not out of scale. Wherever the traditional setting exists, it must be kept.

量"（Quality）评估，一直到 1992 年左右这项评估才被真实性评估取代。笔者认为，在世界遗产建立初期，文化遗产的质量评估是一项相对独立（与 OUV 关联性较弱）、客观地反映遗产保存现状的检测。而在保护状况的评估中，真实性的评估可能在 20 世纪 80 年代就被引入。1983 年版的《操作指南》加入了将保护状况不佳的遗产列入《濒危世界遗产名录》的内容，列入濒危的标准之一就是*"历史真实性的重大丧失"*[1]。这一表述一直延续至今没有改变。这个表述强调了"历史性"这个概念，事实上仍在强调文化遗产具有的历史价值和真实性的物质方面，因后者是历史见证作用最为直接的载体。

从 20 世纪 80 年代末开始，随着文化遗产类型和遗产价值认识日益丰富，文化的多样性和延续性受到重视，以往以纪念物为核心保护对象的真实性概念面临着挑战。适用于纪念物的真实性评价标准是否能够适用于历史城镇、文化景观、遗产运河和文化线路等新出现的遗产类型？《操作指南》在 20 世纪 80 年代末和 90 年代的一系列内容修订反映出对这一问题的思考。1987 年的《操作指南》引入了"历史城镇和城镇中心"类型遗产作为"建筑群"的子类。关于这类遗产的评估，《操作指南》指出：*"评估没有人居住的城镇并没有特别的困难，一般而言应与考古遗址相似……"*，而对于仍有人居住的历史城镇而言则存在多方面的困难，*"为符合列入名录的要求，空间组织、结构、材料、形式，如果可能，以及建筑群的功能应从本质上反映促成遗产提名的某种文明或一系列文明"*[2]。而在 1994 年的《操作指南》引入"文化景观"的概念之后，指南关于文化遗产列入标准的第 24 条修改为：*"在设计、材料、工艺或环境方面满足真实性检验，在文化景观的案例中其独特的特征和要素也需满足真实性检验……"*[3]。然而，仅凭以上修订内容似乎仍无法对特殊类型世界遗产的真实性形成系统性的认识，更无法对评估实践进行明确的指导。

同样在 1994 年，于挪威卑尔根市（Bergen）和日本奈良召开的两次专家研讨会成果最终形成了《奈良真实性文件》[4]。《奈良真实性文件》认为自身是对《威尼斯宪章》的延伸，然而，实际上，《奈良真实性文件》中的真实性已与《威尼斯宪章》中强调的以保持原有物质形态为核心的真实性有很大差距。首先，奈良文件试图将真实性的评估放在特定的社会和文化价值背景下进行（第 2 条），在如此的思路自然而然地就推演出这样的结论，*"一切有关文化遗产价值以及相关信息来源可信*

1 World Heritage Centre. The Operational Guidelines for the Implementation of the World Heritage Convention[Z]. 1983，Paris：第 48 条．网络地址：http：//whc.unesco.org/en/guidelines/，[2016-12-15].

2 World Heritage Centre. The Operational Guidelines for the Implementation of the World Heritage Convention[Z]. 1987，Paris：第 25 和 26 条．网络地址：http：//whc.unesco.org/en/guidelines/，[2016-12-15].

3 World Heritage Centre. The Operational Guidelines for the Implementation of the World Heritage Convention[Z]. 1994，Paris：第 24 条．网络地址：http：//whc.unesco.org/en/guidelines/，[2016-12-15].

4 Nara Conference on Authenticity in Relation to the World Heritage Convention. THE NARA DOCUMENT ON AUTHENTICITY[Z]. 1994，Nara．网络地址：http：//www.icomos.org/en/charters-and-texts，[2016-12-15].

度的判断都可能存在文化差异……因此不可能基于固定的标准来进行价值性和真实性评判……必须在相关文化背景之下来对遗产项目加以考虑和评判"（第 11 条）[1]。这里基本否定了一种脱离于文化语境而客观存在的真实性评估标准。其次，《奈良真实性文件》第 9 条指出："*对文化遗产的所有形式与历史时期加以保护是遗产价值的根本。我们了解这些价值的能力部分取决于这些价值的信息来源是否真实可靠。对这些与文化遗产的最初与后续特征有关的信息来源及其意义的认识和理解是评估真实性所有方面的必备基础。*"[2] 进而，文件又指出："*取决于文化遗产的性质、文化语境、时间演进，真实性评判可能会与很多信息来源有关。这些来源的方面可能包括，形式与设计、材料与物质、用途与功能、传统与技术、地点与环境、精神与感情以及其他内在或外在因素。使用这些来源可以检查对文化遗产特定的艺术、历史、社会和科学维度的详尽阐述。*"[3] 文件通过扩展信息来源所涵盖的方面极大地丰富了真实性评估可能涉及的方面，强调了遗产真实性是有形和无形遗产两方面紧密联合的整体——这被认为是对特殊类型遗产不断涌现的一种回应。

文化遗产保护理论界对《奈良真实性文件》的作用和意义一直存在争议，这可能也是为什么这份文件在 2005 年才被《操作指南》采纳，形成了目前指南对于真实性的定义。同样也正是在 2005 年版的《操作指南》中，历史城镇与城镇中心、文化景观、遗产运河和遗产线路均作为特殊类型遗产出现在指南的附录中。

纵观世界遗产评估体系中真实性概念的演变，似乎可以看到在面临文化遗产类型扩展和规模扩展的双重"压力"下，原有保护原则做出的调整。在这样的背景下，《奈良真实性文件》的出现无疑极具创新意义，一些学者甚至将其定义为体现后现代主义精神的保护宪章，然而，正如许多后现代主义哲学面临的困境一样，它们往往富于批判精神和启发性，但缺乏系统性和逻辑性。事实上，在承认《奈良真实性文件》真实性概念的积极意义下，仍有许多问题值得探讨。

本文的标题以"消解"二字旨在提出这样的疑问，即 2005 年以后参考《奈良真实性文件》制定的世界遗产真实性评估标准是否存在问题？首先，其自身概念的

---

1 同上，原文：11.All judgements about values attributed to cultural properties as well as the credibility of related information sources may differ from culture to culture, and even within the same culture. It is thus not possible to base judgements of values and authenticity within fixed criteria. On the contrary, the respect due to all cultures requires that heritage properties must be considered and judged within the cultural contexts to which they belong.

2 同上，原文：9.Conservation of cultural heritage in all its forms and historical periods is rooted in the values attributed to the heritage. Our ability to understand these values depends, in part, on the degree to which information sources about these values may be understood as credible or truthful. Knowledge and understanding of these sources of information, in relation to original and subsequent characteristics of the cultural heritage, and their meaning, is a requisite basis for assessing all aspects of authenticity.

3 同上，原文：13. Depending on the nature of the cultural heritage, its cultural context, and its evolution through time, authenticity judgements may be linked to the worth of a great variety of sources of information. Aspects of the sources may include form and design, materials and substance, use and function, traditions and techniques, location and setting, and spirit and feeling, and other internal and external factors. The use of these sources permits elaboration of the specific artistic, historic, social, and scientific dimensions of the cultural heritage being examined.

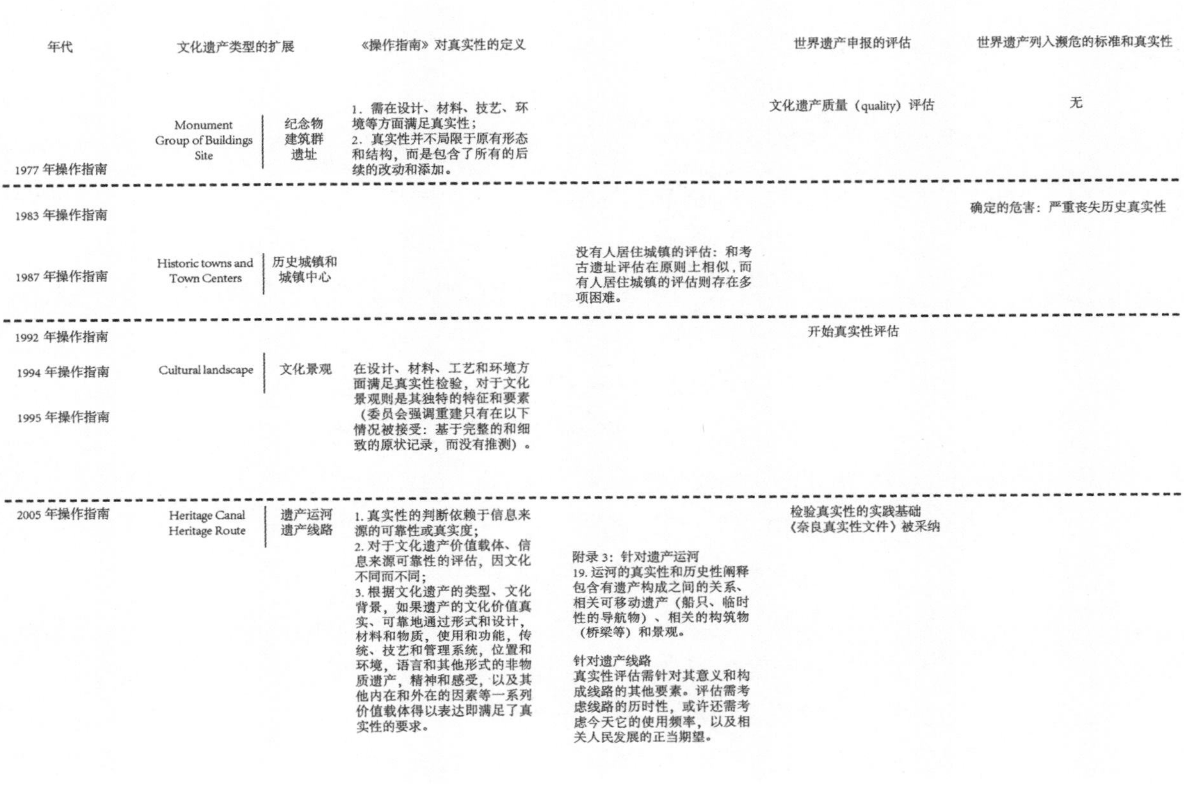

年代	文化遗产类型的扩展	《操作指南》对真实性的定义	世界遗产申报的评估	世界遗产列入濒危的标准和真实性
1977 年操作指南	Monument Group of Buildings Site 纪念物 建筑群 遗址	1. 需在设计、材料、技艺、环境等方面满足真实性； 2. 真实性并不局限于原有形态和结构，而是包含了所有的后续的改动和添加。	文化遗产质量（quality）评估	无
1983 年操作指南				确定的危害：严重丧失历史真实性
1987 年操作指南	Historic towns and Town Centers 历史城镇和城镇中心		没有人居住城镇的评估：和考古遗址评估在原则上相似，而有人居住城镇的评估则存在多项困难。	
1992 年操作指南			开始真实性评估	
1994 年操作指南	Cultural landscape 文化景观	在设计、材料、工艺和环境方面满足真实性检验，对于文化景观则是其独特的特征和要素（委员会强调重建只有在以下情况被接受：基于完整的和细致的原状记录，而没有推测）。		
1995 年操作指南				
2005 年操作指南	Heritage Canal Heritage Route 遗产运河 遗产线路	1. 真实性的判断依赖于信息来源的可靠性或真实度； 2. 对于文化遗产价值载体、信息来源可靠性的评估，因文化不同而不同； 3. 根据文化遗产的类型、文化背景，如果遗产的文化价值真实、可靠地通过形式和设计、材料和物质，使用和功能，传统、技艺和管理系统，位置和环境，语言和其他形式的非物质遗产，精神和感受，以及其他内在和外在的因素等一系列价值载体得以表达即满足了真实性的要求。	附录 3：针对遗产运河 19. 运河的真实性和历史性阐释包含有遗产构成之间的关系、相关可移动性遗产（船只、临时性的导航物）、相关的构筑物（桥梁等）和景观。 针对遗产线路 真实性评估需针对其意义和构成线路的其他要素。评估需考虑线路的历时性，或许还需考虑今天它的使用频率，以及相关人民发展的正当期望。	检验真实性的实践基础《奈良真实性文件》被采纳

图 1 世界遗产体系下真实性评估的发展历程

界定是否存在模糊的方面或存在多种解释的可能，而丧失了其严谨性？真实性信息来源"方面"的极大扩展是否会降低文化遗产保护领域对于物质真实性的关注？是否会导致真实性"问题"的泛滥——因为似乎真实性涉及文化遗产的方方面面——形式、功能、环境、感受等都涉及真实性？真实性信息来源的诸多方面是否会产生矛盾，某一方面的延续导致了其他方面的丧失，这种情况应如何处理？其次，真实性与完整性、突出的普遍价值标准等概念的关系是否清晰？最后，也是最为重要的，当前的真实性评估标准是否积极地回应了世界遗产类型的快速扩展，是否适用于近期产生的特征类型遗产的评估？这些问题均是下文希望通过特殊类型遗产真实性的评估案例和近十年真实性评估方面的数据统计展示与回应的。虽然，以本文的深度似乎还无法对问题寻求解决途径，而重点仅能停留于提出问题。（图 1）

2　遗产申报和保护状况环节的真实性评估案例分析

　　针对以上疑问，下文将以近年来引发世界遗产大会热烈讨论的特殊类型遗产案例，围绕着历史城镇和文化景观类型遗产的真实性问题，展示当前真实性评估体系面临的挑战，以及世界遗产委员会、咨询机构、缔约国等多方参与者对于真实性概念的不同观点。

2.1 最为基本的物质性

乌兹别克斯坦的沙赫利苏伯兹历史中心的重建

在今年遗产大会上热议的乌兹别克斯坦沙赫利苏伯兹历史中心（Historic Centre of Shakhrisyabz）其实并不适用于探讨历史城镇类型遗产真实性评估当前可能面临的"新"问题，因为这个案例本应是真实性受到严重破坏被毫无争议地列入《濒危名录》的。在这个案例中，真实性明确地表现为材料和物质方面，大面积历史街区的拆毁导致真实性材料和物质层面受到严重破坏，OUV 遭受损失，这与历史城镇的活态特征无关，而仅仅是令人痛心的客观事实。但在本届世界遗产大会（2016 年）的讨论中，似乎仍有遗产委员会成员认为其真实性可以在未来得到"恢复"，建议应暂缓将其列入濒危。提出这样一个似是而非的历史城镇恢复的可能性，使得这个案例仍然具有探讨的价值，以明确真实性评估最为基本的底线。

沙赫利苏伯兹是 14 世纪和 15 世纪凯许地区（Kesh）的文化和政治中心，于 2000 年以 OUV 标准 iii 和标准 iv 列入《名录》。遗产的 OUV 主要体现在对城市发展的见证作用，而历史纪念物则展现了 15 世纪泰穆尔（Temur）帝国时期的典型建筑风格。列入时，ICOMOS 对真实性的评估，就将其作为一处具有很强整体性的历史中心。评估指出，虽然苏联时期对历史城区进行了改造，但整体的街区结构仍然保存完好，历史建筑采取的修缮措施均建立在研究基础之上，在物质（Object）、材料和技术方面均符合真实性要求。如此，遗产的 OUV 体现在三个层面的遗产构成之中：①一系列杰出的纪念性建筑群，包括阿克—萨莱宫（Ak-Sarai Palace）、Dorus Saodat 清真寺、泰穆尔陵和公共浴室（The Chor-subazaar and baths）；②保存完好的历史城市肌理，如中亚城镇规划具有的独特特征、建于不同时期的历史街区和传统建筑；③保留至今的中世纪城墙。[1]

近期，为庆祝帖木儿（Amir Timur）诞辰 680 年，沙赫利苏伯兹市政府采纳了《沙赫利苏伯兹地区旅游发展计划（2013-2015）》[2] 和《沙赫利苏伯兹历史城区详细规划（2015-2017）》[3]。规划旨在改善历史中心基础设施、商业服务设施条件和居民居住环境，具体内容包括在遗产区范围内，新建大型步行绿化区，新建给排水、热力和电力系统等基础设施，建设集商业和办公功能于一体的多层旅游服务设施、

---

1 Unesco WHC. Report of the joint World Heritage Centre/ICOMOS Reactive Monitoring mission to the Historic Centre of Shakhrisyabz（Uzbekistan）[R]. 2016，3：21. 网络地址：http://whc.unesco.org/en/list/885/documents/，2016-12-20.

2 英文原名：Decree No.294 On development programme for tourism in Kashkadarya region for the period of 2013-2015.

3 英文原名：Project of detailed planing of the historical part of the city Shakhrisyabz，2015-2017.

住宅区，修缮多处历史纪念物，重建古城部分北城墙和城门，在缓冲区外围开拓新的机动车道路等。这一系列大型改造工程直接导致遗产区范围内大片传统住区被新建绿化系统所取代，历史中心原有道路网络、历史建筑均遭受了彻底的破坏，期间"惊人"的城市肌理的改变可以清晰地通过 2011 年至今卫星图[1] 得以反映。2016 年的反应性监测报告指出，已实施工程对于遗产真实性的影响主要集中在以下几个方面[2]：

（1）纪念物的不当修缮：许多纪念物在短时间内进行了修缮工程，采取了不恰当的、不可逆的、非原始的修缮材料，这种做法与国际宪章、建议等文件中的保护原则不符；

（2）传统住区的拆除：大量拆除原有传统居住建筑，形成于中世纪的街区历史肌理被现代改造工程所取代，破坏面积达到约 70 公顷，占整个遗产区范围的 30%；

（3）对历史肌理和传统使用方式的损害：历史中心原有的道路网络、传统的绿化方式、传统的水文管理系统被现代的绿地公园、新增基础设施所取代；

（4）已消失历史纪念物的重建：在缺乏恰当科学研究的情况下就重建了古城北城墙的部分段落和城门。

据此，反应性监测得出十分肯定的结论，认为"实施工程的进展，缺乏科学的方法论，已不可逆转地威胁到遗产地的真实性和完整性，对 OUV 造成潜在的威胁"[3]。ICOMOS 建议，"考虑到：①在建的旅游开发和重建项目对遗产地城市历史肌理的影响；②对遗产地真实性和完整性的严重影响；③缺乏综合的保护和管理规划，根据《操作指南》段落 179（b）建议委员会应立刻将遗产地列入世界遗产濒危名录。"[4]

而缔约国 2016 年提交的《保护状况报告》[5]和遗产大会现场的发言均强调已实施的工程和措施是以保护文化遗产和改善人民生活水平为目的，并指出相关工程产生许多"积极"的效果，如改善了历史中心区的公共交通环境，限制机动车进入；增加地区绿化面积和水文条件，改善历史城区整体环境等。（图 2、图 3）

1　Unesco WHC. Report of the joint World Heritage Centre/ICOMOS Reactive Monitoring mission to the Historic Centre of Shakhrisyabz（Uzbekistan）[R]. 2016，3. 网络地址：http：//whc.unesco.org/en/list/885/documents/，2016-12-20.

2　同上，p.3.

3　World Heritage Centre. WHC/16/40.COM/7B.Add[Z]. 10 June 2016，Paris；62. 原文：The extent of the works（which continue to be carried out）and the lack of scientific methodologies have irreversibly compromised the authenticity and integrity of the property，thereby potentially threatening its Outstanding Universal Value（OUV）. 网络地址：http://whc.unesco.org/en/sessions/40COM/documents/ [2016-12-20].

4　同上，p.62；原文：Taking into consideration（i）the impacts of the ongoing tourism development and reconstruction projects on the historic urban fabric of property；（ii）the serious impacts on the property's authenticity and integrity；and（iii）the absence of a comprehensive Conservation and Management Plan，it is recommended that the Committee immediately inscribe the property on the List of World Heritage in Danger，in accordance with Paragraph 179（b）of the Operational Guidelines.

5　Ministry of cultural and sport affairs of Republic of Uzbekistan. State of conservation report by the State Party[R]. 2016年1月. 网络地址：http：//whc.unesco.org/en/list/885/documents/ [2016-12-20].

图 2　2011 年 9 月的卫星图

图 3　2016 年 4 月工程完工后的卫星图

　　不过，即便如此，城市历史肌理的急剧改变和历史建筑的大面积拆除是不争的事实，原有物质遗存的丧失必然会导致真实性和 OUV 的损害。从专业角度而言，基于如此的保存状况将遗产地列入濒危是不应存在异议的。

　　在第 40 届世界遗产大会现场，多数缔约国代表都对世界遗产中心和 ICOMOS 的评估结果和建议表示赞同。黎巴嫩代表表示，看到这些图片我们只能感到悲伤和羞愧；芬兰代表则表示，这是本届会议讨论的问题最严重的案例。不过，委员会仍旧对 OUV 的受损程度是否足以列入濒危，以及当前的破坏是否存在"缓解"措施（Mitigation Measures）等问题展开了长时间的讨论。似乎针对较大型遗产地的保存状况，讨论内容总要涉及当前问题影响的辐射范围和比例，虽然并不存在一个列入濒危严格的比例关系。而在很多情况下，这也成为"挽救"遗产地免于濒危的一种理由。

　　会议上，土耳其等国的代表指出缔约国已经停止相关工程，开始"缓解"、"修复"工作，要求希望委员会给缔约国 1 年时间，在明年的大会上再讨论列入濒危的问题。针对这一问题，如果我们不接受历史街区中传统建筑依据传统平面布局、材料和工艺的重建（对这一问题的接受程度将在下文进一步讨论），如果我们认为仿古建筑的价值是无法和历史原物相提并论的，那么，任何历史街区的历史肌理一旦丧失就是不可恢复的——沙赫利苏伯兹历史中心也不可逆转地丧失了 OUV。也许针对这样的案例，真的需要像黎巴嫩代表建议的那样，将遗产类型改为纪念物，探讨如何对其 OUV 进行修改。2016 年世界遗产大会的最终决议（Decision：40 COM 7B.48）将遗产地列入濒危名录，并"催促缔约国立刻停止遗产地内和邻近区域的所有旅游发展和重建项目"。（图 4、图 5）

图 4　步行绿化区域鸟瞰图

图 5　步行区街景图

2.2 真实性的层级

迪拜溪申报

于 2014 年第 38 届世界遗产大会讨论的迪拜溪（Khor Dubai，Dubai Creek）申报项目，因 ICOMOS 评估认定真实性存在严重问题，给予"不予列入"的建议。这一项目再次涉及历史城区的真实性问题，涉及传统住宅的重建与更新对于历史城镇真实性的影响，将其与沙赫利苏伯兹历史中心的重建进行比较是非常有趣的。

迪拜溪是一处构成较为复杂的遗产，遗产包含了水道、两侧河岸和三片邻近的历史街区：艾尔拉斯（Al-Ras）、布尔迪拜（Bur Dubai）和施达加（Shindagha），遗产区共 166.5 公顷。这里是迪拜溪最初的建成区域，迪拜的历史中心，自古就是经营香料、黄金的市场，也是传统木船的停靠港口。周边的居住区则是由多种不同样式的建筑形态构成的居住和商业建筑，在功能上包括防御性设施、市场、清真寺和带有庭院的风塔形式的住宅等。缔约国以标准 ii 和标准 v 提出列入《名录》的申请，强调迪拜溪是迪拜作为贸易和港口城市的发展原点，代表了这座城市商业和居住街区的历史核心；历史街区以传统风塔形式的民居形成了一种独特的城市景观，也是应对极端气候条件的传统生活方式。

在 20 世纪 70 年代石油产业蓬勃发展的刺激下，当地政府开展了一系列大型设施工程，迪拜溪河道环境和历史街区的建成环境发生了巨大变化。河道北岸在 1975 年建设了一条新的道路，而后又在邻近河岸处建设了多个新设施，这使得河道宽度减少了 20 米，极大地改变了河道的原有形态。1990 年前后，河道北岸又新建了一系列帆船码头。近期又在南岸新建了旅游码头。历史街区的大多数传统建筑也在近几十年的发展中进行了大规模的更新和改造，在更新过程中主要的参考依据包括建筑基址、图纸档案、历史照片和一些访谈记录，而建筑的室内空间也因使用功能上的变化而进行了调整。而在缓冲区，依据当地 1993 年制定的总体规划策略，已建成许多大型设施和现代风格的高层建筑，与历史街区形成了鲜明的反差。

ICOMOS 的评估报告[1]将评估的重点放在历史街区中历史建筑的修复和重建问题上，极大地质疑了遗产地的真实性。评估报告认为，遗产地的历史环境已与半世纪前产生了很大变化，无论是河道还是历史街区。历史街区现存建筑多为 20 世纪晚期建成的，仅存几处"真正的"历史建筑。而且，当地遗产部门鼓励依据传统建筑语汇重塑建筑立面，根据当前需求更新建筑内部。虽然当地部门强调，历史建筑的重建会依据建筑原有基址、建筑图纸档案、历史照片和原住户的访谈结果等信息，但是，ICOMOS 的评估仍坚定地强调，这类重建不过是对半世纪前

1 ICOMOS. WHC-14/38.COM/INF.8B1[R]，2014：p.101–109，网 络 地 址：http://whc.unesco.org/en/sessions/38COM/documents/ [2016–12–20].

历史景观可能的样貌提供了某种想象——"这些遗产为历史肌理提供了一定思路（Ideas）"[1]，并不能为城市和建筑方面的历史成就提供实物见证，也不能满足真实性的要求。对于历史城镇类型遗产中历史建筑的重建，ICOMOS 在这次评估中采取了明确的否定态度，表示"不能接受重建可以展现一种独特的再造之物的表征，即使重建本身具有极高的质量"[2]。评估报告指出，以施达加历史街区为例，区域内除了清真寺，所有的历史肌理都在记录后于 20 世纪 80 年代被毁，而近期的重建工作就主要建立在历史记录之上。在历史功能的延续方面，历史建筑多服务于当前旅游发展的需要，有的作为旅馆、商铺、咖啡厅，很少作为住宅使用，这已与历史中的使用功能丧失了联系。所以在功能延续性方面，遗产也不符合真实性的要求。综合考虑各方面因素，ICOMOS 最终对迪拜溪项目给予"不予列入"的建议。

在第 38 届世界遗产大会会场讨论中，针对 ICOMOS 给予的"严厉判决"，塞尔维亚代表首先表示不同意 ICOMOS 的观点，认为遗产地具有不同其他住区的独特性。德国、日本、韩国、芬兰、菲律宾、马来西亚等国纷纷建议将决议修改为"推迟列入"，希望给予缔约国修改提名再次申报的机会。菲律宾代表还提及，ICOMOS 的意见可能是由于欧洲区域和迪拜就重建问题存在不同理念造成的。阿联酋代表发言解释说，迪拜共有 315 栋历史建筑，只有 86 栋（22%）建筑经过了修缮。关于修缮的方法，代表担保在以往的修缮中，多数都使用了科学的修缮技术，例如使用了历史照片、录像、访谈等资料。如此，他们认为 85% 的已修缮历史建筑都和原有状态接近。ICOMOS 代表针对菲律宾代表的意见表示，不同区域对于重建的理解应差异很小，并强调应以《操作指南》第 86 条[3] 为指导，"重建旨在完善的和详细的记录，不存在推测的基础上才被认为是可以接受的"。代表发言再次强调"ICOMOS 无法认可，重建被视为具有真实性，无论是哪个区域的何种特定的技术"。不过，最终委员会给出了相对折中的决议"推迟列入"。

然而，本文在这里并不想讨论迪拜溪是否有足够的历史遗存可以支撑 OUV 的表达，抑或自 20 世纪 70 年代开始的城市更新究竟摧毁了多少历史原物——真实性的物质和材料的方面已在沙赫利苏伯兹历史中心的案例中得到强调。这里只想

---

[1] 同上，p.104，原文：ICOMOS considers that even though the few remaining traditional buildings can be considered the last testimonies of the traditional Khor Dubai dwellings, and that the reconstructions sometimes provide a good imagination of what Dubai must have appeared like half a century ago, these quarters cannot constitute a significant architectural or urban ensemble which would allow for demonstration of Outstanding Universal Value. The property provides ideas of the historical context but the present condition of its physical attributes and their functional and morphological relation does not meet the condition of authenticity.

[2] 同上，原文：ICOMOS however does not consider that reconstructions, even of the highest quality, can represent a unique representation of what they attempt to recreate.

[3] 《操作指南》段落 86 原文：In relation to authenticity, the reconstruction of archaeological remains or historic buildings or districts is justifiable only in exceptional circumstances. Reconstruction is acceptable only on the basis of complete and detailed documentation and to no extent on conjecture.

脱离迪拜溪案例纷繁的背景和实际情况，仅将其作为一般性的历史城镇，来探讨ICOMOS评估中对以原形式、传统材料、传统技艺进行一般性历史建筑改造或重建采取的批判态度。诚然，ICOMOS的观点和《威尼斯宪章》精神是相符的，宪章强调对原始材料及其承载的历史信息的保存与展示，并强调后期添加与历史原物要有所区别，这种观点无疑适用于考古遗址、历史纪念物或建筑群的保护。然而，这种观点是否适用于不断演进的、仍有人居住的历史城镇各个层级的要素？是否适用于价值较为一般的历史建筑？这个问题值得讨论。

历史城区的遗产构成往往是一个具有内在层级关系的有机整体。道路网络、地标建筑、公共设施、开敞空间和一般性历史建筑等要素均具有不同的价值倾向性，它们具有的真实性是否也允许存在不同的表现？对于历史中那些地标性建筑、公共设施等纪念物而言，我们需要坚持保存原有历史构件。而对于历史道路而言，道路的走向、形态的延续可能要比保存原有的铺地砖更加重要，前者相较于后者是否可以理解为构成其真实性更为重要的方面？那么，对于历史城镇中价值较为一般的历史建筑，它们多为传统民居，它们的价值是在形态学、类型学方面更为重要，还是建筑材料本身？作为历史城镇活态特征的重要组成部分，这类建筑一直随着使用者需求的变化，随着使用功能的变化，而持续面临着不同程度的更新、改造。事实上，在许多历史城镇一般民居的保护措施中，按照传统形式、传统材料、传统工艺进行改建是一种常见做法。这也许是为什么这类建筑应被称为"传统建筑"更为贴切。那么，转换一个角度来思考这个问题，在今天以传统材料、传统工艺，按照传统形式新建的传统建筑，对于未来而言，是否与历史中保留下来的传统建筑具有同样的价值？笔者认为，这类建筑的价值是可以通过传统的延续而得到延续的，因为对其来说，传统文化延续的价值可能高于历史见证作用；然而，与之相反，历史建筑，特别是历史性纪念物的价值无疑是历史价值优先的，历史价值也是无法通过传统技艺而得到延续。这是历史建筑与传统建筑本质的差异，而对于历史城镇中历史遗留下来的民居建筑而言，应属于历史建筑还是属于传统建筑在实际操作中是很难界定的。当然，这种差异性是建立在我们不能保存一般性建筑其价值所有载体的前提下才成立，而笔者认为，保护学科存在的意义也正是以我们并不能保存所有具有价值的遗产为前提的。

综上所述，这里并不是想说明《威尼斯宪章》对于历史城镇的无效，而只是质疑纪念物式的真实性评估是否适用于历史城镇中的所有级别的保护对象？对于一般性传统民居真实性的保护是否可以接受以历史文脉的延续，即平面形态、建筑样式、传统材料和传统工艺的延续作为保护成果？这或许是一种危险的假设。我们应把这类行为作为传统延续的一部分，还是意味着历史城镇的保护接受了仿古和作伪，意味着真实性的丧失？这是需要思考和明确的原则性问题。

2.3　环境的真实性与完整性

维也纳历史中心的高层建筑

　　紧接着上文继续设问可能就会涉及关于价值观的态度问题。例如，在对区域性文化遗产进行干预时是否可以使用反映当代特征的手段？这个问题类似对于纪念物的干预中是否可以使用现代材料，使用到何种程度一样，在实际操作中可能因保护师的个人美学喜好不同而有不同的方案。《威尼斯宪章》对纪念物修复中使用现代技术持赞成态度，仅强调使用现代技术的前提应以传统技术被证明不适用的情况（第 10 条），同时，宪章提到了缺失部分的修补必须与整体保持和谐，但更多篇幅则强调了现代填补与历史原作相区别的原则（第 11 条和第 12 条）。如此，《威尼斯宪章》对于现代技术和材料使用的程度和最终达成的和谐的效果并没有进行严格的限定，而更多地再谈干预过程的原则，笔者认为，前者涉及一种价值观倾向性的问题，见仁见智，而不属于宪章关注的本质性原则。虽然，许多文物保护工作者都认为，现代技术和材料的使用可能会因过度干预而使纪念物丧失视觉完整性，影响其美学价值的表达。但是这种"不完美"是否损害到历史纪念物的真实性似乎是没有定论的命题。

　　当遗产地的尺度不断扩展，保护的对象从纪念物扩展为历史城镇、历史中心、文化景观或遗产线路等大型遗产，现代干预的问题就成为近期在遗产大会上被不断讨论的高层建筑对于视觉完整性的影响。诚然，这类问题往往是复杂且各个案例存在差异性的，不过，高层建筑的建设是否以牺牲遗产价值载体为代价，这点仍可以认为是对这类案例进行划分的标准之一。下文希望讨论的情况是，在历史城镇中，高层的建设并没有直接破坏遗产价值的物质载体，而仅仅影响到其"周边环境"[1] 视觉完整性的情况。在这种情境中，ICOMOS 和世界遗产委员会的表现似乎并没有采取《威尼斯宪章》中对于现代干预的"宽容"态度，而是强调高层建筑使得历史城镇的真实性和完整性均受到破坏。请注意，这里的评估结果不仅涉及完整性也涉及真实性。对于高层建筑的建设破坏遗产周边环境的视觉景观，并由此破坏了遗产的完整性，这点并不存在疑问。《威尼斯宪章》也提到保护纪念物环境的问题，宪章强调了一定规模周边环境的保护，强调了对于传统环境的保护。此外，在 2005 年 ICOMOS 第 15 届世界遗产大会采纳的《西安宣言》[2] 已充分强调了天际线和景观视线对于遗产环境保护的重要性（第 7 条、第 11 条），而近期由

1　这里的环境并不特指缓冲区的范围，而是借用《西安宣言》对周边环境的定义：古建筑、古遗址和历史区域的周边环境指的是紧靠古建筑、古遗址和历史区域的和延伸的、影响其重要性和独特性或是其重要性和独特性组成部分的周围环境。

2　15th General Assembly of ICOMOS, XI'AN DECLARATION ON THE CONSERVATION OF THE SETTING OF HERITAGE STRUCTURES, SITES AND AREAS, Xi'an, China, 2005. 网络地址：http://www.icomos.org/xian2005/xian-declaration.htm，2016-12-21.

UNESCO 大会通过的《城市历史景观建议书》[1] 也强调了视觉景观的重要性。如此，这里提出的问题是，以历史城镇类型的遗产为例，环境的完整性和遗产的真实性是否是相关联的？损害环境完整性是否也会损害到遗产的真实性？

关于维也纳历史中心高层建设问题的长期讨论正可以为这类问题提供一个很好的案例。维也纳历史中心（Historic Centre of Vienna）因符合 OUV 标准 iii、标准 iv 和标准 vi 而在 2001 年列入《名录》。遗产区范围 371 公顷，遗产数量达 1600 多处，其中包括了中世纪遗留的城市核心区域，巴洛克时期的主要城市结构、自然环境和重要的历史建筑，新艺术运动和早期现代主义时期的空间规划和代表性建筑。遗产地缓冲区的面积更为庞大，达到 462 公顷，分布其中的相关遗产点接近 3000 处。申报文本表示，历史中心的真实性与完整性主要体现在：①多层交织和累积的城市肌理，单体历史建筑物材料的原始性；②建成环境与绿化景观和谐发展所营造的城市景观。

在成功列入后，维也纳历史中心一系列高层建设的问题旋即成为历届遗产大会热烈讨论的话题，由此引发了专业领域对城市遗产视觉完整性问题的持续关注，促使教科文组织于 2011 年采纳了《城市历史景观建议书》。世界遗产委员会在 2002 年即对"维也纳中心"城市发展项目（Wien-Mitte）表示关注（Decision：CONF 202 21B.35），而此后又对维也纳主火车站项目、Kometgründe 项目（Kometgründe project，Decision：34 COM 7B.76，2010）、洲际酒店的重建项目（Decision：37 COM 7 B.71，2013）、维也纳滑冰俱乐部项目（Vienna Ice-Skating Club）、维也纳音乐厅区域项目（Vienna Konzerthaus），以及新修编的《高层建筑概念规划》和《新缓冲地区总体规划》（High-Rise Concept and the New Glacis Master Plan）表示关注，并在 2015 年派遣了反应性监测工作组实地交流考察。

2015 年反应性监测的主要目的在于，考察维也纳滑冰俱乐部、洲际酒店、维也纳音乐厅地区三处更新项目的后续进展情况，相关规划的修订，评估遗产地整体的保护状况，特别是以上项目对于遗产地真实性和完整性的影响。反应性监测报告的结论部分写道[2]，如果实施，遗产地的高层建筑将导致历史肌理功能结构和形态的不恰当改变，严重地影响世界遗产的真实性和完整性。"ICOMOS 得出如下结论，如果以上一系列的规划原则，特别是 2014 年《高层概念规划》在遗产区和缓冲区得以应用，高层建筑项目得以实施，遗产地将面临建筑和城市规划层面协调性的严重衰退，形态完整性的严重丧失，文化意义的重大缺失，具有形态完整

1　UNESCO's General Conference. UNESCO Recommendation on the Historic Urban Landscape[Z].2011，Paris. 网络地址：http：//whc.unesco.org/en/activities/638/，2016-12-21.

2　ICOMOS. Report of the ICOMOS Reactive Monitoring mission to the World Heritage property of the "Historic Centre of Vienna"（Austria）（C1033）[R]. 2015. 原文：……the edification of high buildings and high rise buildings in the property Historic Centre of Vienna would result in inappropriate modification to the functional hierarchy and morphology of the historical context；thus seriously affecting the authenticity and integrity of the World Heritage property ……，网络地址：http：//whc.unesco.org/en/list/1033/documents/，2016-12-21.

性和文化意义且支撑 OUV 的核心载体将被不可逆转地损害"[1]。

以最初受到关注的"维也纳中心"项目（Wien-Mitte）为例，项目位于缓冲区，该地区因为在第二次世界大战中被炸为废墟，战后建设有一系列高层建筑，整体环境一直不令人满意。维也纳市政府自20世纪90年代就计划着手这一地区的改造，希望将这里改造为一个更加有效率的交通枢纽、旧城区的新标志。1991年，Ortner & Ortner 事务所赢得了设计竞赛，项目不仅是维也纳铁路和市内轻轨的换乘中心，也是一座包含办公、购物、餐饮、交通等多种功能的城市综合体。最初的设计使用面积为 10 万平方米，共有 5 座高层塔楼，最高塔楼建筑高度 120 米。[2] 项目在设计竞赛结束后停滞多年，于 1999 年再次被提上日程。而在申遗成功后，由于位于缓冲区内，项目的进展引发了世界遗产中心的关注。2002 年世界遗产委员会的决议[3]表达了对项目设计高度的密切关注，强烈建议缔约国对缓冲区内的大型更新活动进行限制，并威胁说如果没有实施相关建议委员会可能开启除名程序。在此之后，维也纳市政府开始了一系列行动。市政府与开发商进行沟通，修改了建筑设计，将 5 座高塔减为 3 座，并降低了建筑的高度，目前该项目最高的塔楼为 74 米。市政府通过遗产地城市环境的 3D 模型，对缓冲区高层建筑的视觉影响，特别是对重要历史纪念物、园林的视觉景观的影响进行评估。这一方法一直延续至今，方法本身得到了世界遗产中心和 ICOMOS 的肯定。市政府还开始修订相关的法律法规，制定新的城市规划指导，虽然其内容可能并不令人满意。不过，其实在 2004 年世界遗产大会上，委员会还是对缔约国和市政府开展的一系列工作表示了肯定，决议中认为"维也纳中心项目是世界遗产公约可喜的成功"[4]。

然而，在 2008 年，维也纳主火车站的项目再次引起世界遗产中心的关注，由此引发了近期新一轮对维也纳高层建筑视觉影响和相关规划政策问题的关注。与维

1 同上，原文：ICOMOS concludes that, if the above mentioned suite of planning principles, particularly including High-rise Concept 2014, are applied within the property and buffer zone of the "Historic Centre of Vienna" the construction of high buildings and high-rise buildings would be implemented, the property would be faced to a serious deterioration of its architectural and town-planning coherence, a serious loss of morphological integrity, and an important loss of cultural significance, and that the essential attributes of morphological integrity and cultural significance testifying to the Outstanding Universal Value of the "Historic Centre of Vienna" would be irreversibly damaged.

2 City of Vienna. Report on the requests and recommendations made by the world heritage committee regarding the world heritage site "HISTORIC CENTRE OF VIENNA（AUSTRIA）"[R]. City of Vienna, 2002. http：//www.wien.gv.at/english/urbandevelopment/pdf/report01.pdf，2012-03-18.

3 World Heritage Committee. Decision：CONF 202 21B.35[Z]，2002. 原文：3. Expresses its serious concern about the Wien-Mitte urban development project, adjacent to the World Heritage site of Vienna and located in the buffer zone of the site, and in particular about the architectural solutions and the height of the proposed towers; 5. Requests the State Party to provide by 1 October 2002 detailed information demonstrating that the recommendations made by the Committee at the time of the inscription have been taken into account. In case the State Party cannot provide the assurance for an acceptable solution, which conforms with the Committee's recommendation, the Committee will start the process of delisting the site in accordance with the established procedures; 6. Strongly recommends to limit any future large redevelopment activities in the buffer zone. 网络地址：http：//whc.unesco.org/en/list/1033/documents/，2016-12-21.

4 World Heritage Committee. Decision：28 COM 15B.83[Z]，2004. 原文：3. Considers the positive outcome concerning the 'Wien-Mitte' project to be a notable success of the World Heritage Convention. 网络地址：http：//whc.unesco.org/en/list/1033/documents/，2016-12-21.

也纳中心项目类似，维也纳主火车站项目位于缓冲区之外，邻近边界，项目的性质仍旧是一处多功能综合体的建设，最高塔楼的高度设定为 100 米。项目位于美景宫园林轴线向外观看的视廊之上，如此高度又成为敏感的话题，最终在世界遗产委员会的要求下，塔楼的高度降低为 88 米。这似乎成为一轮又一轮可以无限循环的讨论。

虽然针对维也纳的历次讨论，委员会和咨询机构采取了空前统一的态度，均认为这样的高层建设不利于 OUV、真实性和完整性。2016 年世界遗产大会上，黎巴嫩代表就严厉地表示："我们需要向维也纳政府发出明确的信息，要么选择保护世界遗产，要么倾向于开发商的压力下屈服…现在是已采纳的高层建筑规划存在问题，整个规划都对 OUV 造成负面影响。"这个结论无疑是正确的，因为无论真实性还是完整性受到了损害，OUV 都会受到影响。

不过，值得注意的是，在以上评估中，真实性和完整性总是同时被提到。ICOMOS 认为高层的修建破坏了历史中心作为一个整体形态而具有的完整性，损害了价值载体，并由此影响到真实性和文化意义的表达。前半句的判断无可厚非，高层建筑由于体量和高度与周边的历史肌理形成鲜明地反差，阻碍了一些重要历史纪念物之间或与周边环境的视觉联系，影响到遗产地的视觉完整性。然而，后半句的判断值得商榷，所谓历史城镇的形态结构具体指什么？由哪些遗产要素构成？这是申报文本没有解释清楚的遗留问题。而当前引发关注的项目，无论位置处于缓冲区或周边环境的范围，项目位置多处于城市"问题"区域，项目的建设并没有改变周边的道路结构，也没有直接损毁支撑 OUV 的重要建筑、绿地、公共空间等建成要素，为什么会影响到城市的形态结构，进而影响真实性呢？将视觉完整性和城市形态、真实性联系起来，是否牵强？这是值得讨论的。虽然《奈良真实性文件》将"环境"定义为真实性的一个方面，但却没有详细阐述环境的哪些要素是真实性的构成，也没有阐述环境的真实性保护需要到何种强度。然而，常理来讲，对于历史城镇这样一个规模庞大的活态遗产而言，我们显然无法保护其环境的方方面面，而将历史遗留下来的问题区域均凝固于某个特定的阶段似乎并无道理。从城市发展的角度，在城市建设中对问题区域进行更新改造，难道不应是一种可以接受的变化吗？如果这个假设是合理的，那么这里的问题就成为建筑设计风格的选择问题了。回到本节开篇的讨论，这样的问题其实涉及价值观或美学倾向性的问题，即使是专业人士也可能态度不同，有的更喜爱尊重历史肌理特征的设计方案，有的喜爱与历史环境形成鲜明对比的方案——毕尔巴鄂的古根海姆博物馆可能是后一种态度的成功案例，虽然可能在遗产保护领域并没有得到认可。但是，我们需要思考的是，这种对于历史环境干预倾向性的问题，是否涉及或可能切实地损害遗产真实性？如果两者是直接相关的，那么，历史环境的真实性和完整性概念的差异性又在哪里？（图6~图18）

图 6　19 世纪维也纳中心区历史景观 1

图 7　维也纳历史中心申报时的城市景观 2

图 8　从美景宫花园轴线向周边环境的视觉通廊 3

图 9　洲际酒店建成后的视觉景观模拟 4

图 10　洲际酒店现状照片 5

图 11　洲际酒店效果图 6

1　Gustav Veith 1873 年所绘，Vienna City Administration Municipal Department 19- Architecture and Urban Design. The Historic Centre of Vienna：World Cultural Heritage and Vibrant Hub[R]. Vienna，2014：6,网络地址：https：//www.wien.gv.at/stadtentwicklung/studien/pdf/b008372.pdf，2016-12-21.

2　同上，p9.

3　ICOMOS. Report of the ICOMOS Reactive Monitoring mission to the World Heritage property of the "Historic Centre of Vienna"（Austria）（C1033）[R]. 2015：32, 网络地址：http：//whc.unesco.org/en/list/1033/documents/，2016-12-21.

4　同上，p33.

5　同上，p30.

6　Vienna City Administration Municipal Department 19- Architecture and Urban Design. The Historic Centre of Vienna：World Cultural Heritage and Vibrant Hub[R]. Vienna，2014：19.

图 12   维也纳历史中心划定的遗产
区、缓冲区与多项现代新建筑项目
的位置[1]

图 13   2005 年维也纳主火车站鸟瞰
（图片来源：网络图片）

图 14   建设中的维也纳主火车站鸟瞰
（图片来源：网络图片）

图 15   维也纳主火车站平面设计图
（图片来源：网络图片）

图 16   建设中的维也纳主火车站
（图片来源：网络图片）

1   Vienna City Administration Municipal Department 19– Architecture and Urban Design. The Historic Centre of Vienna：World Cultural Heritage and Vibrant Hub[R]. Vienna，2014：19.

2.4　动态真实性的界定

图 17　维也纳主火车站效果图（左）（图片来源：网络图片）
图 18　维也纳主火车站效果图（右）（图片来源：网络图片）

围绕着世界遗产特殊类型遗产的真实性话题，文化景观是不得不提的一类案例，这类遗产的构成往往与宏大的历史纪念物相距甚远，日常的演进与变化正是其价值非常重要的特征之一。对于这类遗产真实性定义似乎并没有形成普遍的共识，一种认识强调文化景观作为风景如画的特征，这种认识下，文化景观的真实性似乎仍颇具静态性，保护的目标是希望将景观尽可能地保持在遗产列入时的某种瞬间；另一种认识则强调文化景观作为生产、生活传统的产物，文化景观的真实性就与特定地方传统的延续息息相关，而静态的、物质性遗存的保存似乎并不是最为重要的，在有些实例中，传统的内容之一就是对历史遗存进行不断地更新和替换。当前，认识的不清晰会产生文化景观真实性评估标准的差异化，形成评估原则的矛盾。下面这两个案例就展示出这种真实性理解带来的差异与矛盾。

德国莱茵河中上游河谷的保护状况

德国莱茵河中上游河谷（Upper Middle Rhine Valley，Germany）是一处延绵 65 公里的文化景观，作为欧洲最为重要的交通路径之一，遗产地内的河谷景观、河岸城堡、60 处小型历史城市和葡萄园共同见证了地中海区域和北部区域长期的文化交流。遗产地于 2002 年以标准 ii、标准 iv、标准 v 列入《名录》。ICOMOS 于 2012 年 8 月受邀对遗产地进行了反应性监测，监测报告指出对遗产真实性和完整性造成影响的开发建设主要包括以下几个项目：①圣戈阿尔（St Goar）和圣戈阿尔斯豪森（St Goarshausen）之间跨莱茵河大桥的建设计划；②因 2011 年德国国家园艺展览会交通需要而修建的缆车系统；③拟于罗蕾莱高原（Loreley Plateau）地区建设的旅馆和滑雪道等旅游设施项目；④拟于遗产区、缓冲区和周边环境中修建的风力发电设施。[1]

1　ICOMOS. Report on the ICOMOS Advisory Mission to the Upper Middle Rhine Valley[R]. 2012. 网络地址：http：//whc.unesco.org/en/list/1066/documents/，2016-12-21.

　　对于跨河大桥的建设项目，缔约国已于 2013 年 2 月 1 日确认，莱茵兰—普法尔茨（Rhineland-Palatinate）联邦政府已决定放弃莱茵河大桥的修建计划，作为替代，至 2016 年期间将试用渡船服务——这可能在一定程度是因为考虑到此前德累斯顿易北河谷项目（Dresden Elbe Valley）因遗产区范围内修建现代风格的渡河大桥而被除名的"先例"。监测报告则指出，虽然大桥建设项目目前被搁置，但是随着政局变化随时可能再次启动[1]。因此，需要缔约国基于 OUV、真实性和完整性，通过总体规划对可以接受的跨河方式给予清晰的建议（渡船、隧道或桥梁等）。

　　对于缆车系统，2012 年的监测报告认为，"缆车系统和遗产地的 OUV 不协调，损害其真实性和完整性"[2]，要求缔约国于 2014 年将缆车拆除。缆车系统位于遗产区和缓冲区范围内，跨越莱茵河，连接科布伦茨（Koblenz）历史城区和城堡。缔约国则认为，修建缆车的目的是为游客提供更好的参观途径，且判定缆车系统对于一处长达 65 公里遗产地的 OUV、真实性和完整性产生负面影响的结论是不恰当的。当地联邦政府也强调，在展览会期间，缆车运行良好，方便大批游客参观，本身也成为游客喜爱的景点之一，同时这也是从城区进入城堡无障碍且节能的解决方案，比起修建道路减少了对文化景观的视觉影响。联邦政府希望缆车服务至少可以使用到 2016 年，同时向世界遗产委员会申请，希望允许缆车系统运行至 2026 年。

　　缆车系统延期使用的申请在 2013 年第 37 届遗产大会会议上引发了遗产委员会的激烈讨论。会上德国代表强调了对本国和遗产地的看法。哥伦比亚代表指出，缆车系统方便更多的游客观览，应看到这一设施带来的积极影响，支持将其保留到 2026 年。日本代表也认为，大型文化景观作为活态遗产，有人居住其中，在审议开发项目对这类遗产价值的影响时，应从地方社区的意愿和需求进行考虑。ICOMOS 专家则指出，缆车项目对遗产地整体景观美学价值的影响是显而易见的，这对于文化景观而言至关重要，而且，遗产地的价值阐述也提到莱茵河作为运输设施具有的价值，缆车的修建在一定程度上削弱了这种使用方式。经过讨论，部分遗产委员会代表认可适当放宽缆车使用的年限，以进一步观察其正面和负面的效应，决定在获得更多事实支撑的前提下再进行判断。最终决议肯定了拆除缆车系统的决议，但将期限延长至 2026 年（决议 37 COM 7B.75 条目 6）。

---

1 事实证明，这类担忧是很可能发生的。2016 年缔约国提交的保护状况报告就表示，根据《世界遗产总体规划》和《实施性概念》文件编制期间举行的公众参与的意见征集活动表明，民众需要长期的渡河措施。对此新任地方政府也承诺规划一处可长期使用的交通设施，目前正在对不同的设施方案带来的环境和景观影响、经济因素和交通需求进行评估，不知这一事宜是否会在 2017 年的遗产大会上给予讨论。

2 ICOMOS. Report on the ICOMOS Advisory Mission to the Upper Middle Rhine Valley[R], 2012. 原文：The mission concluded that the cable car system constructed over the Rhine River for the 2011 National Garden Show is not compatible with the OUV of the property and harms its authenticity and integrity. 网络地址：http://whc.unesco.org/en/list/1066/documents/ [2016-12-21].

对于罗蕾莱高原（Loreley Plateau）旅游设施的项目，监测报告重点关注了旅馆项目中一处位于高原边缘地带且体量较大的 6 星级旅馆的建设，以及滑雪道的建设，认为这将极大地改变该区域文化景观的面貌，并损害真实性和完整性[1]。报告认为这个项目明显存在因潜在的商业收益而忽视世界遗产 OUV 价值的现象，建议缔约国停止建设，拆除已建设部分将场地恢复"以前的状态"。这一建议在 2013年第 37 届世界遗产大会上得到了委员会的认可，很快通过。2016 年缔约国提交的保护状况报告[2]又提到一处名为 Sankt Goar-Werlao 度假酒店项目。该项目位于圣戈阿尔（St Goar）城镇外围地区，位于遗产区范围，占地面积为 58 公顷，当前用地为农田，项目将包含 350 套住宅、120 套旅馆房间和一些酒店娱乐设施。项目针对此前遗产大会的决议，在近期修改了原有设计，旅馆建筑将分散为多个建筑组群，单体建筑体量与当地农舍相当，不过建筑在风格上也仍为现代建筑，与历史建筑形成差异。缔约国对项目进行了视觉影响评估，并认为在修改设计后，方案已可以与世界遗产的要求相符合。不过对于这一项目的最终决议还需要等到 2017 年才知道结果。

确如缔约国代表所提到的，以上 ICOMOS 关注的一系列项目虽然均位于遗产区范围，但是其规模和遗产的规模相比微不足道，这似乎又会陷入某种"比例"的争论。然而与此前历史城镇的案例不同，莱茵河中上游河谷项目在列入名录时[3]，就强调这是一处"有机"的文化景观，遗产地当前的面貌是该地区经济、政治、社会、气候条件和其他压力、驱动力多个世纪作用的结果；是独特的自然景观，一处狭长陡峭的河谷，和人类"干预"，如建设葡萄园、城堡、历史城镇和村庄之间长期交互而形成的。对于这样一处具有鲜明活态遗产特征的文化景观而言，不断地发展演变是其固有的特征，这意味着今天的面貌和历史中任何一个时期的面貌都会有很大的不同。早期历史中的森林被农田取代，在近代则成为山坡梯田上的葡萄园。土地使用方式和地貌如此，同样，历史纪念物的"面貌"也是如此，因为不同历史时期修缮的目的、手段和使用功能也有着很大的差异。这种不断变化的特质，促使我们思考这样的问题：文化景观的真实性是一种不断变化的状态，还是如纪念物、建筑群、遗址等遗产那样是一系列历史过程的产物？我们深知文化景观的真实性评价不应与静态的纪念物一致，然而，如果真实性意味着某种变化的状态，我们又如何对其进行明确的界定？就这个问题似乎目前还无法达成共识。

1　同上，原文：The mission concluded that the project for three hotels on the Loreley Plateau is not compatible with the OUV of the property；in particular，the six-star hotel due to its position on the edge of the plateau and its dimensions. It would seriously alter the cultural landscape and damage its authenticity and integrity.

2　Federal Republic of Germany. State of conservation report by the State Party[R]. 2016. 网络地址：http：//whc.unesco.org/en/list/1066/documents/ [2016-12-21].

3　ICOMOS. Advisory Body Evaluation[R]. 2002. 网络地址：http：//whc.unesco.org/en/list/1066/documents/ [2016-12-21].

图 19　跨莱茵河缆
车项目（左上）
（图片来源：网络照片）
图 20　圣戈阿尔度
假村项目所在周边环
境鸟瞰[1]（右上）
图 21　圣戈阿尔度
假村项目所在位置[2]
（左下）
图 22　项目设计平
面[3]（右下）

　　以这样的思路反观莱茵河中上游河谷项目当前遇到的种种"问题"。ICOMOS 认定的"问题"是否仍旧建立在强调文化景观美学价值的默认前提之下？无论是桥梁、缆车抑或是度假村的建设，其实并没有实质性地破坏已有的遗产构成要素，只是在一定程度上破坏了要素之间的联系性，影响到其作为一个整体构成的"风景"协调统一的美学特征。而事实上，今天由物质形态构成的景观"面貌"是否是文化景观价值或真实性的核心载体，仍需进一步探讨，进一步界定。笔者认为，对这一问题的详细阐述才应是评价当前"问题"影响的前提条件。（图 19~ 图 22）

1 Federal Republic of Germany.State of conservation report by the State Party[R]. 2016. 网络地址：http：//whc.unesco.org/en/list/1066/documents/ [2016–12–21].
2 同上.
3 同上.

法国勃艮第风土和气候的申报

与上文案例相比，法国勃艮第风土和气候（The Climates，terrors of Burgundy）申报项目是对文化景观活态特征真实性理解颇为"正面"的实例。该项目也是典型的"有机进化"类型文化景观，因符合价值标准 iii 和标准 v 于 2015 年第 39 届世界遗产大会列入《名录》。遗产申报的主要区域为第戎市以南博纳村丘和尼伊村丘的葡萄园。这里因自然状况（地理位置、日照状况、土壤状况等）不同，产生了不同的葡萄品种和种植方式，形成不同景观特征的葡萄田，随着时间的推移，它们以各自出产的葡萄酒进行区分。遗产区由两个不同的区域构成：第一部分包括 1247 块葡萄种植地块——每个均有自己的名称、地籍数据，以及与之相关的单元、农业村庄和城镇，它们共同体现了葡萄酒生产系统的商业层面；另一部分是第戎的历史中心，它代表了促使风土制度形成的政治—管理动因。这片文化景观较突出地呈现了自中世纪前期发展起来的葡萄种植业和葡萄酒生产业。遗产地是数世纪劳作的结果，以物质遗存见证了早期中世纪葡萄酒生产模式，展示出农民和制酒者家族内部传统、技术和知识的传承，展示出对特定土壤微环境和葡萄种植技术的专业化使用。

在对遗产地真实性进行评估的时候，ICOMOS 明确地强调了遗产地作为生产生活场所具有的活态特征。真实性评估指出，"（遗产地）真实性依赖于葡萄种植和葡萄酒制造生意数世纪的延续"[1]，具体反映在"气候"（Climates）形成的历史过程与耕种区域的特征，与农业生产活动相关的土地管理模式、传统技术的持续使用等多个方面。评估特别肯定了传统知识传承对于遗产真实性的作用，"因传统葡萄种植者和酿酒者的存在，旧的知识和现代知识之间仍存在联系，他们将传统知识传之后世，这项活动构成该地区社会—经济肌理存在的基石"[2]。

由于遗产地具有的活态特征、传统的有效传承与延续得到了充分的认可，保护状况评估时，虽然 ICOMOS 注意到遗产地面临的主要威胁因素包括城市发展、各地块景观微要素的消失、交通和旅游压力、能源设施的修建和采石活动等，但并不认为这会对真实性造成过大压力[3]。例如，评估报告提到在第戎历史中心区，即遗产区范围内，特别是该区域的工业用地，建有一些独栋建筑与场地的整体视觉质量不协调，而第戎南部的城市区也有一些高层建筑产生了视觉干扰，但是这并没有影响到真实性。此外，葡萄园众多当前仍在使用的历史建筑、地块围墙等

---

[1]　ICOMOS. Advisory Body Evaluation[R]. 2015. 原文：This particularly relies on the continuity of the vine-growing and wine-making business over several centuries, which is visible in the structure of the territory and especially in the Climates. 网络地址：http://whc.unesco.org/en/list/1425/documents/ [2016-12-21].

[2]　同上，原文：There is still an alliance between old and modern knowledge, upheld by the persistence of the local vine-growers/wine-makers, who transmit traditional knowledge from one generation to another; this activity still constitutes the basic socio-economic fabric of the region.

[3]　同上．

也经过了不断地修缮和改造，而葡萄园用地的划分也肯定会在长期的使用中不断划分、改变，而这也并没有影响到真实性。

比较德国和法国两个文化景观案例中真实性评估采用的标准，似乎并不统一。诚然勃艮第案例中 OUV 的表述很鲜明地强调了生产产业系统的传承和延续，而莱茵河谷的案例在价值表述则没有明确的重点，这使得遗产地的价值容易被默认为一处风景如画的景观。然而，从本质上来讲，文化景观是人类与自然交互的产物，也是长期交互的过程，这赋予其鲜活而不断变化的特质。这种特质对于活态遗产而言都是存在的，只是程度不同而已。正如前文提到的，这种不断变化的特质是否意味着文化景观的真实性也应是动态的？这使得文化景观真实性的界定尤其困难。不过可以肯定的是，如果仅仅强调文化景观具有的美学价值，将文化景观的真实性定义为某种时刻、某种状态下协调统一的风景，这无疑忽视了其动态的特征。这样的真实性界定是不完整的。

2.5　真实性的物质性与非物质性

博尔加尔历史建筑和考古遗址的申报

博尔加尔历史建筑和考古遗址（Bolgar historical and archaeological complex）是近期世界遗产大会中探讨真实性非常重要的案例，不仅因为案例经过多次提交、修改和讨论[1]，反映出不同委员会成员、不同专家对同一问题的不同看法；更重要的是案例展示出构成真实性的不同方面产生矛盾时的取舍问题。笔者认为，这是真实性概念内涵经过《奈良真实性文件》扩展后亟待解决的重要问题，即真实性内部概念之间的关系、权重问题。博尔加尔案例反映出，对于这一问题，咨询专家和缔约国似乎还未形成统一的认识。

博尔加尔历史建筑和考古遗址位于俄罗斯伏尔加河（Volga River）和卡马河（River Kama）交汇处南岸，鞑靼斯坦共和国（Tatarstan）首都喀山（Kazan）以南。这里曾经是伏尔加－博尔加尔（Volga–Bolgar）文明的早期住区，在 13 世纪是金帐汗国（Golden Horde）第一个都城，在喀山汗国时期和俄罗斯时期仍得到沿用，而在今天这里成为鞑靼穆斯林（Tatar Muslims）的圣地。该项目于 2000 年提出第一次申报，其后因真实性问题而被驳回三次，最终于 2014 年以标准 ii 和标准 vi 成功列入。其 OUV 主要体现在以下方面：

（1）博尔加尔位于欧亚大陆贸易、经济、文化和政治交流的十字路口，通过建筑和城市遗迹展示出几个世纪以来的数个文化传统（突厥、乌戈尔族、斯拉夫等传统）的交流和融合，具体体现在建筑风格上则表现为：木材结构、草原建筑

1　项目分别于 2000 年、2001 年、2003 年和 2004 年提交申请，最终于 2004 年列入《名录》。

风格要素、东方风格（伊斯兰文化的影响）和欧洲—俄罗斯风格的使用等方面；

（2）遗产见证了从伏特加—博尔加尔时期、金帐汗国时期、喀山汗国和俄罗斯联盟时期文化多样性的影响和各时期文化传统之间的相互影响；

（3）博尔加尔是公元992年伏特加—博尔加尔文明接受伊斯兰的象征，也是最早建立、地理位置最北的穆斯林飞地，对于鞑靼穆斯林而言，博尔加尔仍旧是神圣的象征，也是朝圣之路的终点，这对该区域的文化和建筑发现产生了长期的影响。

遗产地由两部分构成，一部分为包含有丰富地层信息的考古遗址[1]，另一部分为建筑遗迹和历史建筑，部分建筑目前仍在使用，并在过程中经历了修缮和重建。建筑遗产包括一座主清真寺（The Cathedral Mosque，"Tetragon"）、一座清真寺宣礼塔（Big Minaret）、数座陵墓、浴室、可汗宫殿和圣祠等。其中，主清真寺始建于13世纪晚期金帐汗国时期，建筑主体目前仅存遗址，而大宣礼塔在1841年倒塌，2000年根据历史图纸（1827年绘制）原址重建，重建过程中部分使用了原有石块。在遗址的旁边，18世纪末期源于宗教活动的需要，依据当地建筑风格建立了新的教堂（Church）。此外，在2011年以后，遗产地实施了一系列服务于穆斯林"圣地"功能的纪念性建筑和服务设施，如2012年新建的纪念堂（Memorial Sign），在遗产地南侧边缘修建的白色清真寺（White Mosque）、面包博物馆（Bread Museum）等，并修缮了部分宗教建筑遗迹。近期新建筑并未列为遗产构成，但其建筑风格与历史建筑遗存在材料、风格、色彩的使用上均形成了鲜明的差异。

在遗产真实性的探讨中，早期评估和遗产大会讨论的关注点在于主清真寺宣礼塔的重建问题。在2000年项目首次申报的时候，ICOMOS提出宣礼塔的重建对于真实性有影响，但是总体评价还是比较正面的。评估报告表示："根据19世纪前半叶的记录……现存建筑遗迹和100年前甚至200年前差距不大。基于真实性的考虑，批准实施的修缮工程主要为结构加固和恢复，所以可以保证的是真实性水平是很高的。"[2] 但是，涉及大宣礼塔的重建，这个结论就需要打个折扣，对此需要缔约国补充相关的细节信息。ICOMOS认为，如果在遗产大会上，缔约国补充了相关信息并且得到咨询机构和委员会的认可，那么建议将遗产地以标准iii列入《名录》[3]。

---

1 博尔加尔最早的考古遗迹可以追溯到10世纪早期；伏尔加—博尔加尔文明住区遗址建于9世纪至11世纪；金帐汗国都城遗址建于13世纪晚期；喀山汗国时期的遗址则为15世纪中期至16世纪；以及俄罗斯时期的遗迹。

2 ICOMOS. WHC-2000/CONF.204/INF.6[R]. 2000：p.203，原文：The records from the first half of the 19th century in particular are especially valuable in this respect. This has made it possible to evaluate the extent to which there have been interventions that affect the authenticity of the remains that are extant today. It is evident that none of the surviving buildings looks significantly different from how it appeared 100, or even 200, years ago. It has also permitted restoration and renovation projects to be carried out which respect the authenticity. These projects have been restricted to structural reinforcement and anastylosis, and so it may be asserted with confidence that the level of authenticity is high. 网络地址：http://whc.unesco.org/en/sessions/24COM/documents/ [2016-12-21].

3 同上.

　　然而，截至当年的世界遗产大会，缔约国并没有提供相关的补充信息，所以委员会将申报项目审定为"发还待议"。

　　2001 年，缔约国再次提交了申报项目，并补充了大宣礼塔的材料。ICOMOS 对缔约国的努力表示满意，评估报告的结论为以标准 iii "列入"[1]。而在当年的世界遗产大会上，委员会再次就重建所用的材料和真实性问题进行了讨论，一些委员质疑 19 世纪的早期记录是否足以支撑大宣礼塔的重建，而一些则关注遗产地作为游牧帝国具有的历史见证作用的重要性。[2] 以上讨论反映出，在最初的申报阶段，遗产以价值标准 iii 提出申报，对遗产价值的认识强调建筑遗址和遗迹具有的历史见证作用，关注历史价值。在这样的背景下，重建被认为是对真实性的破坏而难以接受，对此是存在共识的。

　　而在 2013 年遗产地再次提交申报文本时，近期遗产地实施的一系列修缮和新建设施成为真实性评估探讨的重点问题。对此，2013 年 ICOMOS 的评估给予了较为负面的评价。评估报告指出，遗产地"实施的修缮措施干预过多且没有明确的理由，从材料、物质性、技艺和环境的方面均影响到遗产的真实性"，而纪念堂等新建建筑更是加剧了这种负面影响。ICOMOS 认为，"唯一保持了真实性的信息来源只有位置、精神和感受"[3]。综合考虑申报文本比较研究、价值标准、真实性和完整性、保护状况等方面评估结果，ICOMOS 给出的评估结论是"不予列入"。

　　在第 37 届世界遗产大会上，委员会就博尔加尔遗产地展开了长时间激烈的讨论。ICOMOS 的态度是十分明确的，会上代表表示，当前遗产地管理的关注点在于遗产作为一处宗教圣地的定位，在于旅游设施的发展，而这导致遗产地考古遗址地层具有的历史信息在一定程度上被牺牲了。ICOMOS 再次重申了评估结论：由于近期遗产地采取的加固和重建措施，其历史物质性要素已被大幅度改变；新建设更减少了遗产对特定历史时期具有的见证作用。所以真实性要求已无法得到满足，不建议将遗产列入《名录》。

　　印度代表的意见则与之针锋相对，他认为 ICOMOS 在 2000 年和 2001 年的评估结论与 2013 年的结论存在巨大反差——而遗产地在近十几年中并没有巨大变化[4]——他质疑 ICOMOS 评估前后标准的一致性。进而，印度代表反复强调遗产地作为圣地对于穆斯林的重要性，建议将遗产列入《名录》并加入价值标准 vi 的论

---

1 ICOMOS. WHC-01/CONF.208/INF.11 Rev[R]，2001. 网络地址：http：//whc.unesco.org/en/sessions/25COM/documents/[2016-12-21].

2 World heritage committee. WHC-01/CONF.208/24[R]，2001. 网络地址：http：//whc.unesco.org/en/sessions/25COM/documents/ [2016-12-21].

3 ICOMOS. WHC-13/37.COM/INF.8B1[R]，2013. 网络地址：http：//whc.unesco.org/en/sessions/37COM/documents/[2016-12-21].

4 事实上，遗产本体也许没有太大变化，但遗产区内的历史环境因新建设施而发生了不少的变化.

述。伊拉克、卡塔尔、阿联酋、南非、塞尔维亚等国的代表均支持印度代表的提议。与这类意见相左，爱莎尼亚代表指出遗产地的重要性在于对帝国历史的见证作用。他本人参观过遗产地，并认为近期的干预更多地属于重建的范畴，而非谨慎的修缮，这极大地破坏了真实性。观点较为折中的代表，如马来西亚和柬埔寨等国则支持"发还待议"。

期间，缔约国代表受邀陈述自己的观点，他引用了 ICOMOS 评估报告，指出，遗产地的真实性在材料、物质、技艺和环境等方面因近期采取的干预措施和项目而受到损害，但是，真实性在位置、精神和感受方面则得到延续——遗产地一直是穆斯林每年朝圣的对象。言外之意，是在强调遗产地的真实性只是极小地或至多部分受到损害，不是完全丧失。与之呼应，印度代表则坚持说应考虑《奈良真实性文件》的内容，他认为委员会的讨论中没有考虑到遗产的文化背景，并认为所有委员会成员应都能接受标准 vi。缔约国和印度代表的发言虽然在一定程度上是基于自身立场的"辩解"，但是却抓住了真实性评估当前存在的问题，即由于真实性评估信息来源指标增多，这些指标之间的关系、权重并没有得到清晰地表达，如此真实性评估存在某种模糊性，存在多种解读阐释的可能。这将降低真实性评估的权威性。

在经过长期的讨论后，第 37 届世界遗产大会的决议（37 COM 8B.43）采纳了"发还待议"的结论，认可遗产具有 OUV，并采纳了印度代表关于标准 vi 的建议，明确指出在下一届会议上，建议缔约国以标准 iii、标准 vi 提交遗产提名。

根据 2013 年的决议，遗产地修改了申报文本，并于 2014 年第四次提出申请。在申报文本中，缔约国调整了 OUV 阐述，使用了标准 iii 和标准 vi。文本从形式和设计、材料和物质、使用和功能、传统、技艺和管理系统、位置和环境、非物质遗产和精神、感受等多个方面阐述了对遗产地真实性的理解。就大宣礼塔的真实性，缔约国认为，虽然建筑在 1990 年重建，但是重建严格依据 1827 年的测绘图纸、图像和其他文献材料，在技术层面，这与《威尼斯宪章》对真实性的要求是符合的。且大宣礼塔的重建也是为满足宗教信仰的需要，直至现在这里仍旧是朝拜活动的对象，这使得遗产地长久以来的使用方式得到延续。文本 [1] 将大宣礼塔的重建和圣马可广场上 1912 年重建的钟塔（1902 年倒塌）相比较，指出，在今天这座钟塔也已经被视作建筑群的一部分，其"价值"并没有因为重建而消失。事实上，2014 年的申报文本基本采纳了印度大使的观点，明确提出了在这个案例中真实性评估可能存在的矛盾：物质性遗存部分缺失，而与精神感受相关的真实性则得到延续（表 1）。

1　RUSSIAN FEDE-RATION. Nomination file 981rev[R]，2014. 网络地址：http://whc.unesco.org/en/list/981/documents/ [2016-12-21].

2014 年申报文本中缔约国对于遗产真实性的理解 [1]　　表 1

真实性的方面	遗产价值载体状况
形式和设计	博尔加尔住区的空间组织 原有建筑遗迹和遗址的保存
材料和物质	原有建筑遗迹和遗址的保存 原有材料的使用
使用和功能	持续作为宗教场所穆斯林的圣地
传统、技艺和管理系统	作为联邦重要遗产的保护 文化和宗教习俗的延续
位置和环境	原有位置 多层遗址的存在 自然景观形态和视觉感受
语言和其他形式的非物质遗产	文化和宗教活动与仪式 对于穆斯林而言特有的精神氛围
精神和感受	历史、传统和精神价值

相较 2013 年 ICOMOS 的评估，2014 年的评估报告 [2] 对遗产地的真实性给予了比较模糊的评价。报告指出近期的干预措施和新建设影响到早期住区遗址的保存，减少了具有见证作用的遗址的数量，对真实性是有影响的。这一部分的结论与 2013 年的评估基本一致。然而，话锋一转，ICOMOS 的评估在提到纪念堂、白色清真寺等后期新建设施的时候，将其与鞑靼穆斯林宗教信仰的延续联系在一起，指出新建的宗教设施使遗产地的真实性在精神和感受方面得到延续。虽然评估报告中指出遗产的保护压力主要来自于遗产范围内各类设施的发展，这里点名了纪念堂、白色清真寺等建筑，但是结合真实性评估是"充分的"（Sufficient）和最终综合评估建议为"列入"的结论来看，很难不给人以评价得到改善的印象。

在 2014 年的世界遗产大会上，各国代表似乎默认了遗产可以列入的事实，而仅就这个案例的列入标准展开了讨论 [3]，就标准 ii、标准 iii、标准 vi 的选择和组合方式争论不休。ICOMOS 代表表示，标准 iii 和文明见证作用相关，由于重建和新建设的影响，遗产地已经没有足够的与博尔加尔文明相关的遗存完好保留；遗产地可能符合标准 ii，因为遗产地仍保存有建筑、景观设计和城市规划层面多层级的、多种文化传统交流、融合的表达；标准 vi 也是符合的，因为对于穆斯林而言的宗教意义一直延续至今。最终决议（38 COM 8B.42）同意遗产地以标准 ii 和标准 vi 列入。

---

1 RUSSIAN FEDER ATION. Nomination file 981rev. 2014. 网络地址：http：//whc.unesco.org/en/list/981/documents/ [2016–12–21], p.24.

2 ICOMOS. Advisory Body Evaluation[R]. 2014. 网络地址：http：//whc.unesco.org/en/list/981/documents/ [2016-12-21].

3 只有波兰代表仍坚持遗产地缺乏真实性和完整性，对其是否可以列入表示怀疑。德国代表建议将遗产真实性的内容加入决议修订。

　　抛开博尔加尔案例多次申报后牵扯的政治因素[1]不谈，世界遗产委员会和评估机构对于案例四次申报中真实性状况给予的不同态度，深刻地反映出世界遗产评估系统中存在矛盾性。一方面，真实性由于自身概念范畴的扩展——这种扩展的本意可能是为了应对世界遗产类型日益复杂的实际情况——而没有明确相关评价指标之间的关系。当这些指标之间存在矛盾性的时候应如何处理，似乎在当前还没有形成共识。另一方面，博尔加尔案例2014年的讨论显示出真实性与OUV标准的使用密切关联，似乎有些价值标准的使用可以在一定程度上降低对遗产真实性的要求，不知这种认识是否会有悖于真实性评估的客观性。从世界遗产评价原则的统一性和加强保护的立场出发，这两点问题都应引起重视并尽快得到解决，从而建立起具有共识和较高一贯性的评价机制。

3　2006年至2016年间和真实性标准的使用情况

　　以上案例以个案的形式展示出当前世界遗产体系中真实性评估在诸多方面仍存在可探讨的问题。那么，从2005年《奈良真实性文件》纳入《操作指南》至今，真实性评估是否仍旧是世界遗产申报评估和保护状况评估最具"影响力"的指标？如果就2006年至2016年间真实性评估在世界遗产申报环节（8B）和遗产保护状况（7A，7B）环节的使用情况进行统计，也许可以大致反映出近期真实性标准的使用情况。

　　在混合遗产和文化遗产的申报环节，每年真实性存在问题的申报项目[2]数量从3例至13例不等，其比例在近年来有不断升高的趋势（见下图趋势线），从2006年的10%至近三年的平均值27%。这是否意味着世界遗产申报项目保护状况整体水平的下降？抑或是由于遗产规模的增长、特殊类型遗产比例的增加，造成专业咨询机构对遗产真实性判断难度增加？目前，似乎仍无法对造成这一趋势的具体原因进行判断。

　　如果将申报项目依据遗产类型进行分类，不难发现，从近十年的项目总量来看，文化景观类型遗产真实性存在问题的比例最高（35%），其次为遗址（site，26%），再次为历史城镇（17%）。这一统计结果再次反映出，文化景观、历史城镇等特殊类型遗产在真实性评估中面临的挑战，而特殊类型遗产也恰好是近年申报的热点。遗址类型遗产无疑是对真实性要求最为严格的一类遗产，随着近期遗产规模的扩

1　在2014年第38届世界大会的案例讨论中，黎巴嫩代表就曾表示"应停止当前讨论存在的政治立场"！

2　本文统计的真实性存在问题的案例指ICOMOS评估中，被评为"不符合真实性要求"或"无法判断真实性"的文化遗产和混合遗产案例.

展，这类遗产真实性的判断也面临着挑战。

　　针对真实性存在问题的项目，ICOMOS 给出的最为常见的建议为"推迟列入"（51%），其次为"不予列入"（38%），这显示出在专业评估的视角下，真实性评估仍旧是决定遗产是否可以列入《名录》的重要指标。而从最终决议的统计情况来看，近年 ICOMOS 的决议被世界遗产委员会大幅度修改。真实性存在问题的项目有 60% 还未上会讨论即被缔约国撤回，在最终上会讨论的案例中，则有 42% 最终列入了《名录》，竟然是所有修改决议的案例中比例最高的，其次 27% 的项目"发还待议"，21% 的项目"推迟列入"。真实性存在问题的案例决议被修改的情况在 2010 年、2011 年、2012 年、2014 年和 2016 年尤其明显。这充分地显示出，近年来世界遗产委员会和咨询机构就真实性评估存在的意见分歧，而前者可能在一定程度上代表了缔约国代表和普通公众的态度。（图 23~ 图 32）

图 23　2006-2016 年世界遗产大会申报项目中真实性有问题的项目与申报项目总数的对比

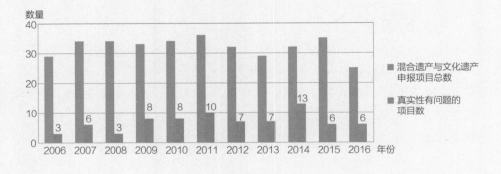

图 24　真实性有问题的申报项目所占总数百分比

图 25　2006-2016 年 ICOMOS 审阅申报项目的遗产类型分布图（左）

图 26　2006-2016 年间真实性有问题的申报项目遗产类型分布图（右）

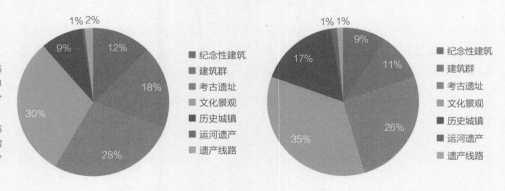

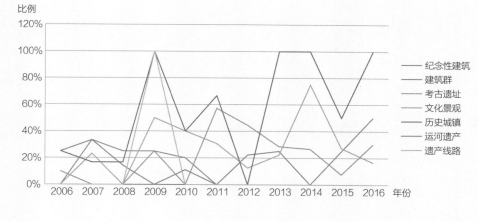

图 27　2006-2016
年真实性有问题的申
报项目的遗产类型数
量／各类型遗产总量

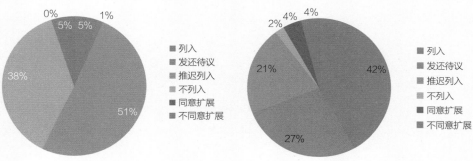

图 28　2006-2016
年 ICOMOS 给出的
真实性有问题申报项
目的建议分布图（左）

图 30　2006-2016
年世界遗产委员会对
真实性有问题项目给
出的决议（右）

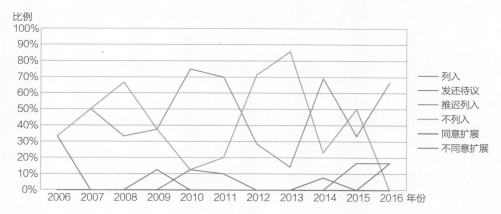

图 29　2006-2016
年真实性有问题申报
项目 ICOMOS 给出
的建议情况

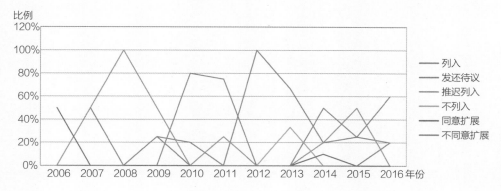

图 31　2006-2016
年真实性有问题的
申报项目的最终决
议情况

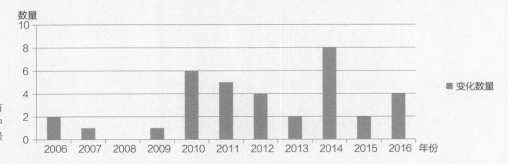

图 32 真.实性有问题的申报项目中 ICOMOS 建议与最终决议变化数量表

在混合遗产和文化遗产保护状况评估环节，位于《世界遗产濒危名录》中的项目每年约有 3~5 个项目的评估会涉及真实性问题，并进行反复讨论。而在 2006 年至今的十年中，这些项目中仅在 2007 年有 2 个项目和 2016 年有 1 个项目从《濒危名录》中移出。在《名录》遗产保存状况的评估中，每年约有 6~14 个项目涉及真实性问题，以 2016 年为例，真实性存在问题的项目约占总检查项目的 13%。从 2006 年至今，仅有利物浦海上商城（2012 年）和沙赫利苏伯兹历史中心（2016 年）两处遗产因真实性出现问题而列入濒危，且均为历史城镇类型遗产（图 33~ 图 35）。

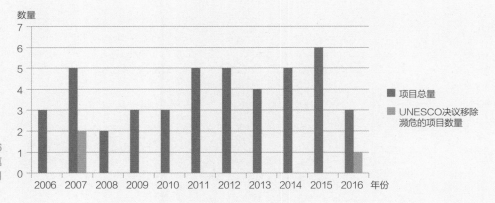

图 33 2006-2016 年《濒危名录》中真实性存在问题的项目数量

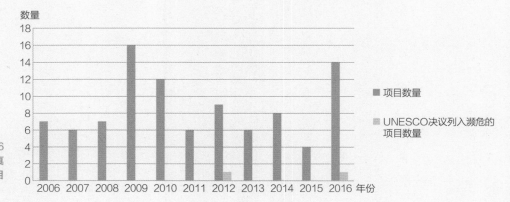

图 34 2006-2016 年世界遗产名录中真实性存在问题的项目数量

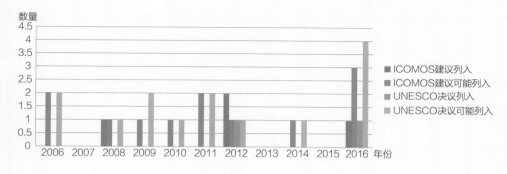

图 35　名录中真实性存在问题的项目ICOMOS 建 议 与UNESCO 决议对比

4　结论

在世界遗产项目建立初期，文化遗产的保护对象仅有纪念物、建筑群和遗址三种类型，遗产真实性评估或质量评估基本采用了《威尼斯宪章》的保护原则，就其设计、材料、技艺和环境等方面展开评估。而随着 20 世纪 80 年代末期特殊类型遗产的产生，文化遗产的规模不断扩大，遗产构成日益复杂而多元化，遗产与文化传统、社会生活的关系也较此前有了本质上的差异，这促使文化遗产保护领域思考这类遗产的价值、保护的原则，以及真实性的评价标准。《奈良真实性文件》可以说是这种趋势的反映，文件极大地改变了《操作指南》关于真实性的论述。2005 年版《操作指南》的真实性评估强调了遗产所属文化语境的重要性，同时又将一系列非物质的方面加入到真实性评估的内容之中，如功能、使用、传统、管理系统、语言、精神、感受等。将非物质要素纳入到真实性评估的指标之中，可以说是一种大胆的尝试，这推动我们重视特殊类型遗产具有的活态特征，重新思考其价值和保护的目标，从而寻求一种整体性保护策略和方法。从这个角度，《奈良真实性文件》无疑对世界遗产特殊类型遗产的真实性认知与保护具有积极意义。

然而，这并不意味着当前世界遗产体系下真实性评估已能够完美应对各类型遗产纷繁的保存现状。事实上，当前真实性评估体系，特别是涉及特殊类型遗产具有的活态特征，仍有许多问题值得探讨：是否需要对真实性评估涉及的诸多方面的重要性与意义给予进一步的限定？是否需要根据不同类型的遗产或遗产构成的不同方面制定不同的真实性评估标准？是否需要明确真实性与完整性评估内容的差异？再者，我们是否需要重新思考真实性概念本身修订策略的方向？《奈良真实性文件》对真实性概念的修订在扩展其内容的同时，在一定程度上降低了其意义的准确性，使之有时变得含糊不清，而同时《保护物质和非物质遗产的大和宣言》[1]已明确表示真实性标准并不适用于非物质遗产的认定和保护，那么，为什么真实性评判却涉及遗产的非物质方面呢？这似乎是其内在逻辑存在的矛盾性。在文化遗产保护对象本身已不断复杂化的今天，真实性评估，作为评价遗产保存"质量"最为重要的指标之一，也同样变得复杂而模糊，这是否是希望达成的结果？是否有利于世界遗产的保护？对此，笔者表示怀疑。

1 International Conference on the Safeguarding of Tangible and Intangible Heritage. Yamato Declaration on Integrated Approaches for Safeguarding Tangible and Intangible Cultural Heritage[z]，2004，Nara. 原文：8. further considering that intangible cultural heritage is constantly recreated，the term "authenticity" as applied to tangible cultural heritage is not relevant when identifying and safeguarding intangible cultural heritage. 网络地址：http：//101.96.8.164/portal. unesco.org/culture/en/ files/23863/ 1098874 2599Yamato_ Declaration. pdf/Yamato_ Declaration.pdf. [2017-1-5].

从视觉完整性简析世界文化遗产的完整性评估与保护

文 / 孙燕

引言

进入新千年，关于世界遗产视觉完整性的话题一直是世界遗产大会文化遗产保护状况争论的热点之一。据统计，自 2004 年至 2012 年间共有 120 份《世界遗产保护状况报告》涉及视觉完整性问题，其中 92% 为文化遗产案例，欧洲和北美洲案例比例最高，为总数的 44%；其次为亚洲和太平洋地区，占总数的 23%[1]。回顾以往案例，争论的焦点在于高层建筑或大型建设对于文化遗产的视觉影响，意见分歧在于以下几个问题：首先，视觉影响是否与项目位置（位于缓冲区或更外围的周边环境）存在密切关系？是否与文化遗产自身的类型和价值相关？其次，视觉完整性对于世界遗产的保护意义何在？其意义和保护是否得到国际遗产保护原则的支持？再者，当视觉完整性的保护与文化遗产的其他价值产生矛盾时，在当前保护原则下应如何正确地取舍？虽然世界遗产大会的决议不乏因建设项目而产生的严厉决议，致使遗产地列入《世界遗产濒危名录》，甚至除名，但从近期的会议讨论情况来看，委员国、缔约国与 ICOMOS 等专业评估机构之间还存在意见分歧，而对视觉影响项目的处理也存在尺度不一的情况。

1 关于视觉完整性讨论的几个案例

在近期讨论中，位于遗产缓冲区或缓冲区之外周边环境的高层建筑经常被视为对遗产地原有协调、统一景观的破坏因素，对文化遗产视觉完整性产生严重的负面影响。于 2013 年世界遗产大会讨论的伊朗伊斯法罕王侯广场（Meidan Emam，

1 World Heritage Centre. Background document[Z/OL]. International World Heritage Expert Meeting on Visual Integrity.6 to 9 March 2013，Agra，India：16. [2017-12-28]. http : // whc.unesco.org/uploads/events/documents/event-992-12.pdf.

图 1   伊朗伊斯法罕
王侯广场 [2]
图 2   建成后的 Jahan
Nama Tower [3]

Esfahan）[1] 即代表了这类威胁中比较常见的情况和处理方式（图 1）。伊斯法罕王侯广场位于伊斯法罕市历史中心区，是一组由二层拱廊围合而成的公共广场，广场每边均建有一座融合伊斯兰风格和伊朗风格的纪念性建筑。遗产类型属于纪念物。位于缓冲区内的一处高层商业综合体（Jahan Nama Tower）自 2002 年就得到世界遗产中心的关注，项目设计方案超过缓冲区限高，被认为对城市天际线造成负面影响，大会决议"强烈建议当局重新设计"[4]。在项目建成后，遗产委员会又多次强烈要求当局拆除第 11 层和第 12 层，降低建筑高度[5]，以使广场内无法看到商业综合体（图 2）。缔约国最终听取了委员会的建议，并在 2015 年完成了拆除工作[6]。

伊斯法罕王侯广场属于地标性纪念物，视觉景观的协调被认为是遗产完整性和突出的普遍价值（简称 OUV）表达的重要支撑，同时，高层建筑位于缓冲区，建筑高度突破已确定的保护管理要求。在这样的背景下，委员国、咨询机构和缔约国基本能对项目的处理达成统一：认可高层建筑对纪念物视觉完整性产生负面影响，影响到遗产价值，要求缔约国进行设计修订或对已建成部分进行局部拆除。然而，当这类威胁因素处于缓冲区之外，或发生在历史城镇、文化景观等规模宏大、构成复杂的活态遗产之中，视觉影响的程度、视觉完整性的意义就经常受到委员国和缔约国的挑战。

---

1 伊斯法罕王侯广场于 1979 年因符合标准 i、标准 v 和标准 iv 列入《名录》。

2 网络照片，出处：http://static.panoramio.com/photos/original/64949682.jpg.

3 网络照片，出处：https://commons.wikimedia.org/wiki/File: Naghshe_Jahan_Square_Isfahan_modified2.jpg.

4 见决议 26COM 21B.53 条目 4. [2017-12-28]. http://whc.unesco.org/en/list/115/documents/.

5 见决议 28 COM 15B.63，29 COM 7B.54，30 COM 7B.57，32 COM 7B. 72，33COM 7B.75 和 34 COM 7B. 71，36 COM 7B. 62，网址同 3.

6 见决议 39 COM 7B.67 条目 3，网址同 3.

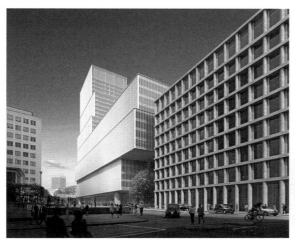

图 3　伊丽莎白大厦
设计方案，著名设
计师大卫科波菲尔
设计 [1]（左）
图 4　原有伊丽莎白
大厦 [2]（右）

在 2014 年遗产大会上，威斯敏斯特宫、修道院以及圣玛格丽特教堂 [3]（Palace of Westminster，Westminster Abbey including Saint Margaret's Church，简称威斯敏斯特宫）由于位于遗产周边环境的高层建设项目伊丽莎白大厦（Elizabeth House）得到规划许可，促使咨询机构对其进行反应性监测。众所周知，该遗产位于伦敦中心区域，是一组于 1840 年重建的新哥特式建筑群，在英格兰历史上具有重要的历史价值和象征意义。直至今日，遗产本体一直得到精心维护，并延续了原有独特的使用功能——教堂和议会共存。受到监测的项目位于泰晤士河对岸，与威斯敏斯特宫相距约 1 英里，项目设计包含三座高层塔楼，最高的北侧塔楼为 29 层（图 3—图 5）。虽然此前遗产大会决议就已注意到该项目会影响遗产地周边环境的视觉景观，要求缔约国修改方案 [4]，但项目的规划申请仍得到了项目所在地伦敦朗伯斯区（Lambeth）政府批准，而此后英格兰遗产（English Heritage）、威斯敏斯特自治市地方议会（Westminster city council）等机构向国务大臣请求判定和向地方法庭提出法律诉讼的努力均告失败 [5]。

1　网络图片，出处：http://swipedesign.co.uk/lrp/wp-content/uploads/2014/09/elizabeth1.jpg.

2　网络图片，出处：http://www.hotelroomsearch.net/im/hotels/mk/elizabeth-house-23.jpg.

3　威斯敏斯特宫、修道院以及圣玛格丽特教堂于 1987 年列入《名录》。符合的价值标准包括：标准 i：威斯敏斯特教堂是一处独特的艺术创造，代表了英格兰哥特艺术一系列发展过程的显著成就。标准 ii：除了其对英格兰中世纪建筑产生的影响，威斯敏斯特教堂通过影响 Charles Barry 和 Augustus Welby Pugin 在威斯敏斯特宫的创作，在19 世纪"哥特复兴"运动中扮演着主导作用。标准 iv：教堂、宫殿和圣玛格丽特教堂，以实物展示出 9 个世纪议会君主制的特殊性。

4　见决议 37 COM 7B.90.[2017-12-28]. http://whc.unesco.org/en/list/426/documents/.

5　根据英国世界遗产保护管理和规划的相关法规，当开发项目的规划提案已经得到地方规划部门的批准，而涉及世界遗产的保护，第三方机构（即英格兰遗产、威斯敏斯特自治市地方议会）有权向国务大臣（Secretary of State's）提交申请，要求其对规划方案进行判定。在这一案例中，英格兰遗产提出了申请，但被国务大臣否决。进而，如果想否决国务大臣的决定，就需要向地方法庭提出法律诉讼，通过法律程序进行判定。于是，2014 年 3 月英格兰遗产、威斯敏斯特自治市地方议会通过高等法院，对朗伯斯区议会的规划许可提出诉讼，但法院评判的依据并不是从规划内容或设计方案的合理性出发，而是仅从规划获取过程的合法性进行判断，如此，法庭判决开发项目的规划许可有效。

图 5　伊丽莎白大厦
建成后威斯敏斯特宫
对岸的未来图景[1]

　　截至 2014 年遗产大会，项目的规划许可在英国法律框架下得到认可，项目实施已不存在任何法律障碍。由此，咨询机构认为英国的法律保护体系无法为遗产历史环境给予有效保护，决议草案建议将遗产列入濒危。而英国代表的回应则与此针锋相对。他强调遗产本体一直得到有效的维护，传统的使用功能仍在延续，其具有 OUV 不容置疑。因此，英国政府不认可开发项目会影响到 OUV，不认可将其列入濒危。与此同时，朗伯斯区议会正在重新考虑项目的设计方案，大伦敦议会也在近期制定了一系列针对视觉景观保护的导则使得历史环境的保护得以加强[2]。与会委员会代表多数对英国大使的观点表示理解和赞同。日本代表认为，大会决议应考虑伦敦作为不断变化发展的国际大都市现状；而菲律宾代表则指出，未来应该考虑当前周边环境保护的理论发展，又考虑英国自身的规划体系。由于委员会反对，最终决议并未将遗产地列入濒危，而仅要求缔约国确保方案设计的修改。

　　与高层建筑类似，交通设施或基础设施建设也经常成为影响视觉完整性的重要威胁。巴拿马城考古遗址和历史城区（Archaeological Site of Panamá Viejo and Historic District of Panamá，Panamá）[3] 是一处以巴拿马城考古遗址为核心，同时含有历史城镇区域的复杂遗产，遗产地保留有殖民时期的历史街道和大量风格独特的居住、宗教和公共建筑遗存。缔约国于 2010 年提交了一份沿海开发项目（Cinta

---

1　网络图片，出处：http://www.dp9.co.uk/project/elizabeth-house/.

2　事实证明这种承诺是虚幻的。大伦敦议会制定的保护导则是指导性的，并没有法律强制力；而朗伯斯区议会也并没有在此后修订项目设计。

3　巴拿马城考古遗址和历史城区因符合标准 ii、标准 iv 和标准 vi 于 2003 年列入《名录》。

Costera project）第三期计划 [1]，拟在遗产缓冲区 [2] 外围海岸建设一条跨海高架桥。2012 年决议（36COM 7B.103）指出项目对遗产完整性造成潜在威胁，它会改变历史城区传统格局和海岸线面貌，不可逆转地影响历史城区和海岸之间的关系，影响到遗产地周边环境。（图 6~ 图 8）

图 6　巴拿马城考古遗址 [3]（上左）

图 7　巴拿马城历史城区 [4]（上右）

图 8　道路和巴拿马考古遗址之间的关系 [5]（下）

---

[1] 此前对这一项目的其他内容进行过多次反应性监测。2009 年的反应性监测发现，位于 Terraplan 海滨港口地带的 Cinta Costera 项目二期在未进行环境影响评估和遗产影响评估的情况下就进行建设且没有告知世界遗产中心。2010 年的反应性监测明确指出，Cinta Costera 二期项目造成了海岸区域的显著变化，影响到 Terraplan 老港口地区的历史特征；项目三期环绕半岛的交通设施会严重影响历史中心区向周边海域的放射性视线。2010 年的大会决议（34 COM 7B.113）要求缔约国立刻停止该项目，提交必要的项目技术性研究和影响评估，以便在实施前进行评审。

[2] 该项目的遗产区划范围较为复杂，已公布的区划以考古遗址为核心划定遗产区，将历史城区作为缓冲区，而缓冲区范围没有包括海上部分。2012 年的大会决议（36COM 7B.103）就这个问题给出了建议，即要求缔约国正式提交包含有海洋区域的缓冲区范围，以及法律性保护策略。

[3] 网络图片，出处：http://whc.unesco.org/?cid=31&l=en&id_site=790&gallery=1&index=25&maxrows=12.

[4] 网络图片，出处：https://file.travelclickchina.cn/F/1/18f8abc6-6d81-4dd8-9458-28eb9ce42641/8636.11655.panama.central-hotel-panama.hero-EkSBgpXp-20339-1280x720.jpeg.

[5] 网络图片，出处：https:// www.google.com/maps/@9.008698,-79.4862966,2522m/data=!3m1!1e3?hl=zh-CN.

　　2013 年缔约国提交的保护状况报告承认历史城区现状低矮的天际线，肯定了城区和半岛形态之间密切的联系，特别是自然环境形态本身对遗产价值的重要性。不过报告仍坚持海上高架桥的建设没有影响价值，报告认为考古遗址的周边环境和景观基本保持了历史"原状"，如海岸线景观、城市天际线、安孔山（Ancon）等景观要素不会受到大桥建设的影响；仅圣费利佩南部和东部陡峭的岩石，以及周围三处名为"三姐妹"的峭壁景观可能因建设改变。缔约国没有提出任何替代方案，而世界遗产中心从官方渠道获悉部分高架桥已建成。就此，咨询机构指出高架桥不仅体量巨大，而且将形成封闭的海岸线，其具有很强的视觉影响，会破坏城市及其周边环境之间的联系，改变历史城区自 17 世纪建成之时延续至今的边界，影响到遗产价值，建议将其列入濒危。

　　而在遗产大会的讨论中，缔约国代表强调，项目位于划定的缓冲区之外，不应判定其破坏了遗产价值，且遗产地多数历史遗存处于较好的状况，没有理由将其列入濒危。讨论的核心问题再次涉及这一问题：缓冲区之外的视觉影响是否能够对遗产的完整性构成威胁，其严重性是否足以列入濒危？事实上，缔约国的看法得到了多数委员国的支持，他们认为至少考古遗址保护状况良好，不应因受到视觉影响而列入濒危。印度、俄罗斯、卡塔尔、南非等国家的委员则提出更具颠覆性的意见，认为高架桥的修建为观看考古遗址提供了新的角度——从海上俯瞰，从而增进了公众对遗产的认识。他们再次强调咨询机构应综合考虑缔约国发展和遗产保护的需求。虽然咨询机构多次强调缓冲区外的项目也会对遗产价值造成影响，文化遗产的保护必须重视遗产和周边环境存在的可见与不可见的联系，不过最终决议[1]并没有将遗产列入濒危，仅要求缔约国邀请咨询机构继续开展反应性监测。

　　类似的讨论还发生在文化景观案例中。莱茵河中上游河谷（Upper Middle Rhine Valley, Germany）[2]是一处延绵 65 公里的文化景观，作为欧洲重要的交通路径，由河谷景观、城堡、60 余处小型历史城市、葡萄园等多种类型的文化遗产共同构成（图 9）。2012 年的反应性监测认为，"缆车系统和遗产地的 OUV 不协调，损害其真实性和完整性"[3]，要求缔约国于 2014 年将其拆除。缆车系统位于遗产区和缓冲区范围内，跨越莱茵河，连接科布伦茨（Koblenz）历史城区和城堡。

　　在 2013 年遗产大会上，缔约国称修建缆车的目的是为游客提供更好的参观途径，比起修建道路减少了对景观的视觉影响。因此，判定缆车对于一处规模

1　见决议 37 COM 7B.100.[2017-12-28]. http：//whc.unesco.org/en/list/790/documents/.

2　莱茵河中上游河谷于 2002 年以标准 ii、标准 iv、标准 v 列入《名录》。

3　ICOMOS. Report on the ICOMOS Advisory Mission to the Upper Middle Rhine Valley[Z/OL]. 2012. [2016-12-21]. http：// whc.unesco.org/en/list/1066/documents/.

如此宏大的遗产地完整性产生负面影响的结论是不恰当的，申请将缆车使用到2016年，甚至更久。这引发了激烈讨论：哥伦比亚代表指出缆车系统方便游客观览，应看到这一设施带来的积极影响；日本代表认为大型文化景观作为活态遗产，应有人居住其中，在审议开发项目对这类遗产的影响时，应更多地从地方社区的意愿和需求出发；咨询机构则指出，在进行了现场考察后，缆车对遗产整体景观美学价值带来的影响是显而易见的，而这种美学价值对文化景观类遗产而言至关重要，同时遗产地的价值阐述也提到莱茵河作为运输设施具有的价值，缆车的修建在一定程度上削弱了这种使用方式。经过讨论，部分委员国认为可以适当放宽缆车使用的年限，以进一步观察其正面和负面的效应。最终委员会肯定了拆除缆车系统的决议，不过，将使用期限延长至 2026 年[2]。

图 9　莱茵河中上游河谷[1]

1　网络图片，出处：https://en.wikipedia.org/wiki/Rhine_Gorge#/media/File：St.Goarshausen_Loreley_Burg_Katz_2016-03-27-17-13-57.jpg.

2　见 37 COM 7B.75 条目 6. [2017-12-28]. http：//whc.unesco.org/en/list/1066/documents/.

2   比较近期决议对视觉完整性的评估

从以上案例决议对视觉影响和文化遗产完整性关系的评估，不难发现，不同类型、规模和价值的文化遗产对视觉影响的敏感度是不同的，即同等视觉影响力的项目对不同遗产造成的威胁是不同的。纪念物、文化景观等具有较高美学价值的文化遗产似乎对视觉完整性有着较高的要求。事实上，在视觉完整性和"社会"价值的取舍上，以往案例显示出委员会、缔约国和咨询机构所持的不同态度——在不影响遗产本体保护的前提下，委员会和缔约国往往对产生视觉影响的项目持允许态度，理由是强调遗产具有的活态特征，关注遗产的使用价值或社会价值等等；而咨询机构面对规模日益扩展、构成日益复杂的文化遗产，则更强调遗产构成要素之间复杂的联系性，关注遗产所在周边环境对完整性的重要意义，认为即使位于缓冲区之外的建设项目仍可能威胁到遗产的完整性和价值。

咨询机构的观点虽然在一定程度上代表了文化遗产保护领域提倡的原则，但仍需要警惕这样一种倾向，即将视觉完整性简单地等同于以遗产为中心可视范围追求建筑风格和形式的统一。在维也纳、科隆、伦敦、里加、利物浦、圣彼得堡和塞维利亚等一系列世界遗产城市的案例中，高层建筑成为破坏完整性的主要批判对象。咨询机构往往要求缔约国降低建筑高度，更改所用材料和屋顶形式，扩大缓冲区范围，加强控制要求。虽然很多专家都曾强调影响评估并不涉及美学评判，但从现有决议内容来看，其中不乏对设计风格的干预。而过于强调历史环境中建筑形式的协调统一，可能会损害环境具有的多样性，限制其自身的创造力，不利于遗产地的可持续发展。此外，不可否认的事实是，许多历史城镇较为平面化的城市景观使得高层建筑无论是位于缓冲区或更遥远的周边环境，都同样醒目，视觉威胁仍然存在。由此，对近期决议的思考再次回归到这个问题：应如何看待视觉完整性对于保护的意义，这种意义是否可以在《实施世界遗产公约的操作指南》确定的保护管理框架下得到有效保护？这需要我们对相关概念的发展进行梳理。

3   文化遗产完整性和视觉完整性概念的认识发展

在文化遗产保护领域，很长一段时间并没有确切地阐释"完整性"一词的具体含义，不过将其作为基本原则进行考虑在很早就开始了。《威尼斯宪章》[1]（1964）就

---

1   ICOMOS. International Charter for the Conservation and Restoration of Monuments and Sites[Z/OL].1964. [2017-12-28]. https : //www.icomos.org/charters/venice_e.pdf.

提到文物古迹本体和环境的密切关系，涉及完整性的保护问题：

第 6 条　古迹的保护包含着对一定规模环境的保护。凡传统环境存在的地方必须予以保存，决不允许任何导致改变体量和颜色关系的新建、拆除或改动。

第 7 条　古迹不能与其所见证的历史和其产生的环境分离……

第 14 条　古迹遗址必须成为专门照管对象，以保护其完整性……

而在世界遗产评估中，完整性最初是作为评价自然遗产保存状况的必要条件，直到 1994 年文化景观成为一种特殊遗产类型后，才将这一标准用于文化遗产评估。[1]《操作指南》对文化遗产完整性的定义形成于 2005 年的修订。《操作指南》（2005）将完整性定义为，"完整性是对自然和 / 或文化遗产及其载体整体性和完好性的衡量。检验完整性状况需要评估遗产是否：（1）包含了所有表达其 OUV 所需的要素；（2）具有足够的尺度，以确保（具有）表达其重要意义特征和过程的整体表征；（3）遭受发展和 / 或衰退带来的负面影响。……"[2] 段落 89 进一步对文化遗产的完整性进行了解释，"遗产的物质肌理和 / 或它的特征应保存较好，衰退过程的影响得到控制。表达其整体价值所需的重要因素都应被包含在内。对于文化景观、历史城镇或其他活态遗产独特特征必不可少的关系和动态功能也应得到保存。"[3] 这里虽然没有明确使用视觉完整性的概念，但是定义强调对于活态遗产而言，那些对遗产特征具有贡献作用的"关系"和"功能"也是完整性的重要方面，这里的"关系"一词就可能意味着某种视觉联系。

世界遗产的"遗产区"和"缓冲区"的概念在 1977 年即出现在《操作指南》[4] 中，经过多次修改后在 2005 年的《操作指南》中得到了较为充分的阐释，并沿用至今。遗产区"划定边界应包含表达遗产 OUV 直接物质表达的所有地区和载体，以及那些在未来研究中可能有助于并加强理解的地区。"而缓冲区的划定则是"出于有效保护遗产区的目的……对其使用和发展具有补充性的法律和 / 或惯常的限制，以便为遗产地增加一层保护。这应包含遗产区的直接周边环境，重要的视线和其他具有功能重要性的地区或载体，对遗产地及其保护起到支撑（作用）。"[5] 基于以上定义，遗产区强调对于 OUV 物质性载体的保护，那么这是否意味着遗产区可以缺乏对"活态遗产特征必不可少的关系"的关注呢？是否意味着所谓的"关系"

1　Jukka Jokilehto. The World Heritage List : What is OUV? Defining the Outstanding Universal Value of Cultural World Heritage Properties. [Z/OL]. 2008：43. [2017-12-28]. https://www.icomos.org/publications/monuments_and_sites/16/index.htm.

2　World Heritage Centre. Operational Guidelines for the Implementation of the World Heritage Convention[Z/OL]. 2005：par. 88. [2017-12-28]. http://whc.unesco.org/en/guidelines/.

3　同上：par.89.

4　World Heritage Centre. Operational Guidelines for the Implementation of the World Heritage Convention[Z/OL].1977：par. 26. [2017-12-28]. http://whc.unesco.org/en/guidelines/.

5　World Heritage Centre. Operational Guidelines for the Implementation of the World Heritage Convention[Z/OL].2005：par. 100，104. [2017-12-28]. http://whc.unesco.org/en/guidelines/.

不是 OUV 的直接表达呢？这是《操作指南》没有阐释清楚的内容。而正是这种模糊性反映出《操作指南》所建立的世界遗产的保护体系对于视觉景观等"关系"类非物质要素的理解与近年保护理论发展之间是存在差异的。

ICOMOS 于 2005 年采纳的《西安宣言》（2005）即强调文化遗产和周边环境之间多方面关系的重要性，宣言扩展了周边环境的含义，指出，"不同规模的古建筑、古遗址和历史区域（包括城市、陆地和海上自然景观、遗址线路以及考古遗址），其重要性和独特性在于它们在社会、精神、历史、艺术、审美、自然、科学等层面或其他文化层面存在的价值，也在于它们与物质的、视觉的、精神的以及其他文化层面的背景环境之间所产生的重要联系。"[1] 这里，周边环境已经不仅仅是一个次要的区域，而是遗产价值构成的一部分。

尤嘎·尤基莱托（Jukka Jokilehto）教授发表的专著《什么是 OUV》（2008）则进一步指出，完整性可以被理解为遗产要素和载体处于某个整体中的相互关系，根据承载 OUV 要素的不同主题，完整性可以分为社会—功能完整性、历史—结构完整性和视觉 / 美学完整性。视觉 / 美学完整性评估需考虑遗产区区内的状况，以及其与周边环境的关系。[2]

2011 年联合国全体会议采纳的《关于历史城市景观的建议书》[3]虽然没有正面回应遗产完整性的问题，但是通过"历史城市景观"一词，建议书努力打破遗产区和缓冲区划定造成的遗产与城市社会、经济、文化发展之间的隔离，提倡在延续城市遗产价值和独特特征基础上，寻求遗产保护和城市发展之间的平衡，实现可持续发展。

2012 年在阿尔艾因举行的"文化遗产完整性专家会议"[4]试图根据不同文化遗产类型对完整性进行界定，并希望将相关内容纳入《操作指南》：

- 文化景观：完整性应包含相互关联的、相互依存的要素和视觉整体性要素。
- 考古遗址：完整性应包含为遗产地理解提供重要信息所需的相互关联的、相互依存的要素和视觉整体性要素。
- 历史城镇：应考虑其活态和动态的特征，其完整性应同时考虑保存 OUV 所需的框架以及人民保持良好生活品质的需要；应将历史城市景观的方法

1　古迹遗址理事会. 关于古建筑、古遗址和历史区域周边环境保护的西安宣言 [Z/OL]. 2005：条目 2. [2017-12-28]. https：//www.icomos.org/images/DOCUMENTS/Charters/xian-declaration.pdf.

2　Jukka Jokilehto. The World Heritage List：What is OUV? Defining the Outstanding Universal Value of Cultural World Heritage Properties. [Z/OL]. 2008：43-44. [2017-12-28]. https：//www.icomos.org/publications/monuments_and_sites/16/index.htm.

3　UNESCO. Recommendation on the Historic Urban Landscape[Z/OL]. 2011. [2017-12-28]. http：//whc.unesco.org/uploads/activities/documents/activity-638-98.pdf.

4　UNESCO. Report of the International Expert Meeting on Integrity for Cultural Heritage[Z/OL]. Al Ain，United Arab Emirates，12-14 March 2012：4-5 [2017-12-28]. http：//whc.unesco.org/en/events/833/.

用于完整性评估；完整性还需包含社会、文化的实践和价值，经济过程和与遗产多样性和特征相关的非物质性向度。

- 纪念物：完整性应包含所有要素，表达 OUV 所需的基础设施、环境和景观格局，以及贡献于 OUV 的持续增建 / 扩展；还应考虑保障来自和投向纪念物的重要视线。

- 建筑群：完整性应包含所有要素，通过它们相互之间的关系表达 OUV。

综上，在当前国际文化遗产保护领域，针对不同价值和类型的文化遗产，《操作指南》中所谓"活态遗产特征必不可少的关系"可能具有两个层面的意义。一方面，这种"关系"可能成为 OUV 的直接载体，属于遗产构成的一部分；另一方面，这种"关系"也可能构成遗产存在的语境，不属于 OUV 的载体，仅仅是遗产完整性的支撑或背景性因素，应处于缓冲区或更广泛的周边环境保护的范畴。这就存在一种多义性带来的模糊。而实际案例的问题在于，在以往申报过程中，遗产构成的确定可能仅关注物质性的区域或要素，缺乏对于"关系"这类动态的、非物质因素的重视，遗产区的划定也显然对这类关系缺乏考虑。这使得后期的评估也很难清晰地根据 OUV 对多种"关系"要素的重要性进行判断。这也使得许多决议欠缺说服力和一惯性。

例如，在威斯敏斯特宫案例中，遗产申报和以往长期的保护管理仅关注文化遗产物质形态的维护和原有功能的延续，而没有明确对周边环境加以控制。诚然随着近期国际原则的发展，周边环境视觉完整性的意义得到肯定，但是如何确定纪念物与周边环境之间的视觉联系，如何确定特定视觉联系和遗产价值之间的关系，这并没有形成共识，由此造成了当前评估的困难。英国大使曾提出一种有趣的假设，如果威斯敏斯特宫申遗不是在 1987 年，而是在近期，面对周边环境存在大量"夸张"的高层建筑的事实——其实在 1987 年遗产周边也有不少高层建筑存在，伦敦似乎从来不曾存在一种风格或高度统一的城市环境——委员会和咨询机构是否会因此否定遗产具有的 OUV 呢？如果威斯敏斯特宫在今天仍能够列入名录，那是否就意味着高层建筑的建设并不会损害其价值？这一问题值得深思。

4　结论与未来趋势建议

近期关于世界遗产视觉完整性的讨论鲜明地反映出当代社会不同群体在遗产保护和发展关系问题上不同的态度和取舍。在地区竞争日益激烈的今天，城市社会和经济环境都在不断重构，这些内在变化又不断通过重塑城市景观得以表现——新的景观必然会挑战历史秩序。无论站在怎样的视角来理解这种变化，变化过程本身的必然性是无法否认的，这也意味着对历史的全盘保护是不现实的，而是需要一种有选择性的标准和方法进行判断。

在现有国际原则基础上，我们应注意到文化遗产完整性的概念已超越了物质性要素，而包含有多种非物质的内涵，这点应得到《操作指南》的认可。不过，对完整性的评估仍应首先确定评估对象与 OUV 之间的关系，这就需要根据遗产的价值标准、遗产类型和遗产主题，深入探讨完整性可能的构成要素。同时，我们还应注意到，随着国际保护原则对完整性概念内涵的不断扩展，就愈发需要将保护策略和更广泛语境下的遗产地发展策略结合起来，而这也会促使当前基于区划原则构建起来的世界遗产保护体系变得脆弱而无力。严格限定边界的、脱离于周边环境的缓冲区可能已无法为内涵日益丰富的文化遗产完整性提供有效保护，这就需要在保护管理系统中加入关于土地使用、文化、社区、经济发展等多方面的"软性"政策，协调遗产保护和周边环境保护与发展的关系。

申报策略影响研究：2008-2017

文 / 吕宁

1 背景

　　自 1972 年《保护世界文化和自然遗产公约》（以下简称《世界遗产公约》）实施至今，遗产地的申报一直是最受缔约国、委员会、普通大众关注的热点议题，按照《实施〈保护世界文化和自然遗产公约〉操作指南》中 "III.G"（第 153~160 条）的规定，世界遗产委员会决定一项遗产是否应被列入《名录》时，除了顺利列入名录外，还会出现 "决定不予列入"（Not Inscribe），"要求补报"[1]（Referral）和 "要求重报"（Deferral）三种决定。其中，"决定不予列入" 意味着该项目不具备突出普遍价值潜力，除非发生特殊情况，今后永远不能再申报[2]，而 "要求补报"（Referral）原则上基于该提名遗产地具有突出普遍价值，但真实性、完整性或保护管理状况有问题的情况，可以在次年提交补充材料进行重新申报，"要求重报"（Deferral）则意味着该提名遗产地具有突出普遍价值的潜力，但阐述存在问题，需要重新开始一个新的申报周期，即至少第三年上会审议。事实上，回顾整个世界遗产名录，有不少遗产地是在经历了两次、三次甚至更多的申报流程之后才得以列入的。本研究选取了近十年（2008-2017 年）的申报案例，统计所有超过 2 次申报且最终列入名录的遗产地项目（表 1），选择其中的典型案例进行研究，分析其前几次未能成功的原因，探讨其申报策略、价值方向、保护管理等方面的变化，从中试总结委员会关注要点和世界遗产理念的发展。

---

[1] 按照 2017 年《操作指南》中文版的最新翻译，Referral 以前翻译为 "发还待议"，现在为 "要求补报"；Deferral 以前翻译为 "推迟列入"，现在翻译为 "要求重报"。

[2] 158. If the Committee decides that a property should not be inscribed on the World Heritage List, the nomination may not again be presented to the Committee except in exceptional circumstances. These exceptional circumstances may include new discoveries, new scientific information about the property, or different criteria not presented in the original nomination. In these cases, a new nomination shall be submitted.（如委员会决定某项遗产不予列入《名录》，除非在极特殊情况下，否则该项申报不可重新向委员会提交。这些例外情况包括新发现，有关该遗产新的科学信息或者之前申报时未提出的不同标准。在上述情况下，允许提交新的申报）。

2008-2017 年 >=2 次申报后列入的项目一览表　　　　表 1

序号	国家	遗产地	类型	申报历程	列入时间	列入标准
1	瑞士	瑞士构造竞技场（Swiss Tectonic Arena Sardona）	自然	2005 年第一次申报，上会前撤回	2008	（viii）
2	肯尼亚	神圣的梅肯达卡亚森林（Sacred Mijikenda Kaya Forests）	文化	2007 年第一次申报，委员会决议为 R	2008	（iii）（v）（vi）
3	哈萨克斯坦	萨尔卡——哈萨克斯坦北部的草原和湖泊（Saryarka – Steppe and Lakes of Northern Kazakhstan）	自然	2003 年第一次申报，委员会决议为 D	2008	（ix）（x）
4	以色列	海法和西加利利的巴海圣地（Bahá'i Holy Places in Haifa and the Western Galilee）	文化	2007 年第一次申报，委员会决议为 R	2008	（iii）（vi）
5	吉尔吉斯斯坦	苏莱曼圣山（Sulaiman–Too Sacred Mountain）	文化	2007 年第一次申报，委员会决议为 R，2008 年第二次申报，委员会决议为 R	2009	（iii）（vi）
6	意大利	白云岩（The Dolomites）	自然	2007 年第一次申报，委员会决议为 N（标准 ix，x）+D（标准 vii，viii）	2009	（vii）（viii）
7	丹麦、德国、荷兰	瓦登海（Wadden Sea）	自然	1989 年德国申报，委员会建议由丹、德、荷三国联合申报，德国撤回	2009、2011	（viii）（ix）（x）
8	布基纳法索	罗洛尼的废墟（Ruins of Loropéni）	文化	2006 年第一次申报，委员会决议为 R	2009	（iii）
9	塔吉克斯坦	萨拉子目古城的原型城市遗址（Proto–urban Site of Sarazm）	文化	2007 年第一次申报，委员会决议为 D	2010	（ii）（iii）
10	俄罗斯	普陀拉娜高原（Putorana Plateau）	自然	2007 年第一次申报，委员会决议为 D	2010	（vii）（ix）
11	中国	登封天地之中国古代建筑群（Historic Monuments of Dengfeng in "The Centre of Heaven and Earth"）	文化	2009 年第一次申报，委员会决议为 R	2010	（iii）（vi）
12	巴西	圣克里斯托旺的圣弗朗西斯科广场（São Francisco Square in the Town of São Cristóvão）	文化	2008 年第一次申报，委员会决议为 R	2010	（ii）（iv）
13	尼加拉瓜	里昂大教堂（León Cathedral）	文化	2008 年第一次申报，委员会决议为 D	2011	（ii）（iv）
14	肯尼亚	蒙巴萨的耶稣堡（Fort Jesus，Mombasa）	文化	2009 年第一次申报，委员会决议为 R	2011	（ii）（v）
15	日本	平泉——象征着佛教净土的庙宇、园林与考古遗址（Hiraizumi – Temples，Gardens and Archaeological Sites Representing the Buddhist Pure Land）	文化	2008 年第一次申报，委员会决议 D	2011	（ii）（vi）
16	意大利	意大利伦巴第人遗址 Longobards in Italy. Places of the Power（568–774 A.D.）	文化	2009 年第一次申报，咨询机构建议 D，缔约国撤回	2011	（ii）（iii）（vi）
17	法国	喀斯和塞文——地中海农牧文化景观（The Causses and the Cévennes，Mediterranean agro–pastoral Cultural Landscape）	文化	2006 年、2009 年分别做第一次和第二次申报，委员会决议均为 R	2011	（iii）（v）
18	埃塞俄比亚	孔索文化景观（Konso Cultural Landscape）	文化	2010 年第一次申报，委员会决议为 R	2011	（iii）（v）
19	瑞典	哈斯汀地的装饰农舍（Decorated Farmhouses of Hälsingland）	文化	2009 年第一次申报，委员会决议为 D	2012	（v）
20	塞尔维亚、西班牙	水银相关遗产：阿曼达和伊迪利亚（Heritage of Mercury. Almadén and Idrija）	文化	2009 年第一次申报，委员会决议为 R，2010 年第二次申报，委员会决议为 D	2012	（ii）（iv）

续表

序号	国家	遗产地	类型	申报历程	列入时间	列入标准
21	印尼	巴厘岛文化景观（Cultural Landscape of Bali Province：the Subak System as a Manifestation of the Tri Hita Karana Philosophy）	文化	2008 年第一次申报，委员会决议为 D	2012	（ii）（iii）（v）（vi）
22	印度	西高止山脉（Western Ghats）	自然	2009 年第一次申报，委员会决议为 R	2012	（ix）（x）
23	科特迪瓦	大巴萨姆古镇（Historic Town of Grand-Bassam）	文化	2009 年第一次申报，委员会决议为 R	2012	（iii）（iv）
24	中非、刚果、喀麦隆	流经三国的桑加河（Sangha Trinational）	自然	2011 年第一次申报，委员会决议为 R	2012	（ix）（x）
25	巴西	里约热内卢：在山与海之间的卡里奥卡风景（Rio de Janeiro：Carioca Landscapes between the Mountain and the Sea）	文化	2003 年第一次申报，委员会决议为 D	2012	（v）（vi）
26	比利时	瓦隆大区的主要采矿点（Major Mining Sites of Wallonia）	文化	2010 年第一次申报，委员会决议为 D	2012	（ii）（iv）
27	巴林	珍珠业，岛屿经济的见证（Pearling，Testimony of an Island Economy）	文化	2011 年第一次申报，委员会决议为 R	2012	（iii）
28	塔吉克斯坦	塔吉克国家公园 Tajik National Park（Mountains of the Pamirs）	自然	2010 年第一次申报，委员会决议为 D	2013	（vii）（viii）
29	卡塔尔	组巴拉哈考古遗址（Al Zubarah Archaeological Site）	文化	2012 年第一次申报，委员会决议为 R	2013	（iii）（iv）（v）
30	印度	拉贾斯坦邦的小山堡垒（Hill Forts of Rajasthan）	文化	2012 年第一次申报，委员会决议为 R	2013	（ii）（iii）
31	韩国	开城历史建筑和遗迹（Historic Monuments and Sites in Kaesong）	文化	2008 年第一次申报，委员会决议为 D	2013	（ii）（iii）
32	意大利	托斯卡纳美第奇家族别墅和花园（Medici Villas and Gardens in Tuscany）	文化	1982 年第一次申报，咨询机构建议 D，缔约国撤回	2013	（ii）（iv）（vi）
33	意大利	山麓葡萄园景观（Vineyard Landscape of Piedmont：Langhe-Roero and Monferrato）	文化	2012 年第一次申报，委员会决议为 D	2014	（iii）（v）
34	俄罗斯	（Bolgar Historical and Archaeological Complex）	文化	2000 年第一次申报，决议为 D，2013 年第二次申报，决议为 R	2014	（ii）（iv）
35	土耳其	以弗所（Ephesus）	文化	1988 年土耳其邀请咨询机构做了咨询任务，撤回申报	2015	（iii）（iv）（vi）
36	牙买加	蓝山和约翰·克罗山（Blue and John Crow Mountains）	混合	2011 年第一次申报，委员会决议为 D	2015	（iii）（vi）（x）
37	伊朗	梅满德文化景观（Cultural Landscape of Maymand）	文化	2013 年第一次申报，委员会决议为 R	2015	（x）
38	苏丹	萨冈布国家海洋公园和敦恭那不海湾——穆卡瓦岛国家海洋公园（Sanganeb Marine National Park and Dungonab Bay-Mukkawar Island Marine National Park）	自然	1983 年第一次申报，委员会决议为 D，2015 年第二次申报，委员会决议为 R	2016	（vii）（ix）（x）
39	蒙古	达乌利亚景观（Landscapes of Dauria）	自然	2015 年第一次申报，委员会决议为 R	2017	（ix）（x）
40	英国	湖区（The English Lake District）	文化	1980 年、1987 年两次申报，委员会决议均为 D	2017	（ii）（v）（vi）

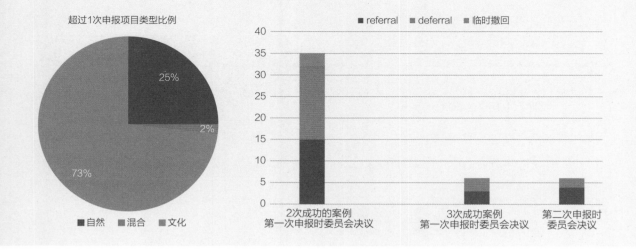

图 1　类型比例分析（左）

图 2　决议分析（右）

从类型上看，2008-2017 这十年间，超过 1 次申报而最终列入世界遗产名录的遗产中，文化遗产占到大多数，自然遗产约有 1/4，混合遗产仅有唯一 1 处。从前 1~2 次申报的决议来看，就两次申报成功的案例来说，第一次拿到"要求补报"（Referral）或"要求重报"（Deferral）的比例差不多；而就三次才得以成功列入的提名地来说，"要求重报"（Deferral）的决议比例在第二次申报时会有明显下降（图 1、图 2）。

2　典型案例分析

在这十年内所有超过 2 次申报才得以列入名录的 40 处遗产地项目中，典型案例的选择考虑了以下几个因素：

（1）申报次数超过 2 次；

（2）对某个遗产理念、缔约国遗产事务有比较重要的推动作用；

（3）遗产自身类型或价值具有独特的代表性，值得讨论；

（4）对中国有比较强的借鉴或影响。

此外，剔除掉 2013-2016 年《世界遗产大会观察报告》中已经研究过的一些案例，本文选择了 5 个案例作为重点分析对象，按照最终列入名录的时间顺序，分别是：瓦登海、登封天地之中古建筑群、蓝山和约翰·克罗山、山麓葡萄园景观和汞矿相关遗产。

2.1　瓦登海（The Wadden Sea）

瓦登海是世界上最大的潮间沙滩生态体统。该遗产地涵盖了荷兰瓦登海保护区（The Dutch Wadden Sea Conservation Area），德国下萨克森州的瓦登海国家公园和石勒苏益格－荷尔斯泰因州（The German Wadden Sea National Parks of Lower Saxony and Schleswig-Holstein）以及丹麦瓦登海（The Danish Wadden Sea）的大部分海洋保护区（图3）。这是一个由物理因素和生物因素之间错综复杂的相互作用形成的大型温带、相对平坦的沿海湿地环境，这些因素造就了潮汐通道、沙滩滩涂、海草草场、贻贝床、沙洲、盐沼、河口等众多的过渡栖息地。该地区拥有10000多种陆生和水生动物，包含单细胞生物、鱼类、鸟类和海豹、灰海豹以及海港海豚等海洋哺乳动物。每年大约有1000万~1200万只候鸟要从位于西伯利亚、加拿大或斯堪的纳维亚的繁殖地迁徙到位于西欧和非洲的越冬地，而瓦登海是它们最重要的停留地。从地质学上来看，瓦登海包括了已经成型和正在快速成型的泥滩和沙丘。同时，该地区还呈现出了许多以前的地球地貌，也就是从冰河时期（10000~12000年前）到现在的地貌，显示了新地形成形的整个动态发展过程。

　　1988年，德国第一次申报该遗产地，范围只包含德国下萨克森州（Lower Saxony）的泥滩，依据1988年修订的《操作指南》，提出符合的标准为标准 ix 和标准 x。标准 ix 指出，瓦登海见证了自冰河时期到现在新地形成形的地质过程；标准 x 此时还未强调生物多样性，仅指瓦登海是多种且集中的濒危动植物栖息地和保护地。在1989年第13次世界遗产委员会大会中，秘书处根据咨询机构的意见，认为该申报并不完整，建议"要求重报（Deferral）"，直至德国联合丹麦、荷兰一起，形成了完整的遗产区和申报文件，再做讨论。同时委员会指出，鉴于此时荷兰并非《世界遗产公约》的缔约国，借助瓦登海项目的契机，希望秘书处和德国鼓励荷兰早日加入《世界遗产公约》，同时也欢迎 ICOMOS 为瓦登海附近考古遗址、文

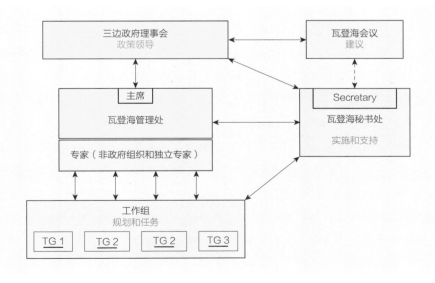

图3　瓦登海跨境保护管理框架[1]

1　Common Wadden Sea Secretariat（CWSS），Nomination of the Dutch-German Wadden Sea as World Heritage Site，1356.

化价值等问题提供咨询帮助[1]。德国接受了委员会的建议，主动撤回该项申报，并未参与审议。委员会最后希望秘书处能够长期跟踪瓦登海项目，包括与丹麦联合的讨论、鼓励荷兰接触和加入公约以及后续的完整申报。

　　三年后，1992 年 8 月 26 日，荷兰正式签署《世界遗产公约》，成为缔约国。此后，德国、荷兰、丹麦展开了长达 15 年的讨论。除了对政府间跨境遗产申报、合作和管理框架的探讨外，更多的对话集中在政府管理机构与瓦登海遗产地涉及的居民、渔民和 NGO、管理者等其他利益相关者之间。在 1982 年签订的《保护瓦登海声明》（ Declaration on the Protection of the Wadden Sea ）、1987 年《瓦登海保护共同秘书处行政协定》（ Administrative Agreement on a Common Secretariat for the Cooperation on the Protection of the Wadden Sea ），德国环境、自然保护和核安全部，荷兰农业和渔业部以及丹麦环境部牵头，组织签订了包括"瓦登海三边协定（ Stade Declaration Trilateral Wadden Sea Plan，WSP，1997 ）"、"瓦登海海豹保护协议（ Agreement on the Conservation of Seals in the Wadden Sea，1990 ）"、"瓦登海敏感区制定（ Designation of the Wadden Sea as Particularly Sensitive Sea Area，PSSA，2002 ）"等系列协议。2005 年，在第十届丹麦 – 德国 – 荷兰政府间瓦登海会议上，德国和荷兰正式决定启动瓦登海的联合申报[2]。其中，荷兰境内的遗产区范围为 2481.76 平方公里，德国境内遗产区范围为 7202.17 平方公里。

　　2008 年德国和荷兰正式提交了瓦登海的申报文本，在次年的世界遗产大会上，IUCN 和委员会一致同意将其以标准 viii、标准 ix、标准 x 列入世界遗产名录。其中，标准 viii 表明了瓦登海作为独特且独立的潮汐屏障系统的重要和稀有性，由于物理和生物因素的复杂相互作用，产生了众多的过渡生境与潮汐通道、沙质滩涂、海草甸、贻贝床、沙洲、泥滩、盐沼、入海口、海滩和沙丘，是研究地球海岸演变最重要的场所之一。标准 ix 指出，瓦登海是地球上最后的大型潮汐间生态系统，它的地质和地貌特征是与生物物理过程紧密交织在一起的，为沿海环境适应全球气候变化提供了宝贵的动态记录。标准 x 说明瓦登海在世界范围内的生物多样性保持都具有突出意义，除了拥有众多的物种外，它被认为是世界上候鸟最重要的换羽和越冬间隙地，其重要性不仅体现在东大西洋航线上，也体现在保护非洲 – 欧亚移民水鸟的关键作用上。在瓦登海，有多达 610 万只鸟类可以同时出现，平均每年有 10 万 ~12 万只鸟类通过。在成功列入名录后，时任委员会的以色列、肯尼亚等国纷纷肯定了德、荷两国多年来为保护瓦登海的合作与努力，认可该项目是跨境遗产申报的范例。同时巴林、澳大利亚还鼓励"丹麦早日提交申报文本

1　见文件 sc–89–conf004–11e，p3 和 sc–89–conf004–12，p11. http：//whc.unesco.org/en/sessions/13COM/documents/.
2　这一次决定丹麦并未签署，只是作为列席。见 IUCN technical evaluation. ID No 1314.

以尽早完善瓦登海的完整性"[1]。丹麦遵循了委员会的建议，于 2010 年提交了扩展申报文本，2011 年，该遗产地终于通过成功地扩展使之成为包含整个瓦登海范围、生态完整的跨境自然遗产。（图 4~ 图 7）

瓦登海自第一次申报至形成完整遗产区域历时 22 年，共在 3 次遗产大会上进行过讨论，从开始的缔约国单独项目到三国跨境项目，从早期的标准 ix、标准 x 到目前的标准 viii、标准 ix、标准 x，不仅是大型跨境遗产保护管理上的成功范例，也见证了自然遗产标准的演变。同时，该项目的申报，推动了荷兰加入《世界遗产公约》、成为《世界遗产公约》缔约国的过程，为保护遗产、践行《世界遗产公约》历程中值得一提的里程碑之一。

2.2 登封天地之中历史古迹（Historic Monuments of Dengfeng in "The Centre of Heaven and Earth"）

中国河南登封"天地之中"历史古迹以五岳的"中岳嵩山"为主要遗产区域（图 8），包括有 8 座占地共 40 平方公里的建筑群，有三座汉代古阙，以及中国最

图 4　瓦登海潮汐系统（左上）
图 5　盐沼上的彩虹（右上）
图 6　沙滩上的海豹（左下）
图 7　迁徙的候鸟[2]（右下）

1 见 WHC-09/33.COM-info 20 文件，p123.
2 图 6~ 图 9 来源于 Common Wadden Sea Secretariat（CWSS），Nomination of the Dutch-German Wadden Sea as World Heritage Site，chapter 2.

古老的道教建筑遗址——中岳庙、周公测景台与登封观星台等（图9、图10）。这些建筑物历经九个朝代修建而成，它们不仅以不同的方式展示了天地之中的概念，还体现了嵩山作为虔诚的宗教中心的力量。登封历史建筑群是古代建筑中用于祭祀、科学、技术及教育活动的最佳典范之一。登封历史古迹遗产地于2010年以标准iii、标准vi列入世界遗产名录，这是中国世界遗产申报历史上少有的非一次成功的案例。

2008年，中国以"嵩山（Mount Songshan）"为名第一次申报该提名地，遗产要素包括太室阙和中岳庙、少室阙、启母阙、嵩岳寺塔、观星台、会善寺、嵩阳书院、少林寺常住院、初祖庵、塔林等8处嵩山范围内的建筑群，共367幢建筑。提出符合的标准为i、标准ii、标准iii、标准iv和标准vi，但这5条标准均未得到咨询机构认可。

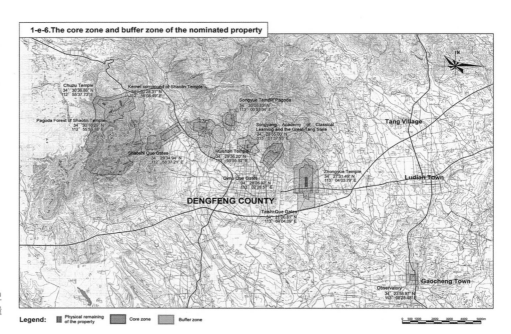

图8 天地之中历史古迹遗产要素及遗产区

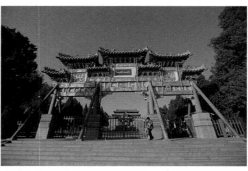

图9 观星台（左）
（图片来源：http://blog.
sina.com.cn/s/blog_74
703c700101cyzq.html）

图10 嵩山中岳庙
（右）
（图片来源：http://www.
lotour.com/zhengwen/2/
lg-jc-31119.shtml）

关于标准 i，文本认为中岳嵩山是中华文明的起源地之一，嵩山历史建筑群在宗教、科学、教育和精神方面都称得上人类建造史上的杰作。ICOMOS 则认为 [1]，建筑群中的每一个建筑都不足以称得上是创造力的杰作，多样的建筑构造如何见证人类天才的创造力缺乏证据。

关于标准 ii，文本认为嵩山历史建筑群对宗教、科学技术、教育等均产生了深远的影响，尤其是这里的佛教和祭祀建筑，影响扩展到包括新儒学在内的文化传统和天文观测等方面，前者奠定了封建统治的思想基础，而后者见证了中国天文理论的形成、推广和应用，并使登封成为哲学观念中的"天地之中"。ICOMOS虽然认可祭祀建筑确实对文化传统有影响，但这一过程与中国其他圣山没有显著差别；而佛教建筑见证了包括中印文化交流等，在这一单独申报点而非系列遗产中也缺乏更多比较研究的证据。

关于标准 iii，文本认为嵩山建筑群对祭祀文化和传统书院教育这两种已经消失的文化传统有清晰的见证作用，嵩山历史上一直作为皇家重要祭祀场所，而嵩阳书院则是宋代四大书院之一。ICOMOS 认同标准 iii 有符合的可能性，但应是出于圣山崇拜文化传统而非皇家祭祀，因此，本条标准也未被认可。

关于标准 iv，文本指出嵩山古建筑群是中国传统木结构和砖石建筑的杰出代表，而 ICOMOS 则认为，尽管这些建筑物很精美、重要，但文本和补充材料更多证明的是其文化见证价值而非类型的代表，并不符合标准 iv。（图 11）

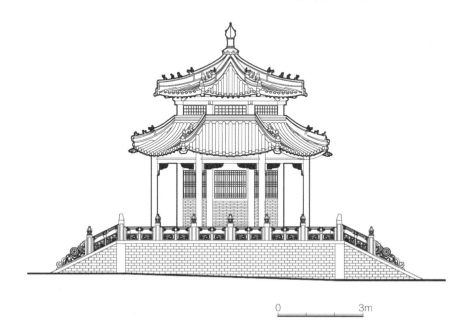

0 ———— 3m

图 11　中岳庙耀灿亭立面 [2]

1　WHC-09/33.COM/INF.8B1，49-60.

2　图 10、图 13 来源：申报文本 World Cultural Heritage：China・Historic Monuments of Mount Songshan. p20，196.

关于标准 vi，文本指出与遗产地相关的非物质传统是中国文化的诞生以及神圣的"天地之中"这一观念，而 ICOMOS 认为这一描述与预备名录中的"圣山"遗产地有所重叠，不足以支撑单独嵩山的申报。最终，建议"重新申报（Deferral）"该提名地。

在 2009 年第 33 届世界遗产大会讨论时，由于肯尼亚、突尼斯、埃及等多位委员国的支持，最终决议被修改为"补报（Referral）"。次年，中国第二次提交了申报，将其更名为"登封天地之中历史古迹"，申报标准仍然为标准 i、标准 ii、标准 iii、标准 iv 和标准 vi。标准 i 与前一次区别不大，标准 ii 则增加了登封天文台在文化交流中的作用，其受到印度和中亚天文台设计的影响，其观测得到的日历又影响了东亚其他国家。标准 iv 强调了汉阙门、嵩岳塔的构造价值。但这三条标准仍未得到咨询机构的认可[1]。标准 iii 和标准 vi 的表述则有了较大的改变，标准 iii 改为侧重于始自 3000 年前、延续至 15~16 世纪的宇宙观，即"天地之中"观念和文化传统，这是对业已消失的科学教育、信仰精神体系的见证，ICOMOS 对这一说法表示了认可，"天地之中"的宇宙观与中国传统封建皇权统治息息相关，并与一些寺庙等重要建筑的选址相关，这确是一种文化传统的见证。标准 vi 则由圣山崇拜转为与"君权神授"、佛教禅宗等非物质传统和信仰相关，这一论述也得到了 ICOMOS 的认可。最终，提名地以符合标准 iii 和标准 vi 被 ICOMOS 建议列入名录，登封天地之中历史古迹于 2010 年第 34 届世界遗产大会上成功登陆。

登封第二次成功的原因是，这一次"中方有效地解释了'天地之中'这个中国古代天文学物象与至高无上的皇权的相互作用，以及这一概念对该地区的历史建筑、宗教、艺术的综合影响。"（时任国家文物局副局长童明康）[2] 事实上也可以看到，这两次的申报中，提名遗产地的构成要素并未改变，而是通过标准 iii 和标准 vi 的角度改变，解释了"天地之中"这一概念在中国古代哲学、统治和文化中

1 WHC-10/34.COM/INF.8B1.Add，13–29.

2 http://finance.sina.com.cn/roll/20100802/02578402213.shtml.

图 12　蓝山山脉全貌[1]

的作用，明确了其与"五岳"圣山提名地的区别，由传统的建筑群类型转变为带有文化景观倾向的"天地之中"，凸显了独特性和代表性，从而得以获得认可。

2.3　蓝山和约翰·克罗山（Blue and John Crow Mountains）

　　蓝山和约翰·克罗山遗产地作为牙买加目前唯一一处世界遗产，位于牙买加东南部的山区。蓝山—约翰·克罗国家公园位于牙买加东南部崎岖广袤的森林地带，这种特殊的地形首先为逃避奴隶制的土著——泰诺人（Tainos）提供了庇护，之后又为从奴役中逃脱出来的马卢人（Maroons）提供了庇护，这些人群在逃避欧洲殖民体系过程中，在这一与世隔绝的地区留下了一系列的踪迹、躲藏地和定居点，由此形成了"南茜村遗产线路"（The Nanny Town Heritage Route）。这一区域的森林提供了马卢人生存所需的一切，也因此马卢人和其所处山脉环境形成了强烈的精神联系，这一精神联系至今仍然能够通过诸如宗教仪式、传统医药和舞蹈等非物质遗产得以证明。同时，这一遗产地也是加勒比群岛生物多样性的见证，拥有众多的植物种类，特别是地衣、苔藓和某些开花类植物，蓝山—约翰·克罗国家公园在 2015 年以混合遗产类型列入世界遗产名录（图 12）。[1]

　　事实上，该遗产地在 2011 年曾进行第一次申报。遗产区包括蓝山的三个山脉，面积为 486.50 平方公里，遗产以混合遗产进行申报，提出符合的标准为 vi、标准 ix、标准 x，但是这三条标准均被咨询机构判定为不满足。

　　关于标准 vi，缔约国认为蓝山和约翰·克罗山提名地与本地土著泰诺人和非洲奴隶追求的自由精神相关，对奴役的抵制和对自由的追求，是 15 世纪马卢民族第一次发展的基石，融合了非洲和本地文化的新文化传统也由此而创造，因此提名遗产地与信仰、活态传统以及多元文化的融合都直接相关。同时缔约国还认为标准 vi 有更深层次的重要意义，即突出普遍地反映了对奴隶制度的抵抗，这与教科文组织的基本认识和人类平等和平的愿望相一致。但是，ICOMOS 认为，上述

1　图片来源于 UNESCO 官方网站 .http://whc.unesco.org/?cid=31 &l=en&id_site=1356&gallery=1&index=1&maxrows=12.

意义并非马卢民族所特有，土著居民与被奴役的非洲人之间的文化融合在加勒比和美洲其他大多数国家非常常见，因此马卢民族传承着泰诺人基因库的事实并不具有突出普遍的重要性，缔约国的描述不准确，相关的联系也并不十分强烈，因此认为该提名地不符合标准 vi。

关于标准 ix，缔约国认为蓝山和约翰·克罗山遗产地反映了淡水、海岸和海洋生态系统及动植物群落演变、发展的生态和生理过程，有 29~30 种牙买加特有的鸟类在此活动。同时该遗产地范围内还有众多爬行类和两栖类动物生存，其中有不少属于地球上的濒危品种。但是，IUCN 认为近年来对提名地森林的持续砍伐，尤其是对低海拔地区的更有价值，但较为脆弱的森林来说，退化十分严重。这威胁到了森林长期的完整性。因此，虽然该提名地确实具有符合标准 ix 的潜力，但不足以让 IUCN 确信这方面的价值能受到很好的保护。同样的，蓝山和约翰·克罗山遗产地区域内确实具有反映生物多样性的各类物种，尤其是这里特有的、已经濒危的牙买加黑鹂（Jamaican Blackbird）、环尾鸽（Ring-tailed Pigeon）以及极度濒危的两栖动物物种某卵齿蟾（Eleutherodactylus alticola）都非常珍贵（图 13、图 14），但由于森林的砍伐和退化所带来的威胁使 IUCN 认为标准 x 的保护也面临问题。因此，这两条标准也不满足。相应的，该遗产地的真实性和完整性也受到严重威胁，而缺乏立法、保护管理体系以及模糊的缓冲区使得森林的砍伐、农业的侵占、物种入侵以及面对飓风、火灾等自然灾害时的迟缓应对等种种威胁进一步发展，在这些方面，咨询机构也给予了否定的态度。

最后，IUCN 认为，蓝山和约翰·克罗山不具备列入世界遗产的条件，建议不列入（Not Inscribe）；而 ICOMOS 认为其是具有突出普遍价值潜力的，希望在完善缓冲区、提升保护管理水平、加强马卢社区的参与度后之后，重新进行比较研究、选择标准，再次申报，建议"要求重报"（Deferral）。

图 13   极度濒危的某卵齿蟾[1]（左）

图 14   牙买加黑鹂[1]（右）

---

1 图 13、图 14 来源于 UN-ESCO 官方网站 .http：//whc.unesco.org/?cid=31&l=en&id_site=1356&gallery=1&index=1&maxrows=12.

在 2011 年大会的审议中，委员会基本认可咨询机构的意见，纷纷要求缔约国牙买加"深化比较研究以确定此项申报遗产地的突出普遍价值与马卢族（Maroon groups）相关载体的见证关系"，"要求将马卢社区的代表纳入管理框架之中"。最终，在 35COM 8B.16 决议中，该项申报被建议"要求重报"（Deferral）。

2014 年，牙买加提交了修改后的申报文本。这次申报将之前的三条山脉缩小为两条，但将其置于严格的保护管理体系之内，并明确了缓冲区边界。另外，在世界遗产中心秘书处的建议下，文本在标准 vi、标准 ix 和标准 x 的基础上增加了标准 iii。缔约国将标准 iii 表述为：蓝山 – 约翰克·罗国家公园及其文化遗存——"南茜村遗产线路"（The Nanny Town Heritage Route）及其相关秘密踪迹、定居点、考古遗址、观察哨、躲避点等一道见证了伟大的"马卢现象"（Phenomenon of Grand Marronage[1]），这一现象本身便是由"温沃德·马卢文化"（Windward Maroon Culture）所定义。马卢人在逃避奴隶殖民、寻求自由的过程中发展出了其意义深远的知识体系，并依靠其所在的环境，帮助他们最终获得自主和承认。ICOMOS 认为，这一表述充分证明了提名地作为本地土著和逃离奴隶的避难所，持续上百年的历史。他们在山中建立了一个自由社区，并基于此在与欧洲殖民者之间的战争中取得了胜利，最终导致了马卢人与英国总督签署的 1739 年条约，正是该条约赋予了马卢人部分主权。虽然马卢人和马卢文化并非牙买加所独有，在西方许多地方都有出逃奴隶与当地土著的融合而形成新的社区、传统等，但 1739 年在牙买加签署的条约是在新世界中首次正式承认了马龙作为自治的政治和领土实体存在，它的自主权和权利一直持续到今天，这是非常重要的。同时，考古学证据也显示出该地区的山脉小径与当初的秘密定居点及防御网络相连，今天，这些小径被认定为"南茜村遗产线路"，成为当地的一条朝圣之路，也是该文化传统的重要载体。（图 15、图 16）

标准 vi 这一次的表述与前次区别不大：蓝山 – 约翰·克罗山脉直接与非洲被奴役的逃亡者寻求自由及生存的重要事件相关，他们最终在此地找到了庇护所。遗产地与活态的传统、知识、信仰相关，而这些已经被 2008 年登录为《世界非物质文化遗产名录》证明了其活态及独特性。ICOMOS 仍然认为基于本公约的世界遗产应该是物质遗产，独立精神或理念并不能成为依据；但考虑到马卢社区确实见证了重要的历史事件和活

图 15　马卢人的生活

1　Marronage 一词本身是指拉丁美洲和加勒比奴隶制的一个重要方面：奴隶逃跑。

图 16　南茜村风貌[1]

态文化传统，其现存的管理体制、土地所有制和语言正是见证之一，因此也认可了该条标准。

自然标准的表述变化不大，但鉴于其这次缩小了申报区域，IUCN 认为，对于标准 ix 描述的能够代表整个群落演变、发展的生态过程支持力度不足，仅肯定了标准 x 关于生物多样性和濒危物种的描述。最终，在 2015 年波恩第 39 届世界遗产大会上，蓝山 – 约翰·克罗国家公园以标准 iii、标准 vi 和标准 x 列入世界遗产名录。

遗产地缓冲区的划定、保护体系的建立和相关规定的严格执行、社区的广泛参与等保护管理方面的措施，无疑是第二次申报得到咨询机构和委员会认可的重要基础："遗产地管理充分考虑了自然与文化价值间的负责的遗存关系，并且保障了马卢社区在遗产地及其管理中的积极活动"[2]，"将马卢社区的生活纳入保护与管理之中保证了此社区与其遗产间的纽结关系的持续，也帮助国家机构成功地将此遗产地托管给当地社区照看"[3]。当地土著马卢社区代表也发言表示：蓝山—约翰·克罗国家公园在今天成为世界遗产的一分子，不过对于当地社区而言，这一处遗产地更是他们的"家园"（图 17）。他们过去黑暗的历史，孕育了今日的光荣。然而必须看到，对于突出普遍价值的重新论述和标准的选择，则是这次申报成功的决定性要素。

1　图 16 来自于申报文本 UNESCO World Heritage List：the Vineyard Landscape of Piedmont：Langhe–Roero and Monferrato，p.23.

2　WHC–11/35.COM/INF.8B，52–62.

3　第 39 届世界遗产大会中委员会发言。

比较前后两次的申报，在相对更为客观的自然标准表述上变化不大，但在文化标准上，第一次仅仅选择了不能独立使用的标准vi,用来表征遗产地与信仰、精神之间的紧密联系，因其并不罕见而被否认。第二次则在上游程序协助下，

图17　2015年波恩大会上牙买加代表发言
（拍摄：徐桐）

增加了标准iii，提出了1739年条约这个世界范围内具有突出普遍意义的关键事件以及能够见证这一事件和相关文化传统的物质遗存，即经过考古学地层分析确认的隐秘道路，在此基础上，标准vi宽泛的信仰和精神有了具体的指代和紧密的物质载体，使这两条标准得到了认可。诚然，客观地说，对于前后变化不大的标准vi,咨询机构的两次判断有值得商榷之处，这与本条标准历来备受争议有关，也与其他文化标准的使用对这一条"不能单独使用"标准的影响有关。但无疑让我们看到了申报策略的选择、价值的挖掘与提炼对申报的重要作用。

2.4　山麓葡萄园景观（Vineyard Landscape of Piedmont：Langhe-Roero and Monferrato）

意大利皮埃蒙山麓葡萄园景观位于皮埃蒙特南部、波河与利古里亚亚平宁山脉之间，包括五个独特的葡萄种植区。该区域葡萄种植历史悠久、景观优美，涵盖了与葡萄种植和酿酒相关的一系列技术和经济过程，见证了意大利葡萄园的发展（图18）。今天，人们在皮埃蒙公元前5世纪的遗址中，发现了葡萄花粉。而在罗马帝国时期，皮埃蒙特地区也被认为是意大利最有利于种植葡萄的地区之一。

2012年，意大利选择了皮埃蒙特山麓葡萄园的9个区域，以符合标准ii、标准iii和标准v为基础申报世界遗产。缔约国根据如下两个因素选择出9个遗产要素（片区）构成：其一是选择占主导地位的葡萄酒酿造区域，甚至是专门种植所谓的本土葡萄品种、拥有相关葡萄酒酿造工艺、能够酿造出指定的葡萄酒。其二是葡萄园、乡村景观、遗产要素的质量以及葡萄酒整体的和谐度。根据这两条标准选择出的9个要素同时被认为具有不同的特点：

（1）弗赖萨（Freisa），特点是使用非常低密度的方式种植葡萄，葡萄树种植在温和的山坡上，且与果树和麦田一起种植，形成了五彩斑斓的田地。遗产的主要组成部分包括罗马式教堂和修道院建筑群（Santa Maria di Vezzolano）。

（2）巴贝拉（Barbera），是意大利最重要的红葡萄酒产地，出产著名葡萄酒巴

图 18　葡萄园丰收
场景[1]

贝拉（Barbera）。景观相对复杂，由斜坡上的藤蔓和树林，绿色的草地构成的小山谷等形成。

（3）阿斯蒂斯普曼特（Asti Spumante），是这 9 个要素中范围次广泛的一处。拥有混合了白色土壤、石灰石、砂岩和泥灰岩的土壤，对于种植白色马斯喀特（莫斯卡托 Muscat，Moscato）特别有利，能够出产国际知名的起泡葡萄酒阿斯蒂斯普曼特（Asti Spumante）。这部分遗产是一个宽广的起伏高原，由葡萄藤形成了同质且连续的景观。

（4）洛阿佐洛（Loazzolo），该区域葡萄园分布在草地与树林之间，种植难度大且难以使用机械，出产较阿斯蒂斯普曼特（Asti Spumante）更加昂贵的帕赛多（Passito）—— 一种由收获后期白马斯喀特制成的甜酒。具体遗产要素包括了村庄和葡萄园。

（5）莫斯卡托（Moscato），属于规模第三大的片区。出产马斯喀特葡萄酒和用来制作起泡酒的帕西托葡萄酒，种植多种本土葡萄品种，整个区域也呈现丘陵高原地貌，构成除了葡萄园外，还包括榛子树林、橡树和栗树林，区域规划同质，内部道路可以为有组织的整洁乡村提供良好的视野。

（6）巴巴雷斯克（Barbaresco），是最小的提名区域，在这个地区主要葡萄品种是在黏土、泥灰土和高含水量砂岩上生长的内比奥罗（Nebbiolo），在法国葡萄

1　图 17~ 图 19 均来自于申报文本 UNESCO World Heritage List：the Vineyard Landscape of Piedmont：Langhe-Roero and Monferrato，p.23.

评价体系中被定义为最佳（"Cru"和"Grand Cru"等级），当然这并不代表该区域出产的所有葡萄酒都是最佳。

（7）巴罗洛（Barolo），根据内比奥罗葡萄酒的国际声誉，这个葡萄园是皮埃蒙特葡萄园最具代表性的部分。该地区还生产意大利格拉巴酒（Eau De Vie）。遗产景观基本上由整齐的葡萄园、陡峭的山坡上的几片谷类作物和树林组成，遗产构成还包括中世纪村庄及其中央城堡和圆形堡垒。

（8）多塞多（Dolcetto di Dogliani），这是所有葡萄园中最南端的地区，主要是当地的红色品种多塞多（Dolcetto）。

（9）戈林奥利奥（Grignolino），这是提名地面积最大的片区，位于皮埃蒙特葡萄园的北部，这也是葡萄园比例最低的区域。它种植了原生戈林奥利奥（Grignolino）品种和一小部分芙莱莎（Freisa）。前者构成了这部分区域的边界。遗产景观以乡村和混合农业景观为主。

对于上述遗产要素的选择，ICOMOS认为第一条标准种植"本土葡萄品种"，其定义的界定、区域边界的划定都存在疑义，而在皮埃蒙特产区内，某些常见品种种植的非常广泛，上述9个区域似乎不具备代表性。第二条标准涉及有形遗产的完整性以及其与无形价值（葡萄酒酿造专业知识、葡萄酒商业化、大众传统等）之间如何联系并表达的问题，目前的遗产要素虽然涉及一些相关细节，但是所有要素之间的联系似乎并不明确，其对价值的支撑也稍显薄弱。

基于此，在对价值标注的评估上，缔约国和咨询机构的意见也有所分歧。关于标准ii，缔约国认为，在地中海地区核心地带，自古以来就因为皮埃蒙特葡萄酒产区形成了繁茂的交易交流市场。在葡萄种植方面和土地利用方面，都有文化交流而带来多样化的结果呈现。同时，这里葡萄酒丰富的品种和极高的质量都是伴随着重大历史事件而发展的。在古代，地中海文明和凯尔特文明（Celtic civilizations）在这里交流，继而罗马人的文化又产生了影响，葡萄种植方式因此得到了改进。从中世纪到近代，葡萄酒种植、葡萄园土地利用、酿造技术等方面的研究一直在推进，至20世纪，特别是在抵抗根瘤蚜危机（Phylloxera Crisis[1]）中，皮埃蒙特葡萄园发挥了重要的科学作用，由此在新世界许多葡萄园（加利福尼亚州、南非和澳大利亚）中都扮演着重要的角色。ICOMOS认为，在欧洲葡萄酒发展的历史中，皮埃蒙特葡萄园确实受益于丰富的文化交流历史，且其葡萄种植和酿酒技术也影响了许多非洲和欧洲国家建立自己的葡萄酒产业。然而，其遗产要素的选择并不完全合理，目前选择的要素都不足以支撑这一标准，因此认为不符合该条标准。

1　葡萄根瘤蚜是同翅目（Homoptera）的一种黄绿色小昆虫，学名为Phylloxera Vitifoliae。严重危害欧洲和美国西部的葡萄，吮吸葡萄的汁液，在叶上形成虫瘿，在根上形成小瘤，最终植株腐烂。葡萄根瘤蚜于19世纪中期从美国东部传到欧洲，曾在25年内几乎摧毁了法、意、德的葡萄和酿酒业，包括勃艮第等著名葡萄园。

　　关于标准 iii，文本表述认为在相当长的时间内，提名地为欧洲葡萄种植和酿酒传统提供了非凡的生动见证，这些见证可以在城堡、教堂、村庄、农场、酒窖等物质遗存中体现，同时还包括了数个世纪以来的发展演进过程。ICOMOS 认可了价值的重要性和突出性，但指出，文本中提出的价值载体，不仅仅能够证明 18 世纪以前的葡萄种植和葡萄酒酿造在不同社会经济和文化阶段的适应性发展，在此后依然在发展。因此，为了给文本指出的文化传统提供更充分的证明，应当在遗产要素中明确组成内容、数量等，同时剔除现状不包括在要素中的部分，如罗马时代的道路、城堡、宗教建筑等。因此，该条标准也未得到认可。

　　标准 v 是文化景观类遗产经常使用的标准，申报文本指出，几个世纪以来，葡萄、农场和传统的农村生活方式与自然环境相互交织，形成了独特的文化景观。对于皮埃蒙山麓葡萄种植景观来说，其美学虽然同质，但诸多物理（地质、形态、水文等）和文化（耕作技术、社会经济系统、建筑环境和建筑等）特征都不尽相同。同时，适应土壤成分的本土葡萄品种选择和改良，结合该地区的小气候和水文，形成了葡萄酒的不同品种，这也是人类与自然环境良好关系的代表和见证。ICOMOS 认可了提名地的葡萄种植文化景观确实代表了人类与环境的相互作用，也的确展示了适应陆地各种土壤类型和气候的葡萄品种选择，反映出葡萄酒酿造的专业知识逐渐发展，形成了优美的葡萄园景观（图 19）。然而，目前《名录》中已有相当多的欧洲葡萄园文化景观，这一点在文本的比较分析中也可以看出，该条价值的表述不足以让 ICOMOS 认可其独特性和突出性。此外，选择和改良适应

图 19　山麓葡萄园
景观

土壤和气候特点的葡萄品种，是为了更好的酿造水平和葡萄植株养护，这一价值点对景观和历史都至关重要，但除了巴罗洛（Barolo）和巴巴雷斯克（Barbaresco）葡萄酒外，其他遗产要素并不能很好的支撑和体现。因此，该条标准也未得到认可。最终，ICOMOS 建议"重新申报"（Deferral）皮埃蒙山麓葡萄园景观。

在第 36 届世界遗产大会审议中，虽然时任委员会的德国提出，意大利皮埃蒙特山麓葡萄园景观所具有的突出普遍价值是没有疑问的，建议其"要求补报（Deferral）"；但瑞士等委员会都支持咨询机构的意见，认为要调整遗产区边界、遗产要素构成和载体，这并非一年可以完成的工作，需要一个新的完整周期来确定申报策略。最后，咨询机构的建议"要求重报（Deferral）"得到了采纳[1]。

两年后意大利再次提交了该项目的申报。修改后的申报大幅度调整了遗产要素构成，除了巴罗洛（Barolo）和巴巴雷斯克（Barbaresco）区域外，其余 7 处均被去掉，增加了格林扎凯沃尔城堡（Grinzane Cavour Castle）、尼拉和巴贝拉（Nizza Monferrato and Barbera）、卡奈利（Canelli and Asti Spumante）以及蒙费拉托（Monferrato of the Infernot）4 处，共 6 处作为新的遗产要素。（图 20）

在这一次的要素遴选中，ICOMOS 认为，每个葡萄种植区都具有特定土壤组分与特定葡萄品种的"恰当匹配"（matching），而这种匹配是由专业的种植知识和长期以来的实践经验得来。虽然葡萄品种通常都是原生的，如奈比奥罗（nebbiolo），巴贝拉（barbera）和莫斯卡托（moscato，一种白葡萄麝香葡萄），但对适合种植的土壤、高度选择，种植技术包括嫁接技术的发展和改良，都体现出系统性。在葡萄酒酿造方面，本次选择的要素片区都具有独特的葡萄酒品种，甚至还包括酒窖和供出售的特殊装置。与葡萄种植和葡萄酒酿造专业技术有关的所有技术和经济

图 20　遗产要素和遗产区对比[2]

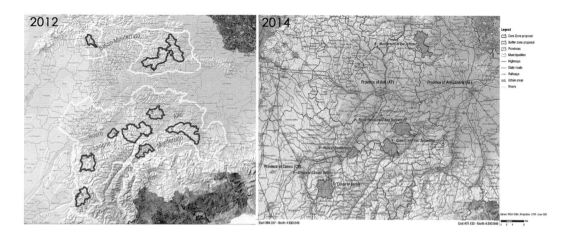

1　见决议 36 COM 8B.32.

2　图片来源：WHC-36 com-in8B1，p315 和申报文本 UNESCO World Heritage List：the Vineyard Landscape of Piedmont：Langhe-Roero and Monferrato，p41.

过程均在遗产要素中得到充分体现，这与第一次申报相比显然有了明显不同[1]。

除了之前保留的巴罗洛（Barolo）和巴巴雷斯克（Barbaresco）区域，新增加的遗产要素如下：

（1）格林札凯沃尔城堡（Grinzane Cavour Castle），这座城堡及其周边领地在19世纪中期是加富尔伯爵（Count of Cavour）的财产，他是意大利统一的象征性人物，也是现代葡萄在皮埃蒙特种植的内在驱动力。这里曾是葡萄种植和葡萄酒酿造的先锋实验场所，采用了许多来自法国的新方法，然后逐渐扩展到整个皮埃蒙特葡萄园。这座城堡是一座方形砖砌建筑，保存完好。今天，这座城堡设有葡萄酒商店、餐厅和一个致力于酿酒的文化中心。

（2）尼拉和巴贝拉（Nizza Monferrato and Barbera），该地区位于该地区的上部，其中尼扎蒙费拉托是主要城镇。巴贝拉（Barbera）这个名字代表葡萄品种和当地葡萄酒，这里的土壤和葡萄品种的匹配可以追溯到至少500年，而葡萄酒获得DOCG等级[2]。

（3）卡奈利和阿斯蒂斯普曼特（Canelli and Asti Spumante），与第一次提名相比，该区域面积大大减少，目前只包括最具有代表性的景观和最重要的葡萄种植区，即适合白葡萄麝香葡萄莫斯卡托（Moscato）种植的白色混合土壤，采用香槟酿造方法的工人利用这种葡萄酿造出了著名的芳香起泡葡萄酒阿斯提（Asti Spumante）同样也是DOCG等级。

（4）蒙法拉托（Monferrato of the Infernot），该区域的面积也同样进行了缩小，目前只包括最重要的巴贝拉葡萄品种及其匹配的硬泥灰土，以及由此酿造出来的巴贝拉德蒙费拉托（Barbera de Monferrato），获得DOCG等级评价。同时，其景观也十分出众，还包括与之相关的6个小村庄，这些村庄建筑延续自中世纪，具有典型的葡萄酿造和贮存（地窖）特色。

在符合的标准方面，之前的三条标准削减为两条，标准 iii 和标准 v。两条标准的表述都变化不大，标准 iii 依然是见证延续至今的葡萄种植方式和葡萄酒酿造方式，及其在漫长历史阶段中的演进。标准 v 则体现了人类与环境的良好作用关系。而此次ICOMOS认为调整后的要素构成，包括葡萄园、城镇、乡村、城堡和酒窖等要素构成了一个完整的系列，很好地支撑了价值体系。因此，这两条标准均得到认可。（图21、图22）

事实上，由于地区和主题的不平衡，世界遗产名录中已经有数处以葡萄园种植／葡萄酒酿造为主题列入的文化景观类遗产，且大多位于欧洲。仅意大利一国，

---

1 Vineyard Landscape of Langhe-Roero and Monferrato（Italy），No 1390 rev，308.

2 意大利的葡萄酒分为4个等级，分别为DOCG、DOC、IGT、VDT，其中DOCG是最高等级.

就有韦内雷港、五村镇以及沿海群岛（Portovenere，Cinque Terre，and the Islands）、阿马尔菲海岸景观（Costiera Amalfitana），瓦尔·迪奥西亚文化景观（Val d'Orcia）和皮埃蒙山麓葡萄园景观四处。法国也是同类型文化遗产的大国，拥有勃艮第风土和气候（The Climates，terroirs of Burgundy），圣艾米伦区（Jurisdiction of Saint-Emilion），卢瓦尔河谷景观（The Loire Valley between Sully-sur-Loire and Chalonnes），波尔多月亮港（Bordeaux，Port of the Moon）等。此外，西班牙、克罗地亚、阿根廷等也有葡萄园和葡萄酒文化遗产登陆[1]。鉴于这一文化主题的饱和，类似遗产地申报难度也随之增大。如何在比较研究中突出独特性和代表性，从而恰当地选择价值阐述方向，对于在预备名录中几十处的相似遗产地来说，是一个较大的挑战。在这方面，于2015年列入世界遗产名录的法国香槟坡地、建筑及酒窖（Champagne Hillsides，Houses and Cellars）是一个较为成功的案例（图23、图24）。

　　虽然同样有悠久的葡萄园种植、人与自然良好关系、土地利用形成的美丽景观、香槟文化等价值特征，但法国对于该遗产地的申报并没有选择绝大多数文化景观都会使用的标准 v，而是另辟蹊径，以标准 iii、标准 iv、标准 vi 为角度切入。标准 ii 表明现存的葡萄田、酒窖、房屋等是一代又一代人种植葡萄并生产香槟酒的积累传承，强调了技术创新一直是香槟业的核心，在有限的环境条件下，通过技术创新，本地人掌握了在瓶子中二次发酵制作起泡酒的技术。标准 iv 则论述了由白垩土为基础建立的一整套完整的工农业系统（葡萄园、工业设施、代表建筑、市场）所具有的独特性，包括二次发酵所需要的庞大地下景观、香槟贸易发展形成的特殊城镇规划与葡萄园和运输路线相连的建设等。标准 vi 表述了香槟文化对

图21　葡萄酒酒窖（左）

图22　巴罗洛小镇（右）

1　西班牙地中海沿线的葡萄园和葡萄酒文化（Wine and Vineyard Cultural Itinerary through Mediterranean Towns）、克罗地亚普利茅斯特葡萄园（Primošten Vineyards）等.

图23 法国香槟坡
地、建筑及酒窖景观
（左）
图24 兰斯香槟镇[1]
（右）

法国的重要影响，其是生活形态艺术的一个典型，也是庆祝活动、和解与胜利（特别在体育运动中）的象征。由于价值角度的独特，在比较研究中香槟坡地遗产地得以脱颖而出：首先勃艮第、卢瓦尔河、罗讷、摩泽尔等地生产出的托卡伊和索泰尔斯葡萄酒、杜罗波尔图葡萄酒、杰罗姆和杰罗姆葡萄酒、希腊葡萄酒这几大类传统红酒都是一种传统技术，而新世界葡萄酒技术创新较少，仅有该遗产地见证了二次发酵技术的创新和工业传承，也只有其强调了工业产业这一性质，即要形成产业、面向非本地市场。结合香槟酒举世皆知的独特象征，缔约国选择确定了葡萄种植园、酒窖、香槟从业者居住的城镇和香槟之路四类遗产要素，于2014年提交申报，2015年第39届世界遗产大会上获得咨询机构和委员会的一致好评，成功列入世界遗产名录。（图25、图26）

　　在回顾整个申报过程中，遗产地的申报和管理者（Agence d'Urbanisme de Reims）表示："我们首先努力寻找了一个在世界范围内唯一且独特的杰出价值，不同于其他被列入遗产名录的耕种类景观都偏重于自然风光的美好，它的特异点在于反映了整个香槟产业的工农业布局，在此基础上人类的活动性质，以及在此基础上把香槟销往全世界并打造成全球通用的节日庆典用物的方式。同时，这里得天独厚的地形促使世界顶级酒庄的形成。当地天气寒冷，土地均被一层厚实的白垩石灰覆盖，这一覆盖物能反射阳光，加热土地，促使葡萄快速成熟，也提升了葡萄的酸度，适宜酿就香槟酒。在近两个世纪的香槟生产中，该地区不仅见证了香槟酿造技艺的成熟，也反映了历史文化的变迁，见证了资本主义的萌芽，地主们思想上的迅速转型，城镇中的妇女投入生产酿造工作，甚至大酒庄的老板们还会去资助和推动当地文化体育方面的发展。该地区的显著特性则是人文特征。为了最大范围内，获得最优质的种植，生产和销售香槟酒，需要更完善便利的交

1　图21~图24来自申报文本，Coteaux，Maisons et Caves de Champagne第2章。

通网络（尽量快的运输且不能妨碍到葡萄生产）。这点不同于现在大都市的城市布局，每栋教堂、旅馆、葡萄开采屋的修建都反映了与香槟酒酿造相关的极高艺术科技价值。最后，正是这些元素让大家的目光重新聚集到这个本来并不受重视、如同隐形一般的案例中，并展开深入研究。"

图 25　香槟酒窖（左）
图 26　香槟之路（右）

2.5　汞矿相关遗产：阿曼达和伊迪利亚（Heritage of Mercury. Almadén and Idrija）

西班牙阿曼达（Almadén）和斯洛维尼亚伊迪利亚（Idrija）代表了世界上最大的两个汞矿，且到今天仍在运行。阿曼达遗产地包括自古以来开采汞矿的采矿点、有关其采矿历史的建筑物如城堡、宗教建筑和传统民居等；伊迪利亚遗产地还包括了特别的汞矿商店和基础设施，以及矿工生活区和矿工剧院等。这些遗址为数个世纪以来、欧美洲际间的汞贸易提供了证据（图 27）。阿曼达和伊迪利亚水银相关遗产地于 2012 年列入《世界文化遗产名录》，这是西班牙和斯罗维尼亚第三次向世界遗产委员会提起的申报。

2008 年该遗产地的第一次申报是由西班牙、斯罗维尼亚和墨西哥三国共同提起的，命名为"汞矿和银矿相关遗产（the Mercury and Silver Binomial）：阿曼达（Almadén）、伊迪利亚（Idrija）和圣路易斯波托西（San Luis Potosí）"，认为相关遗产要素体现了 16-18 世纪西班牙帝国时期从欧洲到美洲的文化、技术交流与影响，提出符合标准 ii、标准 iv 和标准 v。这些遗产要素包括[1]：

荷兰阿姆斯特丹：

（1）汞矿：包括矿井遗址、开采器械、运输通道、具有特定功能的各种隧道如强迫劳工通行的隧道等；

1　WHC-09/33.COM/INF.8B1，178-180.

图 27　阿曼达矿区[1]

（2）保存有历史肌理的镇中心：包括格米格尔教堂（Chapel of San Miguel）、山谷、采矿学院、矿长居所遗址、矿工传统民居等；

（3）缓冲区内的其他纪念物：强迫劳工相关考古遗址、圣拉斐尔皇家矿工医院（the San Rafael Royal Miners' Hospital），目前为阿姆斯特丹博物馆和档案馆、斗牛场。

斯洛维尼亚伊迪利亚：

自 15 世纪末开始就在此处发现了天然汞矿的存在，此后成为继阿姆斯特丹汞矿之后的世界第二大汞矿。构成要素包括 1 个核心的城镇片区和 6 个其他区域：

核心区域的要素包括：

（1）伊迪利亚汞矿、设施及存储；

（2）运输道路；

（3）矿井及相关建筑、设施；

（4）老城区内与汞矿相关的直接证据，如汞商店、矿工剧场、矿工居住街区、第二科学学院等；

（5）用于汞矿运输的水坝和邻近水利设施。

其他 6 个区域包括：采矿炉和汞提取车间，4 处水坝和水泵设施。

墨西哥的采矿小镇圣路易斯波托西位于墨西哥中部平原，其基础设施几乎是因采矿而发展起来的，主要遗产要素包括：

（1）"皇家包厢"（Real Caja）：在西班牙直接控制下的汞商店和汞矿分销中心；

（2）市政厅和宫殿；

（3）大教堂；

（4）旧金山的教堂和修道院；

（5）圣阿古斯丁教堂（18 世纪中叶）；

（6）圣胡安迪奥斯教堂（17 世纪和 18 世纪）；

（7）加尔默罗教堂及其修道院（18 世纪中叶）；

（8）瓜达卢佩大教堂（1772-1800 年）。

应 ICOMOS 关于上述遗产要素是否与工业采矿技艺相关的提问，墨西哥随后

1　图 26~ 图 29 均来源自西班牙、伊迪利亚汞矿相关遗产（Heritage of Mercury）申报文本，2011.

又进行了对遗产要素如下补充说明：

（1）增加了老城区及周边区域进行矿石冷加工的遗址地点说明；

（2）论证了波托西整个城市建设和发展是在西班牙皇家通过汞矿商贸体系而控制实现的；

（3）波托西是最早提议针对汞金属对植物伤害进行测定的地方等。

而 ICOMOS 认为，对于波托西的相关遗产要素，除了"皇家包厢"（Real Caja）外，其余均与采矿、工业和技术联系微弱。因此在标准上，也提出了不同看法。关于标准 ii，缔约国认为从 16 世纪到 19 世纪，在汞矿的生产、运输和使用中体现出明确而客观的科技交流价值，该价值同时体现在墨西哥和安第斯山脉银矿开采以及汞矿和银矿生产中技术的互相促进与创新中。采矿传统也影响了城镇的建设，形成了具有象征性的独特建筑。ICOMOS 认可了汞矿和银矿之间相关联的技术对两个多世纪以来欧洲和西班牙裔美国人的经济、文化结构有着重要的价值和意义，并使得今日墨西哥含银复合矿的开采成为可能。同时，白银的洲际回流在欧洲的现代经济中也起到了相当重要的作用。但是，目前遗产地的要素并不能很好地支撑这一价值，因此，判定提名地不符合该条标准。

关于标准 iv，缔约国认为阿曼达和伊迪利亚作为世界上最大的汞矿所在地，是在采矿技术和环境影响方面的杰出代表。同时，墨西哥圣路易斯波托西更是由矿业发展而形成的城市例证。但是，ICOMOS 并不认可该城镇在矿业相关技术方面的典型性和代表性，该条标准也未得到通过。

关于标准 v，申报文本认为提名地充分见证了人类与自然环境的相互关系，汞矿和银矿从过去的开采到今日的关闭也见证了人地技术的不断发展和人类和环境关系的演进。ICOMOS 认为，阿曼达、伊迪利亚能够很好地支撑这一价值，但是圣路易斯波托西似乎与该价值关联不大，因此整体来看，该标准也未得到认可。

综上所述，基于三条标准均不符合，ICOMOS 建议该遗产地"重报（Deferral）"；ICOMOS 同时建议重新进行墨西哥圣路易斯波托西银矿有关的比较研究，并将该遗产地更名为线路意义更为明显的"皇家线路（Camino Real）"之类，以突出 16-18 世纪西班牙皇家殖民带来的文化交流价值；还给出了考虑是否将该遗产地作为汞矿类世界遗产扩展项目的建议。

在 2009 年第 33 届世界遗产大会的现场审议环节中，这个难得的跨洲多国遗产项目引发了长时间的争论。巴西、瑞典、巴林等委员国首先表达了对缔约国组织起跨洲遗产项目申报的祝贺和赞扬，但在 ICOMOS 决议草案的基础上，包括中国在内的委员国都提出了很多问题，包括遗产地名称的含义，对墨西哥遗产价值关联性的质疑，对 ICOMOS 进行跨洲遗产项目现场考察标准的疑问，对三国协调管理机制的疑问，甚至是对汞矿今日环境污染的问题等。而申报国内部意见也有分歧，西班牙认为可以遵循 ICOMOS 建议更名，而墨西哥认为如要更名为"（西班牙）皇家之路"将是一个类似于圣地亚哥－德孔波斯特拉路线的新申报项目。继而，突尼斯、巴巴多斯等委员国支持直接将其列入世界遗产名录，澳大利亚、加拿大等委员国支持给缔约国更多的时间准备，尼日利亚则建议西班牙和斯罗维尼亚做联合申报，而鉴于墨西哥正在准备一个同样包括波托西的遗产申报，建议将圣路易斯波托西放入这个新申报中；秘鲁则表示自己也愿意加入汞矿系列遗产申报中。在上午的讨论结束时，共有 6 个委员国赞成列入，3 个委员国支持"补报（Referral）"，2 个委员国支持"重报（Deferral）"。下午继续讨论时，除了对决议的不同意见外，巴林等委员会还提出了一个新的建议，先将西班牙阿曼达（Almadén）和斯洛维尼亚伊迪利亚（Idrija）列入《名录》，此后再讨论墨西哥是否有扩展的可能。但是大会主席认为，这种临时删除一个遗产要素的做法似乎不符合规定，ICOMOS 也表示，如果只剩两处遗产要素，其 OUV 要进行重新组织。西班牙代表则呼吁委员会不要将欧洲国家和南美国家区别对待，在这一提议被否决后，委员会又进行了对古巴关于标准修改建议的投票，以未达成有效票数的 2/3 而被否决。最后，大多数委员会认同了"要求补报（Deferral）"的建议，并对决议草案进行了逐条审议修改。

2009 年，西班牙、斯罗维尼亚和墨西哥三国第二次提起了申报，命名简化为"汞矿和银矿相关遗产（The Mercury and Silver Binomial）"，符合的标准仍然为标准 ii、标准 iv 和标准 v。在这一次的申报文本中，西班牙和斯罗维尼亚的遗产构成要素没有变化，墨西哥在波托西基本申报要素没有改变的基础上，提供了若干考古证据，证明波托西城镇悠久的"汞齐化"冶炼银矿历史、使用汞矿历史和因矿业而城镇发展的历史。但 ICOMOS 认为，上述考古只能证明波托西在历史上曾密切使用汞矿，而非直接开采、冶炼汞矿，这对于之前决议的回应是片面的。因此，墨西哥圣路易斯波托西遗产要素对三条价值标准的支撑仍未明确，依然不认可其申报。最终咨询机构给出了与前一年基本类似的建议："要求重报（Deferral）"，并重新考虑墨西哥遗产要素的比较研究与价值内涵。

在 2010 年第 34 届世界遗产大会中，墨西哥代表反复解释说：在西班牙帝国于美洲建立的超过 960 个城市中，圣路易斯波托西（San LuisPotosí）是唯一一个拥有典型矿业城镇八角形平面的城市。墨西哥代表认为，作为系列线路遗产，不一定每一个遗产要素都能具有 OUV，而是作为整体的一分子出现。只要各个要素构成的整体具有突出普遍价值，那么遗产要素就应该得到认可。西班牙代表也声明，33 COM 8B.26 决议已被认真执行，圣路易斯波托西遗产要素对于利用汞来开采银矿的技术有着重要意义，同时几个缔约国已经按照委员会的建议，举行了几次讨论汞生产和使用过程中造成环境污染和人类威胁问题的会议；西班牙代表最后指

图28　布斯塔曼特炉（左）
图29　汞矿运输道路（右）

出，承认这三座无数矿工的巨大贡献，是一种表达自己辛劳和回忆的方式，这一遗产地的申报对今后的文化交流和环境保护都有着重要意义。可惜的是，ICOMOS坚持认为，墨西哥波托西明显是一个汞金属的加工、运输中心，而非类似阿曼达的开采中心；虽然都具有突出普遍价值的潜力，欧洲汞矿的开采和墨西哥利用汞来开采复合矿中的银显然是两个价值方向。此后，虽然柬埔寨和马里等委员会支持直接将该遗产地列入世界遗产名录，但法国等委员国仍然存在质疑。在埃及、瑞典等委员会的提议下，委员会对"是否同意将这三处遗产要素共同列入世界遗产名录"进行了匿名投票，投票结果未达到有效票数的2/3，遗产地未能成功列入名录，此后，瑞典等本来提交修改意见的委员国放弃了决议修改，34 COM 8B.40决议维持了ICOMOS的建议，要求缔约国重新申报（Deferral）。（图28、图29）

2011年，西班牙和斯洛维尼亚就该遗产地提起了第三次申报。这一次，或因前两次的失败，墨西哥退出了联合申报，由西班牙和斯罗维尼亚两国提交了申请，更名为"汞矿相关遗产：阿曼达和伊迪利亚（Heritage of Mercury. Almadén and Idrija）"。符合的标准仍然为标准ⅱ、标准ⅳ和标准ⅴ。关于标准ⅱ，本次申报指出，跨大洲的汞矿相关商贸和运输始自古代，且延续了相当长的时间，带来了重要的科学、技术和文化交流。尤其是16-17世纪汞齐化过程[1]（Amalgamation Process）在欧美之间的传播，带来了白银提取的新技术，从而引发了商业和金融的繁荣和发展。此后，欧洲建立了技术学院，科学专业委员会由此诞生。同时，采矿传统也影响了城镇和一些建筑物的形态。对于此次系列遗产标准ⅱ的叙述，ICOMOS认为，其更多地集中在汞矿开采和提取上，关于经济和文化的交流，尤其是涉及欧洲和北美大陆之间的交流论述仍然显得不够充足。但是，ICOMOS认可基于汞矿市场

1　指用汞做阴极进行电解从溶液中沉积金属生成汞齐，再进一步提取金属；或用汞齐做阳极进行电解选择性溶解而分离提纯金属的方法。

的形制和特殊的技术问题，在若干汞矿开采地等遗产要素之间的确存在科技和文化交流，这种交流的影响甚至扩展到洲际之间。因此，本条标准得到了认可。

关于标准 iv，修改后的文本指出，作为主要构成要素的阿曼达和伊迪利亚是世界上现存规模最大的两处汞矿。直至近代，其见证了人类开采、商贸运输和城市与环境问题中的一系列重要事件，同时也代表了自 16 世纪中叶到 19 世纪中叶汞矿开采技术的更新和传承。ICOMOS 认可了对阿曼达和伊迪利亚两处遗产要素的评价，在金属工业生产中，这两处遗产地是独特、规模最大且最具代表性的。由此，标准 iv 也得到了认可（图 30、图 31）。

关于标准 v，文本认为提名遗产地能够通过汞矿开采和污染见证人类与环境之间的关系，通过对包括达曼达强迫劳工和囚犯劳作产生职业病的思考，引发了重要的社会关注。同时，采矿社区的许多非物质文化要素也与人类与环境关系的发展有着密切关系。而 ICOMOS 认为，关于阿曼达和伊迪利亚两处遗产地构成的人类矿业社区，其突出性和代表性已经由标准 iv 论述；而关于汞矿开采引发污染以及威胁人类安全致使今天这一工业被禁止等问题，代表了一种人类与自然的特殊关系，文本中论述的环境污染只是这一问题的一个方面，要支撑标准 v，尚需更充分的论据。本条标准并未得到认可。

最终，ICOMOS 建议这一遗产地以标准 ii、标准 iv 列入《名录》。在第 36 届遗产大会讨论中，墨西哥代表就该遗产的申报做了简单回顾，虽然自己并未获得认可，但还是感谢与其余两个缔约国之间的合作，并对这一次的成功表达了真诚的祝贺。随后，汞矿相关遗产在历经三次申报之后，终于列入了世界文化遗产名录。

图 30　最终成功列入的阿曼达遗产要素及区域

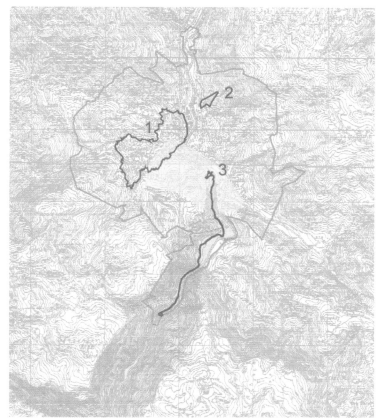

图 31 最终成功列入的伊迪利亚遗产要素及区域

诚然，西班牙和斯罗维尼亚的两处遗产要素在类型上更为同质，但墨西哥波托西显然也具备联合申报的价值潜力。事实上这三次申报文本对于标准论述的改变并不大，这可能也是 ICOMOS 反复给出类似意见的原因。作为难得的跨洲合作项目，墨西哥最终退出了申报，略显遗憾。

3 小结

统计近十年来超过 2 次申报才得以列入世界遗产名录的 40 处遗产地，可以发现，文化遗产占到大多数，自然遗产约有 1/4，混合遗产仅有唯一 1 处。同时，随着申报次数的减少，"要求重报"（Deferral）决议的比例也随之降低，取而代之的是"要求补报"（Referral）。当然，这种决议的改变并不呈线性关系，近年来，首次申报为 D，而第二次即成功列入的案例也不在少数。这一方面基于提名地自身的改善，同时也不能否认委员会政治化因素的影响。

而就 5 个典型案例的分析来看，遗产地均经过了如下三方面的改变：

（1）遗产要素或遗产区域的调整；

（2）价值标准的增加或减少；

（3）价值标准不变，阐述角度和策略的改变。

对于价值标准论述基本得到认可，仅仅是支撑标准的载体不够完整或某些要素不够恰当的提名地，问题在于具体操作，那么调整后列入《名录》的难度是相对较小的。当然，对于类似瓦登海或者汞矿相关遗产的跨境遗产项目，对于遗产要素的调整涉及整体完整性、代表性等更多问题，相应的，该项目对于缔约国能力建设、《公约》践行和实施也具有更多的意义。比如，瓦登海项目推动了荷兰成为《公约》的缔约国，汞矿相关遗产项目促进了跨洲国家之间的合作等。而对于一些或全部价值标准论述不被咨询机构和委员会认可的提名地来说，可能需要重新思考申报的角度或策略，考虑《名录》的代表性和不平衡性，是否选择具有优先权的申报类型或申报主题：比如，法国香槟坡地在价值阐述角度和标准选择上跳出思维定势，另辟蹊径地选择了标准 iii、标准 iv；登封"天地之中"第二次申报选择了宇宙观和哲学观作为切入角度，而非被更多讨论的宗教等。当然也可能需要继续深挖已有价值方向，提升其在世界范围内的意义，比如蓝山遗产地，通过深化"南茜村遗产线路"对马卢文化的见证作用，使之满足价值"突出普遍"的要求，从而获得认可。这些申报策略和价值选择方向，都可以对未来其他项目的申报有所借鉴意义，尤其是在今后申报遗产数量越来越少、要求越来越严的前提下，如何通过独特的角度讲好遗产地的故事，获得世界范围内的认可，值得更多的思考。

同时，我们也可以看到，世界文化遗产的遴选过程有一定的主观因素存在。无论是咨询机构派出的评估专家，还是委员会审议环节，包括政治因素在内的一些非专业因素，势必对评估过程产生了影响。比如，意大利山麓葡萄园景观项目和汞矿相关遗产项目对比，尽管不排除文本成熟度的问题，但欧洲项目和拉丁美洲地区项目，咨询机构和委员会似乎还是表现出了倾向性。这也意味着，我们对《名录》平衡性和代表性的问题，需要继续关注和探讨。

"1国1项"申报限制等规则的背景及出台——近几年《实施世界遗产公约的操作指南》修订追踪研究

文 / 吕宁

引言

《保护世界文化和自然遗产公约》（以下简称《公约》）自 1972 年诞生至今，已经拥有 192 个缔约国，成为缔约国数量最多、世界各国参与度最高的国际公约之一，也是国际社会文化间对话最为重要的平台。其对当代社会的资源保护、可持续发展和文化间对话产生着深刻的影响。通过对全人类自然和文化遗产的保护，改变人们的认知方式，同时影响人们的生活方式。而在践行《公约》的过程中，《实施〈保护世界文化与自然遗产公约〉的操作指南》（以下简称《操作指南》）作为联系 "抽象的《公约》精神" 与 "缔约国具体的遗产保护工作" 之间的纽带，是缔约国实施《公约》的根本依据。《公约》反映了 "在法律、技术和伦理层面的一贯性，而作为实施工具的《操作指南》则反映了变化的能力和阐释的可能。"[1]

初版《操作指南》于 1977 年发布，提供了列入世界文化和自然遗产的标准，这部分内容也成为《操作指南》最核心的内容之一。文件注脚标明："这些指南，以后是需要调整或者解释来反映委员会未来的决定的，因此很重要；指南对那些准则提供了清晰和全面的（易理解的）陈述，可以用来指导委员会未来的工作。"[2] 这阐明了《操作指南》的基本功能和持续修订的性质。

从 1977 年版到 2019 年在巴库召开的第 43 届世界遗产大会修订并公布的 2019 年版，《操作指南》共修订 30 余次，从 13 页 28 段扩充至 173 页 290 段并包含 14 个附件，内容增加了 10 余倍。同时，《操作指南》也逐渐成为文化遗产保护领域的国际参考标准和重要指导，其不断变化的基本性质、佐证《公约》实施的深刻意义，见证了世界遗产理论和实践的发展。

回顾整个《操作指南》修订的过程，基本以十年为一个阶段：1980-1990 年

---

[1] http://whc.unesco.org/en/guidelines/.

[2] World Heritage Committee（First Session），Paris，27 June-1 July 1977，Operational Guidelines For the World Heritage Committee，CC-77/CONF.001/.

的第一个十年属于初期完善期，修订内容主要集中在补充和完善整个《公约》实施的操作系统，并逐步确定一些基本内容的研究框架，如突出普遍价值标准、《世界自然和文化遗产名录》（以下简称《名录》）体系等。1991-1999 年的发展期，《操作指南》的修订一方面进一步关注和完善整个世界遗产的操作体系；另一方面展开了对相关核心概念和内容的探讨，包括价值标准、真实性和完整性等。这一时期，在冷战结束的文脉中，教科文组织探讨了普遍性与多样性的辩证关系，开始强调文化间互动的重要作用。这导致了"文化景观"和"文化线路"两种类型的诞生，同时也引发了以实现全球战略为目的的主题、地域、时代框架研究，《名录》平衡性等研究。2000-2010 年的深化期，随着《名录》上遗产数量的增多，《操作指南》修订开始将关注重点放在世界遗产地的保护和管理上，包括如何是对突出普遍价值有效的保护措施、《濒危世界遗产名录》（以下简称《濒危名录》）登录和撤销的体系完善、反应性监测的完善等。同时，随着操作机制的成熟，委员会的作用、缔约国能力建设等问题也被提出。这一时期，教科文组织强调以文化多样性支持促进发展的多元主义文化政策，并将世界遗产视为促进多样性及发展的工具，倡导联系文化与自然、物质与精神的整体保护方法。标准修订中鼓励了低代表性地区通过识别遗产促进社会发展，也与新的《世界非物质文化遗产公约》建立了联系 [1]。而 2011 年后至今的新时期，一方面可以称得上是最好的时期，《公约》的影响力日益扩大，《名录》上的遗产地已达 1121 处，越来越多的国家对世界遗产的申报表现出不断高涨的热情，"把拥有世界遗产当作一种国际社会对自己文化、自然资源的认同和实现可持续发展的重要资源"（吕舟）；另一方面，自 2011 年巴勒斯坦正式成为《公约》成员国，以美国为首的以色列盟友国开始拖欠教科文组织会费，巴以冲突以另一种形式年年在委员会大会上上演，至 2017 年美国退出教科文组织，世界遗产再也不复一个单纯的专业平台，实施《公约》的传统方式、体系面临挑战。2013-2017 年来《操作指南》的修订，也反映出转型时期的特点。

因很多条款的探讨和最终公布具有连贯性，笔者将这四年的修订作为一个整体看待，结合对第 39-43 届世界遗产大会的现场观察，本文将对《操作指南》包括申报限制、预备名录等重要修订内容产生的背景、经过做简要地分析和讨论。（表 1）

1　此次修订的背景

《操作指南》修订是每年世界遗产大会都要涉及的一个讨论内容，惯例若无

1　史晨暄. 世界遗产"突出的普遍价值"评价标准的演变 [D]. 清华大学博士论文，2014：13。

《操作指南》版本和修订内容简介　　　　　　　　　表 1

序号	时间	版本和基本内容简介
1	1977 年	《世界遗产委员会操作指南》初版，共 27 段
2	1978 年	世界遗产徽章被委员会通过并作为指南（19780000）附件 1 发布，共 30 段
3	1979 年	1980 修订版（19800421）
4	1980 年	增加了一段关于"关于可能的从世界遗产名录中除名的程序"，66 段
5	1981 年	提出了《操作指南》中关于评价技术合作要求的内容
6	1982 年	提出了关于列入濒危名录的指南
7	1983 年	进一步修订
8	1987 年	加入城市建筑群、历史城镇和 20 世纪城镇的修订文字
9	1987 年	加入关于文化遗产的监测，申报扩展项目的程序，以及促进活动的协助
10	1988 年	增加了关于"准备申报的文化遗产项目的法律保护和管理"的新段落；共 112 段
11	1991 年	进一步考虑为了"让《名录》更好地容纳地质项目"的自然遗产标准的修改，和为了很多年前就讨论的"让名录更好地容纳文化景观"的文化遗产标准的修改
12	1992 年	反映了对自然遗产标准的修订
13	1993 年	增加了"确保文化景观项目的列入"的文化遗产标准和它们的指南性原则
14	1994 年	增加了"公约与其他国际文件的关系"一段
15	1995 年	进一步修订
16	1996 年	包括两个附件"准备预备名录示例、世界遗产标志"
17	1997 年	与 1996 年版基本相同。作为庆祝公约缔约 25 周年，委员会进行了回顾，同时国际古迹遗址理事会完成了 1992–1996 年间的主题研究
18	1999 年	增加了附件"使用世界遗产标志的指导和原则"，监测部分增加了定期报告要求
19	2000 年	修订草案由澳大利亚提出，对《操作指南》整体结构和内容都进行了大规模调整
20	2001 年	包含对条文出处的详细解释
21	2002 年	进一步修订，139 段
22	2003 年	基于 2002 版草案进行了修订，290 段
23	2005 年	纳入"文化线路、系列和跨境遗产"，290 段
24	2008 年	进一步修订，290 段
25	2010 年	更新了对系列跨境遗产的定义，增加了系列跨境遗产《申报预备清单》的新模板（《操作指南》附件 2B）
26	2011 年	在 2010 版本基础上进一步完善
27	2012 年	进一步修订，共 290 段
28	2013 年	对咨询机构与缔约国对话、缓冲区边界定义等条款进一步修订
29	2015 年	对评估机制等 55 项条款和附录进行了修订
30	2016 年	对申报机制等条款和附录进行了修订
31	2017 年	对预备名录等条款进行了修订
32	2019 年	对预备名录、上游程序、可持续发展、申报等条款进行了修改完善，为现行版本

（资料来源：http://whc.unesco.org/en/guidelines/）

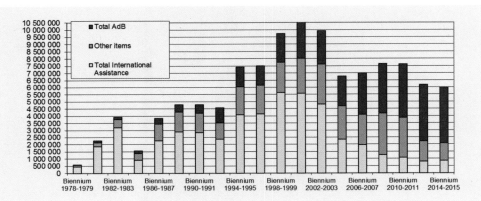

图 1 1978-2015年教科文组织经费变化表
（图片来源：WHC-15/39.COM/15, p11）

需要讨论的重大事项，则每两年发布一个修订的新版本。在 2013 年第 37 届世界遗产大会上，委员会提出了包括申报限制在内的几项重大内容调整草案。彼时美国和以色列等国已经连续三年拒不缴纳教科文会费，尤其是美国，其每年会费占到教科文组织总会费的 20%~30%，对世界遗产事务运行影响较大。一方面，在 2011 年巴勒斯坦由观察员被接纳成为正式成员国后，美国当即以不符合国内法律为由，砍掉了当年的 8000 万会费，占 2011 年教科文组织全部经费的 22%。另一方面，随着世界遗产关注度的上升、遗产地数量的增长和每年申报数量的增加，每年在遗产申报、管理上需要花费的金额越来越多，此消彼长，资金缺口日益增大。由此，世界遗产秘书处希望以修订《操作指南》的方式调整包括申报、保存状况评估等几项重要内容在内的策略，以期使有限的预算发挥最大的效果（图 1）。鉴于此，根据第 35 届世界遗产大会的决议，在此后的第 37 届世界遗产大会、第 39 届世界遗产大会上都有讨论，最终在第 40 届世界遗产大会得以推出新一版的《操作指南》，并在第 42 届世界遗产大会上予以完善。

2 修订的主要内容

2.1 关于申报机制（第 61 条）

回顾世界遗产的发展，随着教科文组织推动的各类项目不断增加，世界遗产保护管理状况面临多样化的问题，各个缔约国普遍有"重申报而轻保护"的趋势。早在 2000 年前后，世界遗产秘书处和委员会就提出了申报限制问题。在 2000 年的第 24 届世界遗产大会上，委员会通过了《凯恩斯决议》，提出了改善《预备清单》制度，并要求咨询机构对《预备清单》进行评估，探讨遗产申报的计划。对每年新申报的遗产数量《凯恩斯决议》也作出了如下限定：

　　"为了促进对规模不断扩大的《名录》的有效管理，每届世界遗产委员会将设定新申报项目数额的上限。首先作为临时措施，建议在 2003 年的第 27 届世界遗产大会上将审议的新申报世界遗产项目限制在最多 30 处。"

　　"为了确定哪些遗产应当优先考虑，所有要在第 27 届大会上申报的项目必须在委员会决定的新申报系列会议周期所确定的 2002 年 2 月 1 日以前提交全部文件。每个缔约国最多提交一项申报列入《名录》的项目，那些尚没有世界遗产列入《名录》的缔约国则可同时提交 2~3 处遗产进行申报。"[1]

　　但四年后，这次"一国一年一项"的规定就在苏州第 28 届世界遗产大会上被调整，变为"一国一年两项"，其中应当有一项是自然遗产或混合遗产，以改善《名录》上文化遗产项目与自然遗产项目的不平衡问题。2007 年在第 31 届世界遗产大会上，这一规则又被进一步修改为"一国一年两项"，不论文化还是自然遗产。在此之后的世界遗产大会上又多次讨论相关的名额和优先顺序问题，强调了在名额总量限制的前提下，没有世界遗产的国家优先、非洲国家优先等处理申报项目的原则。

　　此后，在前述预算紧张的背景下，该问题在第 35 届世界遗产大会通过的 35COM 8B.61 决议中被重新提出，"重新建立缔约国'一年两项'的申报策略，要求至少 1 项是自然遗产或文化景观"，同时提出具体的要求需要在四年后的第 39 届世界遗产大会继续讨论。在第 37 届世界遗产大会上的《操作指南》草案中，对第 61 条申报机制提出如下修订意见：

　　全球每年申报上限由原来的 45 个降低为 30 个，而维持每个缔约国每年可以申报 2 项不变，维持现有的优先顺序不变。[2]

　　这一修订在委员会讨论时引发了激烈的争议，包括《名录》平衡性、申报机制与优先顺序等问题都被提出，该届大会的主席称，这将是即 2000–2004 "凯恩斯－苏州"决议之后对申报机制最大的调整。最后，委员会一致同意成立热点工作组，收集不限于委员会国的意见，留待后续大会上继续讨论。

　　根据 37 COM 12.II 决议，第 38 届多哈世界遗产大会并未讨论《操作指南》修订内容，只是就预算情况作了继续的跟踪报告。至第 39 届波恩世界遗产大会（图 2），就《操作指南》修订和预算两个问题，第一天就成立了两个分别以黎

1　UNESCO World Heritage Centre. Decision 24COM VI，p7.

2　UNESCO World Heritage Centre. WHC–13/37.COM/12：Revision of the Operational Guidelines，p4.

图2 在第 39 届世界遗产大会会间工作的《操作指南》修订工作小组

巴嫩和芬兰为组长的工作小组，探讨具体的内容细节。超过 40 个缔约国、咨询机构参与了预算小组的讨论，讨论了 9 个遗产中心提出的未来策略选项，并就"量入为主""重保护而非申报"的策略达成基本共识。而在近 60 个缔约国主动参与的《操作指南》修订工作小组中，热火朝天的讨论共进行了 64 个小时，这一次的讨论虽然在最后大会审议环节出现了反转，并未通过决议，但却是这一次修订中参与国家最多、讨论最热烈的环节，为 2016 年版《操作指南》的最终发布，奠定了基础。

第 39 届世界遗产大会之前，世界遗产秘书处、咨询机构和以德国为首的会后工作组提出了一版供大家讨论的《操作指南》草案。在这个版本中，第 61 条调整后的申报机制如下：

> （1）每个缔约国每年最多申报 2 项改为仅能申报 1 项；
> （2）每年所有缔约国申报项目上限由 45 项降为 25 项；
> （3）说明缔约国申报优先顺序的微调。

就缔约国每年申报限制为 1 项的策略，瑞士、芬兰、荷兰、波兰、美国、英国等大部分缔约国都表示了理解和支持，同时希望咨询机构能够拿出更多的精力和资金协助水平较低的缔约国完善能力建设，仅法国、土耳其、哈萨克斯坦和日本旗帜鲜明地提出反对：法国代表认为，限制申报数量与《名录》平衡性建设无关，如果每年只能申报 1 项，那么多数国家可能会申报文化遗产而非自然，这将会带来文化与自然遗产类型上的更加不平衡。土耳其随后表示了对法国的支持，其认为就今年的情况来看，非洲的 5 处提名地最终仅列入了 1 项，这说明并不是申报数量问题，而是提名地的质量问题。日本则表示，希望去除关于 2 项中必须有 1 项是自然遗产或是文化景观的限制。

而就全球申报总数不得超过 25 项的限制，大部分缔约国态度暧昧，在近 10 天的讨论中，甚至有不少缔约国态度反复。科特迪瓦、波兰等国希望将申报总数上限调整为 30 项，而日本、坦桑尼亚、菲律宾等国则认为，既然已经限制每个缔约国每年 1 项，那么就不应该有总数上限；而即使不做总数限制，真实的数目也不会与 25 相差太多。在讨论中也有包括瑞士、爱尔兰、瑞典、波兰、葡萄牙等国在内的一些缔约国对总数限制表达了支持，但同时认为，总数限制应在优先申报策略完善后执行。

鉴于本次对数量的限制与联合国教科文组织目前预算紧张的状况密不可分，在《操作指南》修订工作小组就申报策略问题初步取得共识后，7月3日，其与预算工作小组共同展开了对该问题的讨论。事实上，与《操作指南》修订工作小组同时成立的预算工作小组，也因为申报对预算的巨大影响而提出了若干备选方案：

选项1. 结合《操作指南》修订，申报提名地从每年45处减少为25处；

选项2. 结合《操作指南》修订，减少每年150处评估保存状况的遗产地为120处；

选项3. 同时减少申报数量从45处到25处、评估保存状况遗产地从150处到120处；

选项4. 在选项3的基础上，隔年分别组织为期7天的专门工作组讨论申报和保存状况评估具体情况；

选项5. 在选项4的基础上，每年组织为期7天的申报讨论组、隔年组织保存状况讨论组讨论具体议程；

选项6. 在选项4的基础上，在每两年一次的缔约国大会前夕组织3天的申报策略讨论具体上会讨论的25处提名地；

选项7. 在选项4的基础上，将世界遗产大会的频率由每年召开变成隔年；

选项8. 世界遗产大会改为2年召开一次，且每次申报提名地由45处减少为25处，评估保存状况的遗产地由150处减少为75处。

经过讨论，2、5、8三个选项获得了更多的支持。因此，两个小组共同讨论时，降低大会召开频率，改为两年一届成为一个新的可能和焦点。芬兰、瑞士、比利时代表在同意缔约国每年1项申报的同时，希望将大会频率降低为两年一届，认为这可以大大缓解目前遗产中心和咨询机构资金和人力上面临的困难。而黎巴嫩、菲律宾、韩国等代表则认为，如果两年召开一届大会的话，即使限制了申报数量，也将面对50个左右的申报和300个左右的遗产地保存状况评估，这对于为期10天的会议将是不可能完成的任务；另一方面，对于一些紧急议案，两年一届大会无疑会使得问题搁置、无法获得及时解决。坦桑尼亚代表更以切身经历表明，每年一届大会对于能力水平较低的非洲、南美洲国家帮助甚大，如果延期，那么上述国家在遗产事务上将更加无所适从。更多的国家，包括意大利、克罗地亚、塞尔维亚等，则显得犹豫不定，既不反对降低大会召开频率，也认可降低后会引发一系列问题。最终，在法国代表建议下，工作小组基本达成了"1国1年1项"申报的共识，但其实施将延迟至 2017 年 41 届大会之后；而就 25 项的总数上限和两年 1 届的大会频率，大家则乐观地认为可以在大会讨论中获得共识。

　　然而，在两天后的大会上，情况戏剧性地出现了反转。以印度为代表的缔约国坚决反对限制缔约国申报数量，并推荐土耳其在当年 11 月召开的缔约国大会期间组织成立工作组就该问题进行专门讨论。在印度的强势发言之后，日本、土耳其、秘鲁、牙买加等纷纷响应，菲律宾、葡萄牙、芬兰、越南等原本准备接受修订的缔约国也转变态度，认为可以支持印度，黎巴嫩、德国等少数缔约国坚持不成，无奈放弃。最终，61 条在 2015《操作指南》中依旧维持原样（图 3）。

　　2016 年的第 40 届遗产大会虽因土耳其恐怖袭击而被迫分为土耳其和巴黎两次，但在黎巴嫩和土耳其的组织下，仍然有超过 50 个缔约国积极参与了工作组的讨论（图 4）。经过艰难和反复的争议，大多数缔约国基本同意试行 61 条修订内容，即试行每年"一国一项"的申报限制，且每年委员会审议的申报项目数目控制在 35 个以下，同时开始实施一系列针对《名录》上代表性较低的国家的优先政策。但在 2016 年 10 月 25 日的大会审议环节中，与第 39 届世界遗产大会类似的情况发生：一些本来在工作组会议上已经达成共识的代表又再度对修订内容提出异议。科威特代表提出遗产数量在 10 个以下而不是 3 个以下的缔约国都应该享有申报优先权。更有代表提出，既然没有达成共识，不如再推迟一年审议。此时，对推行此项修订付出巨大努力的工作组组长黎巴嫩代表愤怒地拍案而起，指出遗产数量在 3 个以下的缔约国占全体缔约国的 58%，而遗产数量在 10 个以下的缔约国占到 80%，这样的优先完全没有意义。而如果决议无法通过或再推迟，那么工作组三年以来的工作成果将毁于一旦。在他的呼吁下，芬兰、葡萄牙、土耳其、坦桑尼亚、波兰、布基纳法索、克罗地亚、越南、安哥拉和韩国等国相继发言，表示了对修订的支持，主席由此宣布已有大多数委员会成员国支持此决议，至此，对《操

图 3 《操作指南》修订工作小组在 2015 年世界遗产大会会间的讨论（德国波恩）（左）
图 4 第 40 届世界遗产大会的《操作指南》工作组会议现场（巴黎教科文总部）（右）

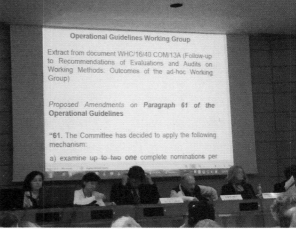

作指南》第 61 条的修订终于通过。具体修订内容如下：

"61. 委员会决定采取以下机制：

a）最多审查缔约国一项完整申报；

b）确定委员会每年审查的申报数目不超过 35 个，其中包括往届会议发还待议（referred）、推迟列入（deferred）的申报、扩展申报（遗产区划的细微调整除外）、跨境申报和系列申报；

c）优先顺序如下所示：

（i）名录内尚没有遗产列入的缔约国提交的遗产申报；

（ii）名录内至多有三项遗产列入的缔约国提交的遗产申报；

（iii）前一次未传递给咨询机构评估的、被发还待议的项目再次申报；

（iv）由于之前受每年 35 项申报上限和本优先顺序限制而被排除在外的遗产申报；

（v）自然遗产的申报；

（vi）混合遗产的申报；

（vii）跨界／跨国遗产的申报；

（viii）来自非洲、太平洋、加勒比海地区的缔约国的遗产申报；

（viiii）过去二十年内新加入世界遗产公约的缔约国提交的遗产申报；

（x）过去五年甚至更长时间都未申报的缔约国提交的遗产申报；

（xi）申报国作为上一位委员会成员，自愿在任期期间未申报任何项目，在其四年任期结束后的申报；

（xi）采用该优先顺序机制时，若应用前面的几点无法确定申报的优先顺序，则世界遗产中心收到完整申报材料的日期将被作为次要因素来决定它们的优先权。

d）联合编写跨境或跨国系列申报文本的缔约国可以在达成共识的基础上决定提交申报的缔约国；该申报仅占用申报国的名额。

为使所有缔约国平滑地过渡，该决议将在 2018 年 2 月起实施，并有 4 年的试用期，其影响将在第 46 届大会（2022 年）上评估。"[1]

2017 年发布的最新《操作指南》版本即采用上述内容。

2019 年第 43 届巴库遗产大会上，对《操作指南》61 条进一步完善了一些细节[2]，即现行版本。

1　UNESCO World Heritage Centre. WHC 40/ COM 11，p 12.

2　UNESCO World Heritage Centre. WHC/19/43.COM/11A，p24.

2.2 关于预备名录（第 68 条）

　　遗产中心鼓励缔约国将其认为具有 OUV 的提名地列入《世界文化与自然遗产预备名录》（以下简称《预备名录》），同时也要求缔约国提交正式申报的遗产地必须在预备名录中。《预备名录》同样是全球战略实施的重要关注对象。另一方面，随着世界遗产的影响力由文化领域不断扩大，部分缔约国试图通过申报存在争议的遗产地而获得国际社会的认可或支持。自 2014 年来，包括巴勒斯坦巴蒂尔橄榄与葡萄酒之地——南耶路撒冷文化景观（Land of Olives and Vines—Cultural Landscape of Southern Jerusalem，Battir）；日本明治时期工业革命遗址：制铁、钢铁、造船和采煤产业（Sites of Japan's Meiji Industrial Revolution：Iron and Steel，Shipbuilding and Coal Mining）；希布伦／哈利勒老城（Hebron/Al-Khalil Old Town）在内的申报项目和濒危遗产耶路撒冷保存状况的讨论年年充满火药味，代表分裂不可调和的投票时有发生，将本意通过文化多样性保护而促进世界和平的世界遗产专业平台变成了没有硝烟的战场（图 5~ 图 7）。鉴于此，大部分委员会纷纷对世界遗产的政治化倾向表示了不满，世界遗产秘书处和咨询机构由此希望从申报源头即预备名录阶段加以控制，从而减少在委员会大会上争议的情况发生。

　　在 38 届世界遗产大会 38COM8A 决议中，有"世界遗产中心将在 39 届大会上提交一项关于申报预备名录程序修订的提议"相关决定；在次年的《操作指南》草案中，在 62~69 条中由世界遗产中心秘书处和咨询机构提请进行了修订，核心内容是在第 68 条中增加了第三方缔约国可对预备名录提出质疑、要求审核的程序，原内容和修订内容如下：

　　"68. 遗产中心接受缔约国提交的预备名录后将审查其是否与附录 2A 要求相一致。如果文件并不完善，遗产中心会将其退回给缔约国。当所有的信息完善后，预备名录将提交给秘书处并转交给咨询机构。所有预备名录的小结将向委员会每年提交一次。在与缔约国进行沟通后，秘书处将把已经成功列入世界遗产名录的遗产地和不能列入遗产地名录的遗产地从预备名录中去掉。"

　　　　　　　　　　　　　　　　　　　——2013 版《操作指南》，见 WHC/37.COM/12I

　　"68. 遗产中心接受缔约国提交的预备名录后，将审查其是否与附录 2.A 的要求一致，对于跨境／跨国类的题名第，将审查其是否与附录 2.B 的要求一致。如果文件并不完善，遗产中心会将其退回缔约国。遗产中心会在网站上公布已经完善的预备名录。如果一个第三方缔约国认为预备名录中某提名地与现有的世界遗产地冲突，或该提名地位于国际争端区域内，世界遗产中心将委托委员

图 5　第 39 届世界遗产大会上引发争议的日本明治工业遗产申报讨论

图 6　第 40 届世界遗产大会上就耶路撒冷问题投票（左）
图 7　第 41 届世界遗产大会关于巴勒斯坦申报项目的争议（右）

会主席做出是否要求缔约国就此问题做出解释的决定。当缔约国提交解释性说明后，仍由委员会主席判断是否合格，如果合格，那么该提名地将被列入预备名录并在网站上予以公布；如不合格，将会被提交给委员会，由委员会就具体问题进行判断。当所有的信息完善后，预备名录将提交给秘书处并转交给咨询机构。所有预备名录的小结将向委员会每年提交一次。在与缔约国进行沟通后，秘书处将把已经成功列入世界遗产名录的遗产地和不能列入遗产地名录的遗产地从预备名录中去掉。"

——2015《操作指南》草案，见 WHC-15/39.COM/15

对于上述修订，负责文化遗产相关项目评估的专业咨询机构——国际古迹遗址理事会（ICOMOS）认为虽然会增加遗产中心的工作量，但能够借此解决实际问题。而 2015 年度工作小组主席黎巴嫩代表也同意，增加"质疑——反馈——解释"程序有助于从源头上避免争议项目的产生，避免委员会频频发出"如此争议的项目怎能出现在大会申报讨论中"的质疑。法国和巴勒斯坦代表基本赞同修改，但认为是否要求缔约国做出解释的决定不应由委员会主席，而应是世界遗产中心做出。然而，波兰、德国、比利时、菲律宾、葡萄牙等更多的缔约国则完全不同意增加的内容。他们认为，首先，无论是委员会主席还是世界遗产中心都没有权利做出将缔约国提交的预备名录退回的决定，决定遗产地应是缔约国的权利，如加以限制则违背了《公约》自由、平等保护的精神；其次，对于定义"与已有遗产地冲突"或"处于国际争议地区"无法达成共识，对于有提议说在预备名录提交时增加对"边界地图（Boundary Map）"的要求以确定是否处于争议地区，包括咨询机构、遗产中心等也无法赞同，认为地图具有时效性，且并非所有遗产地都有能力满足地图要求。最终，在土耳其的提议下，2015 版《操作指南》维持原有内容不做修改，而将 68 条内容与 62 条申报部分一起，留至 2015 年 11 月缔约国大会时成立专门的工作组进一步讨论，结果将呈交至第 40 届世界遗产大会委员会。

在 2016 年世界遗产大会和工作组讨论中，关于该条内容众多缔约国依然没有达成共识，一些缔约国认为判断提名地是否为争议遗产、是否该退回缔约国的权利应当归为世界遗产委员会、执行局而非大会主席，而包括中国在内的另一些国家则认为《预备名录》是国家级名录，可以发布在缔约国自己的网站而不是世界遗产中心网站上，委员会也不需要干涉；还有一些国家支持带有争议的项目连同争议意见一起发布在遗产中心网站。讨论在 2017 年第 41 届世界遗产大会上继续（图8）。遗憾的是，在第三年工作组讨论中，关于预备名录修订的争议仍然很大，完全无法达成共识。最终，已有内容维持了修订前的叙述，但在最后增加了两段：

> "为保证透明性、信息获取的便捷和预备名录地区、主题的协调，世界遗产中心将其在官网或工作文件中公布。"
>
> "对每一项预备名录遗产负责的唯一负责人为缔约国自身。预备名录的公布并不代表世界遗产中心、世界遗产委员会或教科文秘书处有关于提名地国家、领土、城市、边界的任何态度。"
>
> ——2017 年《操作指南》，见 Decision 41.COM 11

虽然预备名录没有申报机制在国内引发的关注度高，但其对于世界遗产机制的运行、全球战略的实施都有着重要意义。这次修订虽然没有完成，最终仅呈现出一种妥协后的结果，但整个探讨和争论的过程反映出世界遗产如今面临的困境——如何平衡世界遗产的影响力和专业性，如何平衡参与的公平性和政治化因素等，这将会影响世界遗产未来的方向，值得深思。

图 8　第 41 届世界遗产大会《操作指南》工作组讨论
（拍摄：解立）

2.3　关于咨询机构评估程序（第 28、31、159、176、184 等条款）

近些年，委员会和缔约国对于申报项目评审程序公开性、透明性的要求不断提升，在第 38 届世界遗产大会上，咨询机构决议被委员会大幅度更改，同时以国际古迹遗址理事会（ICOMOS）为代表的咨询机构就其评估制度受到了大幅度的质疑。另一方面，根据第 37 届世界遗产大会文件 37 COM 15 "为保证咨询机构决议的完整，将在《操作指南》修订中纳入对咨询机构资金计划的考量"相关决议，咨询机构希望通过本次修订进一步明确其任务、完善评估程序。因此，在第 39 届世界遗产大会上，咨询机构在《操作指南》草案中，与咨询机构任务和评估制度相关的 28、31、159、160、176 和 184 段进行了相应修改，明确了"反应性监测"（Reactive Monitoring Mission）和"咨询任务"（Advisory Mission）的具体内容、要求和实施条件，并从条文中加强了与缔约国、利益相关者的对话、沟通内容；此外，对附录 6 "申报部分的咨询机构评估程序"也进行了较大的修改、完善。

从上述评估流程示意图的比较中可以看出，在文化和自然遗产申报项目的评审中，除了文本、现场评估外，缔约国和其他利益相关者的意见也占据一定比重，咨询机构之间、咨询机构与缔约国、非政府组织、利益相关者等之间对话与沟通的重要性明显加强（图 9~ 图 12）。此外，咨询机构对待评估的态度更显严谨，增加了一轮汇总意见的专家组（Second Panel）讨论，以确保最终评审结果的科学与准确。除了规范用语等一些较小修改外，大部分缔约国都对上述修改表示了支持和欢迎，并对咨询机构积极改善自身的态度表示了赞扬。

咨询机构评估程序的修订得以顺利通过，并在 2016 版、2017 版《操作指南》中延续。

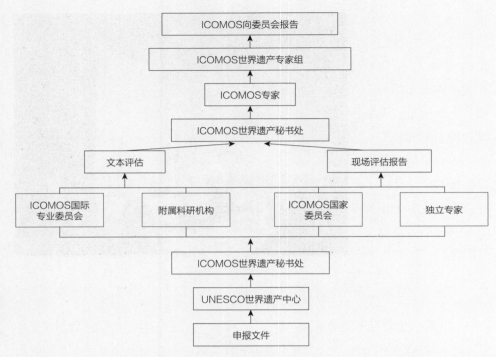

图 9 原国际古迹遗址理事会评估流程
（资料来源：《操作指南》2013 版附录）

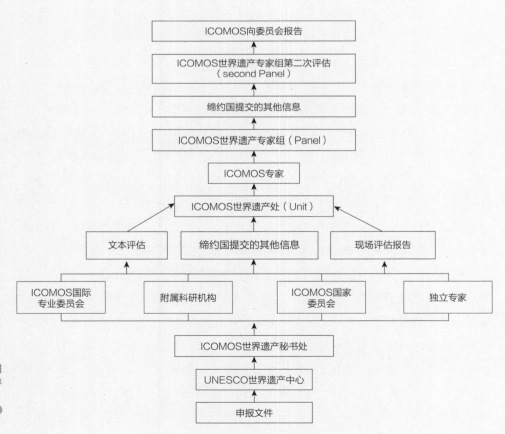

图 10 完善后的国际古迹遗址理事会评估流程
（资料来源：《操作指南》2015 版）

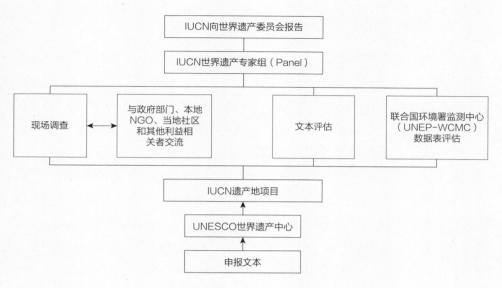

图 11　原国际自然
保护联盟评估流程
（资料来源：《操作指南》
2013 版附录）

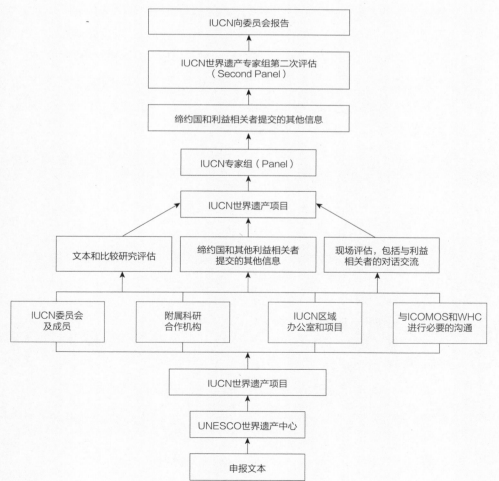

图 12　完善后的国
际自然保护联盟评估
流程
（资料来源：《操作指南》
2015 版）

2.4   其他修订内容介绍

除上述内容外，此次修订还包括对城市历史景观概念、上游程序、相关文化公约的联合、国际援助、土著权利、标志的使用等，虽然最终不一定完成了修订，但其探讨的过程也相当具有参考价值。下文将对包括城市历史景观等相对重要的内容做一介绍。

（1）城市历史景观相关条款的探讨

自 1987 年"历史城镇和城镇中心"作为世界文化遗产的一种类型发展至今，已有 200 多处历史城镇列入世界遗产名录，约占遗产地总数的 1/3。然而，随着城市化的发展，历史城镇与当代环境、社会发展之间关系的思考越来越多地引起人们关注，仅仅划分遗产区和缓冲区的做法似乎并不能有效地解决问题，城市遗产保护需要更整体、综合的视角与策略。在这种背景下，2011 年第 36 届世界遗产大会上通过了《关于城市历史景观的建议书》，其中指出"城市历史景观（Historic Urban Landscape）"是一种"在更广泛的城市语境下，认定、保护和管理历史区域的景观方法"，其概念的范围并不局限于遗产的视觉特征，也与"历史风貌"等旧有名词不同，而是指"文化和自然价值及属性在历史上层层累积而产生的城市区域"，超越了"历史中心"和"建筑群"的概念，包括"更广泛的城市语境及其地理环境"。

随着城市历史景观概念的发展，越来越多的缔约国、咨询机构开始认同其是一种将景观保护的原则与方法应用于城市语境的尝试，具有整体性的视角，从而在世界遗产的框架下，具有一定应对挑战的参考价值。

经意大利倡议，经过近两年的讨论，2015《操作指南》修订草案中在"管理体系"下的 80 段、112 段内增加了城市历史景观相关的方法论内容。

1）第 80 段：

关于真实性要素的描述中，针对原有的 8 条要素：

– 形式与设计（form and design）；

– 材料和实体（materials and substance）；

– 用途与功能（use and function）；

– 传统、技术和管理体制（traditions, techniques and management systems）；

– 位置和背景环境（location and setting）；

– 语言和其他形式的非物质遗产（language, and other forms of intangible heritage）；

– 精神和感觉；以及（spirit and feeling; and）；

– 其他内外因素（other internal and external factors）。

2015 版草案提议增加质量和尺度（mass and scale）以及颜色和材质（colour and texture）两条。

2）第 112 段：

在有效管理的说明之后，2015 版草案建议增加"超出缓冲区的更广泛环境，可能与遗产地地形、自然和建成环境以及其他包括基础设施、土地利用特征、空间组织和视觉联系等要素相关联。其也有可能包括相关社会和文化实践、经济进程及其他感知及联系等遗产地非物质要素，对更广泛环境的管理将更好的支持 OUV。"一段对"超出缓冲区"的更广泛环境的描述及管理要求。

在讨论中，以黎巴嫩为代表的多数缔约国表示了对"城市历史景观"概念的认可，认同其可作为一种有价值的方法论而非遗产类型纳入世界遗产框架内，但就上述两条的具体修改内容却意见不一。

国际古迹遗址理事会首先表示了对意大利强烈要求增加真实性要素的保留意见，认为现有要素已经足够清晰；波兰、葡萄牙、德国、比利时、法国等随后赞同，认为"质量与尺度""颜色与材质"与已有的"形式与功能""材料与实体"重复。而就第 112 条修订，大部分缔约国认同对"更广泛环境"的描述与管理要求的提出，但就是否将其明确为"超越了缓冲区"争执不下。德国、比利时、塞内加尔、英国等代表认为，不应该在《操作指南》中提出"超出缓冲区"概念，是否对缓冲区之外的环境加以管理应取决于遗产地的具体状况和缔约国综合水平，而不应该对所有遗产地和缔约国造成压力。尽管国际古迹遗址理事会随后强调，这里更广泛的环境与突出普遍价值相关，可以采取分级模式进行管理，但印度、摩洛哥、阿尔及利亚等众多参与讨论缔约国仍然赞同德国等的意见。最终，在 112 条修改中，"超出了缓冲区"一句被删除，原则上所谓"更广泛的环境"依然指代缓冲区内的区域。

虽然意大利提出的这两条针对城市历史景观的修改都未通过，但其讨论过程反映出，城市历史景观作为一种遗产认知和保护的方法，已经得到了大多数缔约国的认可。之所以会出现不同的意见，正是城市历史景观实践在各国开展后引发的思考和讨论。

（2）上游程序相关条款的探讨

早在 2013 年于柬埔寨金边召开的第 37 届世界遗产大会上，咨询机构提出要将上游程序相关内容加入《操作指南》，但其后并未完成相关工作。在第 39 届遗产大会上，以德国为首的委员会联合资讯机构一起，对第 62 节、71 节和 122 节提出了修订草案，其主旨是将在预备名录中引入上游程序，并鼓励缔约国尽早联系咨询机构开展工作。

71 条的内容原本为："鼓励缔约国参考咨询机构应委员会对现有预备名录与

世界遗产名录的空白进行分析的成果，以帮助缔约国就申报项目的主题、地区、地理文化、和生物地理等方面进行比较研究"（2013 年《操作指南》）；修订的版本增加了"预备名录应当在项目能够支持突出普遍价值的前提下进行筛选"，以及"缔约国应该尽早从咨询机构处寻求支持，对潜在的突出普遍价值进行分析，尤其是对预备名录进行评估，确保名录上的项目具有代表性"[1]。世界遗产秘书处认为，这是对上一届委员会要求上游程序应当最早展开的有效回应。

在讨论中，塞内加尔、比利时、日本等国家都表示支持修订，认为认真筛选预备名录可以避免缔约国犯错，并提高申报成功率。但大部分委员国则基于自由权的考虑提出了反对意见。法国、菲律宾等坚持咨询机构没有立场干涉各国自主确定预备名录的权力，主张删除预备名录项目应当能够支持突出普遍价值的修订内容。印度和澳大利亚等则主张去除修订版中敦促缔约国寻求咨询机构帮助的内容，改为缔约国"可以"在编制预备名录时寻求咨询机构进行主题研究、上游支持，以确保缔约国的主动权。此后，世界遗产秘书处解释了新修订的内容是为鼓励性质而非强制性，仅仅是为有需要的缔约国在申报的早期阶段提供了帮忙的可能，但由于后续程序问题，这些修订最终未得以实现。

对于上游程序相关问题的讨论，反映出上游程序经过多年的试点与探讨，其实效已经获得广大缔约国的认可，但其方法论与实践框架仍在探索与发展、形成的过程中。在这个背景下，中国也值得考虑对该程序的借鉴和利用。

（3）其他内容

1）关于《公约》与其他文化公约的联合：

世界遗产秘书处提出了一项修订，希望加入《世界遗产公约》的缔约国能够与《关于武装冲突情况下保护文化财产公约（海牙公约）》（1954 年）缔约国进行信息共享。这是在教科文机构重组、意图整合包括《世界遗产公约》《海牙公约》在内的 6 项文化公约的背景下进行的。可惜的是，大部分缔约国并不认可，一方面 1954 年《海牙公约》的缔约国远不如《世界遗产公约》多；另一方面，这种整合的方式偏向生硬，也是造成缔约国反感的原因之一。

2）对联合国人权策略的回应：

本次修订对"社区（Community）"和"土著（Indigenous People）"进行了区分，增强了对土著权利的表述。这项修改与"取消'他（Man/Men）'的表述而改为中性的人类（Human）"的修改类似，都可谓是联合国教科文组织对联合国人权方面策略的回应。

3）对世界遗产标志的使用、国际援助、监测任务等内容在本次修订中得以补充和修改，反映了世界遗产规则的不断更新、完善。

1　UNESCO World Heritage Centre. WHC-13/39.COM/11：Revision of the Operational Guidelines，p22.

图 13　第 41 届世界遗产大会场景

3　结语

　　《操作指南》肩负着解释《公约》、校正《公约》实施、完善世界遗产机制的重要意义，随世界发展、理念变化而进行修订是其特质之一。修订《操作指南》最根本的原因是实现教科文组织促进世界和平的目标，而本次修订的直接原因则是世界遗产项目的发展、名录平衡性和代表性的矛盾、教科文组织经费的削减以及专业性和政治性的思考。在这次延续了四届世界遗产大会的讨论中，涉及申报机制、预备名录、评估程序、上游程序等重要内容，其讨论过程和成果（现行《操作指南》）都对今后世界遗产的发展有着重要的参考价值。

　　关于名额的新规定对各缔约国申遗策略和方法都将产生巨大影响，一定程度上可能会促使缔约国投入更多资源准备遗产申报的相关工作，从而提高申报文件的整体水平。另一方面，对于众多缔约国的"申报热"，新的限制也许会是一剂降温药。但在其执行后，是否能够如世界遗产中心秘书处和咨询机构所希望，矫正世界遗产的地区、类型不平衡性，并使更多的注意力回归遗产保护本身，还未可知。而对于《预备名录》的探讨，可以看出世界遗产中心对遗产去政治化的努力，虽然在具体操作上仍有分歧，但回归专业、让政治的问题在政治的平台上解决则是大部分国家共同的呼声。最后，从本次《操作指南》修订中也反映出世界遗产理念的继续发展和更新，相关制度的继续完善和提升。城市历史景观（HUL）正式作为一种方法被纳入世界遗产体系内，包括 OUV、跨境系列遗产的相关概念也得到了进一步完善；咨询机构的评估程序中对话与交流的重要性大大加强，上游程序、反应性监测和咨询任务进一步明确等这些内容的修改，都是前述理念和制度发展的见证。（图 13）

　　注：图中照片如无说明，均为笔者自摄。

第三部分
世界遗产近期焦点问题

近五年咨询机构与委员会对世界遗产申报评估意见的差异及原因

文／史晨暄

2018 年第 42 届世界遗产大会上，沙特阿拉伯申报的"阿尔阿萨绿洲：不断进化的文化景观"[1] 经委员会审议，由专业咨询机构[2] 建议的"不予列入（Not to Inscribe）"直接修改为列入《名录》（以下简称《名录》），引起了多方面关注。在此次会议上，类似的案例还有德国曾多次申报的瑙姆堡大教堂[3]，它同样在以往 ICOMOS 3 次评估建议均为"不予列入"的情况下，由本次委员会审议列入《名录》。

上述申报项目的审议体现了世界遗产委员会与咨询机构评估意见之间的差异。这种差异在历次世界遗产会议上都存在，不过在 2018 年表现得尤其突出。往届会议大多把咨询机构建议"要求重报（Deferral）"或"要求补报（Referral）"的项目列入《名录》，而 2018 年会议直接把专业机构建议不予列入的项目列入《名录》，这意味着委员会对专业机构意见的根本性否定。近年来，类似情况仅在政治意味极强的巴勒斯坦申报项目中出现过，且均为紧急情况下的申报，而 2018 年这种分歧出现在两个正常申报的项目中。这是小概率事件还是大变化的序幕？[4] 本文回顾了过去五年世界遗产申报项目中专业咨询机构建议与委员会会议决议之间的差异，并对这种分歧的产生原因进行了探讨。

---

1 Al–Ahsa Oasis，an Evolving Cultural Landscape.

2 《操作指南》规定，世界遗产委员会的咨询机构包括：ICCROM（国际文物保护和修复研究中心）、ICOMOS（国际古迹遗址理事会）以及 IUCN（世界自然保护联盟）。

3 Naumburg Cathedral.

4 清源文化遗产. 清源现场观察报道：小概率事件还是大变化的序幕？2018 世界遗产申报审议首日 [N/OL]. [2018–6–30]. http://www.silkroads.org.cn/article–14388–1.html.

1　当前世界遗产申报项目评估中面临的矛盾

1.1　世界遗产委员会与咨询机构的职责

（1）世界遗产委员会

现行《实施〈保护世界文化与自然遗产公约〉的操作指南》（以下简称《操作指南》）[1]规定，世界遗产委员会的职能包括根据缔约国递交的《预备名录》和申报文件，按照《世界文化与自然遗产公约》（以下简称《公约》）把遗产列入《名录》。委员会有权决定一项遗产是否应被列入（Inscribe）《名录》，或是要求补报（Referral）或重报（Deferral）。

（2）咨询机构

世界遗产委员会的咨询机构包括：国际古迹遗址理事会（以下简称 ICOMOS）、世界自然保护联盟（以下简称 IUCN）和国际文物保护和修复研究中心（ICCROM）。ICOMOS 和 IUCN 承担世界遗产申报项目评估。他们的意见分 4 类：建议无保留列入《名录》；建议不予列入《名录》；建议补报或建议重报。咨询机构向委员会呈递评估报告，并以咨询者的身份列席世界遗产委员会。

1.2　世界遗产申报项目评估内容

《操作指南》规定，如果遗产符合一项或多项突出普遍价值的评估标准，委员会将会认为该遗产具有突出普遍价值（以下简称 OUV）。但是《操作指南》又指出，依据标准 i 至标准 vi 申报的遗产须符合真实性的条件；而所有申报列入《名录》的遗产必须满足完整性条件。列入《名录》的所有遗产必须有立法保护与管理计划。

由上可见，突出普遍价值及其所遵循的标准、真实性和完整性状况、现行保护与管理情况及未来保护与管理要求这 3 个方面构成了未来世界遗产项目保护管理的基础，这 3 点即突出普遍价值（OUV）的三大支柱，在遗产申报与评估中缺一不可，否则将无法保证项目列入《名录》后其价值的保持。

1.3　世界遗产申报审议的问题和矛盾

《操作指南》明确指出，"委员会的决定应基于客观和科学的考虑，为此进行的任何评估工作都应该得到彻底和负责的贯彻。"然而，近五年世界遗产委员在审议申报项目时都大规模修改了咨询机构的建议，并且这种修改的比例在近五

1　UNESCO. Operational Guidelines for the Implementation of the World Heritage Convention [S/OL]. [2017–7–12]. https：//whc.unesco.org/en/guidelines/.

年内呈逐渐上升的趋势。2018 年委员会修改咨询机构建议的比例最高，达到了 53.57%。这说明对超过半数的申报项目，委员会的意见与咨询机构的意见都出现了分歧。这种分歧已不再是偶然和个别的现象，而成了申报项目审议中面临的普遍问题。（图 1）

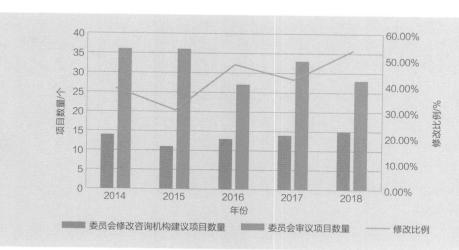

图 1　2014–2018 年委员会修改咨询机构对申报项目评估建议的比例
（数据来源：世界遗产咨询机构评估报告及委员会会议决议 https://whc.unesco.org/en/documents）

委员会修改咨询机构建议项目数量　　委员会审议项目数量　　修改比例

案例：阿尔阿萨绿洲——不断进化的文化景观

　　这个来自沙特阿拉伯的文化遗产申报项目包括花园、运河、泉水、水井、排水湖以及历史建筑、城市机构和考古遗址，遗产类型为文化景观。遗产地代表了海湾地区从新石器时代到现在持续不断的人类定居遗迹（图 2）。这里拥有 250 万棵棕榈树，是世界上最大的绿洲，形成了独特的文化景观，是人类与环境相互作用的典范，于第 42 届世界遗产大会上根据标准 iii、标准 iv、标准 v 列入《名录》。

　　对于这个项目的评估，ICOMOS 给出了全面否定的评价。ICOMOS 认为 [1]，虽然这里自公元 3–4 世纪就有人类居住，但是随着时代发展，现代灌溉设施取代了

图 2　阿尔阿萨绿洲
（图片来源：whc.unesco.org/en/documents/166908）

传统的水资源管理方法，现存的绿洲已不能反映出传统文明、做法和面貌。伴随着社会变革，市场经济取代了社区的管理方法，尤其是城市的迅速增长使得绿洲已不能体现人与自然的关系。类似的绿洲在阿拉伯地区有很多，比较研究不能证明这里具有

1　ICOMOS. The World Heritage List：Filling the Gaps-an Action Plan for the Future.[R/OL].[2004–5–10]. https://whc.unesco.org/en/documents/5297.

OUV，也不符合任何一条标准，不满足真实性和完整性条件，因此 ICOMOS 建议不予列入。

但是在申报审议环节，委员会的意见却与 ICOMOS 相悖。科威特代表明确提出，虽然 ICOMOS 对这个项目给出了否定评价，但是委员会可以决定最终的结果。科威特代表提出很多国家不理解绿洲的意义，因为他们的生存中没有绿洲存在。绿洲为这里的人们提供了生命延续必需的水资源，使得他们在恶劣的气候下生存了两千多年，并发展出众多的文化。这里或许不是人们印象中典型的文化景观，但是它也具有 OUV。布基纳法索、巴林、中国等国代表强调了这里对于人类文明的贡献，并指出这里处于沙漠、山脉和海洋的交汇之处，发展出独特的文化，并展现出人类不断适应自然的能力。澳大利亚代表提出，较好的处理方式是要求补报，但是委员会以达成共识为主旨，因此也同意多数代表的意见支持列入《名录》。因多数委员国同意列入，这个项目成功列入《名录》。

以上这个项目的审议反映出委员会和咨询机构意见的根本性差异。这不是对于真实性和完整性以及保护与管理计划是否在列入时必须满足要求的探讨，而是对于遗产突出普遍价值是否存在的分歧，对于标准实施的不同判断。OUV 是世界遗产存在的基础，而委员会完全抛开了咨询机构的评估意见独立的评价申报项目的 OUV，并得出与咨询机构彻底相反的结论，其科学性和客观性值得反思，这直接关系到今后《名录》的可信度和世界遗产事业的声誉。

2　近五年咨询机构的评估框架及其一致性

下文将选取 2013–2018 年咨询机构与委员会对申报项目存在意见差异的案例，研究范围是咨询机构给出要求重报、要求补报、不予列入这几种建议，而委员会将其列入《名录》的申报项目。本文统计了咨询机构对它们是否满足 OUV 三大支柱的要求、是否符合各项评估指标所做出的评估结果。事实上，统计结果显示出的规律性阐释了咨询机构对申报项目的评估逻辑，以及咨询机构评估的前后一致性。在对应 OUV 三大支柱的各项指标的评估当中，对于突出普遍价值的评估（包括价值识别、标准的使用、比较研究）处于首要地位，决定了申报项目是有可能列入（或以后列入）还是毫无可能列入。而真实性和完整性及保护与管理方面的状况，也是列入不可缺少的考量条件，这决定了项目可以立即列入还是需要重报或补报。咨询机构近五年的评估状况具有前后一致性，其展现的规律基本保持不变。而咨询机构的这些评估建议许多都被委员会改变。对这部分案例的研究则有助于展现缔约国理解委员会和咨询机构的评估标准差别。

2.1　评估指标与 OUV 三大支柱的关系

表 1 对 2014-2018 年这五年以来咨询机构对申报项目的评估文件进行了归纳。可以看出 ICOMOS 和 IUCN 对于申报项目主要评估指标。文化遗产申报项目的评估共计 10 项指标，分别是比较研究、OUV、标准、完整性、真实性、边界和缓冲区、保护、保存、管理、监测。自然遗产的评估包括 7 项指标，不含真实性、保存状况和监测。这些指标分别对应《操作指南》中规定的遗产项目具有 OUV 必须满足的 3 个方面要求 [1]，可以将这些评估指标与 OUV 的三大支柱关联起来，这是咨询机构建立评估指标的基础。OUV 的三大支柱在评估中具有相等的重要性，因此将各项指标被分为三组，每组的权重相当。（表 1）

ICOMOS 和 IUCN 对申报项目的评估内容与 OUV 三大支柱的关系　表 1

OUV 三大支柱	ICOMOS 对申报项目的评估内容	IUCN 对申报项目的评估内容
突出普遍价值评估标准	①比较研究 ②符合 OUV 的理由 ③申报使用的标准	①与其他地区的比较 ②符合 OUV 的理由 ③对标准的使用
完整性和/或真实性要求	④完整性 ⑤真实性	④完整性
保护和管理要求	⑥边界和缓冲区 ⑦保护 ⑧保存 ⑨管理 ⑩监测	⑤边界 ⑥保护 ⑦管理

（来源：作者自绘）

2.2　评估逻辑与前后一致性

下文使用了 OUV 三大支柱与 10 项评估指标相结合的评分体系来展示咨询机构的评估方式和结果。在这种评分体系中，总分为 3 分，OUV 的三大支柱各占 1 分，以体现其并列的重要性。在三大支柱内部，又细分成 10 项评估指标。根据每部分内容相关指标的多少，计算每项指标的分值。一项指标完全满足时得满分，部分满足时得到一半分值，而完全不满足时得零分。如果 10 项指标全部满足，则项目得到 3 分，这样的项目会咨询机构被建议列入名录。如果 10 项指标全都不满足，这样的项目得到 0 分，会被建议不能列入名录或者要求重报（如果项目存在潜在突出的普遍价值）。（表 2）

1　见前 1.2 世界遗产申报项目评估内容。

以分值表示咨询机构对申报项目的评估结果与 OUV 三大支柱的关系　　表 2

10 项指标	10 项指标分值	OUV 三大支柱	OUV 三大支柱分值	总分值
比较研究	0.33	突出普遍价值	1	3
OUV	0.33			
标准	0.33			
完整性	0.5	真实性和完整性	1	
真实性	0.5			
边界缓冲区	0.2	保护管理状况	1	
保护	0.2			
保存	0.2			
管理	0.2			
监测	0.2			

（来源：作者自绘）

在 2014 年的第 38 届世界遗产大会上共审议 36 个项目。咨询机构建议推迟列入、发还代议或不能列入的有 17 个项目，其中 12 个项目的决议被委员会修改为列入。要求补报的项目平均分为 2.57，全部满足比较研究、OUV、真实性及完整性指标，部分的满足标准及保护管理指标。建议重报的项目平均得分为 1.17，对大多数指标都部分满足，对少数指标完全满足或完全不满足。不予列入的项目得分为 0 分，各项指标都不满足。

2015 年第 39 届世界遗产大会上，咨询机构建议被改变从而列入名录的项目有 6 个，全部为建议要求补报的项目改为列入。平均得分为 2.55 分，分布在 2.1 分 ~2.8 分的区间中。

2016 年的委员会第 40 届世界遗产大会上共审议 27 个项目，咨询机构建议推迟列入、发还代议或不能列入的有 14 个项目，其中 9 个项目被委员会改变为列入。建议要求重报的项目平均得分为 0.84，分布在 0.2 分 ~1.58 分之间。建议要求补报的项目平均分为 1.25 分。

2017 年第 41 届世界遗产大会上委员会将咨询机构建议的 1 项要求补报和 7 项要求重报的项目列入《名录》，将 1 项咨询机构未作建议的紧急情况下申报的项目列入《名录》。要求重报的项目平均得分 0.66，分布在 0.17 分 ~1.86 分之间。要求补报的项目得分为 2.9 分。

2018 年咨询机构建议为要求重报、要求补报或者不予列入的项目，最终有 9 个被委员会列入《名录》，其中 5 个建议要求补报，2 个建议要求重报，2 个建议不予列入。建议不予列入的项目平均分为 1 分，建议重报的项目平均得分为 0.5 分，建议补报的项目平均得分为 2.22 分，分布在 2 分 ~2.33 分之间。

综上所述，2014-2018 这五年间，被咨询机构建议为列入、重报、补报及不能列入的项目，其 OUV 三大支柱的总分值评估结果如图 3 所示。咨询机构建议要求补报的项目根据 OUV 三大支柱评估得到的总分值有四年在 2 分以上，有三年在 2.5 分以上，五年以来平均分为 2.30 分，说明要求补报的项目得分率高达 77%，满足 10 项指标中的大部分内容。建议为要求重报的项目，总分值有三年在 1 分以下，五年平均分为 0.88，得分率只有 29%，说明要求重报的项目大部分评估指标不满足。建议为不予列入的项目，五年来有共 3 项。有 2 项得分为 0，1 项得分为 2（即瑙姆堡大教堂）。五年平均分为 0.67 分，得分率只有 22%。（图 3）

　　2014-2018 年这五年间，被咨询机构建议为列入、重报、补报及不能列入的项目，其突出普遍价值以分值表示的评估结果如图 4。咨询机构建议要求补报的项目，突出普遍价值平均分值有四年在 0.9 分以上，五年平均分为 0.92 分，接近满分（1 分），说明只有突出普遍价值及适用的标准基本得到肯定的项目才会得到要求补报的建议。而咨询机构建议要求重报的项目，突出普遍价值分值均在 0.5 分以下，五年平均分为 0.24，说明相关指标存在较大问题。咨询机构建议不予列入的

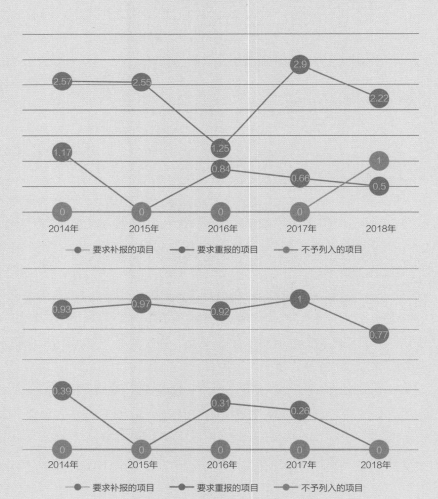

图 3　以分值表示 2014-2018 年咨询机构对申报项目评估结果
（图片来源：作者自绘）

图 4　以分值表示 2014-2018 年咨询机构对申报项目突出普遍价值的评估结果
（图片来源：作者自绘）

项目，五年来突出普遍价值的分值均为 0 分。(图 4)

2014–2018 年这五年间，被咨询机构建议为列入、重报、补报及不能列入的项目，其真实性、完整性以分值表示的评估结果如图 5 所示。咨询机构建议要求补报的项目，真实性、完整性有四年得分在 0.9 分以上，五年平均分为 0.78 分，说明真实性和完整性大体满足要求才会建议补报。而要求重报的项目真实性完整性五年来得分均在 0.5 分以下，平均分为 0.15 分，说明真实性和完整性都存在重大问题。不予列入的项目真实性、完整性五年平均分为 0.25 分。(图 5)

2014–2018 年这五年间，被咨询机构建议为列入、重报、补报及不能列入的项目，其保护和管理状况以分值表示的评估结果如图 6 所示。咨询机构建议要求补报的项目，保护管理状况有三年得分在 0.6 分以上，五年平均分为 0.58 分，说明保护管理存在少量问题，但大体状况良好。咨询机构建议要求重报的项目，其保护管理状况得分均在 0.5 分以下，平均分 0.40 分，说明存在一定问题。而不予列入的项目保护管理平均分为 0.25 分，说明多数不满足要求。(图 6)

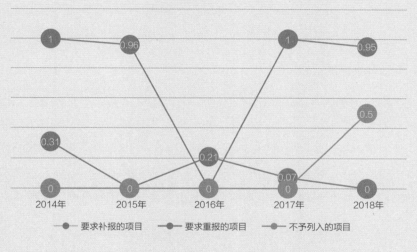

图 5 以分值表示 2014–2018 年咨询机构对申报项目真实性和完整性的评估结果
(图片来源：作者自绘)

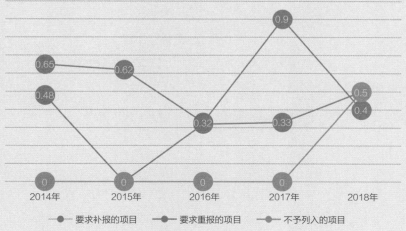

图 6 以分值表示 2014–2018 年咨询机构对申报项目保护管理状况的评估结果
(图片来源：作者自绘)

2.3　评估结果与 OUV 三大支柱的影响

由以上对近五年咨询机构评估结论的分析可见,在 OUV 三大支柱的评估当中,突出普遍价值的评估处于首要地位,比较研究、OUV 的识别和标准的使用这三项指标可以被视为世界遗产评估的核心,决定了咨询机构建议的基础。只有突出普遍价值已经得到认可或潜在的存在,才有可能评估为建议列入或在未来有可能列入(即要求重报及要求补报)。如果突出普遍价值完全得不到认可,则不会建议列入。而在突出普遍价值得到认可或潜在存在的情况下,OUV 三大支柱中的另外两项(真实性和完整性、保护和管理状况)也具有同等的重要性。这两项决定了具有突出普遍价值的项目是可以立即列入还是需要等待补报甚至重报。

对近五年咨询机构评估报告的归纳可见,比较研究、OUV 的识别和标准的使用这三项指标若完全都不满足则咨询机构会建议不能列入或要求重报(如果突出普遍价值是否潜在存在)。这三项指标若部分的得到满足,才有可能建议为要求重报或补报。而这三项指标全部满足,才有可能建议为列入或要求补报(如果需要补充缺少的信息)。具有 OUV 的申报项目如果缓冲区和边界有问题,也往往会被要求重报。这种关系可以归纳为图 7。

案例:瑙姆堡大教堂

这个项目为德国申报的文化遗产(图 8),第 42 届世界遗产大会上由咨询建议的不予列入变为列入。它历经三次申报,按照委员会的要求对申报进行了各种调整,然而咨询机构的评估意见三次都是不予列入。世界遗产委员会则每次都制定了鼓励性的决议,历经要求重报、要求补报而最终使其列入《名录》,依据标准 i、标准 ii。这一案例的申报历程清晰地体现出咨询机构在申报评估当中对于 OUV

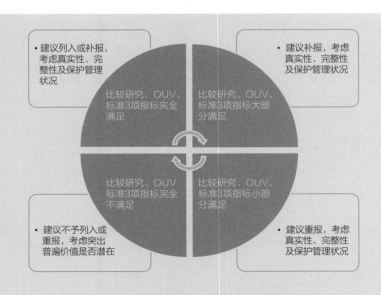

图 7　OUV 三大支柱对咨询机构评估结果的影响
（图片来源：作者自绘）

- 建议列入或补报,考虑真实性、完整性及保护管理状况
- 建议补报,考虑真实性、完整性及保护管理状况
- 比较研究、OUV、标准3项指标完全满足
- 比较研究、OUV、标准3项指标大部分满足
- 比较研究、OUV标准3项指标完全不满足
- 比较研究、OUV标准3项指标小部分满足
- 建议不予列入或重报,考虑突出普遍价值是否潜在
- 建议重报,考虑真实性、完整性及保护管理状况

三大支柱的权衡，即将突出普遍价值置于首要位置。这一申报项目的突出普遍价值始终没有得到咨询机构的认可，因此三次申报的评估建议都是不予列入。2018 年的第三次申报评估中，对于 OUV 三大支柱中的另外两项（真实性和完整性、保护和管理状况）ICOMOS 都给出了完全肯定的评估，然而最终的评估建议仍是不予列入，而非重报或补报。这说明 OUV 三大支柱在评估中没有互补的关系，而是每项独立的评估，其中突出普遍价值的评估具有决定性作用。

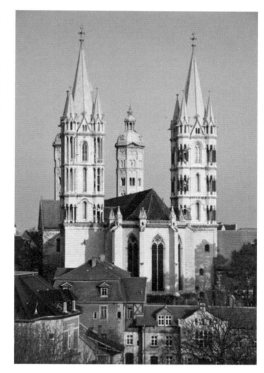

图 8　瑙姆堡大教堂
（图片来源：whc.une-sco.org/en/docu-ments/136159）

　　2015 年瑙姆堡大教堂及周围环境作为文化景观申报[1]。ICOMOS 认为比较研究的框架不恰当，比较对象有遗漏，申报的整体性不足，代表性不够，建议为不予列入。然而委员会认为该遗产地对表达中世纪欧洲历史有重要意义，具有潜在的 OUV，同时指出不能忽略遗产地利益相关者的强烈意愿，决议为要求重报。

　　2017 年这里申报为文化景观类型系列遗产[2]，ICOMOS 亦不认可相关价值，建议仍为不予列入。委员会认为这里的建筑、文化和壁画都代表了突出普遍价值，在地中海区域无与伦比，应该申报其中价值最高的瑙姆堡大教堂，决议为要求补报。

　　2018 年这里申报为瑙姆堡大教堂，ICOMOS 仍不认可其艺术的突出性，也不认同其文化交流和典范意义，认为其没有 OUV，建议为不予列入。在审议环节中，委员会则直接质疑 ICOMOS 是否执行往届委员会的决议，并对 ICOMOS 就这一申报给予否定性评价表示不理解。委员会提出，该项目根据上两次会议决议修改了申报，而往届会议决议是要求重报和要求补报，说明委员会已认可了教堂具有潜在的 OUV，今年应基于此讨论，并要求 ICOMOS 执行委员会决议。然而 ICOMOS 则表示，咨询非常尊重委员会的决议，但是有责任做谨慎的评估。在咨询了很多领域的专家之后，从专业的角度只能给予这样的结论。ICOMOS 明确指出，对于

1　申报为瑙姆堡主教堂与萨勒河及瓮施特鲁特河景观——中世纪盛期政权领土。

2　瑙姆堡大教堂和萨勒河流域的"中世纪盛期"文化景观。

一个申报项目无论要求重报还是要求补报的决议都不能证明其 OUV 存在或满足标准，只是说具有 OUV 的可能性，只有项目列入《名录》才证实了 OUV 的存在。最终委员会将其列入《名录》，由此肯定了瑙姆堡大教堂具有 OUV。

这个项目先后申报三次，申报主题、价值阐述、区划发生了巨大变化，然而咨询机构的评估建议 3 次都是不予列入，具有前后一致性。值得注意的是，在 2018 年的咨询机构评估报告中，ICOMOS 对于这个申报的真实性、完整性、边界和缓冲区、保护和保存状况、管理、监测等指标全部给出了肯定的评价，然而对于比较研究、OUV 的识别和对标准的使用这三点全部给出了否定的评价。由此，ICOMOS 的评估建议仍是不予列入，而非重报或补报，这说明并没有因为真实性、完整性和保护管理的方面达到要求就承认它部分的或者潜在的具有 OUV。OUV 的评价指标、真实性和完整性及保护与管理的评价指标是并列的关系，并不存在互为补充的关系。同时，突出普遍价值得到识别、符合标准、经过比较研究并得到认可这三点是项目能否在现在或者未来列入《名录》的基础。它们是由遗产本体的性质决定，并且不可能通过划定边界、立法保护、加强管理、定期监测等方面的加强而得到改变。如果 OUV 目前不能得到承认，并且也不存在任何潜在的可能，咨询机构就会建议不予列入。

3 近五年委员会对咨询机构意见的修改及其"正当性"

3.1 委员会修改咨询机构意见的情况统计

由对 2014-2018 年这五年来委员会审议申报项目的状况进行梳理得知，五年来咨询机构对申报项目给出不予列入、要求重报或要求补报这样的否定性建议的比例逐渐提高。同时，委员会对咨询机构意见的修改状况也日益加剧。这反映了矛盾相互作用的两个方面。在双重影响的作用下，五年来申报项目列入《名录》的比例反而有所下降。（图 9）

一方面，随着世界遗产项目的不断增加，为了保证《名录》的可信性和世界遗产项目突出普遍价值的保持，咨询机构的评估也变得越来越严谨和苛刻。另一方面，教科文组织赋予人类共同遗产的特殊意义，缔约国借助世界遗产项目寻求国际认可与地区社会经济发展的强烈需求，加之世界遗产委员会对世界遗产保护运动的整体理解和认识角度，这多种力量交织在一起，造成了委员会对咨询机构的意见屡屡修改，将大量得到否定性建议的项目列入《名录》。（图 10）

这种现象反映了多方面利益相关者对于世界遗产项目不同的理解，不同地区、

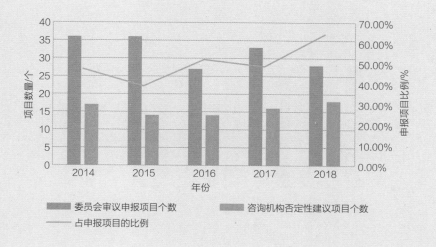

图 9　2014-2018年咨询机构给出否定性建议的申报项目占委员会审议项目比例

（数据来源：世界遗产咨询机构评估报告及委员会会议决议 https：// whc.unesco.org/en/ documents）

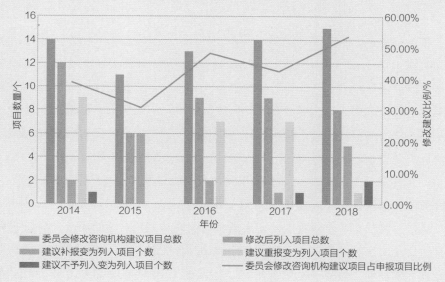

图 10　2014-2018年委员会修改咨询机构建议列入项目数量及占申报项目比例

（数据来源：世界遗产咨询机构评估报告及委员会会议决议 https：// whc.unesco.org/en/ documents）

缔约国的社会经济发展水平的差异以及对遗产的不同理解和保护专业技能，也受到国际政治和国家间关系的影响。只要世界遗产保护运动继续存在，这种委员会和咨询机构的意见分歧与矛盾就不可避免，它也成为不同缔约国参与世界遗产保护国际对话的一种渠道，推动世界遗产概念不断向前发展和保护实践水平提高。（图 11）

3.2　委员会修改咨询机构建议的理由及典型案例

通过对五年来委员会在申报审议环节的讨论记录进行梳理可以得知委员会将咨询机构建议不予列入、要求重报或要求补报的案例列入《名录》时所援引的理由。这些理由可归纳为 9 个类型，按使用次数排列出优先顺序如图 12 所示。使用次数最多的理由是项目有毋庸置疑的 OUV，其次是强调文化多样性与特殊性，再次是申报项目代表了人类价值交换和文明对话，因而象征或可以促进人类和平与团结。

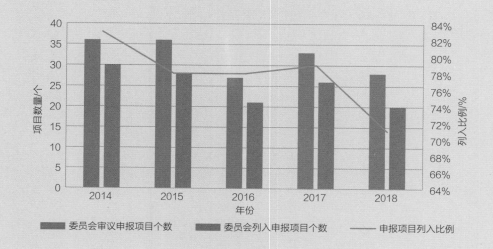

图 11　2014–2018
年经委员会审议列入
《名录》项目占申报
项目比例
（数据来源：世界遗产委
员会会议决议 https：//
whc.unesco.org/en/
decisions）

　　首先，对于许多申报项目是否具有 OUV，委员会与咨询机构有着不同的理解。咨询机构识别出 OUV 主要依靠全球性的比较研究和对评价标准的应用，而委员会部分成员国有时出于直观感受和感性认识来判断申报项目的 OUV。咨询机构由于自身的历史和构成等原因，其进行全球比较研究的框架仍不可避免地存在一定以欧洲为核心的色彩，对于真实性和完整性及保护与管理状况的衡量也以欧洲的文物保护理念为基础，具有一定的局限性。而委员会的构成则反映了更加丰富的视角，尤其是对于某些地区、宗教和文化身份的认同，又导致对 OUV 特殊性的过度强调，也使得其认可的 OUV 具有一定的相对性，普遍性不足。

　　其次，委员会非常重视反映了人类价值交换和文明对话的项目，例如某些项目是多文化多宗教的代表、多种族和谐相处的社区等，这些项目都具有一定的精神意义和象征性，象征了文化间理解与人类团结，体现出宽容的力量。它们的申报和列入可促进地区和平与稳定，富有政治意义，从而服务于教科文组织（以下简称 UNESCO）通过世界遗产运动促进和平与发展的目标。因此这些项目虽然存在价值与比较研究、真实性和完整性及保护与管理诸多方面的问题，仍能够通过委员会的讨论得以列入《名录》。

　　最后，委员会讨论中也屡屡列入反映出人类与自然和谐共处的项目，即文化与自然交互作用的产物，因为这体现了《世界遗产公约》的独特性，将文化与自然的保护结合到一起的创造性。这样的项目不属于 UNESCO 其他的文化或自然保护公约的应用范畴，而受到《世界遗产公约》的保护。

　　各条理由在近五年申报项目审议中，在委员会改变咨询机构建议从而列入的项目中，使用次数如图 12 统计。

　　2014 年的委员会讨论中，改变咨询机构的建议使用最多的理由是促进世界和平与反映了文化多样性，各使用 6 次，分别占改变建议项目的 50%。其次的理由

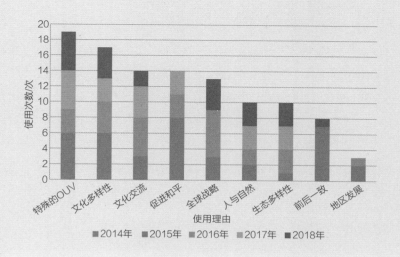

图 12　2014-2018 年委员会改变咨询机构建议将申报项目列入《名录》使用的理由及次数
（数据来源：世界遗产委员会会议记录 https://whc.unesco.org/en/documents）

是强调项目有毋庸置疑的 OUV，占 5 次，占改变建议项目的 42%。

2015 年委员会讨论中，主要用于反驳咨询机构意见的理由是评估的前后一致性，即以前有类似情况的案例列入，现在就可以列入。这个理由使用了 4 次，占将咨询机构建议改变为列入的 6 个项目的 67%。其次的理由是申报反映了文化与自然的互动，即体现了《公约》的独特性；以及申报可促进地区和平与稳定，富有政治意义。这两条理由各使用了 2 次，占 33%。

2016 年委员会讨论中，反驳咨询机构意见时使用最多的理由是申报有助于实施全球战略并填补《名录》空白，这个理由在将咨询机构的建议改变为列入的 9 个项目中使用了 6 次，占 67%。其次的理由是申报反映了人类价值交换与文明对话，因而象征了文化间理解与人类团结，共使用 5 次，占 55%。再次是申报项目反映了文化多样性与特殊性，代表了独特文化的同时也属于人类共同遗产的一部分，这个理由使用了 4 次，占 44%。

2017 年委员会讨论时改变咨询机构建议的首要理由是申报具有毋庸置疑的 OUV，共使用 5 次，占全部改变建议项目的 55%。这里体现出委员会与咨询机构对 OUV 的不同理解。委员会认可的 OUV 包括对于当地人民具有重要的意义或在某个范围内具有特殊性，而这些层次的价值在咨询机构的评估中不被认为具有世界范围内的 OUV。其次的理由是反映了人类价值交换和文明对话，共使用 4 次。

2018 年委员会讨论中改变咨询机构建议所使用最多的理由是强调申报具有毋庸置疑的 OUV，使用了 5 次；其次是申报反映出文化多样性以及在增加《名录》代表性方面的作用，各使用了 4 次。对于 OUV 的识别，委员会讨论中仍然认可了 OUV 的相对性与特殊性，而对于文化多样性，委员会强调了特殊地域和自然环境所孕育的特殊文化的价值。同时，来自阿拉伯地区和非洲地区的申报都在填补《名录》空白、增加地区代表性方面占有优势，因此得以列入《名录》。

由上可见，具有特殊的 OUV 和反映出地区间文化交流与互动，这两个理由在近五年中每年都被使用。代表着文化或生态多样性、反映出人与自然的和谐共处、促进和平和这三个理由，在五年中有四年被使用。服务于全球战略、保持评估方式的前后一致、促进地区发展这几条理由，有两年或三年被使用。

以下用近五年委员会审议中改变咨询机构建议的几个典型案例，阐明委员会所强调的世界遗产的象征意义、对建设和平的作用、对当地人民的特殊价值及对于实施全球战略的贡献。这几点原因在咨询机构的价值评估体系中并未得到充分的考虑，却是委员会改变咨询机构评估建议时反复使用的理由和主要原因。

案例：阿尼考古遗址

图 13　阿尼考古遗址
（图片来源：whc.unesco.org/
en/documents/142035）

这个土耳其申报的文化遗产于第 40 届会议上由咨询机构建议重报（图 13），委员会则依据标准 ii、标准 iii、标准 iv 列入。这个遗址包括住宅、宗教和军事建筑，呈现了基督教和穆斯林王朝建设的中世纪城市特征，体现出这个地区从 7 世纪到 13 世纪建筑演变过程。它处于丝绸之路分支上不同商队的重要交汇处。

咨询机构认为[1]这个项目的描述存在诸多问题，照片、地图和历史阐释都需要补充，比较研究和保护规划值得改进，使用、监测和影响评估方面也存在不足，因此建议要求重报。委员会则认为这个项目对于不同文化间互动的象征意义决定它可以直接列入。因为这个地区受到多种传统的影响，代表了不同的文化交融，反映了不同的文化和人民在几个世纪间的互动。这种多文化项目值得鼓励，因为文化间对话带来多种文化之间的理解，从而实现和平。这个项目本身就代表了多种文化之美和团结，它传递了给后代一种美好愿望，那就是文化对话会战胜暴力与隔绝、破坏。

这个案例鲜明地反映出咨询机构与委员会在评价 OUV 时的不同视角。咨询机构是从遗产保护的专业角度进行科学评估，而委员会则将 UNESCO 赋予世界遗产保护运动的对于建设和平的象征意义置于首位而忽略了其他因素，这是造成二者意见分歧的根本原因。

1　ICOMOS. Evaluations of Nominations of Cultural and Mixed Properties WHC-18/42.COM/INF.8B1.[R/OL]. [2018-6-24].
175. https：//whc.unesco.org/en/documents/167857.

案例：斯塔齐中世纪墓碑

这个文化遗产申报项目（图 14）是来自波斯尼亚和黑塞哥维那、克罗地亚、黑山共和国、塞尔维亚的跨国合作系列申报。在第 40 届会议上由咨询机构建议要求重报，委员会则直接列入，依据标准 iii、标准 iv。它包括 28 个遗址，代表了 12~16 世纪欧洲墓石的地区特色，展现出欧洲的共同习俗及当地特别的传统。

图 14　斯塔齐中世纪墓碑
（图片来源：whc.unesco.org/en/documents/141952）

对于这个申报，咨询机构认为[1]它的比较研究不充分，价值和所使用的标准也只得到了部分识别，完整性欠佳，保护管理也存在问题。它要求缔约国重新判断其 OUV，将其置于社会文化和历史文脉中进行比较研究，重新选择组成部分，并加强其他保护与管理措施。委员会代表却一致认为，这个跨国申报项目在象征欧洲文化身份及促进国家间团结与协作方面具有 OUV，值得现在立即列入《名录》。

委员会讨论指出，这个项目代表着不同国家的共同遗产，象征着不同社区人们的共同文化身份（东欧文化身份）和文化间的共同历史。当今世界的文化冲突依然存在，而各国在遗产方面的共同点证明了文化可以超越国界。四国的共同祖先象征了这种关系。申报的准备过程传达出宽容、对话与文化间理解的普遍信息。四国有很多痛苦的回忆及不同的信仰，但保护可以加强文化间的对话与友谊。为全人类而保护 OUV 是为了和平与未来，鼓励各国共同建设和平、反对战争是 UNESCO 的思想基础。因此这个项目应该立即列入，以鼓励四国继续开展协作。

可见，委员会对于跨国申报之象征意义的强调导致将其列入《名录》。这个项目是世界遗产所塑造的全球一体化概念和世界公民身份在东欧地区的应用。列入是为了促进四国继续对话，贡献于和平与团结。这是 UNESCO 发起世界遗产保护运动的初衷与基础，然而这些因素在咨询机构的价值评估中没有得到考虑。

案例：蔻玛尼萨恩人文化景观

这个申报项目在第 41 届委员会会议上审议。蔻玛尼萨恩人文化景观（图 15）位于南非北部与博茨瓦纳和纳米比亚交接处。大片的沙地包含了从石器时代至今人类活动的证据，并联系到蔻玛尼萨恩人的文化以及他们在恶劣的沙漠环境下的

1　ICOMOS. Evaluations of Nominations of Cultural and Mixed Properties WHC-18/42.COM/INF.8B1.[R/OL]. [2018-6-24]. 126. https://whc.unesco.org/en/documents/167857.

图 15　蔻玛尼萨恩人文化景观
（图片来源：whc.unesco.org/ en/documents/158126）

生存方式。他们掌握了一套详细的民族植物学知识，并发展出自己的文化实践活动和世界观，这些都联系到特殊的地理环境。蔻玛尼文化景观是这个地区独特生活方式的证明，这种生活方式也在几千年中影响并塑造了当地的景观[1]。

南非的这个申报项目在评估环节被咨询机构给出了要求重报的建议，却经过委员会的审议决定直接列入《名录》。咨询机构认[2]为这个申报侧重的是语言和本土知识体系，并不侧重特定的有型遗产，它不符合所申报的标准 iii、标准 iv、标准 v、标准 vi 中任何一条，也不符合真实性和完整性要求，因此建议推迟申报。而委员会则提出，咨询机构对申报项目存在误解。这里是非常重要的一个文化场所，它与萨恩人和其文化直接相关。这不是通常意义上的有形遗产的价值，而是一种独特的可以被感知的经验，这对当地人民很有意义。没有其他的场所可以与其相比，因此这里有 OUV，在绝大多数委员国的支持下，这个项目最终依据标准 iv、标准 vi 列入《名录》。

这个申报的审议反映出委员会与咨询机构对于 OUV 识别的分歧。咨询机构侧重传统的、有形的、不可移动财产的价值评估及其相关的真实性与完整性判断，而委员会则更强调遗产与人的关系，认可遗产对于当地人民的特殊意义，并将有形遗产联系到其承载的文化、知识、世界观与生活方式来赋予其 OUV。

案例：*萨珊王朝考古景观*

该遗产地包含 8 个考古遗址，分布在 Firuzabad 省东南部的 3 个地区：Bishapur、Sarvestan 和 Sarvestan（图 16）。这些带防御设施的建筑、宫殿和城市规划覆盖了整个萨珊帝国时期（公元 224- 公元 658 年），当年这些地区都在帝国疆域之内。这些遗址中还包括由王朝创始人 Ardashir Papakan 建立的首都，以及其继任者沙普尔一世的城市。建筑构造反映了对自然地貌的优化利用，见证了波斯和帕提亚文化传统和罗马艺术在伊斯兰时代对建筑和艺术风格的重大影响[3]。

这是伊朗申报的文化遗产，于第 42 届世界遗产大会上由咨询机构建议要求重报，而委员会将其列入，依据标准 ii、标准 iii、标准 v。对于这个申报，咨询机构

1　http：//whc.unesco.org/en/list/1545.

2　ICOMOS. Evaluations of Nominations of Cultural and Mixed Properties WHC-18/42.COM/INF.8B1.[R/OL]. [2018-6-24]. 58. https：//whc.unesco.org/en/documents/167857.

3　https：//whc.unesco.org/en/list/1568.

的评估[1]认为有潜在的 OUV，但现阶段并未在比较研究和标准使用中得到识别。它的真实性、完整性、监测和管理体系都有欠缺，因此建议重报。而在委员会审议中，大部分委员国认为该申报作为萨珊王朝的诞生地和王朝权力的象征，具有

图 16　萨珊王朝考古景观
（图片来源：whc.une-sco.org/en/documents/166032）

突出的见证价值，同时也是独特的考古遗址景观，且对填补《名录》主题和地区空白有所帮助，一致同意将其列入。由此可以看出，委员会对申报贡献于全球战略的重视，而这点在咨询机构的价值评估体系中并未独立得到衡量。这也是二者意见分歧的重要原因之一。

3.3　委员会与咨询机构对 OUV 三大支柱的不同理解

近五年来大量项目从咨询机构建议的重报、补报变为列入，显示出委员会对 OUV 三大支柱的侧重点与咨询机构不同。咨询机构将价值标准、真实性和完整性、保护管理状况视为申报列入《名录》时缺一不可的条件，这在《操作指南》中也有明确规定[2]。而委员会则更关注于价值标准的论述及其在特定文化区域中的独特性与代表性，往往在一定程度上忽略了遗产地保护管理状况等现状问题。委员会对于世界遗产象征意义的强调，超越了对遗产物质本体的重视。历届委员会反复提出，ICOMOS 一旦通过比较研究认可了 OUV 和标准就可以将申报项目列入《名录》，其他方面的不足可以通过后续报告的方式解决。不同的评价角度和方法，必然导致意见的分歧。对于真实性和完整性、保护与管理监测状况不完全满足要求的项目，通常咨询机构会要求重报或补报，而委员会往往支持列入。

对于 2018 年出现的将咨询机构建议不予列入的项目直接列入名录，则体现出委员会与咨询机构对 OUV 和价值标准的不同理解。委员会认可文化多样性及其蕴含的特殊的 OUV，承认它们代表了独特文化的同时也属于人类共同遗产的一部分，从而让某些特殊社区的文化得到国际肯定与接纳。对于当地人民具有重要意义的项目，或在某个地区范围内具有特殊价值的项目，即便在咨询机构的比较研究中不被认为具有世界范围内的 OUV，却可以得到委员会的承认从而列入《名录》。

综上所述，委员会对于突出的普遍价值的特殊理解使得它对 OUV 三大支柱中的价值判断一项把握较为宽松，而对真实性和完整性、保护与管理这两项经常忽

1　ICOMOS. Evaluations of Nominations of Cultural and Mixed Properties WHC-18/42.COM/INF.8B1.[R/OL]. [2018-6-24]. 101. https://whc.unesco.org/en/documents/167857.

2　见前 1.2 世界遗产申报项目评估内容。

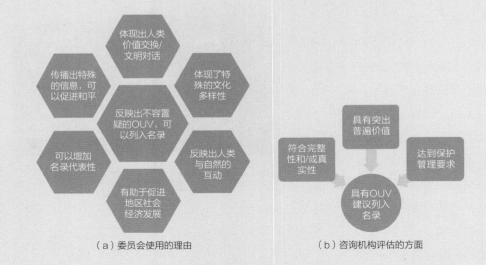

图17　委员会赋予世界遗产项目OUV时所提出的理由与咨询机构评估中强调的OUV三大支柱
（图片来源：作者自绘）

（a）委员会使用的理由　　　　（b）咨询机构评估的方面

略不计，允许列入之后再进行改善。因此，委员会对申报项目的评估结论与咨询机构的建议经常存在分歧。（图17）

3.4　委员会修改咨询机构建议与实施全球战略的关系

《操作指南》要求咨询机构协助实施全球战略，即建立有代表性的、可信的、平衡的《名录》。标准进行了一系列修订，但是由于实施《公约》的历史原因，目前的《名录》仍然维持着来自欧洲和北美地区的项目列入过多的不平衡状况。在近年的申报和审议中，某些来自社会经济发展和保护技术水平欠佳地区的申报项目，在咨询机构对真实性、完整性及保护与管理状况的评估中得到重报或补报的建议，而这些地区也往往是《名录》上代表性较低的地区。因此委员会的决议则往往倾向这些地区与遗产主题，以有助于实施全球战略并填补《名录》空白为理由，在申报不完全满足要求的情况下，改变咨询机构的建议将项目列入《名录》。

（1）委员会修改咨询机构建议案例的地区与国家分布

图18统计了2014—2018年因委员会修改咨询机构建议而列入《名录》项目的地区分布。总体而言由于受到不同地区申报数目和申报质量的影响，委员会对咨询机构意见的修改也反映出各地区申报与保护能力的差异。在5个UNESCO地区当中，通过委员会修改咨询机构意见列入《名录》项目数量最多的地区是欧洲和北美地区及亚洲和太平洋地区。通过这种修改列入项目最少的地区是拉丁美洲和非洲。阿拉伯地区的申报项目通过委员会改变咨询机构建议列入《名录》的数量可观，远远超过与其在《名录》上项目所占比例近似的非洲和拉丁美洲地区。然而，非洲、拉丁美洲和阿拉伯地区的项目在《名录》上所占的比例自2014—2018年却没有变化。

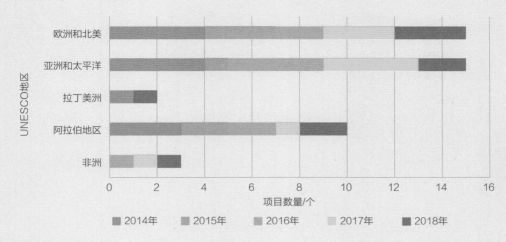

图 18 2014-2018
年委员会修改咨询机
构建议列入项目在各
UNESCO 地区分布
数量统计
（数据来源：世界遗产中
心官方数据 https：//whc.
unesco.org/en/list/stat）

　　各地区通过委员会修订建议列入《名录》的项目分布比例如图 19 所示。虽然委员会以服务于全球战略为理由将为数不少的项目违背咨询机构的建议列入《名录》，但是其结果却对改变《名录》的代表性收效甚微。当然这与《名录》上超过 1000 个项目的巨大基数以及历史原因造成的地区间不平衡现象有关。通过近五年的申报与列入，欧洲和北美地区项目在《名录》上所占的比例有轻微下降。（图 20）

　　从委员会修改咨询机构建议列入名录的案例所属的缔约国来看，各缔约国面临的情况也有很大差异（图 21）。五年间修改咨询机构建议次数最多的国家为伊朗和土耳其，分别各有 5 个项目通过委员会修改咨询机构建议而列入，各占五年间全部修改建议列入的 44 个项目的 11%；其次为巴勒斯坦，有 3 个项目通过修改建议列入，占全部项目的 7%；再次为中国、伊拉克、南非、印度、墨西哥、德国、沙特，各有 2 个项目通过修改建议列入，各占 5%。这种情况说明近五年的委员会对于某些国家的申报项目显示出特别的支持，几乎每年都改变咨询机构的建议使其列入《名录》，而这些国家主要集中在中东地区。这也许与近五年的世界遗产会

图 19 2014-2018
年委员会修改咨询机
构建议列入项目在各
UNESCO 地区分布
比例（左）
（来源：世界遗产中心
官方数据 https：//whc.
unesco.org/en/list/stat）

图 20 2013 年 和
2018 年《名录》项
目在各 UNESCO 地
区分布比例对照（右）
（来源：世界遗产中心
官方数据 https：//whc.
unesco.org/en/list/stat）

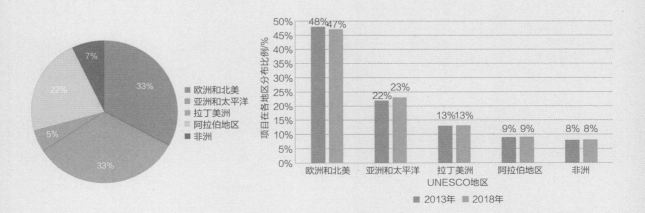

图 21　2014-2018
年委员会修改咨询机
构建议列入项目在各
缔约国分布比例（左）
（来源：世界遗产咨询机构
评估报告及委员会会议决
议 https：//whc.unesco.
org/en/documents）

图 22　2014-2018
年委员会修改咨询机
构建议列入项目的类
型和所占比例（右）
（来源：世界遗产中心
官方数据 https：//whc.
unesco.org/en/list/stat）

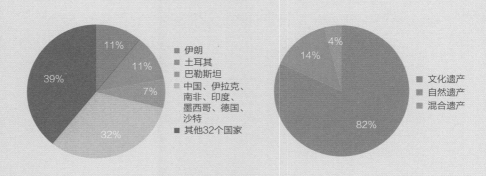

议曾三次在中东地区召开有关[1]。

（2）委员会修改咨询机构建议案例的类型和主题分布

从文化遗产、自然遗产、混合遗产名录上所占的比例来看，委员会对咨询机构建议的修改并未改变文化与自然遗产的巨大不平衡。由委员会的修改而列入《名录》的文化遗产占全部修改建议项目的 80% 以上，甚至超过了《名录》上文化遗产所占的 77%。这说明委员会对文化遗产价值的理解非常宽泛，有更多的阐释空间可以将文化遗产赋予突出的普遍价值从而列入《名录》。（图 22、图 23）

2013-2018 年间委员会通过修改咨询机构建议而列入《名录》的项目，按照 2004 年 ICOMOS 对《名录》代表性、均衡性和可信性分析时所使用的类型框架[2]对这些项目进行分类，可以看到这些项目列入《名录》确实填补了一些代表性较低的遗产类型，最突出的就是文化景观类型的大量列入，尤其是热带森林、沙漠、湿地等不同环境中的聚落景观反映出人类与环境长期互动的方式。不过，《名录》上代表性已经很高的历史建筑与建筑群、历史城镇与村庄、考古学遗产等几个类别也有较多项目列入，使得《名录》代表性没有太大改观。（图 24、图 25）

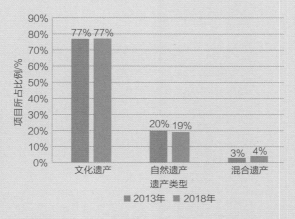

图 23　2013 年 和
2018 年《名录》上
项目的类型和所占
比例
（来源：世界遗产中心
官方数据 https：//whc.
unesco.org/en/list/stat）

五年间通过委员会修改咨询机构建议列入《名录》的项目，以 ICOMOS 在 2004 年对《名录》代表性进行分析时所使用的主题框架为衡量，可见这些项目分布

1　42COM Manama，Bahrain（2018），40COM Istanbul，Turkey，July /UNESCO's Headquarters，October（2016），38COM Qatar，Doha（2014），引自 https：//whc.unesco.org/en/committee/.

2　ICOMOS. The World Heritage List：Filling the Gaps-an Action Plan for the Future.[R/OL]. [2004-5-10]. https：//whc.unesco. org/en/documents/5297.

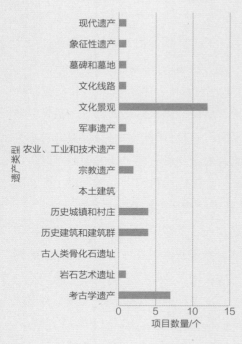

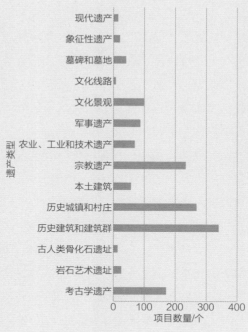

图 24　2014—2018 年委员会修改 ICO-MOS 建议列入文化遗产类型及数量（左）
（来源：世界遗产咨询机构评估报告及委员会会议决议 https：//whc.unesco.org/en/documents）

图 25　2004 年 ICOMOS《名录》分析使用的遗产类型及数量（右）
（来源：ICOMOS 报告《世界遗产名录：填补空白点——未来行动计划》http：//whc.unesco.org/en/documents/）

的主题。在 6 个主题中，创造力的表达（14 个）、对自然资源的利用（12 个）、精神回响（6 个）这几个主题有相当多的项目列入，而文化的联系（3 个）、人类运动（1 个）与科技发展（1 个）这几个主题代表性较低。（图 26）

图 26　2014—2018 年委员会修改 ICO-MOS 建议列入文化遗产主题及所占比例
（来源：世界遗产咨询机构评估报告及委员会会议决议 https：//whc.unesco.org/en/documents）

4　矛盾与变化对未来《名录》的影响

4.1　多方面相互作用的结果

　　世界遗产的申报和审议是多方面因素共同作用的结果。咨询机构支持委员会的工作，委员会尊重咨询机构的意见，确保《公约》的实施及《名录》的可信性，本应成为世界遗产机制运行的基本规则。然而在现实中，咨询机构和委员会存在着合作也存在对立。无论从二者的哪一方面来看，它们对 OUV 的价值认识都存在一种辨证的认识。咨询机构和委员会，以及委员会内部不同成员国对申报项目的立场和原则都可能存在着分歧。因此，无论咨询机构还是委员会，作为由许多个体构成的整体，都存在复杂性和不确定性。

世界遗产是全球文化与自然保护运动中的旗舰项目，其遴选、评估和保护标准都应处于专业前沿水平，并以此确保《名录》上项目的持久保护。然而，咨询机构自身也可能存在专业标准与文化背景差异的问题，这使得他们对一些项目的价值认识也可能不到位。一方面咨询机构作为专业团体，力求关注于客观的标准，以严格实施的评估程序确保《名录》的质量，从而维护世界遗产称号的信誉，确保世界遗产项目的长久保护。然而，由于咨询机构自身的产生发展背景以及相关专家的来源与构成，咨询机构自身也存在着代表性与平衡性方面的问题，这在一定程度上会影响评估报告的立场与评估结论。加强咨询机构的能力建设，并在咨询机构内部实现平衡性与均衡代表性，才能让评估意见更加科学与客观。

由缔约国代表构成的世界遗产委员会则存在需要塑造国际形象和维护国际政治两方面的需求。它强调缔约国之间的团结与协作，主张对缔约国尽量给予鼓励而非打击性的意见，在一定程度上比咨询机构更加关注国家之间的关系和政治性的决定。而在委员会内部也无法达成共识的情况下，则会用投票这种方式寻求一致[1]，使得一部分委员国的决定代替了其他国家的观点。这导致在审议程序中，世界遗产委员会权利较大，而代表学术权威性的专业咨询机构的权利则受到一定限制，只能列席会议而不能参与投票和表决。这种运行机制造成了部分项目在不符合《操作指南》规定的情况下列入《名录》。在未来如果能够通过《议事规则》对委员会的权利进行一定限制，并赋予咨询机构更多权限，才能使得遗产审议过程更加严谨与合理。

对于缔约国而言，世界遗产不仅意味着专业的保护实践，更意味着可以促进地区社会与经济发展的重要资源。同时，将申报项目列入《名录》对于缔约国是多方参与和持久努力的结果，这意味着在国际社会得到某种肯定，关系到民族自尊心和文化上的自信。作为遗产地的拥有者和申报项目的组织者，当地政府及相关团体的意愿在申报过程中反映出来，世界遗产称号带来的利益和主权之争不可避免，这些都会对世界遗产委员会的决议产生影响。

4.2　OUV 的特殊性质

参与世界遗产申报与评估的各方面对于 OUV 的不同理解是导致《名录》建立中矛盾与分歧的深层原因。作为申报主体的遗产拥有者和利益相关者，作为专业咨询机构的 ICOMOS，作为决议制定者的世界遗产委员会，对 OUV 的认识存在着差异。

OUV 是客观存在还是主观判断的结果？只能说，它是由世界遗产委员会在将申报项目列入《名录》时赋予遗产地的一种价值，其内涵和评价标准都随《公约》

1　UNESCO. RULES OF PROCEDURE. WHC-2015/5. [2015.7].16-17. https：//whc.unesco.org/document/137812.

的实施不断变化发展。OUV 的这种性质决定了委员会可以对它不断进行阐释，从而改变咨询机构给出的专业建议。在这个过程中，咨询机构、委员会和缔约国对于 OUV 的认识都在更新。

OUV 的本意是突出普遍价值。无论其内涵和外延怎样扩展，普遍性始终是 OUV 的基础，突出性是在具有普遍价值的前提下存在的。然而近年来随着文化多样性的概念的发展，委员会的讨论中有时将普遍性与特殊性进行置换，将对普遍价值的认同缩小到对于特殊人群具有重要意义。这样的遴选方式会造成《名录》项目的过度增长，以及在《名录》建立 40 余年来对标准实施的持续放宽，长期如此必然会减损《名录》的代表性和可信性。

OUV 的三大支柱中，突出普遍价值和适用的标准无疑是 OUV 存在的基础，然而真实性和完整性也是判断 OUV 必不可少的条件，保护状况和管理措施则是长久保持 OUV 不可或缺的手段。《操作指南》明确规定这几项在列入《名录》时必须同时，然而委员会频繁忽略相关内容，急于将保护和管理不满足要求的项目列入《名录》，会造成世界遗产项目的 OUV 得不到长久的保持。

4.3 未来的挑战

伴随世界遗产保护运动 40 余年来的发展，尤其是"全球战略"的实施，参与申报的国家不断增加，《名录》上项目的主题更加丰富，地理分布也更加多样，这为世界遗产的概念和实践都注入了新的活力。然而世界遗产名号的价值能够保持至今，正是基于严格实施的标准和得到缔约国普遍认同的 OUV，以及列入《名录》之后可持续的保护状况。如果放弃了这些要求，即便有大量项目得以列入，世界遗产的声誉必将降低，带给缔约国的社会经济发展资源也会随之减少。

全球战略的实施应该以加强比较研究和对《名录》上过盛类型的限制为基础，而非放松标准列入不满足要求的低代表性项目。世界遗产评价标准仍是衡量 OUV 的客观条件，不是可以忽略的要素。专业咨询机构的能力建设固然需要，但它的权威性是实施《公约》的保证，委员会需要从审议机制上保证咨询机构的建议得到执行。而《世界遗产公约》专注于物质的、不可移动的文化和自然遗产，它可以与 UNESCO 其他的文化和自然保护公约建立联系，但是在申报项目的评估和审议中不应该脱离自身的基础。只有严格执行的标准，公正透明的程序，才能保证《名录》的质量，从而实现世界遗产的永久保护和持续利用。

勒·柯布西耶建筑作品申遗策略的演进

文／赵东旭

　　勒·柯布西耶（Le Corbusier），原名 Charles-Édouard Jeanneret-Gris，1887 年生于瑞士西北部的拉绍德封（La Chaux-de-Fonds），1930 年成为法国公民，1965 年逝于法国的罗克布吕讷 – 卡普马丹（Roquebrune-Cap-Martin）。从故乡的艺术学校毕业后，柯布西耶自学成才，成为一名建筑师、规划师、画家、雕塑家、家具和织物设计师，以及理论家，先后出版了 40 余部关于建筑、规划、绘画、装饰艺术、家具的著作。他是国际现代建筑协会（Congrès International d'Architecture Moderne，CIAM）的创始人之一，其作品和理论对现代建筑运动及后世建筑、规划的发展产生了难以估量的影响。他本人也是现代建筑运动的代表性人物，其作品是建筑与规划对于 20 世纪这一巨变时代的杰出回应。值得一提的是，柯布西耶的出生地拉绍德封，因其 19 世纪初具有代表性的网格式城镇规划于 2009 年列入《名录》。世界遗产委员会认为这一规划反映了制表工匠的理性需求，以及 19 世纪至 20 世纪工业从手工作坊到集中式工厂的转变。卡尔·马克思曾将其作为《资本论》中工业化城镇的案例之一。柯布西耶早期的建筑生涯（1887-1917 年）正是在故乡度过的，或许这对他的理论与思想的形成产生了潜移默化的影响。

　　在 2016 年第 40 届世界遗产委员会大会上，柯布西耶分布于 7 个国家的总计 17 项建筑作品顺利通过审议，成功列入《名录》。这项遗产的申报过程并非一帆风顺。自 2009 年始，这项申报已先后 3 次提交大会审议，历经 7 年方申报成功。可以说，柯布西耶作品的潜在价值是确定无疑的，现代主义建筑申遗已经得到了世界遗产委员会和咨询机构的肯定。在此之前已有共 30 余项这一时期的优秀作品成功列入《名录》，其中包括瓦尔特·格罗皮乌斯（Walter Gropius）、路德维希·密斯·凡·德罗（Ludwig Mies Van der Rohe）、奥斯卡·尼迈耶（Oscar Niemeyer）等大师的名作。除了突出普遍价值，申遗必须满足的另外两大要素是通过真实性和完整性的检验，以及拥有完善的保护管理状况。柯布西耶的作品多建于 20 世纪上半叶，且多分布于当今保护力量较为雄厚的国家，相比于历史更加悠久的古建筑遗址等，其保存状况理应更加完好。又因柯布西耶的知名度和重要性，其作品

图 1　弗吕杰城

图 2　内部结构

很早便引起了有关保护组织的关注，管理状况并不存在致命缺陷。在潜在价值基本得到肯定，保护管理状况不存在巨大疏漏的情况下，柯布西耶的作品申遗之所以历经波折很大程度上是因为缔约国选取的价值阐释维度与遗产地的关系无法很好地对应，即遗产的真实性和完整性无法令世界遗产委员会和咨询机构满意。

　　不同于对一般遗产地的要求，柯布西耶的建筑及规划作品是作为一个系列遗产[1]（Serial Properties）进行申报的，不仅每个单体组成部分要做到自身保存状况的真实、完整，而且这些单体的选择要能构成一个完整的系列，从而真实可靠地佐证柯布西耶作品作为一个整体、作为遗产所欲表达和阐释的价值，即要同时满足单体与系列的真实完整。如前所述，单体的保护及对其真实性和完整性的要求与一般的申报并无二致，对于以发达国家为主的申报国家而言，可以说并非难事，而屡次申报的问题焦点正是系列遗产的真实性和完整性应该如何在单体的选择和组成中得以实现，从而使缔约国所阐述的柯布西耶作品的突出普遍价值得到充分表达。在历版《操作指南》中，系列遗产

1　联合国教科文组织世界遗产中心，保护世界文化遗产与自然遗产政府间委员会.实施《世界遗产公约》操作指南，2015，26—27，http://whc.unesco.org/en/guidelines/.

的真实性和完整性应如何理解并未被具体说明，对于柯布西耶建筑及规划作品申报历程的回顾，或许将有助于对系列遗产真实性和完整性的理解，从而更好地认识系列遗产。

1 2009 年初获肯定：从推迟列入到发还待议

2009 年，勒·柯布西耶的作品第一次以"勒·柯布西耶建筑与城市作品"（The Architectural and Urban Work of Le Corbusier）的名义由法国提交世界遗产委员会申报世界遗产。此次申报共包括 22 处从 20 世纪初至 20 世纪 60 年代的柯布西耶建筑及规划作品，分别代表了他曾设计过的 8 种功能类型作品中的 7 种——艺术家住宅与工作室、单体住宅、标准化住宅、公寓、宗教建筑、大型标准化建筑和城镇规划（表 1），公共建筑并未被涵盖在这次申报的遗产构成当中，但有计划在将来扩展，进一步添加美国和俄罗斯的建成作品填补这一空缺。

这 22 处提名遗产分布于 3 个大洲的 6 个国家，申报文件认为这 7 个类型中所选择的作品代表着"柯布西耶全部的创造"[1]，是"面对 20 世纪这个崭新世界的挑战，在全球范围内完整而连贯的回答"[2]，并详细列举了柯布西耶的贡献：

◎ 柯布西耶的作品改变了全世界建筑和城市的形态；

◎ 柯布西耶的理论与实践给予了 20 世纪建筑与城镇规划全新而根本性的回答；

◎ 因其跨越国境的特点，柯布西耶的作品在全球范围内都具有影响力；

◎ 柯布西耶被历史学家认为是五位现代建筑的奠基人之一[3]；

◎ 柯布西耶解决问题的能力，如以独创的方式为更多的人提供住宅；

◎ 柯布西耶的建筑反映了他对技术的好奇，将材料和新的建造系统使用到了极致；

◎ 通过文章和建成作品，柯布西耶推动建立了新的简单而纯粹的建筑原则；

◎ 柯布西耶是第一个将时间作为第四维度引入空间设计的建筑师。

基于以上原因，申报文件认为柯布西耶的作品符合世界遗产的标准 i、标准 ii 和标准 vi。然而，价值阐述却遭到了咨询机构 ICOMOS 的全然否定，原因正是这 22 处遗产地作为一个整体未能通过系列遗产的真实性和完整性检验。

1　原文：whole of Le Corbusier's output. whc09–33com–inf8B1e.pdf，132.

2　原文：···complete and coherent answer of global dimensions to the challenges of the new world of the 20th century. whc09–33com–inf8B1e.pdf，130.

3　这里指瓦尔特·格罗皮乌斯，路德维希·密斯·凡·德·罗，勒·柯布西耶，阿尔瓦·阿尔托和弗兰克·劳埃德·赖特。

2009 年"勒·柯布西耶建筑与城市作品"申遗作品一览[1]　　　表 1

艺术家住宅 与工作室	1926 Guiette 住宅（Maison Guiette），比利时安特卫普
	1926 库克住宅（Maison Cook），法国塞纳河畔的布洛涅区
单体住宅	1912 Jeanneret-Perret 别墅（Villa Jeanneret-Perret），瑞士拉绍德封
	1916 Schwob 住宅（Maison Schwob），瑞士拉绍德封
	1923 欧特伊的双宅（拉罗歇 - 让纳雷住宅，Maisons La Roche et Jeanneret），法国巴黎
	1923 莱芒湖畔小别墅（Petite villa au bord du lac Léman），瑞士科尔索
	1928 萨伏伊别墅（Villa Savoye et loge du jardinier），法国普瓦西
	1949 库鲁切特医生住宅（Maison du Docteur Curutchet），阿根廷拉普拉塔
	1951 贾奥尔住宅（Maisons Jaoul），法国塞纳河畔的讷伊
标准化住宅	1924 Frugès 现代居住区（Cité Frugès），法国佩萨克
	1927 威森霍夫住宅区的两栋住宅（Maisons de la Weissenhof-Siedlung），德国斯图加特
	1951 勒·柯布西耶自宅（Cabanon de Le Corbusier），法国罗克布吕讷 - 卡普马丹
公寓	1929 救世军的漂浮庇护所（Cité de refuge de l'Armée du Salut），法国巴黎
	1930 "光明" 公寓（Immeuble Clarté），瑞士日内瓦
	1930 巴黎大学城瑞士馆（Pavillon Suisse à la Cité universitaire），法国巴黎
	1931 Molitor 门的出租公寓（Immeuble locatif à la Porte Molitor），法国巴黎
	1945 马赛的居住单位（Unité d'habitation），法国马赛
宗教 建筑	1950 朗香教堂（Chapelle Notre-Dame-du-Haut，Ronchamp），法国圣母高地
	1953 拉图雷特修道院（Couvent Sainte-Marie-de-la-Tourette），法国埃沃
大型标准化 建筑	1946 圣迪埃制衣厂（Manufacture à Saint-Dié），法国圣迪埃
	1954–1959 国立西洋美术馆主楼（National Museum of Western Art，MainBuilding），日本东京
城镇规划	1953–1965 斐米尼 - 维合特（Site Le Corbusier de Firminy-Vert），法国斐米尼

1.1　针对标准 i [2] 的讨论

申报文件认为所有申报的 22 处遗产都是杰出的先锋作品，整合了空间、形式、颜色和技术，并融入了人们的生活。柯布西耶的大部分作品都被看作是他创新思维的宣言，并在创作之后的 20 年内被吸收、学习，成为时代的主流，启发了后人。然而在 ICOMOS 看来，在提名的 7 类 22 处遗产地中，虽然一些类型的建筑作品的确可以被认定为 "杰作"，如宗教建筑中的朗香教堂和单体住宅中的萨伏伊别墅，但很难认同其余的 20 处遗产地与前者同样杰出。标准 i 通常适用于那些被公认为杰作的遗产地。作为一个整体，柯布西耶的 22 处作品无法仅因为践行了其

---

1 本文中大部分柯布西耶作品的中文名称引自《勒·柯布西耶全集》，由中国建筑工业出版社，2005 年出版，部分未收录作品为作者自译，下表同。

2 标准 i：作为人类天才的创造力的杰作。

思想中的一些原则而一并被称为"人类天才的创作力的杰作"。换句话说，柯布西耶的系列遗产中的项目从反映人类创造性的角度，并非每一件作品都达到了"杰作"的水平，在这种情况下使用这一标准并不恰当。ICOMOS 在此对系列遗产的真实性做了如下定义：系列遗产整体的真实性是关于遗产地作为一个整体展现其价值的能力[1]。如果缔约国仅申报朗香教堂和萨伏伊别墅两处遗产地,标准 i 无疑是符合的，但如果说其余的 20 项，甚至柯布西耶设计的所有作品都是无比的杰作，就未免有牵强附会、盲目崇拜之嫌。相关缔约国之所以没有以两处遗产地之名单独申报，如同之前成功申报的同时代的大师作品，而是以建筑师之名一并申报了 22 处，可能想要表达的重点是柯布西耶的思想通过其作品对后世产生了深远的影响，不同甚至高于一些仅设计出若干杰作的同时代建筑师，即申报项目的价值阐述更偏重标准 ii 和标准 vi[2]。深刻而广泛的思想没有办法仅通过一两处遗产地就得到充分反映。另一方面因为思想的发展变迁，反映其的作品也并非件件都能成为或者需要成为创世的杰作。在这种考量下，标准 i 并非是一个合适的选择，其真实性受到咨询机构的质疑便也不足为奇了。缔约国需要在申报中进行抉择，究竟是想以标准 i 为主，强调单个作品的杰出，如《名录》中已存在的现代主义作品，选择公认的杰作单独申报或者按照"柯布西耶精品集"的思路进行申报（如此申报作为系列遗产的意义并不大），还是在同时代作品中另辟蹊径着重表现其作品背后连贯的思想及其影响力，主要围绕标准 ii 和标准 vi 进行阐述。就此次申报的名称而言，相关缔约国更像是选择了前者，但在筹备申报时似乎又放不下对于建筑师本人柯布西耶的骄傲。

1.2 针对标准 ii[3] 的讨论

申报文本认为柯布西耶的作品是现代建筑运动的佐证，对现代建筑运动的诞生和发展有巨大的影响，并已成为现代主义建筑的标志，柯布西耶本人也成了现代性的象征，以及最活跃和被广泛宣传的代言人。ICOMOS 认为申遗的重点是通过遗产构成要素体现其思想及其对后世的影响，而非建筑师自己。柯布西耶的杰出是毋庸置疑的，但这必须通过申遗作品的选择和阐述来表达和证实。同样，咨询机构认可部分柯布西耶的作品在一些方面成了后世的典范，并产生了深远的影响，如萨伏伊别墅、马赛的居住单元，日本的国立西洋美术馆也有符合标准 ii 的可能。对作为咨询机构的 ICOMOS 来说，这 22 处遗产构成要素反映了建筑师个

---

1 原文：Authenticity of the whole serial property relates to the ability of the sites as a group to display the values put forward. whc09-33com-inf8B1e. pdf，137.

2 这一点在后面的两次申报中得到了证实。

3 标准 ii：在一段时期内或世界某一文化区域内人类价值观的重要交流，对建筑、技术、古迹艺术、规划或景观设计的发展产生重大影响。

人思想和实践发展的过程，但却无法证明 22 处遗产构成要素都反映了当时人们价值观的交流，均对后世的发展产生了重大影响，因而这样的阐释并不能满足真实性的要求。

另外关于标准 ii，这一系列遗产还存在整体性的问题。如果说标准 i 更关注每个单体组成部分的品质，整个系列完整性的问题并不突出。那么针对标准 ii，以"勒·柯布西耶建筑与城市作品"为名申遗的柯布西耶作品则必须作为一个整体对这位现代主义大师的影响力做一个全面的呈现，在此 ICOMOS 将系列遗产的完整性定义为：完整性指提名的组成部分是否充分覆盖了阐释突出普遍价值所需的特性[1]。柯布西耶一些重要作品在申遗名单中的缺失，无疑损害了对这位大师影响力的诠释，如印度昌迪加尔的城市规划和公共建筑，与之相对，一些并非如此重要的作品却作为某些类型的代表被选入申遗名单。这样的做法在损害遗产构成可信度的同时又带来了另一个问题，究竟需要将多少处建成作品捆绑申报才能代表和表达柯布西耶的创造力和影响力？作为一名现代主义建筑大师，柯布西耶的所有作品可能都或多或少地表达了他思想的片段，但又可能与"突出普遍价值"中的"突出"产生矛盾，《名录》是选择性的名录，因而 ICOMOS 建议缔约国优化申遗作品的选择，使其更具代表性。

1.3　针对标准 vi[2] 的讨论

申报文本认为柯布西耶的作品和思想影响了全世界，改变了人们对于住宅、城市和大工程的看法，因而符合标准 vi。ICOMOS 同样认为由柯布西耶和其他现代主义大师一同倡导的现代建筑运动的影响力是毋庸置疑的，而申遗的关键是柯布西耶的作品究竟产生了多么深远的影响，而这又是在系列提名中如何表现出来的。与标准 ii 类似，ICOMOS 只认可部分作品有这样深刻的意义，包括萨伏伊别墅、马赛的居住单位和日本国立西洋美术馆，其余部分只能称之为在其思想形成过程中的阶段性作品、影响力相对较弱的作品和未完成的作品，作为整体未能表现出超越个体的重大意义（图 3）。显而易见，在标准 vi 上，柯布西耶系列遗产在遗产构成和阐释上同样未能通过真实性和完整性的检验，原因与标准 ii 类似，不再另行赘述。

基于以上原因，ICOMOS 认为"勒·柯布西耶建筑与城市作品"系列遗产在整体层次上未能证实其符合所申请的三条价值标准，建议世界遗产委员会推迟列入这一申遗项目，并在决议草案中建议缔约国缩减系列遗产的遗产数量，优化作

1　原文：As a world-wide serial nomination, integrity refers to whether the component parts the nomination sufficiently cover the attributes needed to demonstrate outstanding universal value. whc09-33cominf8B1e.pdf，136.

2　标准 vi：与具有突出的普遍意义的事件、传统、观点、信仰、艺术或文学作品有直接或有形的联系。

图3　吉耶特住宅

品的选择，将申遗的重点放在建成作品而非建筑师身上。可能出于鼓励缔约国进行跨国联合申报的目的，最终委员会决定发还待议这项申遗，要求缔约国加强对于遗产价值的阐述和证明，同时为了避免柯布西耶作品将来在《名录》中无限制的扩充，要求对于这一遗产的扩展要按照新申报项目进行处理。可以说ICOMOS给予缔约国的建议是中肯的，给予委员会的建议是合宜的，毕竟在价值层面这一申报尚阐述不清，而委员会"升级"的决定可能会误导缔约国对于问题严重性的认识。

2　2011年突遇波折：从不列入到推迟列入

两年之后，在2011年第35届世界遗产委员会大会上，柯布西耶的作品再次提交会议审议。此次申报缔约国将系列遗产名称修改为"勒·柯布西耶的建筑作品：对现代建筑运动的杰出贡献（The Architectural Work of Le Corbusier: an Outstanding Contribution to the Modern Movement），削减了遗产构成的数量，共提名了来自6个国家的19项作品（表2），改变了之前按功能类型选取代表作的筛选方法，仅按时间顺序排列申报作品，并去除了与规划相关的组成部分。这些遗产地的选择旨在反映柯布西耶对于现代建筑运动价值的独特贡献，代表了他完整的建筑历程"[1]。

在此基础上，新的申报文本重新对柯布西耶系列遗产的价值进行了阐述，认为这19处遗产很好地阐明了20世纪建筑及建筑行业发生的深刻转变，它们同属于20世纪初至20世纪30年代现代建筑运动中先锋的历史文化流派，并成为20世纪后半叶的主流建筑形式。柯布西耶的作品在形式、空间和技术上与这一思想变革息息相关，并产生了广泛而深刻的影响，直至今日。申遗的19处作品：

（1）证明了柯布西耶创造新的美学和建筑语言的能力；

（2）反映了包括颜色和技术在内的研究和创新（图4）；

1　原文：A unique contribution to the Modern Movement's values and to represent the entire course of the architect's work. whc11-35com-inf8B1Adde.pdf，55.

图 4　内部空间

2011 年"勒·柯布西耶的建筑作品：对现代建筑运动的杰出贡献"申遗作品一览¹　表 2

1912	Jeanneret–Perret 别墅（Villa Jeanneret–Perret），瑞士拉绍德封
1923	欧特伊的双宅（拉罗歇 – 让纳雷住宅，Maisons La Roche et Jeanneret），法国巴黎
	莱芒湖畔小别墅（Petite villa au bord du lac Léman），瑞士科尔索
1924	Frugès 现代居住区（Cité Frugès），法国佩萨克
1926	Guiette 住宅（Maison Guiette），比利时安特卫普
1927	威森霍夫住宅区的两栋住宅（Maisons de la Weissenhof–Siedlung），德国斯图加特
1928	萨伏伊别墅（Villa Savoye et loge du jardinier），法国普瓦西
1930	"光明"公寓（Immeuble Clarté），瑞士日内瓦
	巴黎大学城瑞士馆（Pavillon Suisse à la Cité universitaire），法国巴黎
1931	Molitor 门的出租公寓（Immeuble locatif à la Porte Molitor），法国巴黎
1945	马赛的居住单位（Unité d'habitation），法国马赛
1946	圣迪埃制衣厂（Manufacture à Saint–Dié），法国圣迪埃
1949	库鲁切特医生住宅（Maison du Docteur Curutchet），阿根廷拉普拉塔
1950	朗香教堂（Chapelle Notre–Dame–du–Haut，Ronchamp），法国圣母高地
1951	贾奥尔住宅（Maisons Jaoul），法国塞纳河畔的讷伊
	勒·柯布西耶自宅（Cabanon de Le Corbusier），法国罗克布吕讷 – 卡普马丹
1953	拉图雷特修道院（Couvent Sainte–Marie–de–la–Tourette），法国埃沃
1954–1959	国立西洋美术馆主楼（National Museum of Western Art，MainBuilding），日本东京
1953–1965	斐米尼青年文化中心（Centre de recréation du corps et de l'espritde Firminy–Vert），法国斐米尼

_**1**_　与 2009 年相比，缔约国移除了 Schwob 住宅、库克住宅和救世军的漂浮庇护所。

（3）是面对标准化和建筑工业的挑战所做出的创新而极端的尝试；

（4）反映了居住权是当今社会基本的社会问题；

（5）保证了人与社区之间的平衡；

（6）阐释了现代建筑运动在改善人类境况方面卓尔不群的乌托邦理想。

基于此，缔约国依然按照世界遗产标准 i、标准 ii 和标准 vi 进行申报。

在 ICOMOS 看来，新的申报文本对遗产地价值的阐述与其所想表达的主题，即对现代建筑运动的杰出贡献与柯布西耶的建筑历程并不直接相关，而且主题中的两个方面本身就存在矛盾，反映出对现代主义运动做出杰出贡献的一系列作品怎么又恰好能完整地反映柯布西耶的建筑发展历程，仅仅因为建筑师本人的杰出吗？值得注意的是，新的申报文本采取了与 2009 年 ICOMOS 的决议草案完全相反的方式：并没有将申遗重点放在建筑作品上，仍自然地认为柯布西耶如此伟大，因而其所有的作品都是不朽的，并深远地影响了后世。然而需要认清的是世界遗产所保护的对象是遗产，而不是人，设计者或建造者是通过成就了遗产的价值才证明了自身，根本上缔约国需要证明的是遗产地的价值，人的成就只是附带的结论，而不是原因。ICOMOS 在评估报告中多次强调这一点，尤其针对标准 i 和标准 ii。另外系列遗产的价值阐述与世界遗产的价值标准也不能准确对应。申报文本对于价值的描述与证明过于笼统，泛泛地涉及了现代建筑运动的诸多方面，这样的论述同样适用于现代主义运动中其他建筑师的重要作品，加之遗产构成要素又与上一次较为相似，因而 ICOMOS 给出的具体针对价值标准的评估和建议与 2009 年基本一致。总而言之，在价值阐述上，ICOMOS 认为新的申报文本对系列遗产的理解存在偏差，不够具体，也不够有针对性。

可以说，尽管遗产的构成要素与第一次申报相似，但由于缔约国的申遗策略完全倒向了柯布西耶建筑作品的影响力，这点从项目名称的变化便可见一斑，故而价值阐释的重点也应随之变化，真实性与完整性的检验亦是如此。ICOMOS 认为这次申报应该按照新申报项目处理，因为证明遗产地是杰作，与证明其贡献与影响力完全是两种不同的逻辑。真实性和完整性同样因为申报主题的变化，考量的维度发生了明显的变化。如果说第一次申报尚可以理解为柯布西耶的杰作选，此次申报则要不折不扣、真实完整地证明这 19 处遗产如何对现代建筑运动做出了杰出的贡献。首先，入选的 19 项遗产地作为一个整体必须意义深刻、影响力广泛，这是真实性的要求；同时，这 19 项必须完全包含柯布西耶意义深刻、影响力广泛的项目，这是完整性的要求。然而与 2009 年的遗产构成要素相似，如昌迪加尔这样重要的项目未能收录在申报的构成名单当中，而较之逊色的项目却仍然存在于名单中，这带来了选择标准的混乱。作为一个整体，新的申报文本并未能证明这一系列遗产整体如何比其中单独的每个组成部分更好地突出了主题，阐释了价值。

新的申报文本试图通过柯布西耶的一系列作品将其定义为现代建筑运动的"主要奠基人"（Principal Founder），而所选择的遗产却未能证明他如何执建筑行业牛耳，成就和影响力高于其他的建筑师。ICOMOS 还从整个《名录》的高度解释了这一点：现代建筑运动至少持续了半个世纪，很多国家的建筑师都参与其中，为什么这么重要的运动在《名录》中应该仅由柯布西耶这一位建筑师的一系列作品代表，至少从这次申报来看，这种说法是不恰当的。即便柯布西耶系列遗产真的证明了其对这一运动的杰出贡献，那么，和他同样重要的建筑师的作品也应该以同样的方式列入，以使这部分的名录更加真实可信。显而易见，ICOMOS 并不赞同柯布西耶系列遗产的申报方式。另外，柯布西耶的作品很多是与其他人合作的成果，还有一些在建造过程中就已经被大幅修改，这些构成要素本身的真实性也影响了整个系列遗产主题的表达。（图 5）

由于主题改变后价值阐释存在根本性矛盾，无法满足真实性和完整性的检验，ICOMOS 建议委员会不列入"勒·柯布西耶建筑作品：对现代建筑运动的杰出贡献"这一系列遗产，并建议法国在未来将萨伏伊别墅、马赛的居住单位、朗香教堂分别单独申报世界遗产。可见 ICOMOS 并不认同新的申报文本这种可能会将柯布西耶凌驾于其他现代主义建筑大师之上的申报方式。最终委员会决定将这项提名推迟列入，一方面表示现代遗产是《名录》中表达不充分的类型；另一方面则注意到各方对这一申报方式在突出普遍价值的认识上存在分歧，推迟列入的决定是为了让相关缔约国能够与世界遗产中心、咨询机构展开积极、建设性的对话，充分认识反对意见背后的理由，建立关于突出普遍价值的统一共识。

3 2016 年项目申报终获成功

在五年之后的第 40 届世界遗产委员会大会上，柯布西耶的建筑作品再一次提交大会审议。此次申报缔约国沿用了上一次的名称，即"勒·柯布西耶的建筑作品：对现代建筑运动的杰出贡献（The Architectural Work of Le Corbusier: an Outstanding Contribution to the Modern Movement），共提交了来自 7 个国家的 17 项建筑作品（表 3）。相比

图 5　白色院落

2011 年的申报，去除了 3 处遗产地，增加了印度旁遮普邦新首府昌迪加尔。在此次申报之前，ICOMOS 多次参与了缔约国的申报准备会议，旨在修正前两次申报中存在的问题，在此期间各相关缔约国之间的合作得到了很好的提升。2013 年，ICOMOS 考虑到各缔约国的准备工作已经相对比较充分，因而致信相关缔约国：ICOMOS 认可各国在过去的 18 个月中投入的大量时间、资源，以及举办的大量合作活动。基于此，ICOMOS 认为 2015 年再次提交申请的计划不应再被拖延，感谢各相关缔约国参与合作。"[1]

2016 年 "勒·柯布西耶的建筑作品：对现代建筑运动的杰出贡献" 申遗作品一览[2]　表 3

1923	欧特伊的双宅（拉罗歇 – 让纳雷住宅，Maisons La Roche et Jeanneret），法国巴黎
	莱芒湖畔小别墅（Petite villa au bord du lac Léman），瑞士科尔索
1924	Frugès 现代居住区（Cité Frugès），法国佩萨克
1926	Guiette 住宅（Maison Guiette），比利时安特卫普
1927	威森霍夫住宅区的两栋住宅（Maisons de la Weissenhof–Siedlung），德国斯图加特
1928	萨伏伊别墅（Villa Savoye et loge du jardinier），法国普瓦西
1930	"光明" 公寓（Immeuble Clarté），瑞士日内瓦
1931	Molitor 门的出租公寓（Immeuble locatif à la Porte Molitor），法国巴黎
1945	马赛的居住单位（Unité d'habitation），法国马赛
1946	圣迪埃制衣厂（Manufacture à Saint-Dié），法国圣迪埃
1949	库鲁切特医生住宅（Maison du Docteur Curutchet），阿根廷拉普拉塔
1950	朗香教堂（Chapelle Notre–Dame–du–Haut，Ronchamp），法国圣母高地
1951	勒·柯布西耶自宅（Cabanon de Le Corbusier），法国罗克布吕讷 – 卡普马丹
1952	昌迪加尔（Complexe du Capitole，Chandigarh），印度旁遮普
1953	拉图雷特修道院（Couvent Sainte–Marie–de–la–Tourette），法国埃沃
1954–1959	国立西洋美术馆主楼（National Museum of Western Art，MainBuilding），日本东京
1953–1965	斐米尼青年文化中心（Centre de recréation du corps et de l'espritde Firminy–Vert），法国斐米尼

　　此次申报，相关缔约国采取了与前两次不同的申报策略来阐释遗产组成部分的选择，调整了这一系列遗产突出普遍价值的表述。2015 年的申报文本中着重强调其 "建筑作品的创造性，以及它们对于全世界的影响，这些作品都反映了柯布

1　原文：ICOMOS recognizes that the participating States Parties have made a significant investment of time，resources and cooperative activity over the past 18 months. Based on the work that has been produced，ICOMOS considers that the process of resubmission of the nomination planned for 2015 should not be further delayed，and thanks all participating States Parties for the collaborative process. whc16–40com–inf8B1–en.pdf，213.

2　与 2011 年相比缔约国移除了 Jeanneret–Perret 别墅、巴黎大学城瑞士馆、贾奥尔住宅，增加了昌迪加尔。

西耶新的建筑思想和方法"[1]，而不再用其表现柯布西耶的建筑发展历程。2015 年的申报文本对现代建筑运动本身做了更深入而完整的分析，认为这一运动尽管存在多样的形式，但本质上是统一的整体，在 20 世纪初至 20 世纪 60 年代，现代建筑运动旨在应对当代社会的挑战：

（1）在全世界宣传其独特的建筑观；

（2）创造新的建筑语言；

（3）使建筑的建造变得现代化；

（4）满足现代人的社会和基本需求。

柯布西耶的这一系列作品正是当时对于这些挑战的杰出回答，而各个组成部分用其特别的方式逐条对应了现代建筑运动的四大目标。

3.1　在全世界宣传其独特的建筑观

这 17 处遗产构成要素中的一些作品已经成为现代建筑运动的标志，引起了世界范围内的关注，拥有广泛的影响力。这些作品包括：

（1）萨伏伊别墅——现代建筑运动的象征；

（2）马赛的居住单位——平衡个人与集体居住的新型住宅的原型；

（3）朗香教堂——革命性的宗教建筑；

（4）柯布西耶自宅——基于人体工程学和功能主义的最小单元原型；

（5）威森霍夫住宅区的两栋住宅——因工艺联盟展览的成功而闻名世界。

另一些作品在其所在区域内起到了传播现代主义思想的作用：比利时的 Guiette 住宅在低地国家推进了现代建筑运动；阿根廷的库鲁切特医生住宅对现代主义运动在南美洲的传播起到了根本性的影响；日本的国立西洋美术馆是"无限增长博物馆"（ Museum of Unlimited Growth ）的原型，在日本推广了现代主义的思想；昌迪加尔对南亚次大陆产生了深远的影响，并成为印度现代主义的象征。

3.2　创造新的建筑语言

申报中的部分遗产构成要素创造了现代建筑运动中两大主要的风格流派——纯粹主义和粗野主义，另外一些则创造了如雕塑般的建筑形式。例如，欧特伊的双宅、Frugès 现代居住区，以及 Guiette 住宅用形式和颜色建构室内空间，这是纯粹主义的首批实践；马赛的居住单位在推广粗野主义上起到了先锋作用；朗香教堂则推广了雕塑形式的建筑。

---

1 原文：The innovative nature of the buildings and the influence they have had all over the world as a reflection of the new architectural ideas and approaches promoted by Le Corbusier. whc–16–40cominf8B1–en.pdf，213.

1927 年柯布西耶在德国发表了《建筑五要素》，这五要素分别为底层架空、屋顶花园、自由平面、水平长窗、自由立面 [1]。这五点迅速被全世界采用，并成为现代建筑运动的先锋思想。这一思想分别体现在柯布西耶的欧特伊的双宅、Molitor门的出租公寓、Frugès 现代居住区、萨伏伊别墅、库鲁切特医生住宅、拉图雷特修道院和国立西洋美术馆。由此创造出的空间更是对现代建筑运动产生了开创性的影响。

3.3 使建筑的建造变得现代化

对于材料的创新和实验，使用标准化、工业化生产的建筑构件同样是柯布西耶建筑的重要方面。威森霍夫住宅区的两栋住宅展示了由独立混凝土框架结构创造的建筑空间；拉图雷特修道院则使用了预应力混凝土；昌迪加尔因考虑到自然通风和节能，使用了遮阳、双层屋顶，以及用于收集雨水和降温通风的水池。另一些柯布西耶的建筑则代表了其对标准化的探索：马赛的居住单位是可用于大规模建造的原型；莱芒湖畔小别墅则建立了单跨小型住宅的标准；而柯布西耶自宅则是对于最小生活单元的探索。模数是基于人体尺度的一套设计系统，这一系统被应用在了 1945 年后他所设计的所有的建筑中，例如昌迪加尔的室外空间反映了人举起手臂时的身体尺度。

3.4 满足现代人的社会和基本需求

柯布西耶的建筑是围绕现代人在机械时代的需求而设计的。与传统工厂建筑不同，圣迪埃制衣厂创造了更加明亮的工作空间；Guiette 住宅创造了更加开放的空间；Frugès 现代居住区和威森霍夫住宅区的两栋住宅则试图将居民与社会捏合成一个整体，而不是将其从社会中分割开来；"光明"公寓意在创造性地变革中产阶级的住宅。另外，国际现代建筑协会起草并采纳的《雅典宪章》是基于 1932 年以来柯布西耶对于"光明城市"（Radiant City）的研究，系列遗产中的昌迪加尔正是这一适用于现代生活的规划思想的体现。

可以说，与前两次申报相比，这次的申报文本准备的更加具体和有针对性，对于现代建筑运动的各个方面均用申报名单中的作品给予了直接和清晰的回答，证明了柯布西耶的作品的确对现代建筑运动的创立和发展做出了杰出的贡献。同时，相关缔约国吸取了前两次申报价值标准选择不够准确的经验教训，此次仅以标准 ii 和标准 vi 进行申报，着重突出柯布西耶的作品和思想对于当时建筑行业发展的贡献和对后世的深刻影响，而这也是缔约国与 ICOMOS 反复沟通后取得共

---

1 Pilotis，roof garden，open plan，ribbon windows and free design of the façade.

识的结果。因 2015 年的申报文本在申报策略以及价值阐述上取得的突破性进展，ICOMOS 认可其所申报的价值标准，同时这些标准得到了申报的遗产构成要素真实而准确的佐证，并完整覆盖了柯布西耶重要的建筑思想，所以向委员会推荐将其列入《名录》。

在第 40 届世界遗产大会上，委员会认同 ICOMOS 对于柯布西耶系列遗产的评估和相关缔约国做出的巨大努力，一致同意将其列入《名录》。不过，有趣的是，以黎巴嫩代表为首的部分委员会成员认为柯布西耶的系列作品不仅满足价值标准 ii 和标准 vi，同时还应加入标准 i，并希望 ICOMOS 解释为什么去除了标准 i。如前所述，ICOMOS 代表表示这一遗产重在表现柯布西耶作品的影响力，而对后世产生影响的作品并非都是杰作，另外这是与缔约国沟通达成的共识。然而黎巴嫩代表依然认为受柯布西耶作品影响的一些建筑作品已经以标准 i 列入《名录》，柯布西耶的作品没有理由不符合标准 i，并向大会提交了决议的修改稿。委员会成员国没有对修改稿提出异议，最终"勒·柯布西耶的建筑作品，对现代建筑运动的杰出贡献"以符合世界遗产的价值标准 i、标准 ii、标准 vi 成功列入《名录》。

4 结语

柯布西耶系列遗产在三次申遗的过程中，其遗产构成要素只经历了相对微小的修改，而每次申报的评估结果却有天壤之别。柯布西耶作品的潜在价值是毋庸置疑的，其保存状况也未在几年内得到明显的改善和提升，那么究竟什么是决定这一遗产能否列入《名录》的关键呢？由前述可知，申遗策略是整个问题的关键，即，如何用一批几乎相同的作品真实、完整地证明一个具有突出普遍价值的主题，这里的真实、完整并非是一个绝对的概念，而是会随着遗产主题选择的不同、价值阐述侧重点的变化而发生变化。换句话说，世界遗产体系下的真实性与完整性是为申报主题所选择的价值标准服务的，不能将其割裂开单独考量。

如果进一步探讨会发现，不仅真实性和完整性并非是遗产所固有的，价值本身也是通过申遗主题的呈现而被附加的，前提是其能通过比较研究证明其确实可以被赋予如此认识的价值，而这正是人们的保护对象从"文物"跨越到"文化遗产"的关键——文物的价值相对清晰，它更多地取决于作为人工制品所具有的艺术水平，和因年代被赋予的时间价值（Agevalue），而"文化遗产"则是更关注于把遗产还原到特定的文化和历史背景当中，通过遗产来表达这种文化的独特精神，讲述历史发展的过程，并因此而呈现出遗产所表达的文化重要性。在这一过程中，"讲述"的角度和方式就变得更为重要。从柯布西耶系列遗产的申遗历程，可以看到作为遗产实体存在的建筑与所讲述的"故事"之间的有趣关系。"故事"构成了一个更为系统的框架，对"故事"框架的调整会赋予遗产构成要素更为精彩和独特的价值特征（图 6）。这种基于文化表达的遗产价值表述，也通过世界遗产体系影响到其他层面，如国家或地方文化遗产保护的发展趋势。近年来，基于世界遗产表达方式的"日本遗产"（Japan Heritage）体系的出现就反映了这样的影响。针对这样的价值表达方式，需要注意到的问题是：真实性和完整性的概念在世界遗产和与之相似的体系下强的是遗产构成要素本身的真实性和完整性，还是通过遗产构成要素所讲述的"故事"——"文化重要性"（Cultural Significance）所具有的真实性和完整性？这两者之间的关系应当怎样处理？

在 2016 年的第 40 届世界遗产大会上另一位现代主义建筑大师赖特的建筑

图6　拉图雷特修道院　作品——"弗兰克·劳埃德·赖特重要的现代建筑作品"（Key Works of Modern

Architecture by Frank Lloyd Wright）基于价值标准 i 和标准 ii 提交大会进行系列申报，共包括 10 项建筑作品。在评估报告中，ICOMOS 认为缔约国的价值阐释不清，应该推迟列入。赖特系列遗产存在的问题与柯布西耶系列遗产在 2009 年第一次申报时基本相同。缔约国在大会上迅速做出反应，将 10 项建筑作品删减为 4 项，并仅以标准 i 进行申报。这一修改基本按照 2011 年 ICOMOS 对二次申报的柯布西耶系列遗产所做建议的方向进行。然而有趣的是，委员会依然不认同这一申报，一方面 ICOMOS 认为即使缩减为 4 项，作为整体的关联性仍然不强，不应作为系列遗产申报；另一方面大多数委员会成员国认为赖特作为现代主义建筑大师，仅按照"杰作"的标准申报其 4 项作品过于草率，远不足以表现赖特的影响力，这样的申报对赖特毕生的贡献是一种损害。由于委员会无法形成统一的共识，审议进入投票环节，最终赖特的系列遗产以 8 票支持列入、10 票反对、3 票弃权的结果被发还待议。

从 ICOMOS 最开始不支持缔约国以阐释柯布西耶作品及思想影响力为主进行申遗，到第 40 届世界遗产大会上赖特系列遗产希望仅仅以杰作的名义申遗被委员会驳回，可以发现未来世界遗产的发展似乎会更加注重价值的阐释，以一种更明确、更有力的价值阐述方式列入《名录》对于遗产本身，以及相关缔约国更加至关重要，而这或将成为世界遗产取得数量与质量之间平衡的一种方式。对于一些潜在价值可能符合列入标准的遗产地来说，如何列入，是否以更具影响力的价值阐述列入，可能会成为世界遗产委员会、世界遗产中心、咨询机构未来考察的重点。对于缔约国而言，这或许会成为一个难得的机遇，它们将更有机会利用世界遗产这个平台在全世界面前展现自己国家历史、文化的影响力，而每个国家对于自身的充分表达，也将有助于增进文化与地区间的相互理解。这同样符合联合国教科文组织的宗旨，最终助力世界和平事业的建设。世界遗产在这样的发展中影响力将不断延伸，意义更加深刻，促使更多的人参与到遗产保护当中，从而实现遗产保护从少数人的专业到大众事业的蜕变。

争议中的世界遗产

文／赵东旭

众所周知，《世界遗产公约》（以下简称《公约》）的主要目的是通过国际合作保护面临威胁的重要文化和自然遗产，因为这些遗产不只属于一国一民，于全世界都具有重要意义。观察早期列入《名录》的遗产地分布，基本呈现出一种从欧洲和北美"向南看"的趋势：一方面是具有保护传统、遗产保护国际合作的发起国、在保护领域起到示范作用的欧美国家，一方面是即便今日仍需要大量国际援助进行遗产保护，很多遗产已进入濒危名录的非洲、拉丁美洲与加勒比地区。以1978年第一批列入《名录》的12项遗产为例，其中属于欧洲及北美地区的有7项，非洲3项（其中1项已被列入《濒危名录》），拉丁美洲及加勒比地区2项。

《公约》合作与互助的精神很好地体现了联合国教科文组织建立之初的宗旨，即通过人类道德和智慧的团结实现和平[1]，通过遗产保护促进国际交流，加深相互了解，减少文化隔阂和纷争，也因此《公约》受到了国际社会的热烈欢迎。《公约》在订立至今的40多年里，已有191个缔约国，1031处遗产地被列入《世界遗产名录》，世界遗产成了联合国教科文组织的旗舰项目。从某种程度上来说，《公约》的成功程度已经远远超出了订立之初的预期。

伴随着缔约国和遗产地数量的激增，《公约》影响力的日益扩大，很多新的问题、挑战和机遇逐渐浮现；《公约》的意义也在悄然且深刻地发生着变化，保护遗产免受侵害仍是《公约》的根本，但如何利用遗产在社会、环境、经济和文化的可持续发展中发挥重要作用，已成为世界各国现今着重关注的议题。联合国教科文组织在中期报告中强调文化遗产的保护是建设和平和可持续发展的重要促进因素，遗产保护的"工具化"趋势日渐鲜明。

此外，工具化趋势的另一种表现是世界遗产——特别是文化遗产，并且成为一些国家合法化自身其他方面利益诉求的手段，如领土、历史解释权等。显而易见，这样的诉求多与他国存在争议，以遗产声张这方面的权益，无论正当与否，都会

---

1 In 1945, UNESCO was created in order to respond to the firm belief of nations, forged by two world wars in less than a generation, that political and economic agreements are not enough to build a lasting peace. Peace must be established on the basis of humanity's moral and intellectual solidarity.

引起缔约国之间的不和与冲突。如本届大会上日本明治工业遗产的申遗，由于部分缔约国对于历史的不同认知，造成了"价值观上的撕裂"，这无疑与联合国教科文组织和《公约》的精神相背离。在以和平与发展为主题的《名录》上，存在争议的遗产并非仅此一例，且多成了相关各国再起龃龉的原因。这些遗产价值本身之外的纠葛，使得遗产名录中一些国家的遗产成为另一些国家眼中的"负面遗产"，甚至是"耻辱柱"，这无疑有悖于世界遗产"突出普遍价值"的普适性。这种现象的发生与世界遗产的影响逐渐超越了文化领域，上升为国家事务有关，也因此委员会成员国和其他缔约国以遗产保护为切入点，寻求自身利益，甚至不惜与相关国家发生冲突的场景在世界遗产的舞台上不断上演。通过回顾《名录》中存在争议的代表性案例，更全面地了解世界遗产，或许有助于推动文化多样性背景下对于突出普遍价值的研究。无论如何，可以肯定的是建立一个于各国而言都可信的《名录》，符合各国的共同利益，是实现共赢的唯一途径。

1　领土争端

《公约》在订立之初，为了避免缔约国借《公约》损害他国领土主权，在多处都有反复申明。如：

> 第 6 条：
>
> ……
>
> 3. 本公约缔约国不得故意采取任何可能直接或间接损害本公约其他缔约国领土的、第 1 条和第 2 条中提及的文化和自然遗产的措施。
>
> 第 11 条：
>
> ……
>
> 3. 把一项财产列入《名录》需征得有关国家同意。当几个国家对某一领土的主权或管辖权均提出要求时，将该领土内的一项财产列入《名录》不得损害争端各方的权利。

因此，领土存在争议的世界遗产，其所处领土及周边领地理应经过国际法庭裁断，判定归属，或争议各方就遗产申报达成谅解。然而，这样的争端多有长时间的积怨，达成谅解着实不易，即便国际法庭做出裁决，双方矛盾往往也不能因为一次裁决而终结，而将这样的遗产地列入名录势必会给其中的一方带来伤害。（图 1、图 2）

图 1　从柏威夏寺围墙上俯瞰泰国（左）
图 2　柏威夏寺第五层门楼（右）

1.1　柬埔寨与泰国之争：柏威夏寺

　　柏威夏寺（Cambodia：Temple of Preah Vihear，2008）位于柬埔寨与泰国交界地区，自 20 世纪 50 年代开始，双方便因其及周边领土的归属而龃龉不断，甚至陈兵边境，但并未爆发武装冲突。这一争议的历史原因要追溯到 1904 年，当时占领柬埔寨的法国殖民政府与暹罗（泰国旧称）组成划界混合委员会，决定各派一个勘测组，测绘柬埔寨与暹罗的边界线。当时双方签署了边界条约，同意沿马夸山（又称扁担山）山脊划定边界。柏威夏寺位于崖顶，如按山脊划定边界，柏威夏寺全寺应在暹罗境内。3 年后，法国殖民政府一方完成了边界地图的绘制，将柏威夏寺划在了法属柬埔寨一侧，并于 1908 年将这份地图交给暹罗政府。暹罗政府当时并未对边界的划定提出任何异议，而且对法国殖民者表示了感谢。1934 年至 1935 年暹罗政府在一次调查中意外发现了该问题，但仍然使用了该地图，没有表示反对。

　　1953 年 11 月，柬埔寨脱离法国独立，法军撤出柏威夏省。次年泰国军队占领柏威夏寺。柬埔寨政府在 1959 年提出抗议，并将泰国告上了国际法庭。1962 年 6 月，国际法庭陪审团以 9 票赞成、3 票反对的结果裁定柏威夏寺归柬埔寨所有，同时以 7 票赞成、5 票反对的结果判决泰国向柬埔寨归还所有从寺庙中夺走的文物珍宝。这一判决因其在取证中地图胜于条约和对其他相关因素的考虑，成为国际法庭的著名判例。尽管泰国政府对此感到愤怒，但还是遵照裁决撤出了柏威夏寺。

　　1963 年 1 月，柬埔寨的西哈努克亲王举行了收复古寺的盛大典礼，并释放出和解的意愿，他宣布泰国公民无需签证便可以进入寺庙参观，泰国政府也不必归还所有先前流失的寺内文物，这一政策很好地维持了两国边界的和平。因柏威夏寺地处崖顶，上山道路均在泰国一侧，柬埔寨一侧均为峭壁，直至 2003 年柬埔寨修成盘山公路，方可从柬方登上柏威夏寺。2003 年以后，柬泰双方达成了合作开发柏威夏寺的协议。然而随着柬埔寨将柏威夏寺申报世界文化遗产，并拒绝了泰国共同申遗的建议，两国边界划分的争议再度升级。

2007年31届大会上，柬埔寨的申报因泰国的强烈反对而未能如愿进行。大会主席就柏威夏寺申遗一事发表了声明，获得了柬埔寨和泰国的赞同，双方在原则上达成了共识，并形成大会决议。柬泰两国双方一致认为柏威夏寺具有突出普遍价值，应尽快列入《名录》。双方同意在2008年32届世界遗产大会上由柬埔寨提交正式申请，泰国将积极支持。委员会基本认定柏威夏寺符合世遗标准 i、标准 ii、标准 iv，并原则上同意将其列入名录。同时要求柬埔寨制订一份管理规划，以使正式登录切实可行。

2008年，柬埔寨向世界遗产中心正式提交了申报文件，然而附属地图中遗产边界及缓冲区的划定引起了泰国方面的关注（图3），尽管柏威夏寺已裁决归柬埔寨所有，但其周边4.6平方千米的土地仍属于有争议地区。时任泰国外长诺巴敦在获得内阁和多名军事将领同意后，于6月18日（5月22日和23日的说法有误）与柬埔寨发表了一份联合公报，双方就遗产边界及缓冲区的划定达成了妥协。公报表示泰国支持柬埔寨在32届世界遗产大会上申报柏威夏寺，并认同柬埔寨在附属地图中提供的新的遗产边界及东侧和南侧的缓冲区。柬埔寨则以善意和解的精神，在提名文件中缩小了遗产边界，仅限于神庙本身，并去除北侧和西侧缓冲区（图4）。然而这一联合公报激起了泰国国内的强烈反对，反对党和大批民众指责总理和外长丧权辱国。

最终7月7日，在32届世界遗产大会上，遗产边界修改后的柏威夏寺加入了《名录》，但因为去除了周围的山形地理环境，仅剩余神庙本身，在列入标准中去掉了标准 ii、标准 iv，仅以标准 i 列入名录。同时遵照泰国法院的禁令，泰国政府中止了柬泰联合公报，公报被废止。委员会表达了将来能够拓展申报柏威夏寺周边景观及相关价值的希望。要求柬埔寨在将来提交一份完整的管理规划。

图3　紫色为世界遗产边界，绿色为缓冲区（左）
图4　1为遗产边界，2为缓冲区，3为从缓冲区中除去的部分（右）

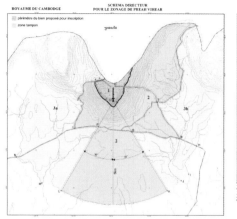

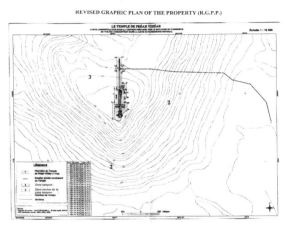

就在决议产生的第二天，7 月 8 日，泰国法院再次判决柬泰联合公报因事先没有取得国会批准而违宪，外长诺巴敦辞职。自此，柬泰边界形势愈发紧张，冲突逐渐升级。从 2008 年至 2011 年发生了多起武装冲突，造成了双方数十名军人丧生，上百人受伤。时任柬埔寨首相洪森形容，这不是"军事冲突"，而是"真正的战争"。

2011 年，柬埔寨完成管理规划的制订，提交当年的世界遗产委员会大会审议，泰国作为当时的委员会成员国，为了表示抗议，退出了委员会。直至 2013 年 11 月 11 日，海牙国际法庭就柏威夏寺周边地区的领土纠纷做出裁决，裁定柬埔寨拥有整个柏威夏寺地区的全部领土，算是给柏威夏寺之争在法理上画上了一个句号。然而现实情况会如何演化，两国是否会再起冲突，仍需要时间的检验。毕竟柏威夏寺于两国民众和信徒而言都是重要的文化遗产和精神依托，合作管理、共同开发，并以此为契机化解两国的矛盾和民众的怨恨，是从根本上解决这一问题的唯一途径，值得双方不懈地探索，为后人做出表率。

1.2　巴勒斯坦与以色列之争："橄榄和葡萄之地——耶路撒冷南部文化景观"

2014 年 38 届世界遗产大会上，巴勒斯坦的申报项目吸引了遗产界的广泛关注。橄榄和葡萄之地——耶路撒冷南部文化景观（Palestine：Land of Olives and Vines-Cultural Landscape of Southern Jerusalem，Battir，2014），巴勒斯坦将其作为紧急申报（Emergency Nomination）提交世界遗产中心，原因如下：

（1）景观在社会文化和地缘政治的转变下变得脆弱，可能会对其真实性和完整性造成不能逆转的伤害。

（2）一个建造隔离墙的计划可能会切断农民与几个世纪来他们一直耕种的土地的联系。[1]

《实施〈保护世界文化与自然遗产公约〉的操作指南》第 161 条对紧急申报的条件和处理方法做了如下规定：如某项遗产在相关咨询机构看来毫无疑问符合列入《名录》的标准，且因为自然或人为因素而受到损害或面临某种重大的危险，其申报材料的提交和受理不适用通常的时间表和关于材料完整性的定义。这类申报将被紧急受理，可能会被同时列入《名录》和《濒危世界遗产名录》。（图 5）

根据以上原因和条款，这一遗产得以按照紧急情况进行受理，世界遗产中心派出 ICOMOS 的专业团队对遗产价值和事态的紧急程度进行了全面评估。

1　The landscape has become vulnerable under the impact of socio-cultural and geo-political transformations that may bring irreversible damage to its authenticity and integrity；A plan to star t the construction of separation wall could cut off farmers from fields they cultivated for centuries.

图 5　橄榄和葡萄之地——耶路撒冷南部文化景观

　　值得注意的是，巴勒斯坦提名的耶路撒冷南部文化景观地处巴勒斯坦与以色列的领土争议地区。长期以来，双方为了争夺这些地区的实际控制权采取了各种措施，其中巴勒斯坦最常见的手段便是在这些区域大面积种植橄榄树。这一方式有两大好处，一方面橄榄树四季常青，极易存活，且经济价值高，是巴勒斯坦经济收入的主要来源；另一方面可以通过这种方式占领土地，宣示主权。以色列则多针锋相对地采取修建隔离墙、划定安全区（即无人区）的手段，并将剩余的土地分发给犹太定居者。双方以这样的方式对抗了多年，并时常因此爆发一些流血冲突。2014 年 12 月，巴勒斯坦联合政府定居地事务部长齐亚德·阿布·艾因在抗议以色列禁止巴勒斯坦人种植橄榄树的示威活动中，遭到以色列士兵击打胸部身亡，让全世界更加关注这一问题，可以说这是一场没有硝烟的战争。巴勒斯坦将争议地区的橄榄和葡萄园申报世界遗产的行为无疑极大地刺激了以色列的神经。

　　排除遗产中的政治因素，就其本身的价值而言，国际古迹遗址理事会作为专业咨询机构在评估报告中给出了自己的意见："国际古迹遗址理事会不认为橄榄和葡萄之地——耶路撒冷南部文化景观这一提名切实符合突出普遍价值，且存在多种威胁因素。国际古迹遗址理事会没有发现其面临世界遗产委员会的决议能保证其安全的紧急情况。"[1] 并且遗产的真实性和完整性也不完善，因而提交给委员会的建议是不予列入。

1　ICOMOS does not consider that the present nomination of Palestine：Land of Olives and Vines Cultural Landscape of Southern Jerusalem，Battir，Palestine，is unquestionably of OUV； and，while several threats have been identified for this property. ICOMOS has not found that it faces and emergency for which an immediate decision by the world Heritage Committee could ensure its safeguarding.

这一建议在委员会大会中引发了激烈的讨论，委员会分裂成两个阵营。一方是以伊斯兰国家为代表支持列入的国家，包括黎巴嫩、土耳其、阿尔及利亚、卡塔尔、马来西亚等，认为遗产本身具有突出普遍价值，且隔离墙的修建使其处于极度的危险之中，应当紧急列入。此外，印度、牙买加、塞内加尔也表示应该列入。另一方是以德国为代表的西方国家认同国际古迹遗址理事会的建议，认为不应列入。双方长时间争论不下，无法达成一致，最终在德国的提议下进行匿名投票，芬兰、克罗地亚等国家表示赞同。匿名投票是大会有史以来极少发生的状况，从世界遗产"突出普遍价值"这一标准的确立便可以看出，《公约》处处体现着联合国教科文组织的根本目标，即消弭隔阂，团结合作以实现和平发展，共识和一致是每届委员会大会的主题，而投票无疑是最无奈的选择，其意味着分歧无法弥合，遗产的普遍性在这里受到了挑战。最终，橄榄和葡萄之地——耶路撒冷南部文化景观以 14 票有效，其中 11 票赞成、3 票反对的结果成功列入《名录》，同时进入《濒危世界遗产名录》。这一结果令巴勒斯坦欢欣鼓舞，很多国家也纷纷表示祝贺，然而以色列在之后的发言中表示巴勒斯坦的遗产地不具备突出普遍价值，反对世界遗产被政治目的利用，应切实维护《公约》的公信力，并声称这是世界遗产史上"最黑暗"的一天。成功列入《名录》理应是值得庆贺的，然而以撕裂国际社会为代价无疑令人遗憾。

2   阐释争端

2.1   日美中之争：广岛和平纪念公园（原爆遗址）

1996 年，日本对广岛和平公园（原爆遗址）[Hiroshima Peace Memorial（Genbaku Dome），1996] 的申报引起了美国和中国的不满。遗址的核心是俗称为"原爆圆顶屋"的原子弹爆炸遗址。1945 年 8 月 6 日，美国为尽快结束第二次世界大战太平洋战场对日战争，减少美军的战斗伤亡，在广岛投下了人类历史上的第一颗原子弹。二战时广岛是日军重要的军事工业基地，其最为倚重的军工企业三菱重工便设址于此，同时陆军运输部、工兵作业场均聚集于此，可以说是日本战争的发动机，有"军都"之称。"原爆圆顶屋"位于广岛市中心、元安川河畔。这座建筑原为广岛县产业促进馆，是捷克建筑师简·勒泽尔设计的一座新古典主义框架结构钢筋混凝土建筑。建筑主体为地下一层、地上三层，中心圆顶部分为五层。由于原子弹在其正上方爆炸，冲击波垂直落下，中心圆顶部分的墙壁免遭倒塌，但屋顶及地面结构完全破坏，除中心部分外，一楼以上的墙壁全部倒塌，周围处于爆炸中心附近的建筑物几乎全数被夷为平地，仅此圆顶屋勉强屹立没有倾倒，可以说是个奇迹，其在经历了原子弹爆炸引起的大火后，就形成了目前所看到的露出钢架的圆屋顶形状（图6）。

图6　广岛和平公园原爆圆顶屋

广岛和平公园自1950年开始建设，至1964年结束，"原爆圆顶屋"是公园的地标。从1952年开始，每年的8月6日公园都组织"广岛和平纪念仪式"（Hiroshima Peace Memorial Ceremony）。2015年的"原子弹爆炸遇难者悼念暨和平祈愿仪式"（和平纪念仪式），有100个国家及欧盟的代表参加，美国首次派高官出席，中国缺席。

回到1996年的第20届世界遗产大会，国际古迹遗址理事会对于日本广岛和平纪念公园（原爆遗址）的评估报告显得颇为另类。在报告中，日本作为申请国认为遗址具有三方面的重要意义：第一，广岛和平纪念公园（原爆遗址）是人类历史上原子弹首次作为武器使用造成巨大灾难的永久见证；第二，"原爆圆顶屋"是爆炸后灾难情景的唯一遗存；第三，"原爆圆顶屋"是全人类共同的纪念碑，象征了对永久和平与在地球上最终消除原子武器的希望。然而日本并没有提出这些意义符合世界遗产的哪条价值标准（图7）。世界遗产评选的根本是价值的甄别，判断申请项目是否符合世遗的价值标准，没有价值标准，意味着申请国无法围绕其进行价值阐释，也就无法证明其具备加入《名录》的资格。另外，日本在申请文本中没有任何比较研究，仅以一句"世界上任何地方都没有可以比较的建筑"[1]带过，事实上比较研究是证明遗产具有突出普遍价值的重要部分，固然世上再无如此的建筑，但究其本质，仍可从意义表达上找到与其相近的世界遗产，即负面遗产，如波兰的奥斯维辛集中营等。从某个角度上来说，世界上的任何建筑、景观、遗址都是唯一的，但同样是可以比较的，只有比较才会有差异，有差异才能证明其突出。可以说，日本的申遗准备工作并不充分，研究并不深入，甚至有些"潦草"。然而这样的项目却得到了国际古迹遗址理事会的肯定，国际古迹遗址理事会甚至在评估报告中为广岛和平纪念公园（原爆遗址）选择了价值标准，编写了价值描述，认为其是人类有史以来所创造的最具破坏性的力量释放后，半个多世纪以来世界和平事业成就的有力象征[2]，可以作为特例（Exceptionally），仅以世

1　There is no comparable building anywhere in the world.

2　The Hiroshima Peace Memorial，Genbaku Dome，is a stark and powerful symbol of the achievement of world peace for more than half a century following the unleashing of the most destructive force ever created by humankind.

界遗产标准 vi 列入《名录》。国际古迹遗址理事会作为世界遗产委员会和申请国之间独立的第三方专业咨询机构，职责仅在客观地评价遗产地是否符合世界遗产的标准，不服务于任何一方，这样的做法着实不太平常，其应具有的客观立场和专业性值得怀疑。

日本广岛和平纪念公园的申遗，无疑将美国作为灾难的加害者钉在了历史的耻辱柱上，美国作为第二次世界大战的战胜国，击败法西斯的正义之师，自然强烈反对这一申请。中国则认为日本作为战争真正的加害国，有意借此伪装成受害国，淡化自己侵略者的形象，回避历史责任，在国际社会上获得同情，博得好感，因而中国与美国站在同一立场反对日本申遗，一并开展相关的外交工作。然而就在即将审议日本申遗项目的前夕，美国紧急通知中国，出于国家利益的考虑，美国将不再实质性阻止日本申遗，仅在大会上发表一份声明，表明美方立场。这着实令中国措手不及。作为日美达成妥协的一部分，日本在申遗文本中删去了"人类历史上原子弹首次作为武器使用"[1] 的内容。最终，日本广岛和平纪念公园（原爆遗址）作为特例成功以标准 vi 入列《名录》，在遗产描述中没有出现原子弹首次作为武器使用的内容，仅说明为第一颗原子弹（First Atomic Bomb）。美国在会上发表了声明，声明中表示美日是亲密的盟友，拥有深厚的友谊，但即便如此，也不能支持日本将原爆遗址列入遗产名录。美国使用原子武器是为了终结第二次世界大战，这是理解广岛悲剧的关键。任何对 1945 年那段时期的检视都应被放在正确的历史背景下。[2] 同时美国表示战争遗址的列入超出了《公约》的范围，强烈要求委员会澄清战争遗址之于《名录》的适宜性。[3] 美国声明中的观点无疑是具有建设性的，其从法理上认识到了此类遗产与《公约》精神的背离，战争是对人类社会的撕裂，战争遗址的列入无疑是对世界和平与国际社会的撕裂，有违联合国教科文组织的宗旨，不禁令世人抱憾。中国在委员会形成决议之前，对赞成列入一事保留意见，并发表了声明，表示第二次世界大战中亚洲其他国家遭受了巨大的财产和生命损失。今天日本仍有少数人试图否认历史事实。在这种情况下将广岛和平纪念公园（原爆遗址）列入世界遗产，即便以特例的形式，仍可能被日本少数居心叵测的人利用，这样的做法并不能保障世界的和平与安全。

---

1   The atomic bomb was used as a weapon for the first time in the history of mankind.

2   The events ante-cedent to the United States use of atomic weapons to end World War II are key to understanding the tragedy of Hiroshima. Any examination of the period leading up to 1945 should be placed in the appropriate historical context.

3   The United States believes the inscription of war sites outside the scope of the Convention. We urge the Committee to address the question of the suitability of war sites for the World Heritage List.

可以说，日本广岛和平纪念公园（原爆遗址）的申报开启了缔约国政治化利用《公约》的先河。这是非常危险的信号，这样的遗产会引发缔约国之间的纠纷，并继而利用《名录》相互报复，长此以往，《名录》的可信度便会大打折扣，《公约》所体现的团结合作、相互对话、彼此尊重的精神便荡然无存，联合国教科文组织以此团结各国实现和平的目标只会是一座空中楼阁。这样的趋势着实需要引起世界遗产中心以至整个联合国教科文组织的充分重视。

2.2　日韩中之争：日本明治工业革命遗址——钢铁、造船与采矿工业

"日本明治工业革命遗址：钢铁、造船与采矿工业"（Sites of Japan's Meiji Industrial Revolution：Iron and Steel，Shipbuilding and Coal Mining，2015）在申报之初名为"日本明治工业革命遗址：九州、山口及相关地区"，涉及九州地区的福冈、佐贺、长崎、熊本、鹿儿岛5县，和本州地区的山口、岩手、静冈3县。在最初的申遗名称中，山口作为一个县，与整个九州地区并列，其背后的原因是松下村塾位于山口县。松下村塾在日本近代化时期具有独特而重要的地位，创办者吉田松阴早年至江户游学时恰逢"黑船事件"发生，使其备感愤慨，著文疾呼民族危亡，力倡"尊王攘夷"之思想。后得长州藩藩主许可，吉田松阴兴办松下村塾，传授兵法。在藩吏、公卿组织的武装行动失败后，他提出"草莽崛起论"，主张依靠豪农豪商、浪人和下级武士，利用人民群众武装推翻幕府，成为倒幕维新运动重要的指导思想。

更加触动周边国家及国民神经的是，"日本明治工业革命遗址"所包含的23处设施中，多处涉及使用从亚洲各国强征的劳工：高岛煤矿、端岛煤矿、三池煤炭等曾奴役中国劳工，"共有2316名中国人曾被迫在恶劣条件下劳动多年，其中有323人在日本身亡"（数据源自中国代表团就"日本明治工业革命遗址"的声明）；包括煤矿、造船厂、钢厂在内的7个设施，曾使用日本从1910年至1945年自朝鲜半岛强征的5.79万名劳工。此外，这一遗址还涉及役使来自东南亚的强制劳工和美澳等国战俘。日本在申遗文本中回避了这部分历史，将申报中明治工业革命的时间截止在1910年，即《日韩合并条约》签署之前。（图8）

早在2013年9月，日本政府便决定将"明治工业革命遗址"向联合国教科文组织推荐申报世界遗产，并于2014

图8　日本明治时期工业革命遗址

年 1 月提交了申报文本。当年秋季国际古迹遗址理事会评估团队访问日本，现场考察了遗址。据相关消息称，日本在这一项目的申遗过程中采取了与以往遗产筛选和申报极为不同的做法：直接由首相府指定，专门邀请国际工业遗产委员会的外国专家编写申遗文本。

反对的声音最早来自韩国。2015 年 3 月 31 日，韩国外交部发言人鲁光镒表示，韩国政府反对将记载有韩国劳工血泪史的设施申请为世界遗产，并将通过外交手段阻止相关设施被列入《名录》。4 月 29 日，韩国常驻联合国教科文组织大使李炳铉会晤教科文组织总干事伊琳娜·博科娃时，对日本政府申遗一事表达了担忧。5 月 19 日，韩国外交部部长尹炳世与赴韩访问的博科娃举行会谈，称"不能因日本的单方面申遗而分裂世界遗产委员会"。5 月 20 日，韩国总统朴槿惠对博科娃表示，不能将有着"非人道强制劳动历史"的设施列入世遗名录。朴槿惠指出，"日本明治工业革命遗址"的多处设施曾使用被强征的劳工，日本为其申遗不仅违反《世界遗产公约》的基本精神，还会引发各国之间的分歧。

中国外交部发言人华春莹 5 月 14 日明确表示"强烈关注此事"，反对申报，认为日本在多处设施中使用了来自中国、朝鲜半岛以及其他亚洲国家被强征的劳工，是日本军国主义犯下的严重罪行。朝鲜《劳动新闻》则在社论中指出，日本此举完全是在亵渎人类文明。朝鲜朝中社谴责日本申遗的工业设施就是"杀人现场"，通过申遗为日本殖民统治朝鲜半岛 40 年的历史正名，是亵渎人性的罪行，不可原谅。新加坡《联合早报》在社论中认为，东京此举是在揭历史伤疤，使其更难愈合。

在一片强烈的反对声中，日本内阁官方于 5 月 4 日宣布专业咨询机构国际古迹遗址理事会建议"明治工业革命遗址"列入《名录》。日本要求韩国"不要将遗产问题政治化"，列举了遗址符合申遗标准的三点理由：（1）作为 19 世纪 50 年代至 1910 年的工业遗址具有价值；（2）遗址的对象时代与征用朝鲜半岛劳工问题不同；（3）国际古迹遗址理事会已建议将其列入《名录》。与此同时，日本派出 7 名高官前往 15 个国家进行游说。韩国随即展开反击，指出是日本在故意将这一问题政治化，责任完全在日本方面，并呼吁相关国家联合起来，反对日本申遗。

由于韩国是 39 届世界遗产大会委员会成员国，其态度对日本申遗能否成功至关重要。5 月 22 日，6 月 9 日，日本与韩国先后举行了两轮磋商，试图协调双方立场，但均无果而终。事情在世界遗产大会开幕前夕出现了转机，6 月 21 日至 22 日，韩国外交部部长尹炳世与日本外相岸田文雄在东京举行了第三轮会谈，双方在协商解决"日本明治工业革命遗址"申遗的问题上达成了一致。日本注意到韩国方面以遗址中"包括第二次世界大战时强征朝鲜半岛劳工的设施"为由反对申遗一事，日方提出了在设施的介绍资料中写入该相关历史的方案。韩国方面对此表现出了一定程度的理解，即韩国同意"日本明治工业革命遗址"有条件地列入《名录》。

　　第 39 届世界遗产大会期间，与日韩官方达成的默契不同，韩国 NGO 组织"历史真相与正义中心"（The Center for Historical Truth and Justice, Republic of Korea）（以下简称"中心"）在会场异常活跃，于 6 月 30 日下午 13：30 至 14：30，在大会主宾馆波恩 Maritim 酒店举办了以"世界遗产中的'道德'遗产及其面向未来的价值"（World Heritage Sites of Conscience and their Value for the Future）为题的边会，声讨日本在"明治工业革命遗址"申遗过程中，有意抹去在上述遗址强征朝鲜、中国劳工、战俘，并致大量劳工死亡的史实，称其为"负面遗产"。"中心"强烈呼吁大会重视"明治遗产"完整的历史表述，兼顾正反两方面的意见表达。会上，"中心"展示了大量的历史资料，先后请出 7 名来自多国（包含日本）演讲者进行了演讲，主题包括：世界遗产地奥斯维辛集中营、德国 LWL 工业博物馆正视强征劳工历史、日本在菲律宾强征劳工等。数十名参加世界遗产大会的国家代表、观察员出席了这一活动，并纷纷表示支持该"中心"的主张。（图 9）

　　"日本明治工业革命遗产"原定于 7 月 4 日进入大会的申报审议环节，但推测因为就强征朝鲜半岛劳工历史的阐释策略尚存争议而推迟至 5 日审议。7 月 5 日下午 3 时，世界遗产大会开始审议"日本明治工业革命遗址：钢铁、造船与采矿工业"。国际古迹遗址理事会首先作为专业咨询机构与世界遗产中心秘书处一同对遗址的评估结果进行了说明，认为遗址很好地代表了日本近代工业与西方技术的交流，是近代工业遗产的典型代表，符合标准 ii、标准 iv，建议列入。随后出乎所有人意料的是，德国大会主席突然宣布日本和韩国已达成谅解，将进入由委员会成员国德国提议的特殊审议程序，要求各委员国和缔约国予以尊重，并解释了这一程序的 19 点"要求"：

　　（1）没有讨论，直接进入决议阶段。

　　（2）对决议草案中的一处进行修改之后通过决议。

　　（3）修改为增加一处脚注。

　　（4）脚注关于日方声明，韩国和日本已就此声明达成一致。

　　（5）日方声明已写就并散发。

　　（6）决议通过之后，日本将口述这一声明。

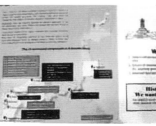

图 9　韩国 NGO 组织抗议宣传册

（7）日方声明有英语和法语两个版本，工作组的工作语言是英语和法语。

（8）日韩双方就英语版本进行讨论，英语版本是有效力的版本，法语版本仅是英语版本的翻译。

（9）日方声明将仅以英语展示。

（10）日方声明将成为决议的一部分，德国应日本要求对决议草案进行了修改，并呈交秘书处。

（11）决议通过之前，大会书记员将朗读这一修改。

（12）德国代表将简要解释这一修改。

（13）在此之后，鉴于参考信息已经提供，将有几分钟时间熟悉日方声明。

（14）之后，德国修改的决议草案将被一致通过。

（15）所有委员国和缔约国就此克制自己的言论。

（16）在成功列入之后，日本将发表声明。

（17）在此之后，韩国将发表声明。

（18）日韩双方声明发表过后，大会主席将作简短发言。

（19）希望所有委员国和缔约国同意这些要求。

随后，大会主席迅速宣布成员国接受这一特殊审议程序，程序就此生效，并依据程序进入决议阶段。应主席要求，大会书记员朗读了决议草案中添加的脚注："世界遗产委员会注意到日本的声明，涉及段落 4.g 中关于允许理解每处遗址全部历史的阐释策略，声明将被收录在大会记录中。"[1] 德国代表随即对决议修改做出了简短说明。依照特殊程序，大会主席给予成员国时间以熟悉日本的声明。约一分钟过后，主席宣布修改的决议被通过。又约半分钟，大会主席宣布日本"明治遗产"成功列入《名录》，现场响起掌声。在此之后，日本驻 UNESCO 代表佐藤地发表了声明，声明中表示：

"日本政府尊重国际古迹遗址理事会从技术和专业角度就'阐释策略'提出的建议，日本将真诚地对待这项建议，使阐释策略能让人们'理解每一处遗产地的完整历史'。"

"更具体地说，日本准备采取措施，让人们了解到，20 世纪 40 年代和第二次世界大战期间，曾有大量韩国人和其他国家的人在违背本人意愿的情况下被带到其中一部分遗产地，并被迫在严酷条件下工作，日本政府在此期间也实施了征用政策。"

---

1 The World Heritage Committee takes note of the statement made by Japan, as regards the interpretive strategy that allows an understanding of the full history of each site as referred to in paragraph 4.g, which is contained in the Summary Record of the session（document WHC15/39.COM/INF.19）.（来源：whc15-39com-19-en，p180）

"日本准备在阐释策略中纳入适当的措施来牢记那些被害者，如建立信息中心……"

随后，韩国外交部第二次官赵兑烈发表了声明：

"大韩民国政府以最严肃的态度对待刚才日本政府面对本届委员会发表的声明，声明中（日本）承认：'曾有大量韩国人和其他国家的人在违背本人意愿的情况下被带到其中部分的遗产地，并被迫在严酷的条件下进行工作，且准备在阐释策略中纳入适当的措施来牢记那些被害者，如建立信息中心。'韩国政府对本届委员会的权威抱有充分的信心，并相信日本政府将真诚地落实他们今天在这个庄严的机构面前宣布准备采取的措施。因此，决定加入委员会对此项申报达成的一致决议。"

……

"韩国政府提请委员会能关注建议决议第六节的内容，（该节）建议日本'考虑邀请国际古迹遗址理事会就如何实施（其）建议提供指导'。我们也相信，委员会将继续追踪以确保日本能够完全实施其措施和建议，直到2018年的42届大会为止，届时委员会将按计划审查要求日本在2017年12月1日前递交给世界遗产中心的进度报告。"

"今天的决议向牢记受害者的痛苦和折磨迈出了重要的一步，愈合了痛苦的历史创伤，并再次确认，应该以客观的态度反省有关不幸过去的历史真相。……"

最后，大会主席作总结陈词，表示信任是最重要的基石，这一案例再次体现了《世界遗产公约》的精神和力量，在最困难的时候团结了缔约国，这次合作为日本和韩国的友谊打下基础。

值得注意的是，"日本明治工业革命遗址"之所以如此特别却又顺利地列入，是因为12月5日中午，大会主席与日韩之外的19个委员会成员国举行了闭门会议，并就下午通过列入明治工业遗产的19条"要求"达成了谅解。日本申遗成功后，中国代表团向大会主席表达了强烈的不满，大会主席拒绝了散发中方声明的要求。在这种情况下，中国代表团自行向委员会成员国散发了口头声明。

事实上，大会决议正文和脚注中"允许理解每处遗址的全部历史"（Allow Understanding of the Full History of Each of the Sites）的说法最早来自国际古迹遗址理事会的考察评估报告。但相对于长达16页的报告而言，这一建议仅出现两次，共计不足3行，极易被人忽略。作为《公约》规定的专业咨询机构，国际古迹遗址理事会最终"建议列入"的评估结果明显表现出对这一遗产负面价值的忽视。这进一步反映了现行《操作指南》的局限性，"历史完整性"的概念并非对申遗文本的硬性要求。尽管著名学者尤嘎·尤基莱托（Jukka Jukilehto）在 "What is OUV?"（突出普遍价值是什么？）中提出完整性包括 "历史—结构完整性"（Historical—Structural Integrity），但无奈其理解也是多种多样的，可以仅限于遗产要素本身的历史演变与现状构成的完整性。

关于 "日本明治工业革命遗址" 的争论，并未因其申遗成功而结束。在韩国看来日方声明是日本首次公开承认朝鲜人被日本强制劳动的历史，并期待这将有助于韩日关系的进一步发展。然而日本却不这么认为，日本外相岸田文雄坚称，日语中 "被强迫劳动"（Forced to Work）与 "强制劳工／劳动"（Forced Labour）的含义不同。在日本政府发给日本媒体刊登的日文翻译文件初稿中，并未有 "强制劳动" 字眼，而是用可被理解为 "以致劳动"、"从事劳动" 的词语代替。这并不能充分表达 "强制" 一词带有的语境。《韩国时报》在一篇社论中指出，只要看一看第二次世界大战后纽伦堡国际军事法庭发布的声明，就会了解 "被强迫劳动" 与 "强制劳工" 用来表达相同的意思。

日本如此不愿触及 "强制劳动" 一词，是因为该词汇涉及国际劳工组织（International Labour Organization，简称 ILO，现为联合国下属组织）于 1930 年 6 月通过的《强迫或强制劳动公约》（Forced Labour Convention，简称第 29 号公约）。至今仍有大量当年幸存的中韩被强制劳工状告日本政府，要求公开道歉和赔偿。日本作为该公约的缔约国，一旦承认很可能要承担相应的法律责任。

第 29 号公约对 "强迫或强制劳动" 的定义为 "以任何惩罚相威胁，强迫任何人从事的非本人自愿的一切劳动或服务"[1]。值得注意的是，第 29 号公约规定某些行为不包含在公约所说 "强迫或强制劳动" 之中，"就本公约而言，'强迫或强制劳动' 一词不应包括：……（d）在紧急情况下，即发生战争、灾害或灾害威胁，如火灾、水灾、饥荒、地震、恶性流行病或动物流行病、动物、昆虫或有害植物寄生虫的侵害等，总之，在一切可能危及全体或部分居民的生存或安宁的情况下强制付出的劳动或服务……" 这是日本坚称并非 "强制劳动" 的另一条理由。

1910 年 8 月，日本与大韩帝国（原称朝鲜王朝）签署《日韩合并条约》，大韩帝国自此不存。今天朝鲜、韩国将此条约视为不平等条约，这一时期为殖民统治时期。日本则一贯主张条约符合当时的国际法，并没有将朝鲜半岛视为殖民地，而是作为日本国的一部分，因而日本政府主张，日本过去根据合法条约对朝鲜半岛进行统治，强制征用朝鲜半岛劳工应被视为在紧急情况下 "动员本国国民"，排除在公约所规定的 "强迫或强制劳动" 之外。

1　For the purposes of this Convention the term forced or compulsory labour shall mean all work or service which is exacted from any person under the menace of any penalty and for which the said person has not offered himself voluntarily.（来源 http：∥www.ilo.org/ dyn/normlex/en/f?p=NOR MLEXPUB：12100：0：：NO：：P12100_ILO_CODE：C029）.

　　申遗成功后，日本官方长官菅义伟在记者会上表示："完全没有强制劳动的含义。"其重申："政府的一贯立场完全没有改变。征用政策记述了从 1944 年 9 月至 1945 年 8 月为止，基于《国民征用令》征用了朝鲜半岛人员。"直至今日，国际法庭并未就这段历史做出裁决，一方面是因为韩国不是第 29 号公约的缔约国，从未提起诉讼，更深层的原因是第二次世界大战后，战胜国与战败国日本曾签署《旧金山对日和平条约》，当时朝鲜人民民主主义共和国和大韩民国因争论谁是朝鲜半岛的合法代表而都没有在条约上签字。此后，日韩双方曾数次就签署和平条约进行过谈判，但都因为分歧过大无法弥合不欢而散。直至 20 世纪 50 年代末 60 年代初，当时东亚的国际形势发生转变，朴正熙在韩国通过军事政变上台，在冷战的背景下，韩国迫于朝鲜的压力，急需外资发展自身实力。此时日本实现了经济复兴，史称"昭和景气"，经济实力快速增长，并急于寻求海外市场和廉价劳动力。双方找到了利益的契合点，韩国的朴正熙政府愿意在和平条约中做出让步，而日本承认大韩民国是朝鲜半岛的唯一合法代表。日韩最终于 1965 年签署了《日韩基本条约》，条约中回避了某些存在分歧的问题，包括劳工问题，而这为未来日韩之间发生问题留下了隐患。今天日本坚称在有关"强制劳动"的历史和劳工的个人索赔权问题，已通过 1965 年基本条约的附属文件《日韩请求权协定》完全彻底地解决，即不涉及"强制劳动"的说法，因而也不需要赔偿。

　　"日本明治工业革命遗址"所涉及问题之复杂，并非一个阐释策略就能完全解决，这样的遗址申遗，无论各方最终能否达成共识，都是对国际社会的撕裂。申报可能是争端的开始或再起，却不可能是结束。有消息称，韩国正在积极筹划将日本第二次世界大战时期强征朝鲜半岛劳工的史料申报世界记忆遗产。截至 2015 年 9 月已收集了 336797 件关于日本强征劳工的文件、照片和其他材料，很有可能于 2016 年正式提出申报。此时再来回想德国大会主席在日本申遗成功后所说的信任与友谊，是如此令人玩味。

3　世界遗产中的"负面遗产"UI 世界遗产标准 vi

　　日本的广岛和平纪念公园和明治工业革命遗址都不约而同地与一个名词产生了联系——负面遗产。或闪避或隐瞒或变相阐释，除去政治利用的各种可能，这些遗产都涉及人类历史上的某场灾难或某段黑暗岁月而为后人所铭记。这样的遗产并非个例，往往作为特例被列入《名录》，反映了国际社会对世界遗产的另一种认识。

3.1　戈雷岛

1978 年，第 2 届世界遗产大会上，塞内加尔的戈雷岛（Island of Gorée，1978）作为首批世界遗产登录《名录》。世界遗产中心网站对其的简短描述是：戈雷岛位于塞内加尔海岸不远处，与达喀尔隔海相望。从 15 世纪到 19 世纪，戈雷岛一直都是非洲海岸最大的奴隶贸易中心，历史上这里曾先后被葡萄牙人、荷兰人、英国人和法国人占领过。在戈雷岛上，既能看到奴隶住的简陋屋子，也能找到奴隶贸易商居住的优雅庭院，两类建筑物形成鲜明对比。今天的戈雷岛（图 10），依然能使人们记起那段人剥削人的历史，这里同时也是人们消除历史积怨、求得和解的神圣殿堂。[1]

可见，戈雷岛是不折不扣的“负面遗产”，反映了人类历史上奴隶贸易的黑暗历史，其仅依靠世界遗产标准 vi 被列入名录。1977 年，第一版《世界遗产公约》操作指南中文化遗产的标准共有 6 条（图 11），其中标准 vi 是“特别的历史意义”（Exceptional Historic Significance）。同年这条标准被更加精确地修订为“与具有突出的历史重要性或者意义的观念或信仰、事件或人物有最重要的联系。”[2] 与其他 5 条标准偏重历史证据不同，标准 vi 更加强调历史观，而历史观背后又是人或国家的价值观。历史证据尚可通过比较研究证明遗产的价值，而历史观几乎不可能通过比较分出优劣对错。一些人或国家认同的历史意义，极有可能不为另外一些人或国家认可，甚至持完全相反的意见。除非世界各国就遗产具有相同的历史认识，否则极易引起对立，广岛和平纪念公园便是一例。因而标准 vi 的确立，在一定程度上埋下了争端的种子。

戈雷岛被列入《名录》而未引起争议，主要是因为今天的欧洲各国作为

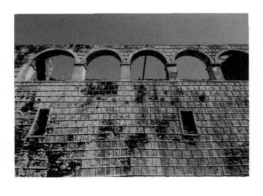

图 10　戈雷岛建筑遗址

v) Justification for inclusion in the World Heritage List

For cultural property

- Unique artistic or aesthetic achievement
- Outstanding importance in terms of influence on subsequent developments
- Rarity
- Significant example of a type of structure
- Vulnerability of traditional forms
- Exceptional historic significance

图 11　1977 年《操作指南》中关于文化遗产列入标准的阐述

---

1 The island of Gorée lies off the coast of Senegal, opposite Dakar. From the 15th to the 19th century, it was the largest slavetrading centre on the African coast. Ruled in succession by the Portuguese, Dutch, English and French, its architecture is characterized by the contrast between the grim slave-quarters and the elegant houses of the slave traders. Today it continues to serve as a reminder of human exploitation and as a sanctuary for reconciliation.（ 来源：http：//whc. unesco. org/en/list/26 ）.

2 Be most importantly associated with ideas or beliefs, with events or with persons, of outstanding historical importance or significance.

当年奴隶贸易的始作俑者，深刻反省了前人的非人道行为，并从各方面帮助非洲建设，包括遗产保护。戈雷岛的登录是人类对历史的反思和先人的缅怀，这样的"负面遗产"无疑具有正面意义。

3.2　前纳粹德国奥斯维辛－比克瑙集中营（1940-1945 年）

　　就在戈雷岛成功登录的第二年，1979 年 3 届大会上，另一处公认的人道主义灾难发生地——波兰奥斯维辛—比克瑙集中营（Auschwitz Birkenau：German Nazi Concentration and Extermination Camp（1940-1945）[1979]）同样以标准 vi 列入《名录》。其价值标准阐释为："奥斯维辛－比克瑙是纳粹政权（德国 1933-1945 年）有意识对犹太人进行种族灭绝，以及无数其他逝者的纪念碑，也是最大的反人类罪行之一的确凿证据。它同样是人类精神力量的纪念碑——在骇人的逆境中抵抗德国纳粹政权剥夺自由与自由之思想，清洗整个种族的罪行。这一遗址是整个人类铭记大屠杀、种族主义政策和野蛮暴行的关键场所。它是我们对人类历史上这一黑暗篇章的集体记忆，并将之传递给年轻一代。它是对极端观念和否定人类尊严会带来诸多威胁和悲剧后果的警示。"[1] 毫无疑问，奥斯维辛—比克瑙集中营是《名录》上的"负面遗产"，它的成功列入得益于德国战后诚恳的谢罪态度。

　　戈雷岛和奥斯维辛—比克瑙集中营的接连列入，似乎让世界遗产委员会产生了某些思考。这样的"负面遗产"应该成为世界遗产的主流吗？《名录》建立的目的是让人类反思人性中的黑暗和历史中的不光彩吗？1979 年的大会报告给出了当年委员会的意见：委员会决定将奥斯维辛集中营作为独特的遗址列入名录，并限制其他具有相似本质的遗址列入。[2]1980 年的大会上，委员会对世界遗产标准 vi 做出了修改：与具有突出普遍重要性的事件、观念或信仰具有直接的或者切实的联系（委员会认为根据这条标准列入必须只在特殊情况下，或者和其他标准联合申报）[3]。标准 vi 基本被取消了独立支撑申报的资格，只可做特例或联合其他标准申报，这意味着包含"负面遗产"在内强调精神联系和历史意义的遗产不再属于《名录》的主流。

---

1 Auschwitz–Birkenau, monument to the deliberate genocide of the Jews by the Nazi regime（Germany 1933-1945）and to the deaths of countless others bears irrefutable evidence to one of the greatest crimes ever perpetrated against humanity. It is also a monument to the strength of the human spirit which in appalling conditions of adversity resisted the efforts of the German Nazi regime to suppress freedom and free thought and to wipe out whole races. The site is a key place of memory for the whole of humankind for the holocaust, racist policies and barbarism; it is a place of our collective memory of this dark chapter in the history of humanity, of transmission to younger generations and a sign of warning of the many threats and tragic consequences of extreme ideologies and denial of human dignity.

2 The Committee decided to enter Auschwitz concentration camp on the List as a unique site and to restrict the inscription of other sites of a similar nature.

3 Be directly or tangibly associated with events or with ideas or beliefs of outstanding universal significance.（The Committee considered that this criterion should justify inclusion in the List only in exceptional circumstances or in conjunction with other criteria）

图 12   罗布恩岛监狱

3.3   罗布恩岛

1999 年 23 届大会上，南非的罗布恩岛（Robben Island〔1999〕）入列《名录》。罗布恩岛从 17 世纪到 20 世纪曾有过不同的用途，监狱、不受社会欢迎的人的医院、军事基地等（图 12）。这里的建筑，特别是 20 世纪后期的建筑，部分作为安全防范最周密的监狱关押政治犯，其中包括后来成为南非第一任黑人总统的曼德拉，见证了民主和自由战胜压迫和种族主义的过程。罗布恩岛以世界遗产标准 iii、标准 vi 登录，其价值描述为：

标准 iii：罗布恩岛的建筑有力地见证了它黑暗的历史。

标准 vi：罗布恩岛及其监狱建筑象征了人类精神、自由、民主之于压迫的胜利。[1]

罗布恩岛无疑是反映南非种族隔离制度的"负面遗产"，然而一方面以曼德拉为代表的南非黑人不断抗争，另一方面白人总统德克勒克不顾右翼政党的反对，废除种族隔离制度，释放曼德拉，实现种族平等的行为，使得罗布恩岛之于全人类具有普适的重大意义。

因为申报世界遗产几乎不能仅以标准 vi 作为支撑，大会上委员会成员国泰国认为标准 vi 应该进行修改，以使罗布恩岛能够仅以此条标准列入《名录》。委员会表示注意到讨论修改标准 vi 的必要。[2]罗布恩岛与戈雷岛和奥斯维辛—比克瑙集中营具体类似的"负面"本质，但从某种程度而言其积极意义更为突出，它的登录推动了对于标准 vi 的重新审视和认识。2005 年的《操作指南》中，标准 vi

---

1   Criterion（iii）: The buildings of Robben Island bear eloquent witness to its sombre history. Criterion（iv）: Robben Island and its prison buildings symbolize the triumph of the human spirit, of freedom, and of democracy over oppression.

2   The Committee took note of the need to discuss the amendments that could be proposed under criterion（vi）.

被修订为：与具有突出普遍重要性的事件或者活的传统、观念、信仰、艺术或者文学作品具有直接的或者切实的联系。委员会认为这条标准最好和其他标准联合使用申报。[1] 去除了"必须只在特殊情况下，或者和其他标准联合申报"这一强烈限定的说法，等于恢复了标准 vi 的独立性，其可以不再作为其他标准的附属而独自支撑遗产的申报。这一变化显示了世界遗产委员会对于遗产的精神价值和历史意义的再重视，也间接说明了遗产阐释（Interpretation）的地位愈发重要，甚至可能高于历史真实本身——对于这类遗产而言，历史证据的确凿与否往往不是其价值的核心，如何解读其历史、阐释其价值更能决定其价值的高与低、正面或负面。于"负面遗产"而言，重要的不再是当初的灾难或黑暗历史本身，而是如何阐释它，使其对后人产生正确而积极的意义。前文中韩国从阐释策略（Interpretation Strategy）出发切入"日本明治工业革命遗址"，在其中加入符合自身历史观的相关阐述，相较纠缠于"强制劳工"的历史而坚决反对申遗的做法，无疑是一种更加智慧的选择。

4　小结

就阐释而言，世界遗产中争议的产生可以简单归结为标准 vi 的确立，那么去除这一条标准是否便再无争端，万世太平了呢？或许没有这么简单。标准 vi 的产生最直接地反映了遗产的实质，即遗产是意义的产物。遗产并非天生，其不等同于天然的时间、空间、人的意识，而是经由这三者共同作用的结果。换言之，遗产不是历史（或空间环境），而是历史（或空间环境）在人脑中经过认识、比较、提炼后"制造"出意义，附着于实体的一种存在。对于遗产的认定会随着人们知识的积累、认识的深入、意识的更新而不断发生变迁。而最初的标准 vi 反映的是人对于遗产最天然、最传统的认识——纪念性意义的附加。尽管阿洛伊斯·里格尔（Alois Riegl）在一个多世纪以前，便以价值分析区分了传统与现代的保护观念即区分开纪念建筑与历史性古迹，认为纪念建筑最初就是为了传达某一纪念信息而特意建造的纪念物；而历史性古迹是后来才被认为是历史的，并具有某种特定的价值，但传统观念并未因为现代保护观念的兴起而消亡，只是被纳入了更为广阔的遗产保护领域。标准 vi 中的一部分便是世界遗产体系内传统保护观念的延续。证据显而易得：现代保护观念的核心是价值分析，而分析的关键是比较研究，通

1　Be directly or tangibly associated with events or living traditions, with ideas, or with beliefs, with artistic and literary works of outstanding universal significance. (The Committee considers that this criterion should preferably be used in conjunction with other criteria)

过在时空、类型和主题背景下与其他遗存相比照，确定遗产价值的高低，而仅以标准 vi 列入的世界遗产，比较研究通常不足，甚至缺失，因为纪念性的表达几乎不具有可比性，即便比较也很难断言孰轻孰重。尽管遗产的定义在不断拓宽，但纪念性遗产作为人类头脑中遗产的基本类型一直延续至今，即便取消标准 vi，仍会有人或国家通过其他途径寻求纪念性的表达，"日本明治工业革命遗址"以标准 ii、标准 iv 列入便是一例。与其回避遗产中的纪念性，不如深究其阐释策略，发挥联合国教科文组织的智力优势，在遗产阐释中寻求各方均能接受的解决途径。

　　就领土而言，这类争端并不在世界遗产委员会能处置的范围之内，应交予国际法庭裁决。就其的讨论，并不能增进遗产保护事业的认识和发展，因而之于教科文组织的宗旨有百害而无一利。在文化对立日趋紧张，价值认同逐渐撕裂的当下，世界遗产更不应沦为各国政治利用的工具，思索并寻求普适的价值真理，以遗产为契机凝聚各国，建立人类共同的未来，才是教科文组织的历史使命。就目前所面临的挑战而言，教科文组织或需进行深刻的改革方能应对。但无论如何，在如此深刻的时代背景下，政治化的趋势都必须得到联合国教科文组织的有效遏制。

浅谈文物建筑灾（战）后"重建"的国际理论发展脉络

文／徐桐

引言

"重建"能够有条件成为遗产保护的工程手段，在国际遗产保护领域，其理念经历了一个变化的过程。

《雅典宪章》《威尼斯宪章》及之后建立的现代保护体系下，对于"重建"作为保护的工程方案是绝对禁止的，甚至包括灾后的重建。（2000《里加宪章》：注意到自威尼斯宪章及之后一系列宪章所创立的，"即使有充分依据，有益于遗产存续、有益于遗产价值阐释或有益于灾后遗产的恢复等，仍然保持反对重建"的预设立场已经陈旧）。这体现了自 19 世纪末逐渐形成并以 1883 罗马《修复宪章》（第三届意大利工程师和建筑师大会最终通过）固定下来，直至影响 1931 年《雅典宪章》和 1964 年《威尼斯宪章》的现代修复思想。

1 现代保护体系反对"重建"的基本立场

在 1883 年罗马《修复宪章》中，意大利建筑史和艺术史学家卡米洛·波依多（Camillo Boito，1836–1914 年）融合了英国约翰·拉斯金（John Ruskin，1819–1900 年）的"历史性修复"和法国厄杰纳·维奥莱 – 勒 – 丢克（Eugène Viollet-le-Duc，1814–1879 年）的"风格式修复"思想。

> "建筑遗迹，当守护其无可辩驳的证明价值时，必须优选加固、其次修缮、再次修复，避免添加或更新改造"，"对不同历史时期已经添加的部分或改建，应当作古迹的一部分对待，除非这些后期添加或改建在艺术和历史价值上明显低于历史建筑本身，或当具有突出价值部分被发现并暴露出来时，可以考虑移除这些后期添加或更改"。

1883 年罗马《修复宪章》更多条款是对于"修复"的审慎态度，特别是突出强调了要求修复部分在"形式"、"材料"上应当与原物有所区别，以免误导参观者，这即为后来修复的"可识别"原则。在《宪章》中，"重建"未被当作修复技术进行论述。1931 年意大利建筑师古斯塔沃·乔瓦诺尼（Gustavo Giovannoni，1873-1947）负责起草的《雅典宪章》延续了 1883 年罗马《修复宪章》的思想，并在条文中以"原物归位（Anastylosis）"的概念，对废墟遗址的修复工作进行了规定。

> "对废墟遗址要小心谨慎地进行保护，必须尽可能地将找到的原物碎片进行修复，此做法称为原物归位（Anastylosis）。为了这一目的所使用的新材料必须是可识别的。"

1964 年通过的《威尼斯宪章》通过时，由于现代主义背景下的工业化、城市化对历史古迹的大范围破坏，使得早期保存与修复争议的天平向"保存"倾斜。起草者 Piero Gazzola 与 Roberto Pane 采纳了 Cesare Brandi "保存胜于修复"的理念，更新了对 1931 年《雅典宪章》建立的古迹修复准则，进一步对"重建"作为修复技术进行了更加严格的限定，甚至是实施上的否定。

> "然而对任何重建（Reconstruction）都应事先予以制止，只允许重修（Anastylosis），也就是说，把现存但已解体的部分重新组合。所用粘结材料应永远可以辨别，并应尽量少用，只需确保古迹的保护和其形状的恢复之用便可。"

但学术界对上述《威尼斯》宪章反对"重建"的条款有两个争论。

争论一，对任何重建指的是遗址还是包括城市中的建筑在内的所有文物古迹。宪章条文描述内容更类似指遗址，然而根据学者分析，其内容应该指所有文物古迹。（Román András：对 Gazzola 本人的认知；"重建"未放在单独章节或条款，证明绝对反对的态度）。

争论二，Gazzola 本人和 ICOMOS 对战后"重建"的态度。Gazzola 本人在 1969 年苏联举办的 ICOMOS 会议后参观列宁格勒重建后的宫殿，在同相关学者争论中，相对另一学者对此宫殿重建的批判，Gazzola 采取认可的态度。ICOMOS 于 1965 年在波兰成立，第一届大会在华沙和克拉科夫举办。面对战后重建的华沙老城，ICOMOS 表示"ICOMOS 极为尊重华沙人面对法西斯的英雄主义以及不让其首都历史及其记忆消失的决定，因为这代表着华沙人的国家认同与不向法西斯主义屈服的宣言"。

也即，虽然《威尼斯宪章》在条款中对遗址，甚至暗含包含对城市内遗产在内的所有文物古迹的"重建"均持反对态度，但其本身是基于第二次世界大战后对古迹破坏严重的历史背景下，且起草人以及发表《威尼斯宪章》的"第二届历史古迹建筑师及技师国际会议"的后续组织"ICOMOS"对于城市古迹"重建"持具体案例具体分析的态度，并未绝对否定。

2 国际遗产保护领域对"有条件重建"的讨论

第二次世界大战后初期，遗产价值主要与"古迹和考古遗址"、"古物和艺术收藏品"等相关，但历史城区的破坏也让其人民感受到文化与熟悉环境丧失的痛苦。在形成较为完善的保护与修复理论前，德国、波兰、意大利等在第二次世界大战中城市破坏较为严重的国家开始了历史城市重建的尝试，并成为现代重建理论诞生的实践基础。

上述城市重建活动尽管源于其国民对被毁历史城区代表的文化和国家认同损失的强烈怀念之情，但大量不适当的重建活动和方式还是对历史城区的保护与文脉延续造成了损害。自20世纪60年代，特别是70年代以来，随着战后经济的恢复与20世纪70年代石油危机前的全球快速城市建设活动，历史中心和历史城镇等遗产的保护受到关注。因此，国际上讨论并希望有合适的历史城区重建与修复的理论和技术规范。

1976年的《内罗毕建议》指出，"注意到整个世界在扩展或现代化的借口之下，拆毁（却不知道拆毁的是什么）和不合理不适当的重建工程正在给这一历史遗产带来严重损害"。这表明，虽然以《威尼斯宪章》为代表的现代遗产保护理论对"重建"行为作为保护行为不认可，但在实践中，历史城市中的"重建工程"已经在事实上进行，且引发相关遗产保护专家对历史城镇中"重建"驱动力、对遗产保护的证明作用、重建条件和规范的反思。

1979年的澳大利亚《巴拉宪章》(《国际古迹遗址理事会澳大利亚委员会关于保护具有文化意义地点的宪章》)将"重建"列为单独一章进行论述，证明"重建"不再被当作"完全不可接受"，而是开始讨论其作为极为特殊的保护方式的应用条件。《巴拉宪章》虽仅为ICOMOS澳大利亚的国家标准，但由于其在理论和指导实践上的实用性，影响了国际范围内的文物古迹保护，包括世界文化遗产保护的相关讨论，如1994年的《奈良真实性文件》等。对比1981年、1999年等多次修订后的版本，1979年版的《巴拉宪章》对"重建"的规定反而较为宽松（只有当遗产地因破坏或改造已残缺不全，以及对复制到早期构造有充分把握时，才能进行重建。在个别情况下，重建也可用作保留遗产地文化重要性的用途使用和实践的一部分），这也反映了 20 世纪 80-90 年代"真实性"在文化遗产保护中日益清晰和重要后，对"重建"的条件限定更加严格的趋势。

3 20 世纪 80 年代至 20 世纪末战后历史城镇和建筑"重建"的讨论

如上所述，历史城镇和建筑重建的最大需求和实践源于第二次世界大战的破坏；针对战争毁坏建筑的重建，1982 年 ICOMOS 在德累斯顿召开的研讨会通过了《德累斯顿宣言》（德累斯顿宣言 – 重建受战争破坏古迹），"被严重毁坏的古迹的完全重建应被当作是非常例外的案例，仅当具有特殊原因方能对战争毁坏的具有重要价值的古迹进行重建，重建必须依赖于可靠的档案记录"。《德累斯顿宣言》将华沙古城、德累斯顿圣母教堂等历史城镇和建筑重建实践中反映出的国民情感驱动进行总结，认为"古迹的精神价值，以及认知和政治因素上对古迹的认同成为其重建的驱动。"

此外，《德累斯顿宣言》认为"重建能够激发对战争中被破坏遗产的考古研究和对档案记录方式的变革"，同时强调"战后或灾后对古迹的档案记录也是最为重要和紧急的保护工作"，这也为现在灾后、战后遗产保护实践所采纳。

《德累斯顿宣言》还认为战后被破坏的古迹的保护方式应当根据每个案例自身的特点进行具体分析，可以考虑保护其破坏状态，以彰显其战争创伤的"象征价值"，或者也可以对"城镇景观不可或缺部分"进行修复；"延续建筑传统使用的需求"通常也会促使对已经破坏的建筑古迹的修复，而当"古迹的精神价值"被彰显后，这种修复冲动将愈加明显。

20 世纪 90 年代以来，保护进一步扩展至文化景观，本土建成遗产等，催生了对不同文化间保护修复标准、真实性标准的讨论。同时，20 世纪 90 年代波黑战争造成的历史古迹破坏催生了新的战后古迹重建需要。2000 年通过的《克拉克夫宪章》《里加宪章》等系统性总结历史城区重建的条件。

作为第 41 届世界遗产大会举办地的波兰克拉科夫，2000 年通过的《克拉科夫宪章 2000– 建筑遗产保护与修复准则》（简称《克拉克夫宪章》）中，同样认可上述《德累斯顿宣言》的观点。在其第 14 条中，反对"基于建筑风格进行了整体性重建"，认可"基于准确档案记录的，对具有建筑重要性的少量部分的重建"，但仍应作为"特例"。对于重建整座在战争或灾害中破坏的建筑，"只有与整个社区认同相关的特殊社会及文化驱动下才能接受"。

同年，另一份专门文件《关于文化遗产相关真实性和历史重建问题的里加宪章》（简称《里加宪章》，起草人：Janis Krastimps，Herb Stovel and Juris Dambis）对于"重建"具有更加重要的指导意义。其将重建定义为"重建：唤起、阐释、修复或者复制一个之前的形制"，并开篇对《威尼斯宪章》绝对反对"重建"的立场进行了重新反思，"注意到自威尼斯宪章及之后一系列宪章所创立的，'即使有充分依据，有益于遗产存续、有益于遗产价值阐释或有益于灾后遗产的恢复等，仍然保持反对重建'的预设立场已经陈旧"。其将"重建"认可为保护工程的一种措施，并阐明"保护（抑或重建）目标是保护和揭示遗产的价值"。

《里加宪章》认为"在特殊情况下，自然或人为灾难后的文化遗产重建可以接受，前提是这些古迹在区域的历史和文化上具有美学、象征性或环境上的重要性；并且需要保证：有恰当的调查及档案证据；重建不会造成城镇或景观文脉上的歪曲；存在的历史部分不会被损害。特别是重建的必要性经过了当地及国内专家和社区的公开且充分的讨论"。

在认可自然或人为灾难后的文化遗产有条件重建的同时，反对简单复制文化遗产，"相信复制（Replication）文化遗产是对历史见证的歪曲表达"。这也为 2002 年塔林文化遗产部、联合国教科文组织爱沙尼亚国家委员会、爱沙尼亚国家遗产部等为代表的《避免世界遗产城市中历史建筑重建的选择》进一步强调。

4 2000 年后战后（灾后）遗产"重建"的新讨论

进入 21 世纪，城市历史景观、保护与可持续发展等概念进一步催生了对重建新角度下的审视，"重建"不仅被当作对建筑和基础设施的修复，同时也有了社会经济方面的考量，以及"遗产社区"方面的更多判断因素。这一时期的阿富汗（2001 年爆发）、伊拉克（2003 年爆发）、利比亚（2011 年爆发）、叙利亚（2011 年爆发）等战争，特别是极端恐怖组织对伊拉克和叙利亚文化古迹的破坏行为催生了国际社会新一轮对战后重建问题的讨论。

应第 40 届世界遗产委员会要求，咨询机构 ICOMOS 承担了战后重建导则相关研讨会的组织与文件的编制工作，在本次大会上，正式发布了《世界遗产的灾（战）后恢复与重建导则》（以下简称《世界遗产创后重建导则》）。

《世界遗产创后重建导则》明确指出"重建一直在修复工程的考虑范畴，争论的核心仅在避免拯救过程中出现的破坏和伪造"。而"重建"的相关争论与观点变化也反映了文化遗产保护回应各时期社会文化的需求，"遗产保护的相关准则源于并持续发展自'经验的总结和社会需求的预测模型'"，例如 1964 年威尼斯宪章的起草者回应了 1931 年《雅典宪章》主要关注当时的古迹损坏和破坏现象，未预测到的第二次世界大战带来的大规模的破坏和重建等。而当今国际社会面临多重挑战，包括不同文明间的文化传承的挑战，这也反映在 1994 年《奈良真实性文件》之中。

《世界遗产创后重建导则》指出，文化遗产的战后（灾后）恢复不应仅仅被当作一项简单工程或计划，而应作为"一系列进程和长期的多方参与"，包括当地社区、管理机构、国际社会等。"当地居民的参与"的概念自《雅典宪章》-《威尼斯宪章》-《华盛顿宪章》在不断强化，灾后恢复重建的框架必须建立一种"可持续发展和社区积极参与优先"的思想，以保证将"重建当作理解文化遗产有形和无形要素之间关系，特别是人居文化环境的一个过程"。

《世界遗产创后重建导则》指出"在世界遗产公约框架下，特别是 1972 年公约的精神下，重建行为总是从 OUV 的角度去衡量，其是否影响申报项目的重要部分并成为遗产申报的基础。例如'基于详细档案基础上的重建能够给予设计的景观以意义'，或'集中的修复和重建行为被当作一个国家性格的理想形象'能够接受"。

《世界遗产创后重建导则》指出，"重建作为一个概念，应当是一系列的进程而非单独的工程，从而超越'构件重建'的局限。从这一角度看，重建能够帮助'社区复兴'和'培育协会'等。""重建应当根据具体情形进行分别应对，对于世界遗产而言，就是 OUV 的具体要求"。

在第 41 届世界遗产大会关于"世界文化遗产在创伤后恢复与重建"的学术讨论边会上国际古迹遗址理事会波兰国家委员会主席博古斯拉（Boguslaw Szmygin）将"影响是否进行重建的判断因素"分为"历史古迹的类型、重建的技术路线、古迹毁坏的背景、古迹重建的背景"四项。当古迹被当作历史档案，类似一件艺术品对待，那其最核心的特征就是"真实性"。此时，优先考虑的应当是古迹本身，保持古迹的本体状态具有的独特性、优先性。古迹的各方面都应该是真实的，包括材料、形式、环境、功能等。此时，重建行为如不能满足上述各方面真实性的要求就不可接受。当影响重建判断的四个要素同等重要，没有优先考虑的要素时，遗产的本体状态不同于上述古迹的要求时，可以讨论重建作为保护的选择。因此，具体遗产的影响要素要分别进行分析、评估，没有关于遗产重建局限性的标准答案；不能脱离遗产具体情况得出的关于保护行为局限性的结论。

5　总结：遗产"重建"的前提和目的

5.1　从对象的价值判断是否可以"重建"

从"价值"判断文化遗产是否适合"重建"是所有工作的前提，当文化遗产的首要价值是历史见证，抑或艺术价值，则其最核心的要求是"真实性"；古迹的各方面都应该是真实的，重建行为如不能满足材料、形式、环境、功能等各方面真实性的要求就不可接受。

当文化遗产的历史见证、艺术价值不突出，而从文化重要性上具有更多价值时，可以依据遗产毁坏、重建的背景，并按照具体遗产的影响要素要分别进行分析、评估，不排除"重建"行为。

从遗产类型上，遗址、古迹等一般历史见证价值较为突出，历史城镇和文化景观等承载的文化重要性更为突出。

5.2　重建目的的道德判断

综合上述《德累斯顿宣言》《克拉克夫宪章》《里加宪章》和《世界遗产的灾（战）后恢复与重建导则》，以及相关专家的讨论。对于战后"重建"文化遗产的道德判断应为出于这些古迹在区域的历史和文化上具有美学、象征性或环境上的重要性而使之成为"城镇景观不可或缺部分"，特别是"损毁古迹的精神价值，例如在民族或社区认同感、文化、信仰上具有突出意义时"，重建可以作为特例接受。

应当将战后或灾后"重建"当作对文化遗产研究和档案记录的契机。

文化遗产的"重建"应当超越简单工程的概念，而应置于包含了经济、社会、环境、政治、物质、人文在内的综合性共同愿景之下，需要将当地社区和居民纳入重建之中，帮助文化遗产的"社区复兴"和可持续发展。

6　附录：近期世界遗产委员会关于"重建"的讨论

6.1　缅甸"加德满都谷地"灾后重建

- 加德满都谷地（Kathmandu Valley）

加德满都谷地文化遗产有七组历史遗址和建筑群，全面反映了加德满都谷地闻名于世的历史和艺术成就。七组历史遗址包括加德满都、帕坦和巴德冈王宫广场、斯瓦亚姆布与博德纳特佛教圣庙和伯舒伯蒂与钱古·纳拉扬印度神庙。

图 1　华西都市报 –
2015 年 04 月 26 日

2015 年 4 月 25 日加德满都发生 8.1 级地震，世界遗产"加德满都谷地"受灾严重，加德满都杜巴广场在地震过后变成一片废墟。（图 1）

震后，包括中国在内的国际社会对尼泊尔抢险救灾展开援助，"加德满都谷地"世界遗产修复仍以尼泊尔政府主导。2016 年第四十届世界遗产大会上，世界遗产委员会成员对尼泊尔政府遗产抢险修复进程缓慢、部分重建工作专业性不足影响遗产真实性等问题表达关切，在激励争论后未将其列入濒危遗产。

2017 年 2 月，尼泊尔国家委员会提交了"加德满都谷地"世界遗产保护状况报告（SOC），联合国教科文组织世界遗产中心、国际古迹遗址理事会（ICOMOS）、国际文化财产保护与修复研究中心（ICCROM）于 2017 年 3 月派出了反应性监测工作组。

在尼泊尔国家委员会提交的报告中强调，为应对世界遗产灾后恢复，尼泊尔考古部（DoA）建立了"地震响应协调办公室"（Earthquake Response Coordination Office at Department of Archaeology）；地震中受损的古迹仅 17% 属于世界遗产，因此对世界遗产影响有限；上述受损遗产能够在尼泊尔传统更新方式中得以修复（Nepalese tradition of cyclical renewal），且尼泊尔考古部（DoA）已经建立并实施了灾后保护导则、重建和恢复工作，其认为在重建和恢复工作完成后，遗产的 OUV 不会受到负面影响。

报告中同样强调，每一座遗产的主要受损已经经过研究评估，并基于此制定了保护、重建和恢复的方案；而这些方案均在"震后恢复总体规划"（Recovery Master Plan）指导之下，且重建和恢复工作均有当地社区参加。"加德满都谷地"的总体管理规划（Integrated Management Plan）在震前刚刚修订，并在震后进行了新的修订，现正在审批之中。在各国和国际组织的帮助下，尼泊尔考古部实施了一系列关于抢险和震后恢复的能力建设及培训项目。

在"反应性监测报告"中，联合工作组指出重建工作仍存在不足："许多古迹的恢复工作仍未展开，许多受损严重的结构没有足够支撑加固，而周边建构筑物拆除较多"；"迄今为止的抢险工作并非基于系统的评估或损害分布图，且对于有哪些元素受损、哪些未受损也未建立相应的数据库"；"没有灾后恢复规划指导相关工作"；"对于 OUV 的构成、OUV 的恢复两个问题仍混淆不清"；"恢复工作中夹杂着大量不可控的低质量重建工程，并因此造成了重要构件的灭失，而关于传统建造技术及其后期演变的研究仍不足"；"工程承包商并非完全具备历史建筑保护的经验"；"部分 19 世纪、20 世纪的建筑未经充分评估其对遗产区域的贡献便被拆除"、"在此次地震和恢复工作中，传统的'底商上住'民居受损严重，大量倒塌的上述民居在恢复中被换作了混凝土结构"；"尼泊尔考古部、国家重建管理局、当地管理人员、社区、本地和国际的项目参与者等利益相关者之间的协调机制能很薄弱"；"尼泊尔考古部仍需较多建筑专家、遗产保护经验等相关能力，同时也需要人力、技术和财力上的支持方能保证灾后恢复的顺利进行"。

由上述两份报告可以看出，尼泊尔考古部主导的"加德满都谷地"灾后恢复与重建工作仍有较多问题，这些包括资源上的不足，也有能力上的欠缺。特别是"重建"经验与专业技术的欠缺，使得文化遗产灾后"重建"造成了二次破坏，部分原构件的灭失、对遗产 OUV 的影响严重。

在第 41 届世界遗产大会上，针对上述"反应性监测报告"中的问题，委员会代表表达了关切，并一度要求将"加德满都谷地"列入濒危世界遗产名录，仅在尼泊尔国家委员会的坚持并出于尊重和鼓励当事国的考虑暂缓实施，但仍要求明年大会进一步提交保护管理状况报告。

6.2　叙利亚"世界遗产"的战后重建

作为近期世界遗产大会热点，冲突地区世界遗产的破坏与重建是本次战后（灾后）"重建"讨论的核心。在濒危世界遗产名录上，2013 年由于战争冲突而新列入的项目包括叙利亚 6 项（2013 年列为濒危）、利比亚 5 项（2016 年列为濒危）、伊拉克 1 项（2015 年列为濒危）[1]。

以本次大会中引起广泛关注的"阿勒颇古城"为例，其于 2013 年列入濒危世界遗产名录，列入原因为 2011 年 3 月爆发的叙利亚内战造成的破坏和威胁。

> ● 阿勒颇古城（Ancient City of Aleppo）
> 阿勒颇从公元前 2000 年起就处于几条商道的交汇处，相继由希泰人、亚述人、阿拉伯人、蒙古人、马穆鲁克人和土耳其人统治过。古城内 13 世纪的城堡、12 世纪的大清真寺和 17 世纪的穆斯林学校、宫殿、沙漠旅店及浴室，构成了城市独特的建筑结构。

1　伊拉克共 3 项濒危，其余 2 项列入较早。

图2　大清真寺

2012 年 7 月，叙利亚政府军与反政府武装在阿勒颇中心城区展开激战，直至 2016 年 12 月，叙利亚政府军收复阿勒颇，四年多的战争对阿勒颇文物古迹破坏严重。

在 2013 年列入濒危遗产之后，直至 2016 年末，历届世界遗产大会中，委员会成员大多对其保护状况表示关切，但由于处于战争之中，未能派出工作组进行反应性监测。2016 年年末，叙利亚政府军收复阿勒颇局势稳定后，叙利亚古迹与博物馆管理总局与国际社会的战后保护工作才得以开展。

阿勒颇古城的遗产组成既有历史价值突出的 13 世纪城堡，也有仍存在于古城居民生活之中且具有重要宗教意义的 12 世纪大清真寺等。在战后文化遗产保护与重建上的国际专家团队实践、专题研讨上可以看出对于上述不同类型的遗产，工作的内容与态度也具有较大差异。

针对 13 世纪城堡，叙利亚古迹与博物馆管理总局（Directorate–General of Antiquities & Museums，DGAM Syria）、致力于数字化保护那些受损或消失的考古遗迹的专门从事 3D 扫描技术的法国初创企业 Iconem、"联合国培训与研究所下属卫星操作与应用计划"（UNOSAT–UNITAR's Operational Satellite Applications Programme）已经开展数字记录与虚拟复原的工作。

而对于大清真寺，在 2017 年 6 月便开始了清理重建工作，显然其文化与宗教情感价值推动了此项工作的进行，而从有限的信息分析，大清真寺的修复势必突破 1964 年《威尼斯宪章》规定的 [1] 不许"重建（Reconstruction）"，只许"重修（Anastylosis）"的要求；当然这一限定在之后的《里加宪章》（2000）、《世界遗产的灾（战）后恢复与重建导则》（2017）中已经有所反思与突破。（图2、图3）

1　然而对任何重建（Reconstruction）都应事先予以制止，只允许重修（Anastylosis），也就是说，把现存但已解体的部分重新组合。所用粘结材料应永远可以辨别，并应尽量少用，只需确保古迹的保护和其形状的恢复之用便可。

图3　2017年12月1日中央电视台"朝闻天下"报道

图4　20世纪60年代迪拜溪口建设情况（图片来源：咨询机构ICOMOS现场演示材料）

6.3　因"重建"而一再申报失败的"迪拜溪，传统贸易港口"

"迪拜溪，传统贸易港口"项目（图4）曾于2014年多哈召开的第38届世界遗产委员会会议审议，当时提交申请面积为166公顷，名称为沙特阿拉伯–迪拜溪 [Khor Dubai（Dubai Creek），United Arab Emirates]，咨询机构质疑其一部分建筑于20世纪90年代重建，真实性受到巨大破坏，因此要求不列入。在当时讨论中，委员会国代表便以波兰华沙重建并列入世界遗产作为案例，虽经咨询机构据理说明，但仍从"不列入"，变更为"推迟申报"（Deferral）。

今年，在波兰克拉科夫召开的世界遗产大会似乎契合了迪拜溪项目，而大会现场确实在讨论华沙战后重建经验对叙利亚阿勒颇古城战后重建复兴的借鉴意义，迪拜溪再次提交遗产大会审议，此次将名称更改为"迪拜溪，传统贸易港口"（Khor Dubai，a Traditional Merchants' Harbour），并将申报范围缩减至48.5公顷，试图通过更加明确的遗产主题"独特的仍然活跃和繁荣的贸易港口"（"Uniquely

Active and Thriving Commercial Hub"）和重建部分更少的范围再次闯关，然而咨询机构在评估中认为，遗产申报范围内存在大量居住建筑，并不能直接证明现在申报的遗产主题，即遗产价值阐释不能被物质载体所证明。此外，遗产申报范围中的城市环境与建筑在 20 世纪 90 年代中仍变化较大，真实性存疑，因此咨询机构给出的评估建议仍然是不列入。

在委员会讨论阶段，由科威特递交了书面更改决议，要求直接列入世界遗产名录。哈萨克斯坦、牙买加、克罗地亚、突尼斯、韩国等也都支持直接列入，主要理由均是遗产主题"独特的仍然活跃和繁荣的贸易港口"明确，且咨询机构也承认其具有此价值，因此重要性不言而喻，至少符合申报中的标准 iii，而对于价值阐释与载体不相符的评估意见则并未讨论。在讨论即将一边倒地支持列入之际，葡萄牙代表发言置疑委员会将咨询机构评估为不列入的项目直接修改决议列入世界遗产，将对世界遗产公信力产生负面影响，随后的秘鲁、波兰等国代表也支持葡萄牙代表观点，认为咨询机构组成专业团队长时间评估得出的结论，特别是不列入的结论被委员会用 30~40 分钟讨论便推翻，直接列入存在巨大争议，希望从世界遗产名录和委员会公信力的角度出发，请申报国阿联酋、提议修改决议的国家科威特、咨询机构代表三方再次磋商，拿出折中方案，并鉴于这一环节的复杂性，将此项目搁置到第二天上午才进行审议，最终多方拿出了"发还待议"（Referral）的结论。迪拜溪虽然闯关再次失败，但从不列入 2014 年的推迟申报，再到今年的发还待议，可算小步前进，也是皆大欢喜了。

世界文化遗产列入濒危标准的发展与当前困境

文／孙燕

　　自 1979 年黑山共和国世界遗产科托尔自然保护区和文化历史区（Natural and Culture-Historical Region of Kotor）首次列入《濒危世界遗产名录》（以下简称《濒危名录》）至今，《濒危名录》列入机制已经历 40 年的时间，濒危名录成为促进世界遗产地保护管理水平提升，促进遗产保护国际合作的重要工具，而列入濒危名录的标准在一定程度上也代表着世界遗产保护领域对遗产地保护的基本要求。本文聚焦世界文化遗产列入濒危的威胁因素与近期发展趋势，系统梳理了历次《实施〈保护世界自然与文化遗产公约〉的操作指南》（以下简称《操作指南》）对于文化遗产列入濒危标准的修订，并对自 1979 年至今咨询机构建议列入濒危的文化遗产面临的威胁、影响和最终决议进行统计，以呈现咨询机构、委员会和缔约国等不同身份背景下世界遗产评估参与者的不同主张。不同参与者的观点的差异与冲突一方面反映出《濒危名录》当前面临的困境与挑战，另一方面，也将成为世界遗产保护领域理论和机制创新的推动力，其重要性不容忽视。

1 《世界遗产濒危名录》40 年发展的基本情况

　　1977 年版《操作指南》[1] 明确提出，"准备一份《濒危名录》"是世界遗产委员会四项重要功能之一，文件简要地对濒危名录包含的遗产对象进行了界定，即"包含《名录》上委员会认为需要采取重大保护措施的遗产地"以及"相关缔约国已要求援助"的遗产地[2]。纵观《濒危世界遗产名录》40 年的发展历程，以次数计算，共有世界遗产列入《濒危世界遗产名录》的案例 92 例，其中包括文化遗产列入 57 次，

---

1 联合国教科文组织, 世界遗产中心.《实施〈世界遗产公约〉操作指南》.1977 年版 . [EB/OL]. [2019-05-01]. http：// whc.unesco.org/en/guidelines/.

2 原文：3. The World Heritage Committee has four critically important functions：-to prepare a List of World Heritage in Danger consisting of those properties on the World Heritage List which the Committee considers to require major conservation measures for their protection and for which assistance has been requested by the Member States concerned.

自然遗产列入 34 次，混合遗产列入 1 次，平均起来每年约有 2.4 例遗产地列入濒危（这其中包括多次讨论列入濒危的重复案例）。截至 2018 年，《濒危世界遗产名录》中共有 54 处世界遗产，包括 38 处文化遗产和 16 处自然遗产，无混合遗产。

在世界遗产项目开始的最初几年，列入濒危的遗产地均为缔约国主动申请列入，寻求国际援助的项目。这也得到了《操作指南》概念定义的支持。世界遗产委员会根据缔约国申请情况和世界遗产基金的使用情况，给予批准。这类案例如第一例列入濒危名录的黑山共和国文化遗产科托尔自然保护区和文化历史区，该遗产地因 1979 年 4 月发生的地震而受到很大破坏，遗产在提出世界遗产申报的同时，也提出将其列入濒危的申请。委员会决定将其以紧急列入程序同时列入两个名录[1]，委员会还批准向遗产地以设备和咨询服务的形式提供紧急援助[2]。

此后，随着世界遗产保护和监测机制的发展，自 1988 年开始，以世界遗产保护状况监测报告的形式对遗产地开展评估的机制逐步形成。世界遗产委员会执行局、世界遗产中心和咨询机构开始以派遣专家进行现场考察任务的形式，更积极地去现场对遗产地保护状况开展评估。由此，慢慢出现了当前列入濒危的评估流程：世界遗产中心和咨询机构在遗产大会前依据反应性监测报告和缔约国提交的世界遗产保存状况报告，提出建议列入濒危的遗产地初步名单和决议草案，经世界遗产委员会讨论，确定最终列入名单。这一机制在 2002 年已基本确立，此后世界遗产大会决议草案的文件形式未再有大幅度的调整，保持至今。与《名录》具有的欢庆氛围不同，《濒危世界遗产名录》标志着世界遗产保护管理状况已面临重大危机，列入濒危的世界遗产不仅每年都要提交保护状况报告，接受委员会审议，而且将受到国际社会更多的关注与监督，因此，对许多缔约国而言列入濒危也是关乎国家形象的问题，相关的讨论经常成为世界遗产大会争论的焦点之一。

从历年建议列入《濒危世界遗产名录》项目数量呈现的上升趋势（图 1~图 3）可以看出，世界遗产中心和咨询机构对世界遗产保护管理状况的要求是不断提高的。与此同时，列入濒危决议草案被修改的情况也在近年不断增多，委员会和缔约国在很多案例中与咨询机构存在不同观点。自 1988 年至今，"建议列入濒危"与"最终列入"两份名录的差异，体现出世界遗产中心、咨询机构、世界遗产委员会、缔约国等多方参与者对遗产地威胁因素及其影响的不同认定标准，当然，这其中也不乏对政治因素的考量。既有案例中也存在缔约国以历年遗产大会对《濒危世界遗产名录》遗产地保护状况的监测、评估和讨论作为工具，达到引发社会关注与影响的政治诉求[3]。

---

1 世界遗产委员会 . 决议 Decision：CONF 015 XI.19. [EB/OL]. [2019–05–01]. http：//whc.unesco.org/en/list/125/documents/.

2 世界遗产委员会 . 决议 Decision：CONF 003 XVII..b).60. [EB/OL]. [2019–05–01]. http：//whc.unesco.org/en/list/125/documents/.

3 典型的案例如《濒危世界遗产名录》中以色列遗产地耶路撒冷古城及其城墙（Old City of Jerusalem and its Walls）就具有鲜明的政治诉求。

图1　历年《濒危世界遗产名录》遗产数量（个／年）

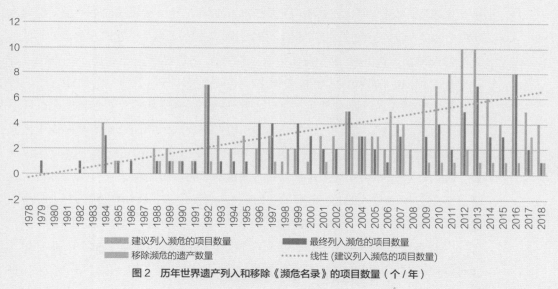

图2　历年世界遗产列入和移除《濒危名录》的项目数量（个／年）

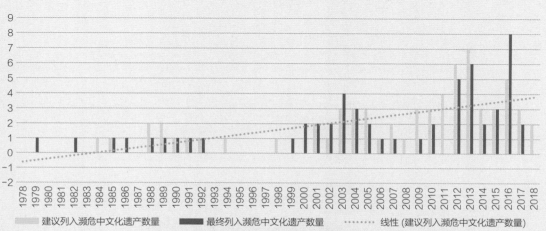

图3　历年文化遗产列入《濒危名录》情况（个／年）

2　历版《操作指南》对世界遗产列入濒危标准的修订

前文已提及 1977 年的《操作指南》已经提出，制定《濒危世界遗产名录》是世界遗产委员会的重要工作，并简要界定了濒危名录应关注的遗产对象，同时也指出，列入《濒危名录》的遗产在获得国际援助方面具有优先性，这点也在《操作指南》对世界遗产基金的使用条件中进行了说明。同年的《操作指南》还对世界遗产除名"条件"进行了界定，"当列入《名录》上的遗产地衰退到一定程度，它已经丧失列入时的特征，或未来研究已证明遗产地不具备突出普遍价值，遗产地将从名录中除名"[1]。这里设定了两条除名"标准"：遗产地丧失列入时的特征、被证明不具备突出普遍价值。

1980 年的《操作指南》[2]沿用 1977 年指南中濒危名录对象的界定，仅从语气上进行了强化，"只有那些需要采取重大保护措施和已经要求援助的遗产地"应列入濒危名录。[3]而对于世界遗产的除名条件与除名程序，1980 年《操作指南》制定了更为详细的要求。1980 年《操作指南》认可了 1977 年《操作指南》强调的"遗产地丧失列入时的特征"，不过去掉了"不具备突出普遍价值"的表述，改为针对"带病"列入名录的遗产地，提出"世界遗产地固有的质量在其提名时已经受到人类行为的影响，并且此时缔约国提出的必要的改进措施在限定时间内未被实施"，可以采取世界遗产名录除名程序。1980 年《操作指南》提出的两条除名"标准"均是针对遗产地自身保存状况的，而没有直接涉及价值。而这两条标准一直沿用至今[4]，即使在近期文化遗产的质量评估已经被真实性和完整性评估所取代，遗产"内在质量"这一概念仍在使用。

1983 年的《操作指南》[5]对列入濒危的条文进行了大幅度的修订：将"建立《濒危世界遗产名录》"列为独立章节（第二章），并从列入濒危的导则、标准和程序三方面进行说明，这一章节的内容在此后多年《操作指南》的修订中基本未有

[1] 1977 年《操作指南》，原文：5. The Committee agreed on the following general principles：iv）When a property included in the World Heritage List has deteriorated to such an extent that it has lost those characteristics for which it was inscribed thereon or when further research has shown that the property is not, in fact, of outstanding universal value, that property shall be deleted from the List. In this connection, it is hoped that the reports to be submitted by States Parties under the terms of Article 29 of the Convention will provide sufficient information for the Committee to decide on the continuing eligibility of the properties in the List.

[2] 联合国教科文组织, 世界遗产中心.《实施〈世界遗产公约〉操作指南》.1980 年版. [EB/OL]. [2019-05-01]. http：// whc.unesco.org/en/guidelines/.

[3] 原文：3. The World Heritage Committee, hereinafter referred to as "the Committee" has three essential functions：（ii）to decide which properties included in the World Heritage List are inscribed on the "List of World Heritage in Danger"（only properties which require for their conservation major operations and for which assistance has been required under the Convention can be considered）.

[4] 见 2017 年《操作指南》第 192 条。

[5] 联合国教科文组织, 世界遗产中心.《实施〈世界遗产公约〉操作指南》.1983 年版. [EB/OL]. [2019-05-01]. http：// whc.unesco.org/en/guidelines/.

更新。在具体内容上，《操作指南》基本延续了此前列入濒危对象的表述，仅加入一条"遗产地受到严重和特定的威胁"[1]。除此，最为重要的是，1983年《操作指南》制定了详细的列入濒危的标准，即遗产地受到明确的或潜在的威胁，并对文化遗产和自然遗产需面对的不同情况进行了解释。

"48. 文化遗产的情况：

i）明确的威胁：遗产地面临特定的和已证明的紧迫威胁，例如：

a）严重的材料衰退；

b）结构或装饰特征的严重衰退；

c）建筑或城市规划协调性的严重衰退；

d）城市或乡村空间，或自然环境的严重衰退；

e）历史真实性的严重丧失；

f）文化意义的重大损失。

ii）潜在的威胁：遗产地面临的威胁可能会对其内在特征产生有害影响，这类威胁例如：

a）遗产地法律地位的改变，使其保护力度降低；

b）缺少保护政策；

c）区域规划项目产生了威胁性的影响；

d）城镇规划产生了威胁性的影响；

e）战争冲突爆发或产生威胁；

f）因为地质、气候或其他环境因素产生了逐步的影响。"[2]

---

1 1983年《操作指南》，原文：46. The Committee may include a property in the List of World Heritage in Danger when the following requirements are met：
（ⅰ）the property under consideration is on the World Heritage List；
（ⅱ）the property is threatened by serious and specific danger；
（ⅲ）major operations are necessary for the conservation of the property；
（ⅳ）assistance under the Convention has been requested for the property；
（ⅴ）an estimate of the cost of such operations has been submitted.

2 同上，原文：48. In the case of cultural properties：
ⅰ）ASCERTAINED DANGER – The property is faced with specific and proven imminent danger，such as：
a）serious deterioration of materials；
b）serious deterioration of structure and/or ornamental features；
c）serious deterioration of architectural or town-planning coherence；
d）serious deterioration of urban or rural space，or the natural environment；
e）significant loss of historical authenticity；
f）important loss of cultural significance.
ⅱ）POTENTIAL DANGER–The property is faced with threats which could have deleterious effects on its inherent characteristics. Such threats are，for example：
a）modification of juridical status of the property diminishing the degree of its protection；
b）lack of conservation policy；
c）threatening effects of regional planning projects；
d）threatening effects of town planning；
e）outbreak or threat of armed conflict；
f）gradual changes due to geological，climatic or other environmental factors.

这一列入濒危的标准自 1983 年制定一直使用至今，没有任何词汇的修改，这种情况在《操作指南》频繁的修订中是非常罕见的。而在列入濒危的流程中，指南强调，列入濒危后的遗产地应制定改正措施（第 52、53 条[1]），委员会应定期对濒危遗产进行审议，在必要时派出专家进行现场考察（第 58 条[2]），并应保证世界遗产基金的一定比例用于濒危遗产的援助（第 57 条[3]）。以上针对濒危遗产的程序也一直沿用至今。

2005 年的《操作指南》[4]虽然对文件整体的结构和内容进行了大幅度的调整，但是并未对世界遗产濒危名录和遗产地最终除名程序的内容进行太多修订。涉及濒危名录，2005 年的《操作指南》仅将定期审议濒危名录，改为"委员会应每年审议濒危名录中遗产地的保护状况（第 190 条）"[5]。

3 当前列入濒危的主要威胁因素

这可能是一种相当神奇的情况，世界遗产列入濒危的标准停滞于 1983 年的《操作指南》，而无视世界遗产类型和规模的扩展，无视遗产保护新概念的出现与引入，无视遗产面临的新威胁。以文化遗产为例，近期保护理念的发展将突出普遍价值（简称 OUV）标准、真实性和完整性、保护管理状况作为 OUV 的三大支柱，而《操作指南》（96 条 –109 条）中对于世界遗产保护管理要求的论述也明确提出遗产区、缓冲区划定及法规性保护措施等要求。从当前世界遗产保护管理评估的原则来看，无论是何种威胁因素产生的影响，只要对文化遗产的突出普遍价值、真实性和完整性、保护管理体系产生了严重的负面影响，均可以将其视作保护管理状况不佳，而具体受损的程度又需要依据案例讨论。从 1983 年沿用至今的列入濒危标准则无法直接与遗产的价值、完整性、管理体系运行状况等评估指标挂钩。事实上，由

---

1 同上，原文：52. When considering the inclusion of a property in the List of World Heritage in Danger, the Committee shall develop, and adopt in consultation with the State Party concerned, a programme for corrective measures. 53. In order to develop the programme referred to in the previous paragraph, the Committee shall request the Secretariat to ascertain, in cooperation with the State Party concerned, the present condition of the property, the dangers to the property and the feasibility of undertaking corrective measures. The Committee may further decide to send a mission of qualified observers from IUCN, ICOMOS, ICCROM or other organizations to visit the property, evaluate the nature and extent of the threats and propose the measures to be taken.

2 同上，原文：58. The Committee shall review at regular intervals the state of property on the List of World Heritage in Danger. This review shall include such monitoring procedures and expert missions as might be determined necessary by the Committee.

3 同上，原文：57. The Committee shall allocate a specific, significant portion of the World Heritage Fund to meeting funding requests for assistance to World Heritage properties inscribed on the List of World Heritage in Danger.

4 联合国教科文组织，世界遗产中心.《实施〈世界遗产公约〉操作指南》. 2005 年版. [EB/OL]. [2019-05-01]. http://whc.unesco.org/en/guidelines/.

5 2005 年《操作指南》，原文：190. The Committee shall review annually the state of conservation of properties on the List of World Heritage in Danger. This review shall include such monitoring procedures and expert missions as might be determined necessary by the Committee.

于列入濒危标准制定时间过早，标准制定时对于"历史真实性"和"协调性"等概念的认识已与今天的真实性和完整性的要求存在差异，难以辨别其意义到底存在多少相似性。

就其内容自身逻辑而言，列入濒危标准似乎也存在一些模糊之处。例如，"明确的威胁"意味着文化遗产已证明受到某种特定的损失，标准的内容描述了各类损失可能的结果；而"潜在的威胁"则意味着遗产地面临某种可能产生有害影响的威胁因素，即使其还未产生破坏性的影响，其内容列出了各类可能对遗产地造成重大破坏的威胁因素。"明确的威胁"显然比"潜在的威胁"具有更为严重的危害，但是标准的表述并没有赋予其差异性，仅面临"潜在的威胁"的遗产地也可能列入濒危，而不具有任何"豁免权"。

当然，本文的意图并不在于建立一套新的列入濒危标准，而是希望通过建立易于理解的保护状况评价框架——列入濒危的标准本应是文化遗产保护管理评估中最为基本和最易达成共识的内容，对历年建议列入濒危的文化遗产项目进行分类，寻找近期列入濒危项目普遍面临威胁及其影响，特别是世界遗产委员会、缔约国和咨询机构等方面在列入濒危标准上存在的意见分歧。出于这样的目的，本文将威胁因素影响的区域（如遗产区或缓冲区）、威胁因素影响到真实性与完整性的物质方面或非物质方面，以及管理体系三方面作为评估的基本设定，并试图将现有列入濒危标准与威胁因素在这三方面可能产生的影响关联起来（表1）。如此保护状况评估框架的设定主要基于以下几点认识：

（1）同样的威胁因素对遗产地遗产区和缓冲区会产生不同的影响；

（2）同样的威胁因素对文化遗产真实性和完整性[1]的物质方面与非物质方面会产生不同的影响；

（3）承认健全的遗产保护管理体系应包括有法律支撑的遗产保护身份、运行良好的管理体系、有效的保护管理规划及有针对性的保护控制措施，认可保护管理体系是良好保护状况的重要保障。

基于以上框架，本文梳理了40年来建议列入濒危的文化遗产的威胁因素、影响和决议情况，即因保护管理状况不佳（今世界遗产大会7B环节讨论内容）[2]而建议列入濒危的文化遗产，以及因保护状况危急而申请紧急列入的文化遗产，共计91个[3]文化遗产案例。这项工作中早期案例的判断是较为困难的，因早期案例缺乏详细的评估文件作为依据，仅能基于决议的内容进行判断；而一些处于战争冲突

1　基于《操作指南》对于真实性和完整性的定义，笔者认为已经很难真实性和完整性评估严格分割开来，独立看待，所以本文的评估框架将真实性和完整性作为一个整体评估。

2　从1988年第12届世界遗产大会开始出现对《名录》遗产地的监测，从1995年第19届世界遗产大会开始出现《世界遗产名录遗产地保护状况报告》。

3　其中包括不同年份世界遗产大会多次建议列入濒危的重复案例。

文化遗产列入濒危标准与保护管理状况评估框架之间可能的关系　　表 1

	威胁因素可能产生的影响				
	遗产区	缓冲区	真实性与完整性的物质方面[1]	真实性与完整性的非物质方面[2]	保护管理体系
明确的威胁					
a）严重的材料衰退	●		●		
b）结构或装饰特征的严重衰退	●		●		
c）建筑或城市规划协调性的严重衰退	◇	◇	◇	●	
d）城市或乡村空间，或自然环境的严重衰退	◇	◇	◇	●	
e）历史真实性的严重丧失	●		●		
f）文化意义的重大损失[3]	◇	◇	◇	◇	
潜在的威胁					
a）遗产地法律地位的改变	◇	◇	◇	◇	●
b）缺少保护政策	◇	◇	◇	◇	●
c）区域规划项目产生了威胁性的影响	◇	◇	◇	◇	◇
d）城镇规划产生了威胁性的影响	◇	◇	◇	◇	◇
e）战争冲突爆发或产生威胁	◇	◇	◇	◇	◇
f）因为地质、气候或其他环境因素产生了逐步的影响	◇	◇	◇	◇	◇

注：●为对应条目明确会产生的影响。◇为对应条目可能会产生的影响。

威胁中的遗产地则在没有进行现场评估之前就列入濒危。除去 4 个早期由缔约国自主申请列入濒危的项目，本文共研究 87 个建议列入濒危的文化遗产案例。以下图表展示出不同威胁因素与影响的统计结果（图4~ 图 10），并根据其威胁因素和影响进行了分类统计。

结果显示，如果遗产本体或遗产区历史环境的物质载体遭受破坏，那么这类遗产地一般会被列入濒危，如统计中的"遗产本体逐步衰退"、"遗产本体遭受人为和自然灾害的破坏"、"遗产区和缓冲区的历史环境均遭受物质性破坏"的情况，对此不同参与方是有共识的。

在所有的案例中，最为常见的建议列入濒危的原因是"遗产本体遭受人为和自然灾害的破坏"（共 35 个案例），如战争冲突、水坝等大型设施建设，或地

---

1 真实性和完整性的物质方面，根据《操作指南》对于真实性和完整性的定义，物质方面指支撑遗产价值的物质载体，如物质载体的外形和设计、材料、所处位置、构成历史环境的重要物质载体等方面的真实与完整。

2 真实性和完整性的非物质方面，根据《操作指南》对于真实性和完整性的定义，非物质方面指体现遗产价值的用途和功能、传统、技术和管理体系、环境的协调性、整体感受、相关非物质文化遗产等，对于遗产所处环境视觉整体性和协调性的追求被归为这一方面。

3 这条内容的设定也说明标准内各条目之间逻辑的矛盾，文化遗产的文化意义应依附于材料、结构、环境等物质载体的存在而存在，依赖于历史真实性，"文化意义的重大丧失"在一定程度上应是以上各条综合评估的结论，而非一条独立的评价标准。

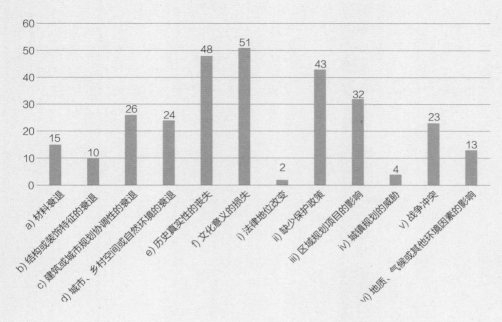

图4 1979年至今建议列入濒危文化遗产威胁因素的统计（次）

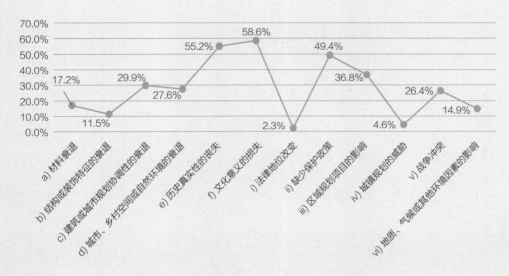

图5 1979年至今建议列入濒危文化遗产威胁因素所出现比例（%）

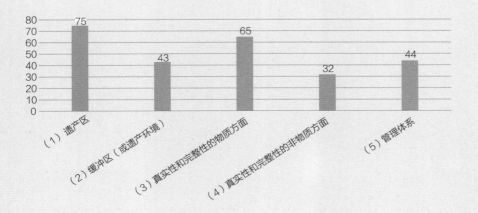

图6 1979年至今建议列入濒危文化遗产威胁因素影响的统计（次）

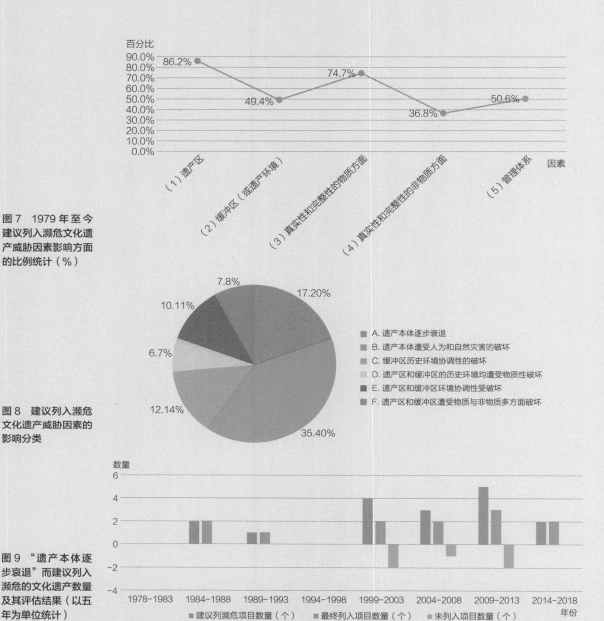

图 7   1979 年至今建议列入濒危文化遗产威胁因素影响方面的比例统计（%）

图 8   建议列入濒危文化遗产威胁因素的影响分类

图 9   "遗产本体逐步衰退"而建议列入濒危的文化遗产数量及其评估结果（以五年为单位统计）

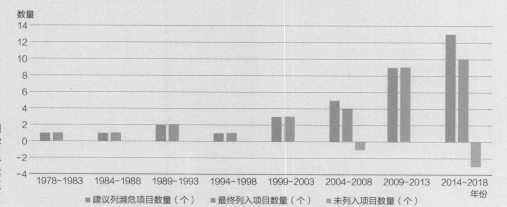

图 10   "遗产本体因遭受人为和自然灾害的破坏"而建议列入濒危的文化遗产数量及其评估结果（以五年为单位统计）

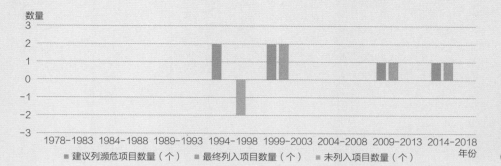

图 11　"遗产区和缓冲区的历史环境均遭受物质性破坏"而建议列入濒危的文化遗产数量及其评估结果（以五年为单位统计）

震、风暴等自然灾害的破坏，前者典型的案例如叙利亚、伊拉克、利比亚等国以联合决议的形式列入的多处遗产地，后者如尼泊尔的加德满都谷地（Kathmandu Valley）。这类案例在近十年中，因国际不稳定局势的影响，数量明显呈上涨趋势，且最终基本都列入了濒危名录。近期，加德满都谷地这一案例却经过 4 次审议均"拒绝"列入濒危，成为这类案例中颇为罕见的实例，从一个侧面反映出缔约国对列入濒危后续措施保障的质疑。

　　数量位居其次的是"遗产本体逐步衰退"类型的案例（共 17 个案例），这类案例多是由于保护管理体系存在问题、遗产疏于管理所致。案例数量虽然在近五年内有所减少，但仍旧是近十年或近二十年中文化遗产面临的主要问题之一，而对这类问题的最终决议也鲜有意见分歧，因为这类遗产地常常是最需要获得国际援助的对象，典型的案例如 2016 年列入名录即列入濒危的南马都尔：东密克罗尼西亚庆典中心（Nan Madol：Ceremonial Centre of Eastern Micronesia）。而"遗产区和缓冲区的历史环境均遭受物质性破坏"的案例虽然数量较少（共 6 个），但是决议仍具有高度的统一性。

　　目前，对于列入濒危标准的意见分歧主要集中在因开发建设项目破坏遗产区或缓冲区环境"协调性"这一问题上，而这正是近期对于遗产完整性[1]认识不断加强的产物。数据显示，进入新千年后，"缓冲区历史环境的协调性受到破坏"（共 12 个）和"遗产区和缓冲区环境协调性均受到破坏"（共 10 个）的案例才开始出现，但数量迅速成为新千年后文化遗产面临的主要威胁因素之一。而从案例最终决议的情况来看，对这类因素影响的认识还远未达成共识（图 11~ 图 13）。自 2004 年至今，因"缓冲区历史环境的协调性受到破坏"而最终列入濒危的案例仅有两例：科隆大教堂（Cologne Cathedral，2004 年列入濒危）和维也纳历史中心（Historic Centre of Vienna，2017 年列入濒危）。因"遗产区和缓冲区环境协调性均受到破坏"而列入濒危的案例也仅有两例：利物浦—海洋贸易城市（Liverpool-

---

1 《操作指南》因 2005 年修订才将完整性作为文化遗产保护状况评估的重要指标。

图12 "缓冲区历史环境协调性的破坏"而建议列入濒危的文化遗产数量及其评估结果（以五年为单位统计）

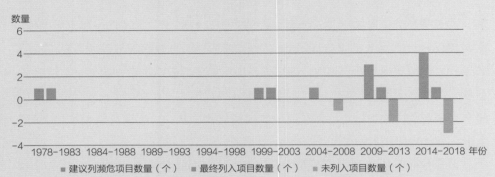

图13 "遗产区和缓冲区环境协调性受破坏"而建议列入濒危文化遗产数量及其评估结果（以五年为单位统计）

Maritime Mercantile City，2012 年列入濒危）和巴勒斯坦—南耶路撒冷文化景观（Palestine：Land of Olives and Vines-Cultural Landscape of Southern Jerusalem，Battir，2014 年紧急申报项目）。这反映出当威胁因素仅涉及"协调性"的问题时，不同相关方对保护状况的评估存在较大意见分歧，即使列入濒危的标准一直将"建筑或城市规划协调性的严重衰退"作为"明确的威胁"。

4 典型案例分析

为进一步探讨列入濒危标准当前面临的困境，下文并未选取"成功"或主动列入濒危的案例，而是从遗产类型、遗产规模、威胁因素所在区域、威胁因素的影响等方面选取典型案例，以分析当前列入濒危标准在理论和机制上可能存在的问题。通过选取纪念物或建筑群类型文化遗产作为历史环境协调性分析的案例，可以较为清晰地界定遗产区和缓冲区的范围，使问题简化。威斯敏斯特宫、教堂以及圣玛格丽特教堂（Palace of Westminster，Westminster Abbey including Saint Margaret's Church）和拉合尔古堡和夏利玛尔花园（Fort and Shalamar Gardens in Lahore）两个案例的比较，揭示出列入濒危的标准不能脱离 OUV，不能脱离遗产类型泛泛而谈，这样将使列入标准缺少适用对象，甚至使其正当性和权威性受到质疑。

　　这样的结论同样适用于康沃尔和西德文矿区景观（Cornwall and West Devon Mining Landscape），不过这个案例想通过这处面积庞大的文化景观，反映一个简单事实，即使对于同样类型的文化遗产，位于同样位置的威胁因素，也会产生不同的影响。虽然在一些案例的讨论中，咨询机构极力避免将遗产地受影响面积的比例与评估结论直接关联，但是似乎这类假设仍是处理大型遗产地无法回避的问题。如果不能清晰而系统地阐述大型遗产地的遗产构成系统与OUV之间的关联性，那么就很难对这个问题给予令人信服的解答，由此，列入濒危的标准和评估显然需要与世界遗产申报的评估建立直接的联系。

　　最后的案例加德满都谷地试图讨论列入濒危机制的问题，近期建议列入濒危遗产地数量的增加反映出对遗产地保护管理更高的要求，值得鼓励，不过从缔约国和遗产地的角度如何能从濒危名录中获益，也是《世界遗产濒危名录》机制层面需要解答的问题，这不仅仅指经济层面的援助，也涉及技术和能力建设层面的支持。如果缔约国已对教科文组织提供国际援助的"能力"失去信心，那么也必将对《濒危名录》的作用和效力失去信心。

4.1　列入濒危标准适用对象的缺失：历史环境协调性案例的比较

　　纪念物和建筑群是构成《名录》的主要文化遗产类型，这类遗产自身规模不大，却常常是城市中重要的地标建筑，占据核心位置，对于地方具有重大的历史意义。鉴于纪念物或建筑群类型遗产范围较小且易于管理，其本体保存状况较好，可能面临的威胁多来自周边环境，在案例统计中因"缓冲区历史环境协调性的破坏"而建议列入濒危的多属于这种情况。在实际案例中，由于部分案例列入《名录》的时间较早，很多遗产地只划定了遗产区而没有缓冲区，这使得对周边历史环境边界的界定尤其困难。在一些案例中，即便在列入时就已明确划定了缓冲区，在面临建设项目时，也往往证明了已划定的区域不足以屏蔽负面影响。

　　2004年科隆大教堂（Cologne Cathedral）因周边环境中的高层建设项目而列入《濒危世界遗产名录》[1]，既是对纪念物类型文化遗产视觉完整性讨论的早期案例，也是这类案例中为数不多的被真正列入濒危的实例。此后被审议的案例包括：伊朗的伊斯法罕王侯广场（Meidan Emam, Esfahan）、西班牙塞维利亚的大教堂、城堡和西印度群岛档案馆（Cathedral, Alcázar and Archivo de Indias in Seville）、英国伦敦的威斯敏斯特宫、教堂以及圣玛格丽特教堂（Palace of Westminster, Westminster Abbey including Saint Margaret's Church）、伦敦塔（Tower of London），

1　世界遗产委员会. 决议 Decision：28 COM 15B.70. [EB/OL]. [2019-05-01]. http：//whc.unesco.org/en/decisions/242.

以及近年来已被三次建议列入濒危的巴基斯坦拉合尔古堡和夏利玛尔花园（Fort and Shalamar Gardens in Lahore）等。不过以上案例均未被列入濒危。这可能也在一定程度上反映出周边环境景观"协调性"或"完整性"的界定存在很强模糊性，即使对于同类型的遗产地也需要仔细论证其 OUV 与环境的关系，而在现实案例中，即便这种密切的相互关系被证明存在，对于划定多大范围的缓冲区、对缓冲区和周边环境的保护力度究竟需要多么强力，还是容易产生分歧。如何在保护遗产环境整体性和允许城市适度发展之间寻找平衡？这也正是咨询机构、遗产中心和委员会、缔约国产生巨大分歧的方面。

多次被世界遗产大会审议的威斯敏斯特宫建筑群无疑具有极重要的历史价值和象征意义，遗产本体一直得到精心维护，保护状况良好。不过，由于周边环境中层出不穷的高层建设，以及这反映出的英国政府对建设管控力度的薄弱，该遗产地现有于 2007 年和 2014 年两次被建议列入濒危。以 2014 年世界遗产大会对威斯敏斯特宫[1]的讨论为例，反应性监测关注的重点是与威斯敏斯特宫隔河相望，距离约 1 英里的高层建设项目伊丽莎白大厦（Elizabeth House），该项目分为北侧和南侧两个部分，共有三座塔楼，最高的塔楼为 29 层。此前世界遗产大会决议就已注意到该项目会影响遗产地周边环境的视觉景观，要求缔约国修改方案[2]，但项目的规划申请仍得到了项目所在伦敦朗伯斯区（Lambeth）政府批准。基于这样的现状，咨询机构和世界遗产中心指出，在现有法律框架下该项目已得到通过，其实施已不存在任何法律障碍，而项目无疑对世界遗产的 OUV、完整性构成"实质"威胁，决议草案[3]建议将遗产地列入濒危。（图 14、图 15）

对此缔约国代表在遗产大会上给予了强烈的回应。英国代表首先强调威斯敏斯特对于英国人民具有的重要意义，遗产一直得到有效的维护和管理，传统的使用功能仍在延续，这使遗产地具有的 OUV 不容置疑。英国政府不认可将其列入濒危遗产名录的决定。再者，他表示，大伦敦议会也在近期制定了一系列保护导则使历史环境的保护得到了加强。[4]最后，他甚至提出一种假设，如果威斯敏斯特宫不是在 1987 年，而是在 2014 年申请列入世界遗产，面对周边环境中大量高层建

1　威斯敏斯特宫殿和教堂以及圣玛格丽特教堂符合的价值标准：标准 i：威斯敏斯特教堂是一处独特的艺术创造，代表了英格兰哥特艺术一系列发展过程的显著成就。标准 ii：除了其对英格兰中世纪建筑产生的影响，威斯敏斯特教堂通过影响 Charles Barry 和 Augustus Welby Pugin 在威斯敏斯特宫的创作，在 19 世纪"哥特复兴"运动中扮演着主导作用。标准 iv：教堂、宫殿和圣玛格丽特教堂，以实物展示出 9 个世纪议会君主制的特殊性。

2　世界遗产委员会 . 决议 37 COM 7B.90. [EB/OL]. [2019-05-01]. http：//whc.unesco.org/en/list/426/documents/.

3　世界遗产委员会 . 文件 WHC-14/38.COM/7B.Add. [EB/OL]. [2019-05-01]. http：//whc.unesco.org/en/sessions/38COM.

4　自 2006 年世界遗产中心就伦敦多处世界遗产受到高层建筑产生负面视觉影响提出警告以来，英格兰遗产和伦敦政府已出台了一系列保护导则，就周边环境控制和管理的认识开始方法上的尝试和探讨。例如，《伦敦视觉管理框架补充规划导则》（London View Management Framework Supplementary Planning Guidance）通过伦敦规划政策，指定了 27 处策略性视线，其中包括从国会广场远眺新城镇景观的视线。不过，虽然视线得到了地理位置上的定义，但是视线所及的范围并没有得到明确界定，同时使用何种标准对开发项目的影响进行评估，仍在很大程度上依赖于评估者的立场，而缺乏硬性的指标，如建筑高度、密度、建筑形态、材料等。

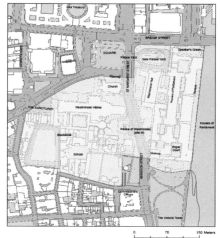

图 14　遗产地现有遗产区范围图（左）
（图片来源：http://whc.unesco.org/en/list/426/multiple=1&unique_number=1635）

图 15　俯瞰威斯敏斯特宫和对岸地区发展（右）
（图片来源：http://www.webbaviation.co.uk/london/londonaerial.jpg）

筑的事实——其实，在 1987 年遗产地周边也有不少高层建筑存在，伦敦似乎从来不曾存在一种风格和高度统一的历史环境——委员会和咨询机构是否会因此而否定遗产具有的 OUV 呢？如果威斯敏斯特仍旧能够列入世界遗产，那是否就意味着高层建筑的建设并不会大幅度损害其价值，不应因此将其列入《濒危世界遗产名录》呢？

英国代表的发言得到了多数委员会代表的理解和赞同。日本代表认为，大会决议应考虑伦敦作为不断变化的国际大都市的现状；而菲律宾代表指出，决议草案应考虑到当前城市保护的理论[1]发展，同时也要考虑英国本身的规划体系。最终，由于委员会多数代表的支持，威斯敏斯特宫未列入濒危，决议再次要求缔约国确保修改相关项目的方案设计。

威斯敏斯特宫的案例鲜明地显示出不同群体对于周边环境"协调性"这一问题的不同认识。诚然，在以往很长的时间中，纪念物或建筑群的保护关注于也局限于文化遗产物质形态的维护与原有功能的延续，一种直接的表现在于，遗产地的保护范围仅覆盖建筑群自身的边界。而随着新千年后文化遗产保护领域对于完整性概念的引入，对于文化遗产周边环境价值的不断强调，纪念物或建筑群的保护已不再局限于遗产本体，而更加关注遗产与更加广泛的历史环境之间的联系，其中视觉景观无疑是多样化的联系中最为直接的。不过，英国代表的观点也引人深思，在伦敦城市现代发展历程中可能并不存在某种"协调性"，威斯敏斯特宫的周边环境也并不存在绝对意义上的"协调性"，在这样的情况下因遗产周边环境的需要而要求城市的发展趋于"协调性"是否正当？

_____

1　这里指《城市历史景观建议书》等文件的出台。

图 16　轻轨线路和遗产地的关系（左）
（图片来源：《2018年联合反应性监测报告》，http://whc.unesco.org/en/list/121/documents/）

图 17　轻轨线路与花园入口之间的关系（右）
（图片来源：《2018年联合反应性监测报告》，http://whc.unesco.org/en/list/121/documents/）

　　涉及视觉景观正当性的问题，近三年保护状况连续接受审议，并被建议列入濒危的巴基斯坦拉合尔古堡和夏利玛尔花园是个易于理解的案例。该遗产地于 1981 年以标准 i、标准 ii、标准 iii 列入《名录》，在列入时，遗产的各条价值均强调了古堡和花园具有的特殊而杰出艺术价值。[1] 遗产中心和咨询机构自 2016 年开始[2]，就因获知拟建设的轻轨橙线的规划位置正位于花园主入口前，而认定轻轨建设将会对 OUV 造成极为负面的影响，当年决定派遣反应性监测，并指出如果信息属实则符合列入濒危的条件[3]。轻轨在 2017 年已经建成，鉴于以往世界遗产委员会决议的压力，线路在经过花园区域以高架形式通过，做出了一定的弧线退让。不过，2018 年 4 月咨询机构和遗产中心开展的联合反应性监测[4] 仍指出：（1）花园内外直接可见精美的花园入口上地铁横空穿越的场景，极大地破坏了遗产地的美学价值；（2）噪音的影响使得原本负有"静谧的绿洲"之名的花园名不副实。与遗产中心的意见相左，缔约国的保护状况报告[5] 仍坚称，轻轨对花园造成的视觉影响很小，而震动并不对 OUV 构成威胁，轻轨还减少交通拥堵，提倡绿色出行。（图 16、图 17）

　　对于这类具有极高美学价值的遗产地，追求遗产周边环境景观的完整性和协调性应该说是有必要的，然而在今天，似乎只要涉及缓冲区的建设案例就可以博得委员会的同情，特别是对欠发达地区国家的遗产地而言。在 2018 年世界遗产大

1　标准 i 强调了夏利玛尔花园体现出莫卧儿时期园林设计的艺术高峰；标准 ii 强调了花园对印度次大陆艺术和美学表达发展进程产生的巨大影响；而标准 iii 则指出遗产地是莫卧儿文明艺术和美学成就高峰的独特而杰出的见证。

2　世界遗产委员会. 文件 WHC-16/40.COM/7B.Add. [EB/OL]. [2019-05-01]. http://whc.unesco.org/en/sessions/40COM.

3　决议草案原文：9. Also requests the State Party to submit to the World Heritage Centre, by 1 February 2017 an updated report on the state of conservation of the property and the implementation of the above, for examination by the World Heritage Committee at its 41st session in 2017 with a view to considering, should any ascertained or potential danger to the Outstanding Universal Value be confirmed, the possible inscription of the property on the List of World Heritage in Danger.

4　世界遗产委员会. REPORT ON THE JOINT WORLD HERITAGE CENTRE/ICOMOS REACTIVE MONITORING MISSION TO THE FORT AND SHALAMAR GARDENS IN LAHORE. [EB/OL]. [2019-05-01]. http://whc.unesco.org/en/list/171/documents/.

5　缔约国. State of conservation reports.2018. [EB/OL]. [2019-05-01]. http://whc.unesco.org/en/list/171/documents/.

会的讨论上，除挪威、澳大利亚、西班牙、巴林等少数国家支持决议草案，其他委员国均认同缔约国影响评估报告的结论，强调地方需要发展，而缔约国已经制定了一些缓解措施并承诺实施，应给予信任和鼓励。期间，虽然缔约国 NGO 代表在获得了发言机会

图18　2018 年世界遗产大会期间巴基斯坦 NGO 组织代表发言
（图片来源：清华大学建筑学院国家遗产中心观察团队拍摄）

后，激动地表示对委员会的行为感到失望，并指出这不是在践行《世界遗产公约》。然而，这并不能阻止决议草案的大幅度修订，在经过三年的讨论后，遗产地仍未列入濒危。（图 18）

　　比较两个案例不难得出这样的结论，对于历史环境的"正当"要求是基于对遗产地价值的理解而存在的，就这点而言，现有列入濒危的标准是脱离价值而存在的，也因此其表述对象、适用范围是缺失的。同样的保护管理要求是否可以适用于所有的遗产类型，适用于任何价值特征的遗产？笔者认为，这也许是可能的，但只有当其足够"基本"才可能成立，否则就会导致不同群里对其要求正当性产生质疑。

4.2　大型活态遗产地的威胁程度难界定：康沃尔和西德文矿区景观

　　英国世界遗产地康沃尔和西德文矿区景观（Cornwall and West Devon Mining Landscape）是一处规模宏大的文化遗产。该遗产于 2006 年列入《名录》，遗产区范围覆盖 19808 公顷，包含 10 个片区，不仅代表了 19 世纪初该地区矿业开采的共同特征，又展现出当时矿业发展技术和社会各方面层面的特点。丰富的遗产类型复杂，包括矿区、交通设施、附属设施、工业居住区、农场、别墅或商人住宅和矿区考古遗址，遗产地通过系列工业遗存反映出 18-19 世纪早期英国铜矿和锡矿开采行业的迅速发展，以及矿业生产对乡村和城市景观带来的显著影响。

　　自 2012 年开始，遗产区内港口周边的综合体开发项目就引起委员会的关注，2013 年的大会决议 [1] 要求缔约国停止港口建设 [2]，考虑发展小型、遗产引导的更新项目作为替代。位于海耳（Hayle）港口开发项目的规模是较大的，项目预

1　世界遗产委员会. 决议 37 COM 7B.89. [EB/OL]. [2019-05-01]. http: //whc.unesco.org/en/decisions/5108.

2　决议原文：7. Regrets that the State Party has not complied with the request expressed by the Committee in Decision 36 COM 7B.94 to halt the Hayle Harbour project, and, given that planning permission has already been granted, strongly urges the State Party to halt the development of Hayle Harbour in the light of its potential impact on the Outstanding Universal Value of the property and to consider, as a matter of urgency, all possible ways to develop alternative solutions for smaller-scale heritage-led regeneration for the Hayle Harbour site that respect its role as the port and harbour for the mining industry.

图 19 海耳港 20 世纪 60 年代照片（左上）
（图片来源：http://hayleharbour.com/images/hayle-harbour-1960.jpg）

图 20 海耳港现状图片（右上）
（图片来源：http://www.geevor.com/media/images/Cornish%20Mining/A2%20Hayle%20-%20aerial%20view.jpg）

图 21 海耳港未来开发计划效果图（左下）
（图片来源：https://i2-prod.cornwalllive.com/article2537384.ece/ALTERNATES/s615/0_hayle.jpg）

图 22 港口计划平面图（右下）
（图片来源：http://www.hayle.net/images/2478_masterplan-2500-700.jpg）

计投资 2500 万英镑，将建设面积为 5.4 万平方英尺的工业设施，2.3 万平方英尺码头，800 户住宅，2 座酒店和休闲设施。[1] 2013 年的反应性监测报告[2]指出，海耳港因其在能源出口和矿石出口方面的重要意义而成为遗产构成的一部分，而从遗产保护的角度，当前通过的建设项目不仅规模空前，而且在建筑体量、材料的使用方面都与历史特征不符，影响到该区域铸造厂和码头之间的视觉景观，因而对遗产 OUV 造成威胁，由此 2014 年遗产大会的决议草案建议将其列入濒危[3]。（图 19~ 图 22）

而当地的管理机构、地方委员会等则认为，历史视觉景观并非 OUV 的价值载体——城市建设已经极大地改变了地区的视觉环境，与 19 世纪初存在显著的差异，因此，当前开发项目虽然和遗产区内历史环境不协调，但并不涉及破坏历史遗存的问题。缔约国代表也表示，项目的设计已经和地方委员会、管理机构、国家咨询机构进行了充分的讨论，并得到社区公众的认可。项目虽然会对码头的环

1 信息来自于相关网页，https://cornishstuff.com/2019/02/12/hayle-harbour-intervention/.

2 世界遗产委员会. Report of the Joint WHC/ICOMOS/ICCROM Reactive Monitoring Mission to Cornwall and West Devon Mining Landscape. [EB/OL]. [2019-05-01].http://whc.unesco.org/en/list/1215/documents/.

3 世界遗产委员会. 文件 WHC-16/38.COM/7B. [EB/OL]. [2019-05-01]. http://whc.unesco.org/en/sessions/38COM.

境造成一些影响，但是同样会对地方带来积极的效益，遗产的部分修缮资金也将得益于此。缔约国还反复强调，项目仅涉及遗产区很小的一个部分，是遗产片区的 1/10，是列入众多港口的 1/5[1]，面积不足遗产区面积的 6%，对于遗产 OUV 的影响微小，不应因此而将其列入濒危。

对于缔约国的解释，多数委员会国代表表示理解和赞同，土耳其、波兰、哈萨克斯坦、菲律宾、马来西亚等国代表都明确表示开发项目的影响并不足以将遗产地列入濒危。在 2014 年的世界遗产大会上，该遗产并未被列入濒危，决议[2]鼓励地方相关管理机构制定针对大型开发项目的必要评估和控制机制。这一决议的力度较 2013 年已有所减轻，而此后的决议草案也未再建议将其列入濒危，似乎已经默认了港口开发为既成事实。

受到关注的开发项目位于遗产区内，这一情况的影响无疑是恶劣的，列入濒危的案例中不乏相似的情况，例如 2012 年列入濒危的利物浦—海上商城。不过，考虑到康沃尔和西德文矿区景观区域性的规模，价值关注于矿业生产的系统化和工业化产物，而开发项目又未涉及对历史遗存本体的破坏，似乎其影响又是可以接受的。一方面，许多工业遗产在失去工业生产功能之后，都不可避免地需要面临产业和功能的转变，这势必会带来部分物质空间的改造；另一方面，对于大型遗产地而言，要求其在整个区域内完全停止建设与发展是不现实的。

那么，如何客观地评价大型遗产地整体的保护管理状况？这似乎是现有列入濒危标准还没有正面回答的问题。事实上，在 1983 年标准制定的时候可能很难想象在未来遗产地的规模会如此扩展，而遗产的构成要素又会如此复杂。笔者以为，对于大型文化遗产地的评估，虽然说所有遗产构成要素，无论规模和特征都是 OUV 的载体，但是其重要性或联系的密切性仍是需要明确梳理的，即首先需要建立 OUV 与遗产构成体系之间的结构性联系，明确不同构成要素之间的层级关系，然后才可以谈特定威胁因素的影响。这就需要从遗产申报环节就加强系统建设：如果申报时就能明确遗产构成和 OUV 的关系，才能使保护管理体系的评估、威胁因素影响评估更加有针对性。

4.3　濒危名录需要提供解决方案：加德满都谷地的四次"拒绝"

加德满都谷地是近期颇受关注的列入濒危的实例，从 2015 年 4 月加德满都发生 7.9 级地震开始，世界遗产中心和咨询机构已四次建议将其列入濒危，而缔约国却不断以各种理由避免列入（图 23）。

1　该遗产地共包含五处主要的港口：分别为 Hayle、Portreath、Devoran、Charlestown 和 Morwelham 港。
2　世界遗产委员会. 决议 38 COM 7B.34. [EB/OL].[2019-05-01]. http://whc.unesco.org/en/decisions/6021.

图 23　2015 年加德满都震后照片
（图片来源：https://i.amz.mshcdn.com/uT-EMuDc0WUs4lfS3pLt0kM3SBX8=/950x534/filters：quality（90）/2015%2F04%2F27%2F05%2FKathmandu1.e7dd1.jpg）

尼泊尔加德满都谷地于 1979 年以标准 iii、标准 iv、标准 vi 列入《名录》。遗产地坐落于喜马拉雅山山麓，包括 7 个纪念性建筑区域。这些区域包括加德满都、帕坦、巴德冈的王宫广场（Durbar Squares of Hanuman Dhoka，Patan and Bhaktapur），斯瓦亚姆布与博德纳特佛教圣庙（Buddhist stupas of Swayambhu and Bauddhanath），伯舒伯蒂与昌古·纳拉扬印度神庙（Hindu temples of Pashupati and Changu Narayan）。

　　从历史情况来看，加德满都谷地一直是一处在保护管理方面能力与力度较弱的遗产地，其保护状况曾多次受到审议。1994 年，咨询机构通过反应性监测就要求以城市发展致使历史街区丧失传统特征为由，建议将达尔巴尔广场（Darbar Square）和加都佛塔纪念性区域（Bauddhanath monument zones）从遗产构成中去除 [1]，并建议将其列入濒危 [2]。1998 年，咨询机构再次以遗产区内大量传统建筑遭到拆除，真实历史肌理消失为由 [3]，建议将其列入濒危 [4]。这两次建议均未真正实现列入。2003 年，与此前理由类似，咨询机构注意到 7 片纪念物区域中已有 6 片区域部分或严重丧失了列入时的传统特征，由此指出，遗产地对于建设控制不当，整体已极大地丧失真实性与完整性 [5]，将其列入濒危 [6]。从遗产保护原则上来看，2015 年地震对加德满都文化遗产产生了摧毁性的破坏——大量纪念物和历史建筑倒塌，其危机状况足以列入濒危，这一事实并不存在讨论的必要，需要关注的恰恰是缔约国拒不列入濒危的理由与心态。

1　决议原文：The mission report had recommended the effective delisting of parts of the Kathmandu Darbar Square and Bauddhanath monument zones，following a general failure to control development……The mission report illustrated examples of demolition，encroachment，traffic pressure，the unsympathetic introduction of modern services and conservation practices which did not conform to accepted international standards.

2　世界遗产委员会．决议 Decision：CONF 001 VI.B. [EB/OL]. [2019-05-01]. http：//whc.unesco.org/en/list/121/documents/.

3　决议原文：The Bureau expressed concern over the continued demolition of traditional buildings of architectural value and illegal new development within the Kathmandu Valley World Heritage site，despite the building control efforts made by His Majesty's Government of Nepal and the concerned local authorities.

4　世界遗产委员会．决议 Decision：CONF 201 V.B.55，Decision：CONF 209 X.B.42. [EB/OL].[2019-05-01]. http：//whc.unesco.org/en/list/121/documents/.

5　原文：2. Notes with grave concern that the traditional elements of heritage of six of the seven Monument Zones had been partially or significantly lost since the time of inscription，resulting in a general loss of authenticity and integrity of the property as a whole；3. Notes furthermore with concern that although the responsible concerned authorities have made efforts with some positive results，the threat of uncontrolled development has persisted，which continuously decreases the urban landscape and architectural fabric of the property.

6　世界遗产委员会．决议 Decision：27 COM 8B.1，Decision：27 COM 7B.52，[EB/OL].[2019-05-01]. http://whc.unesco.org/en/list/121/documents/.

2015 年在地震发生之后，由联合国教科文组织专家、尼泊尔考古部门工作人员共同组成小组 [1] 就对破坏情况第一时间进行了评估。咨询机构在对地震造成损失表示遗憾的同时，也指出遗产地面临城市肌理缺失、发展不受控制、管理机制缺乏、潜在大型新项目等多项威胁，突出普遍价值受到极大的影响，建议将其列入濒危，同时建议缔约国政府启动紧急行动、详细评估损失、明确震后抢救保护措施，尽快制定"理想保护状况报告"（DSOCR），呼吁其他缔约国、国际组织为尼泊尔提供援助。当年，中国、印度、荷兰、韩国等国就已经派驻专业人员，协助尼泊尔展开震后文化遗产的抢救和修复。而在当年的世界遗产大会上，印度、韩国、菲律宾、德国、芬兰、牙买加等国代表就强调，鉴于地震为不可抗天灾，应给予缔约国一年的时间有效地组织重建行动，当务之急在于制定紧急行动计划。当时，只有黎巴嫩和葡萄牙代表表示支持列入濒危，并强调列入濒危名录不是惩罚，而是一种更好的帮助、督促手段。最终，由于多数委员会国家的反对，加德满都谷地并未列入濒危。2016 年和 2017 年遗产大会上，几乎是同样的争论再次上演。反对列入濒危的委员国强调，列入濒危可能会影响缔约国灾后恢复的信心和决心，同时也并不能解决实际问题，比如缔约国实际需要的技术、经济援助等。而支持列入的委员会则认为，这涉及委员会决议的一致性和权威性，不应因为地震属自然灾害而非人为就修改标准。

在 2018 年第 43 届世界遗产大会上，世界遗产中心和咨询机构再次建议将其列入濒危，而保护状况评估关注的重点已由地震对遗产地造成的直接破坏，改为这三年来大量重建工作对 OUV 造成的再次破坏。根据 2017 年反应性监测任务报告 [2] 的描述，很多震后的恢复工作加速了对遗产地完整性和真实性的破坏，如进一步拆除附属性结构，居住区和商业区历史环境的进一步恶化等，同时缺乏整体规划和协调显示出当前管理能力的薄弱。[3] 而与前三次审议基本相同，支持不列入的委员国使用的理由仍大致相同，并再次强调了列入濒危遗产名录并不能解决实际问题。最终，会前拟定的决议草案遭到了大幅度修订，并引发了委员会长时间的讨论，加德满都谷地仍未列入濒危。

加德满都谷地这一案例表现出，列入濒危名录作为促进缔约国完善保护管理的"惩罚"手段面临的现实困境，即缺乏技术和经济上的保障。在《濒危名录》制定之初，许多缔约国是主动申请将本国遗产地列入濒危的，以此获得世界遗产基金的国际援助或国际合作，获得资金、技术、设备层面的支持——列

1　世界遗产委员会. Report on the joint World Heritage Centre/ICOMOS/ICCROM Reactive Monitoring mission to Kathmandu Valley. 2015.[EB/OL]. [2019-05-01]. http：//whc.unesco.org/en/list/121/documents/.

2　世界遗产委员会. Report on the joint World Heritage Centre/ICOMOS/ICCROM Reactive Monitoring mission to the Kathmandu Valley. 2017. [EB/OL]. [2019-05-01]. http：//whc.unesco.org/en/list/121/documents/.

3　世界遗产委员会. 文件 WHC/18/42.COM/7B,[EB/OL]. [2019-05-01]. http：//whc.unesco.org/en/list/121/documents/. p.23.

入濒危与国际援助在一定程度上是相关联的。而在近期世界遗产基金和联合国教科文组织经费锐减的背景下，以加德满都的情况为例，缔约国一方面认为列入濒危不一定能获得更多的资金支持，震后重建工作并未得到国际援助的支持，资金主要以紧急抢险项目的形式来自教科文组织以外[1]，虽然世界遗产的品牌效应仍起到很大作用。同时，列入濒危还会对旅游业产生严重影响，这将进一步加剧地方重建可能面临的资金压力。这也正是尼泊尔拒绝列入濒危的原因。试想如果列入濒危仅仅是为了彰显遗产保护领域严格的国际标准，是为除名进行"铺垫"的必要程序，却无法使缔约国从中实际获益，无论是技术还是经济上的，那么势必在未来受到更多缔约国的抵制，同时也将使世界遗产中心和咨询机构的权威性受到质疑。

5 结语

《濒危世界遗产名录》作为世界遗产项目创立之初就已确立的工作机制，对于建立统一的世界遗产保护状况评价标准，促进世界遗产保护管理水平提升，加强遗产保护领域国际合作具有重要意义。列入《濒危世界遗产名录》显然并不意味着对于缔约国保护管理工作的否认，而是为了凝聚国际各界的力量，为处于威胁中的遗产地的保护管理提供更加坚实的技术与经济层面的保障。如历年建议列入濒危的世界遗产数量发展趋势所显示的，近期教科文组织和咨询机构对于遗产地保护管理状况的要求是不断提高的，这也反映出国际社会对于世界遗产日益增长的关注。

然而，与近期发展变化的遗产保护原则不同，当前《操作指南》中列入濒危的标准自 1983 年形成后一直沿用至今，未有修订，这使得其内容，至少文化遗产列入濒危标准的用词与内容与今日保护管理要求存在一定的差异。在 1983 年标准制定时，历史城镇、文化景观、遗产线路等特殊类型文化遗产还未出现；完整性的概念还未引入文化遗产保护领域；《奈良真实性宣言》还未发布，对于真实性的理解还局限于历史真实性；就文化遗产面临的威胁因素而言，环境协调性的问题还未如近期这样突出……虽然笔者承认，列入濒危的标准应具有一种长期性和稳定性，代表了文化遗产保护领域对遗产地保护管理最为基本的要求，但是在面对近期威胁因素试图从列入标准中寻求依据的时候，往往体会到标准内容的模糊性，

---

1 参考 WHC/18/42.COM/7B 文件，截至 2018 年，2015 年以后教科文批准了一系列紧急保护工程，其中包括中国海南航空捐赠 1 百万美元，香港霍英东基金会捐赠 25 万美元，教科文日本信托基金捐赠 14.5 万美元，尼泊尔投资银行捐赠 10 万美元，及 1.8 万自愿捐赠。

这在一定程度上加剧了特定案例评估中，咨询机构、委员会和缔约国等不同参与方意见的分歧。而这类问题完全可以通过标准的修订得到改善，使列入濒危标准在用词、关注点和保护要求等方面与近期世界遗产保护管理要求更加符合，避免歧义与多种解释的可能。

此外，列入濒危作为一种预警机制，是与世界遗产的申报、保护状况评估、反应性监测、遗产除名、国际援助等多项工作紧密联系的，具有承上启下的作用，它们共同构成了世界遗产项目的整体系统。为加强《濒危世界遗产名录》的公正性和权威性，也需要使整个系统相关工作机制更加具有依据，如在世界遗产申报环节，需明确 OUV 与价值载体的关联性，由此保护状况评估才能更为准确地阐述威胁因素的影响。同时，只有加强咨询机构的能力建设、技术水平，提升世界遗产基金的保障能力，才能使列入濒危成为缔约国面临遗产保护困境时的必然选择，使整个机制更好地运行。综上，种种情况表明《濒危世界遗产名录》列入濒危标准和机制调整的必要性，当然这也涉及世界遗产项目整体系统理论和机制的创新。

世界遗产的扩展：价值的突出性与遗产的完整性

文／孙燕

对于世界遗产项目的扩展（Extension），在《实施〈保护世界文化与自然遗产公约〉的操作指南》[1]中并没有进行明确界定，仅在第 165 条简要地指出，遗产扩展与重大边界修订一样，申报程序与新申报项目一致，占用每年审议的 45 个申报项目名额。在世界遗产大会的讨论环节，扩展项目的专业意见往往最"容易"得到尊重，案例的审议也不会引发激烈的辩论，因为其最终结果并不会改变《名录》中的项目数量。而如果回顾以往十年申报环节的扩展项目则会惊奇地发现，多数年份扩展遗产的数量都占到了总申报项目数的 10% 左右，数量多时甚至占到 21%（2010 年）。这样的比例使得已有项目的扩展申报也成为增加世界遗产保护对象的一种方式，虽然扩展意味着对遗产价值重新认识和阐释的机会，但需要重新思考遗产构成要素与 OUV 之间的联系，也可能面临着遗产价值突出性降低的风险。

本文将简要地回顾近十年来扩展项目的基本特征，并将以 2017 年成功扩展的斯特拉斯堡：中心岛和新城（Strasbourg, Grande-Île and Neustadt）和包豪斯及其在魏玛、德绍和贝尔瑙的作品（Bauhaus and its Sites in Weimar, Dessau and Bernau）作为两种不同类型文化遗产扩展的代表，展现遗产扩展过程中遗产构成要素的选择、完整性认识和普遍价值中的突出性三者之间微妙的关系。（图 1、图 2）

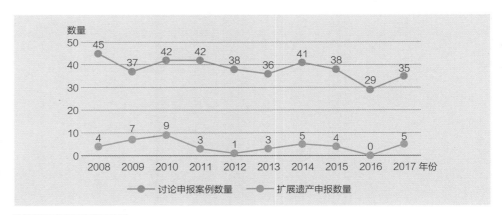

图 1　近十年历年扩展申报项目的数量

---

1 World Heritage Center. Operational Guidelines for the Implementation of the World Heritage Convention. 2017. 网址：http://whc.unesco.org/en/guidelines（English）.

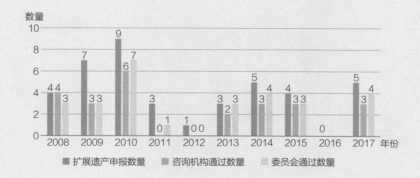

图 2　近十年历年扩展案例通过情况

1　近十年来扩展项目的基本情况

以往十年（2008–2017 年）共有 41 项扩展项目提出申请，数量约占申报项目总量的 10.7%。从遗产类型来看，文化遗产的扩展申请有 24 项，占总量的 58%；自然遗产有 15 项，占总量 37%；混合遗产仅有 2 项，占总量 5%。从遗产申报年代来看，近期扩展项目的主要"来源"是 20 世纪 90 年代的申报项目，共有 19 项，占总量的 46%；其次为 2000–2010 年的项目，共有 11 项，占总量的 27%；再次为 20 世纪 80 年代的项目，有 9 项，占总量的 22%。（图 3、图 4）

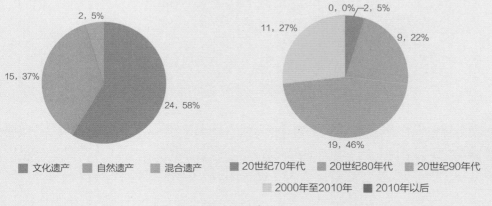

图 3　近十年扩展项目遗产类型的数量和比例（左）

图 4　近十年扩展项目列入年代的比例（右）

纵观近十年文化遗产扩展项目的申报情况，依据扩展对遗产主题或类型的影响可以分为两类。一种情况，扩展可能是在现有遗产地范围向外扩张，由此可能导致遗产主题或遗产类型的变化；另一种情况多为系列遗产的扩展，扩展的对象与原有遗产构成存在同时期、同类型、同主题的特点。如果以遗产主题或遗产类型变化与否作为标准，近十年文化遗产的扩展约有 45% 的项目因扩展而产生了主题或类型的变化。这类项目约有 33% 在扩展过程中修改了价值标准的条目，有 56% 较为大幅度地修订了价值表述。而对于扩展未产生遗产主题和类型变化的项目，价值标准

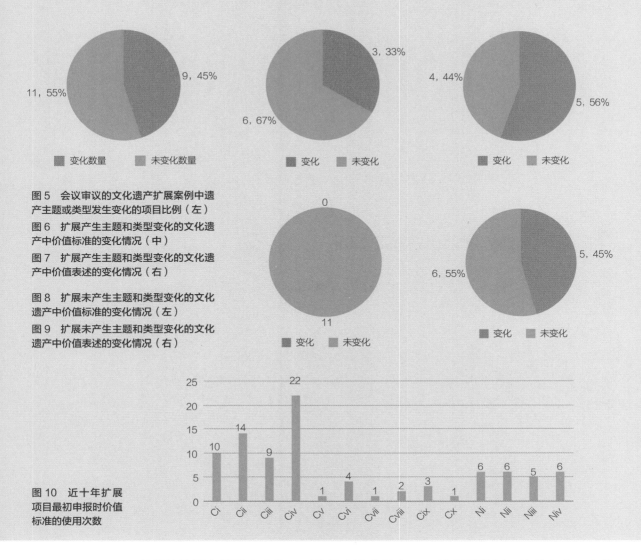

图 5　会议审议的文化遗产扩展案例中遗产主题或类型发生变化的项目比例（左）

图 6　扩展产生主题和类型变化的文化遗产中价值标准的变化情况（中）

图 7　扩展产生主题和类型变化的文化遗产中价值表述的变化情况（右）

图 8　扩展未产生主题和类型变化的文化遗产中价值标准的变化情况（左）

图 9　扩展未产生主题和类型变化的文化遗产中价值表述的变化情况（右）

图 10　近十年扩展项目最初申报时价值标准的使用次数

条目的使用全部没有变化，而价值表述也仅有 45% 进行了修订。这其中有一大部分是较早的申报案例，早期的价值表述的要点已与近期有很大差异而必须进行修订。这一统计结果反映出扩展过程中对于价值的重新认识仍有待加强。（图 5~ 图 10）

2　2017 年文化遗产的扩展：两类常见的扩展项目及其困境

2017 年第 41 届世界遗产大会共提交了 5 项世界遗产扩展项目，其中 4 项进行了会议讨论，1 项由缔约国撤回。已讨论的 2 项文化遗产扩展案例恰好在一定程度上代表了文化类世界遗产扩展常见的两类问题。斯特拉斯堡：中心岛和新城

（Strasbourg，Grande-Île and Neustadt）展示出因遗产构成对象的扩展带来了遗产类型的变化，带来了对 OUV 的新认识，由此导致使用标准和价值陈述的调整。近十年扩展项目的统计结果显示出，很多早期申报成功而在近期扩展的项目，即使价值标准的条目没有变化，一般也会对其价值陈述进行调整，展现出对遗产价值的重新认识。而对已有价值的重新认识则涉及对价值载体的再次选择：不同的价值标准是否需要全部适用于遗产整体，还是特定的价值标准只需要适用于遗产载体特定的方面即可？这类问题在斯特拉斯堡价值标准调整上也有体现。

包豪斯及其在魏玛、德绍和贝尔瑙的作品（Bauhaus and its Sites in Weimar, Dessau and Bernau）则代表了另一类常见的状况。这一系列遗产的扩展基于相同遗产类型、年代和主题的筛选原则进行扩展，扩展并未带来 OUV 陈述的明显变化。这样的做法是否可行？事实上，这是许多系列遗产扩展时经常采用的做法，但详细分析又会发现，在一个"封闭"OUV 的语境中，如果承认扩展对象和已有的遗产构成在价值、代表性方面同等重要，那么是否意味着存在第一次申报时遗产完整性方面的不足？而如果不承认前后构成在价值和代表性方面同等重要，那么是否意味着承认，为了获得遗产的完整性而在一定程度上牺牲了价值的突出性？这一两难的问题是许多系列遗产扩展时需要应对的。

3 斯特拉斯堡的扩展

3.1　1987 年最初的申报：以主教堂为中心的城市单元

斯特拉斯堡最初于 1988 年列入《名录》，提名的遗产区范围局限于中心岛（Grande-Île）区域，对其遗产构成的理解是以主教堂为核心的历史中心区。[1] 中心岛的历史可追溯到斯特拉斯堡作为古罗马军事前哨的时期，十字交叉的道路结构[2] 在此后的城市发展中得到尊重并保留至今，而伊尔河（River Ill）将其围绕，使其隔离于城市的其他区域。

主教堂（建设于 1176–1439 年）无疑是中心岛区域最为醒目的纪念物，也是最初申报时的核心价值载体，其鲜明的哥特风格，立面交错装配的粉红色砂岩石料，高达 142 米的尖塔，正门以"最后审判"为题的精巧浮雕，以及教堂内圣坛、玻璃窗等特征一直都是当地文艺复兴时期成就的杰出象征。遗产地在最初列入《名

1　参考世界遗产中心网站信息，网址：http://whc.unesco.org/en/list/495.

2　即为 Rue du Dome，Rue du Bain-des-Roses（南北走向），Rue des Hallebardes，Rue des Juifs（东西走向）四条街道。

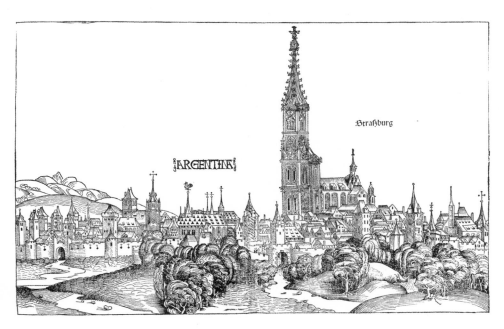

图 11　1493 年 版画中的主教堂与斯特拉斯堡中心区

录》时，文本[1]对标准 i 和标准 ii 的价值论述均强调了主教堂在技术和艺术方面的成就。标准 i 强调："斯特拉斯堡主教堂，在其各个建设时期……一直是一处独特的艺术成就（A Unique Artistic Achievement）。高耸至 142 米、由粉红色砂岩交错装饰的尖塔本身是一项技术壮举，直到 19 世纪才被超越"。[2]标准 ii 则指出，"主教堂是哥特艺术运动向东传播的代表，对德国国家雕塑艺术产生了的可能影响……由于歌德的原因，主教堂在 19 世纪再次作为一种（理想）模型，启发了许多高耸尖塔的创造，如乌尔姆和科隆主教堂"。[3]

　　不过，虽然斯特拉斯堡主教堂意义重大，这一项目仍旧是作为一处历史中心区或城市建筑群整体进行申报的。中心岛区域不仅拥有一系列历史悠久的教堂建筑[4]，而且包括许多重要的市政公共设施、商业店铺和手工业作坊等，建构出一处具有中世纪城市特征的历史街区，系统展现出斯特拉斯堡中世纪和文艺复兴时期的发展。文本对标准 iv 的陈述认可了斯特拉斯堡中心岛作为历史中心区的价值，

1　ICOMOS. Advisory Body Evaluation. 1988. [2018-04-09]. http：//whc.unesco.org/en/list/495/documents/.

2　出处同上，标准 i 原文：In each of its construction stages, from the Pillar of the Last Judgement, ca.1230, to the completion of the northern spire in 1439, the Gothic Cathedral of Strasbourg is a unique artistic achievement. Soaring to 142 meters, the intricate filigree spire in pink sandstone is in itself a technical feat unequalled until the 19th century.

3　出处同上，标准 ii 原文：The cathedral of Strasbourg represents the eastward vector of the Gothic art movement. The considerable influence which this model exerts on the statuary arts in the Germanic countries can be divided into three successive phases：……it once again served as a model in the 19th century, inspiring such extravagant creations as the spires for the cathedrals of Ulm and Cologne.

4　除去主教堂，中心岛区域包括的主要教堂为：圣托马斯教堂（St. Thomas，12-15 世纪）、圣皮埃尔 - 勒维厄教堂（St. Pierre-le-Vieux，13-15 世纪）、圣皮埃尔 - 勒热纳教堂（St. Pierre-le-Jeune，13-15 世纪）、圣艾蒂安教堂（St. Etienne，12 世纪）。

图 12　斯特拉斯堡主教堂（来源：申遗文本）

指出这里"是一处具有欧洲中部特点城市建筑群的杰出实例，和一处独特的 15-16 世纪莱茵河谷地方建筑群"[1]。对此，ICOMOS 在评估文件中鼓励了将斯特拉斯堡作为一个整体的城市单元进行考虑，而不是将申报对象仅局限于主教堂。[2]

1　见 ICOMOS. Advisory Body Evaluation. 1988. [2018-04-09]. http：//whc.unesco.org/en/list/495/documents/. 标准 iv 原文：The Grande Ile of Strasbourg is an outstanding example of an urban ensemble characteristic of central Europe and a unique ensemble of domestic architecture in the Rhine valley of the 15th and 16th centuries.

2　同上.

图 13　斯特拉斯堡历史中心鸟瞰（来源：申遗文本）

3.2　扩展的背景

在 1987 年申报时，最初列入的遗产区以河道为界，仅包括中心岛的区域（94 公顷）而没有缓冲区。于是 2007 年第 31 届世界遗产大会决议（31 COM 8B.71）建议"遗产地重新考虑划定缓冲区，以给予遗产地及其环境更有效的保护"[1]。这成为遗产地近期扩展的预设目标之一。2014 年由缔约国提交的定期报告[2] 即指出，遗产地正计划遗产扩展并划定缓冲区。

3.3　2017 年的扩展：19 世纪城市扩张的规划创新

其实，此次遗产地扩展的对象本身就是斯特拉斯堡历史上中心城区有计划扩张的建设成果。扩展城区是斯特拉斯堡于 1871–1918 年在德国执政时期规划与建设的"新城"（Neustadt），城市平面的规划受到法国奥斯曼"模式"的启发，而在建筑样式上则采纳了许多德国建筑传统语汇，这种来自德法两国的双重影响造就了新城区域的城市特征。[3] 在功能上，新城由行政区、学院区和居住区构成，行政中心围绕今天的共和广场（Kaiserplatz 或 Place Impériale），周边分布有政府部门、

1　World Heritage Committee. Decision ：31 COM 8B.71. [2018–04–09]. http：//whc.unesco.org/en/list/495/documents/.　决议原文：2. Recommends that the State Party reconsider the buffer zone for Strasbourg–Grande Île，France，in order to delineate an area which gives more effective protection to the inscribed property and its setting.

2　France. Rapport périodique–Deuxième cycle. [2018–04–09]. http：//whc.unesco.org/en/list/495/documents/.

3　参考世界遗产中心网站，网址：http：//whc.unesco.org/en/list/495.

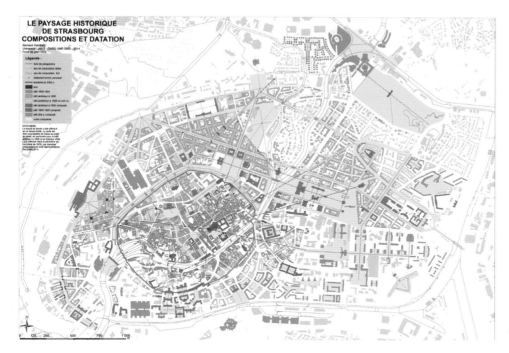

图 14　斯特拉斯堡
历史发展阶段示意
（来源：申遗文本）

区域议会大厦、图书馆、剧院等建筑；学院区临近斯特拉斯堡大学，以大学校园、各类博物馆、花园为主要功能，外围围绕以居住区。新城区域城市结构简单明确，与中心岛中世纪的历史肌理形成鲜明对比，同时，共和广场与中心岛之间、新城两个区域之间均设计有明确的景观轴线，视觉联系紧密，而主教堂则仍旧持续地通过其卓越的高度对整个城市发展施加控制力。

　　缔约国提交的申遗文本反复强调了斯特拉斯堡新城扩张的特点即在于："新城的扩展和老城通过轴线和视线建立了和谐的联系，创造了斯特拉斯堡独特的城市景观，两者形成了一种统一、延续的整体；城市空间受到德国和法国的双重影响，见证了欧洲历史的重要时期；通过成功融合德国和法国的城市理论，新城的扩展使得斯特拉斯堡对欧洲的城市主义历程做出了重要贡献。"[1] 由此，缔约国以 OUV 标准 i、标准 ii 和标准 iv 提出遗产地的扩展申请。

　　扩展申报文本对于标准 i 的论述包含两部分内容，第一部分基本坚持扩展前的遗产地价值表述，强调主教堂具有的卓越技术和艺术成就，而第二部分则试图强调新城扩展在规划设计方面表现出的杰出创造力[2]。标准 i 强调，"新城建构了联系起一系列创造性的杰出要素，将十字正交的平面、纪念性的轴线、主教堂的视线和其他城市地标联系起来，共同构成了视觉上与老城相协调、功能上相补充的

1　见 ICOMOS. Advisory Body Evaluation. 2017. [2018-04-09]. http：//whc.unesco.org/en/list/495/documents/.

2　见 City of Strasbourg. Nomination text of De la Grande-Île à la Neustadt, une scène urbaine européenne. 2017. [2018-04-09]. http：//whc.unesco.org/en/list/495/documents/：158-159.

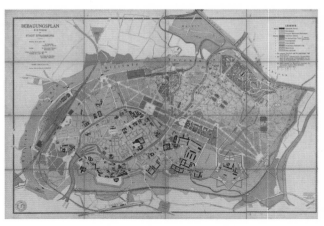

图 15　新城规划（来源：
申遗文本）

平面。中心岛上由布罗伊广场向内延伸的弯曲轨迹完成了这一融合的过程，同时将现代性和卫生学的元素引入历史中心"[1]。

标准 ii 的论述则与原有文本内容有明显不同，不再局限于主教堂本身的价值，而是关注中心岛和新城区域不同历史时期建筑风格的特征。标准 ii 强调，中心岛和新城的建成环境表达了德法文化在城市规划和建筑方面的交流。这种交流和融合的特征从中世纪建造的大量教堂建筑一直延续至 19 世纪的新城建设——新城规划的灵感来源于奥斯曼模式，而公共建筑的立面设计则采纳了具有德国传统特征的建筑语汇。"新城的扩展有助于定义一种德国城市规划的模式，它将新的技术、美学向度和新的建筑和景观原则相融合"[2]。

标准 iv 仍坚持原有的价值论述，强调历史城区整体是一处典型的欧洲莱茵河畔城市的典型实例，主教堂及其周围的中世纪城市景观、15~17 世纪具有地方风格的文艺复兴样式住宅、18 世纪法国风格的宫殿和花园等建筑遗产，以及 19 世纪的城市扩展均加强了这种城市特征——城市扩展引入了技术进步的成果和卫生学思想，将纪念性设施、宗教建筑和住宅街区组合在一起，导致现代性和功能性城市的起源[3]。

对于缔约国的价值论述，ICOMOS 认可标准 ii 和标准 iv 的论述：标准 ii，新城的扩展在城镇规划层面反映出德法文化的融合，并创造了一种独特的城市景观；标准 iv，新城扩展是对旧城历史肌理的延续，加强了新旧城区之间的联系，同时反

1　同上 . 原文：The plan for the urban extension of the Neustadt of 1880 constitutes an innovative monumental composition combining an orthogonal layout, axes of monumental compositions, and perspectives of the cathedral and other urban landmarks, which together result in successful visual integration and functional complementarity with the old town. The curved trace of the Grande-Percée, in the Grande-Île, completes this process of integration while introducing elements of modernisation and hygiene in the historic centre.

2　同上 . 159. 原文：L'extension de Stras-bourg a contribué à définir un modèle d'urbanisme allemand, intégrant de nouvelles dimensions techniques et esthétiques telles que Josef Stübben les exposera à partir de 1890 et de nouveaux principes de composition architecturaux et paysagers.

3　同上 .

映出一种德奥和法国城市主义理论的综合，加强了其原有的城市特征，因此标准 iv 由于遗产扩展而加强。[1] 而对于标准 i，ICOMOS 并不认可。ICOMOS 认为标准 i 只适用于主教堂，而不适用于遗产地的整体或扩展部分，并认为这种标准论述不符合当前对于 OUV 的认识。[2] 缔约国在 2017 年 2 月的反馈中提出了自身的疑问："在申报之初标准 i 就只适用于大教堂，而现在大教堂本身和周边的历史环境都没有改变，仍旧是重要的杰作，为什么会不适用？"[3] 缔约国在反馈中试图强调主教堂北尖塔对于斯特拉斯堡城市天际线和新城扩展区域的统治作用，认为这是人类创造力应用于城市建设的实例。但是这种观点仍未得到 ICOMOS 的认可。ICOMOS 的观点在遗产大会讨论环节并未受到挑战，最终，遗产地以标准 ii 和标准 iv 成功扩展。

3.4　小结与讨论：标准 i 突出性的适用对象

斯特拉斯堡项目是因扩展带来遗产类型和价值认知变化的典型实例。比较 1987 年和 2017 年的价值论述，不难发现，其关注的重点已由主教堂、中世纪历史中心，扩展至 20 世纪初形成的整个历史城区，扩展至新旧历史城区之间的联系，因而，对原有标准 i 和标准 ii 都产生了新的认识。这种新的认识反映出近 30 年世界遗产价值体系对于历史环境价值认识的发展，这正是通过世界遗产的扩展，希望看到的一种"进步"。

而涉及标准 i 的适用性这个问题，实际上引发了两点疑问，一是突出普遍价值的各项内容是否都必须适用于遗产整体？面对今天遗产构成要素日益复杂而多样的遗产，我们很难要求在一个复杂的遗产构成和价值系统中，要求所有构成要素都承担起同样的价值重要性。在一些案例中，严格来讲，任何一条价值标准都只适用于遗产地的某些构成要素或特定的方面，而要素之间的联系使其构成一种整体的价值叙事。由此，支撑 OUV 所有内容的遗产构成"整体"是否存在呢？笔者认为，这种整体性在很多复杂的案例中只是相对存在的。

在近十年的扩展案例中，成功扩展且"保住"标准 i 的文化和混合遗产案例仅有 2 例。

摩尔达维亚教堂（Churches of Moldavia）位于罗马尼亚，最初于 1993 年申报，列入 7 处位于摩尔达维亚北部的教堂。这些教堂最大的特点在于教堂立面的彩绘，"直接受到拜占庭艺术的影响"，"是壁画作品的杰作，具有突出的艺术价值"，符

1　见 ICOMOS. Advisory Body Evaluation. 2017. [2018-04-09]. http：//whc.unesco.org/en/list/495/documents/.

2　同上.

3　同上. 缔约国回复中表示：Since the completion of the northern spire of the cathedral in 1439, the urban skyline of Strasbourg has been inseparable from this unique architectural achievement. The change in urban traces, and the development of perspectives and new districts have, right up to the 20th century, composed a unique ensemble, indissociable from the federating signal it constitutes, which is exemplary of human creative genius applied to the edification of cities.

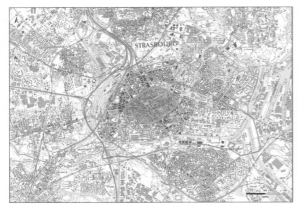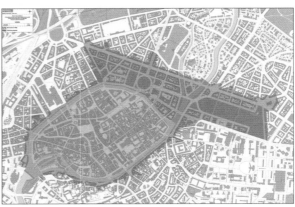

图 16　原有遗产区
（来源：申遗文本）
（左）
图 17　原有遗产
区（黄）和扩展区域
（红）（来源：申遗文
本）（右）

合标准 i 的要求。[1] 项目在 2010 年第 34 届世界遗产大会上成功扩展（Decision：34 COM 8B.39），加入了 1 处新的教堂——苏克维修道院（Resurrection of Suceviţa Monastery），其最大的特点仍在于 16 世纪完成的内外墙壁画。由此，在时代和主题上与已有的 7 处教堂构成系列遗产。而扩展后对于标准 i 的论述基本保持不变。[2]

　　另一个案例是混合遗产玛雅古城和坎佩切湾卡拉克穆尔热带森林保护区（Ancient Maya City and Protected Tropical Forests of Calakmul, Campeche）的扩展。项目最初在 2002 年以"卡拉克穆尔玛雅古城"的名称作为文化遗产申报，玛雅古城的重要性不言而喻，ICOMOS 认可遗产地符合标准 i[3] 的要求，卡拉克穆尔考古遗址是"玛雅艺术的突出实例"，有助于我们更好地认识古代城市政治和精神层面的发展。该项目于 2014 年成功扩展为混合遗产，扩展的对象是遗址周边的热带森林保护区，而在缔约国提交的扩展申报文件中，对于标准 i 的论述是和以前完全一样的。对此，ICOMOS 的评估文件要求缔约国就该条标准进一步补充文件，而 ICOMOS 给予的评估结论也是不同意扩展的，因为申报文件中的很多内容都没有阐述清楚。[4] 不过遗产委员会最终通过了扩展。标准 i[5] 的论述将热带雨林环境解释

1　见 ICOMOS. Advisory Body Evaluation. 1993. [2018-04-09]. http：//whc.unesco.org/en/list/598/documents/. 原文：Criterion（ i ）：The external paintings of the churches of Northern Moldavia cover all the facades. They embody a unique and homogeneous artistic phenomenon, directly inspired by Byzantine art. They are masterpieces of mural painting, and are of outstanding aesthetic value in view of their consummate chromatism and the remarkable elegance of the figures. They present cycles of events taken from the Bible and the Holy Scriptures, in the Orthodox Christian tradition.

2　见网站：http：//whc.unesco.org/en/list/598/.

3　见 ICOMOS. Advisory Body Evaluation. 2002. [2018-04-09]. http：//whc.unesco.org/en/list/1061/documents/. 原文：Criterion（ i ）：The many commemorative stelae at Calakmul are outstanding examples of Maya art, which throw much light on the political and spiritual development of the city.

4　见 ICOMOS. Advisory Body Evaluation. 2014. [2018-04-09]. http：//whc.unesco.org/en/list/1061/documents/.

5　见网站：http：//whc.unesco.org/en/list/1061/, 原文：Criterion（ i ）：As a whole, the area is unique in that it preserves largely intact remains of the relatively rapid development of the Maya civilization in a hostile environment of tropical forest. The information available for research is vital for understanding multiple aspects of Maya culture and its evolution in the central lowlands of the Yucatan peninsula. The archaeological sites in the area constitute remnants of at least 1500 years（from ca. 500 B.C. to A.D. 1000）of intensive population growth and evolution of social complexity, conditioned by a successful adaptation to the inhospitable natural setting and accompanied by technological achievements and cultural development in general, which is reflected in the architecture, hieroglyphic writing, sculpted monuments and fine arts.

为玛雅文明存在和发展的环境，由此构成一种整体，从而避免了直接对自然环境的"突出"价值做出解释。

再从另一个角度进行思考，就斯特拉斯堡案例来看，否决标准 i 是否在一定程度上表现出我们仍认为该遗产地的扩展降低了价值的突出性？如果标准 i 仅适用于主教堂这样的杰出纪念物，那么，这对于历史城镇、村落、文化景观等表现日常主题类型的遗产是否"公平"？更重要的，这是否限制了遗产领域对于"杰出"的想象？如何针对不同类型、不同主题的遗产进行标准适用性的解释，至少在斯特拉斯堡这个案例中还未得到令人信服的答案。

4 包豪斯的扩展

2017 年的扩展项目：包豪斯及其在魏玛、德绍和贝尔瑙的作品 [1]（The Bauhaus and its sites in Weimar，Dessau and Bernau）是一处与包豪斯学校教学、思想和实践相关的系列遗产，它反映出系列遗产扩展可能面对的挑战。系列遗产申报往往是从某个概念或主题出发，以此作为标准，对相关历史遗存进行筛选，从而形成统一的、最有力地阐释 OUV 的遗产构成要素。对系列遗产而言，历史遗存本身是客观存在的，而选择标准却具有主观性，会因不同时代、不同认识角度的变化而产生不同的结果，这使得这类遗产"先天"存在多种扩展的可能。这也许是系列遗产占文化遗产扩展项目很大比例的原因所在。

在包豪斯这一案例中，2017 年的扩展是在 1996 年最初申报时的 5 处遗产要素基础上加入了 2 处新的构成要素，而基本没有修订价值标准的内容。这就令人产生困惑，如果对价值没有新的认识，那么为什么最初的申报没有涵盖这两处构成要素？正如前文已经提到的，在 OUV 不变的前提下，这就存在着系列遗产扩展时面临的一种两难困境：遗产构成要素筛选过程中，遗产完整性和价值突出性之间的矛盾。如果扩展对象和已有的遗产构成具

图 18 ADGB 工会联盟学校历史照片（来源：申遗文本）

---

1 本文下文涉及的包豪斯作品翻译、人名翻译均参考：（德）包豪斯档案馆、（德）玛格达莱娜·德罗斯特.包豪斯 1919–1933.丁梦月，胡一可译，南京：江苏凤凰科学技术出版社，1917.

图 19   ADGB 工会联盟学校对于玻璃的使用（来源：申遗文本）

有同等的重要性，那么是否意味着第一次申报时遗产完整性存在问题？而如果两者的重要性不同，意义或质量较低要素的加入，是否会降低价值的突出性？也就是说，在价值标准没有大幅度调整的前提下，对当前遗产选择标准的变化需要具有说服力的、正当的解释。包豪斯的案例给予了比较有说服力的答案——为了历史的完整性和现实更为真实的反映，顺利得到了咨询机构的认同，成功扩展。然而，如果深究其价值的内涵则会发现，如果积极地修订价值陈述可能更符合其扩展的目的。

4.1   1996 年的申报：包豪斯大师代表作

"包豪斯及其在魏玛和德绍的作品"（The Bauhaus and its sites in Weimar and Dessau）于 1996 年第一次进行申报。项目从包豪斯"大师"执教时期完成的众多作品中选出 5 处建筑作品作为遗产构成，系统阐述包豪斯学院作为现代主义最初文化发源地的意义和世界性影响[1]。评估文件写道："鉴于格罗皮乌斯的影响，包豪斯以其教育理论和建筑成为现代建筑的象征"；"包豪斯大师们设计的校舍及其他作品成为'经典现代主义'的基本代表，如此成为 20 世纪形象的核心构成"；"他们伟大的艺术成就……试图以其应用技术和智力资源建构对人类富于启发性的生活环境"。[2] 这一价值陈述简单有力，强调"包豪斯"对于现代主义丰碑式的象征意义，并通过现代主义大师的影响，深刻影响到 20 世纪全球的现代主义运动。

遗产构成的选择也服务于这种价值论述方式的需要，入选的 5 处遗产构成均具有历史和艺术的双重意义，不仅与包豪斯作为教育场所先锋的目标和主张相关，而且建筑本身也是具有世界级影响大师们的建成作品，是他们在包豪斯执教时期

1　见 ICOMOS. Advisory Body Evaluation. 1996. [2018-04-09]. http：//whc.unesco.org/en/list/729/documents/. 原文：As the first sites of a cultural development within Modernism, which was to have worldwide influence in the visual arts, applied art, architecture, and urban planning.

2　出处同上，原文：The Bauhaus has become the symbol of modern architecture for both its educational theory and its buildings throughout the world and is inseparable from the name of Waiter Gropius. The Bauhaus itself and the other buildings designed by the masters of the Bauhaus are fundamental representatives of "classical modernism" and as such are essential components of the image of their period of the 20th century. Their consistent artistic grandeur is a reminder of the still uncompleted project for "modernity with a human face," which seeks to use the technical and intellectual resources at its disposition not in a destructive way but to construct a living environment worthy of human aspirations.

图 20　ADGB 工会
联盟学校（来源：申
遗文本）

图 21　ADGB 工会
联盟学校室内（来源：
申遗文本）（左）
图 22　ADGB 工会
联盟学校室外（来源：
申遗文本）（右）

艺术思想的直接成果。（遗产构成与价值的关系见表 1）申报材料中仅有一句提及"包豪斯的社会革新思想"，认为其乌托邦式的思想通过建筑建成作品而在某种程度上得以实现[1]，但从其遴选的遗产要素来看显然这并不是价值表达的重点。遗产构成展现出，"经典现代主义"既是思想上的又是形式上的：建筑与室内装饰、工艺等多方面设计的结合，极简主义的形式风格，对功能主义原则的遵循与表现，象征现代性的混凝土、钢结构和玻璃窗等"新"材料与技术的应用，实验性的结构探索等，这些特征是入选作品的共性。

　　基于以上论述，ICOMOS 认定这处系列遗产符合标准 ii、标准 iv 和标准 vi，但在当时还没有对价值标准的逐条阐述，而是将 OUV 综述为："位于魏玛和德绍的建筑群是包豪斯建筑学校开创性和影响力的作品，是现代运动的基石，革新了20 世纪艺术和建筑思想与实践"[2]。

1　见 ICOMOS. Advisory Body Evaluation. 1996. [2018-04-09]. http：//whc.unesco.org/en/list/729/documents/. 原文：Even though the Bauhaus ideas of social reform turned out to be little more than wishful thinking，its utopia became reality at least to the extent that architecture came into existence whose direct accessibility still has the power to fascinate and which belongs to the peoples of all nations as their cultural heritage as the 20th century moves towards its close.

2　出处同上，原文：The group of buildings in Weimar and Dessau that constitute this nomination are the seminal works of the Bauhaus architectural school，the foundation of the Modern Movement which was to revolutionize artistic and architectural thinking and practice in the twentieth century.

遗产构成与价值的关系 [1]　　　　　表 1

编号	要素名称	年代	对于 OUV 的贡献
1	前艺术学校 The building of the former Art School	1904–1911	• 是包豪斯成立之初的历史纪念物； • 具有重要的历史和艺术价值（具有壁画装饰）； • 前应用艺术学校是亨利·凡·德·维尔德（Henry van de Velde）的早期建筑成就
2	前应用艺术学校 The building of the former Applied Art School		
3	号角屋 The Haus am Horn	1923	• 是包豪斯建筑主张"居住机器"的第一次实践； • 现代独立家庭住宅概念的探索； • 是现代建筑技术实验"混凝土盒子构造"的纪念碑； • 在魏玛时期唯一遗存至今的包豪斯建筑，具有极高的真实性，从建成至今一直以原有功能使用
4	德绍包豪斯校舍 The Bauhaus building in Dessau	1925	• 欧洲现代主义艺术的核心作品； • 体现出一种先锋的概念，直接导致了建筑和设计领域以一种独特的和广泛影响的方式进行了激烈革新； • 现代建造风格最为重要的纪念碑，是最能充分反映功能主义的创造性原则的建筑；采用了工业化的材料和标准化的建造方式； • 建筑在 20 世纪文化史中具有双重重要性：是包豪斯学院的历史纪念物，也是当代建筑早期时期的艺术纪念物； • 包豪斯教育模式的实例，对 20 世纪艺术和工业设计的革新产生了重要影响
5	教师住宅 The group of seven Masters' Houses	1925	• 这些简谱的功能主义建筑是住宅建筑基本类型的范例； • 在建筑和社会原则上均具有重要性；教师住宅可以被认为是给予相同平面以个性的成功尝试，因为在第一次世界大战后住房短缺时期不得不采纳类型化的形式； • 室内原有装饰，如家具、灯、铺装等均由包豪斯工作室提供，反映出包豪斯基本的艺术目标； • 建筑和 20 世纪重要的艺术家个性直接相关，如格罗皮乌斯、汉斯·迈耶、密斯·凡·德·罗、康定斯基、保罗·克利等

4.2　问题提出：2014 年的 OUV 的再陈述

2014 年缔约国根据《操作指南》对价值标准陈述要求的变化，提交了对 OUV 的修订，对各条标准进行了更详细的解释，基本形成了今天对遗产地的价值认识。根据决议（Decision 38 COM 8E [2]），标准 ii 强调了各遗产要素作为建筑作品，对欧洲现代艺术的重要意义是其核心作品，并在全球具有广泛的影响。标准 iv 则直接

1　见 ICOMOS. Advisory Body Evaluation. 1996. [2018–04–09]. http://whc.unesco.org/en/list/729/documents/. 原文：The group of buildings in Weimar and Dessau that constitute this nomination are the seminal works of the Bauhaus architectural school, the foundation of the Modern Movement which was to revolutionize artistic and architectural thinking and practice in the twentieth century.

2　见网站 http://whc.unesco.org/en/decisions/6149.

使用了"包豪斯大师"作品一词，强调这些实例是经典现代主义的代表作，也是20世纪形象的核心。标准 vi 更多强调包豪斯作为学院教育对艺术和建筑思想的革新，是现代主义运动的基石。这一价值认识在 2017 年的扩展中得到延续：扩展在增加遗产构成要素的同时，并没有对价值进行修订（表2）。而值得思考的是，决议对完整性的评估也认可现有五个构成要素"包含了表达其 OUV 所需的所有要素"[1]。

2017 年和 2014 年价值标准的比较　　　　　　　　　　表 2

价值标准	内容修订
Criterion（ⅱ）	Criterion（ⅱ）：The Bauhaus building in Weimar, Dessau and Bernau are central works of European modern art, embodying an avant-garde conception directed towards a radical renewal of architecture and design in a unique and widely influential way. They testify to the cultural blossoming of Modernism, which began here, and has had an effect worldwide.
Criterion（ⅳ）	The Bauhaus itself and the other buildings designed by the masters of the Bauhaus are fundamental representatives of Classical Modernism and as such are essential components ~~of the image of their period of~~ which represent the 20th century. The Houses with Balcony Access in Dessau and the ADGB Trade Union School are unique products of the Bauhaus's goal of unity of practice and teaching.
Criterion（ⅵ）	The Bauhaus architectural school was the foundation of the Modern Movement which was to revolutionise artistic and architectural thinking and practice in the 20th century.

注：红色字体是 2017 年新增内容。

这就引发了我们对于 2017 年新增遗产构成要素代表性和影响力质疑。根据 OUV 的陈述，新增遗产构成理应是欧洲现代主义艺术的核心作品，具有世界性的影响力，是包豪斯大师的作品，反映出包豪斯独特的教育和设计理念。如果扩展遗产要素和原有要素具有同样的代表性和影响力，那么为什么在之前的申报过程中没有入选？如果将之前未入选的要素列入，是否会降低遗产价值的突出性，有损于遗产的质量呢？

4.3　2017 年的扩展：迈耶作品的贡献及其影响力

如果说 1996 年申报选择的遗产构成要素更多是与和包豪斯第一任校长格罗皮乌斯直接相关——多数建成于格罗皮乌斯作为校长的时期，而包豪斯校舍、教师住宅则不仅是这位建筑大师的重要建成作品，更是其教育理念、现代主义建筑主张的直接体现——那么，2017 年扩展项目的构成要素则与包豪斯的第二任校长汉

1　2014 年决议（Decision 38 COM 8E）对完整性的评估，原文为，"The Bauhaus and its Sites in Weimar and Dessau includes all elements necessary to express the Outstanding Universal Value of the property, reflecting the development of Modernism, which was to have worldwide influence in the visual arts, applied art, architecture, and urban planning."

图 23　ADGB 工会
联盟学校历史照片
（来源：申遗文本）

斯·迈耶（Hannes Meyer）直接相关。新增的两处遗产构成：位于德绍的带阳台的住宅（Houses with Balcony Access）和位于贝尔瑙的 ADGB 工会联盟学校（ADGB Trade Union School）均是迈耶任包豪斯校长时期设计，并带领学生参与建造。这两处作品是保留至今为数不多的包豪斯学生集体建造的成果。

汉斯·迈耶（1889–1954）生于瑞士，在来到包豪斯之前，他是具有左翼思想的 ABC 团体成员（ABC Beiträge zum Bauen，活动于巴塞尔），由此形成了他本人颇为激进而具有社会革新色彩的功能主义建筑设计思想，并以此得到理论界的关注。他于 1927 年来到包豪斯，先被任命为新成立的建筑系主任，而后从 1928–1930 年期间接任包豪斯校长。虽然理论界对于迈耶的认识是颇为复杂的，他被称为"不为人知的包豪斯校长"，直到近期，德国建筑理论界对于他做出贡献的认定工作才逐步开展 [1]。就其"所作所为"，客观地说，他对包豪斯的教育方针的确做出了很多革新。虽然他和格罗皮乌斯并没有太多共识，不过对他们两人而言，建造都意味着"生活流程的组织"（Organisation of Life Processes）。[2] 迈耶继续推行和探索"经典现代主义"，但是他的理论更加激进。他将格罗皮乌斯时代对艺术和工艺的关注转移至对建造实践的关注，在教学改革中，他设置了"垂直编队"（Vertical Brigades），开始对不同年级的学生联合授课，并使学生参与到项目实施的环节，如 ADGB 工会联盟学校的建设过程。他鼓励学生将设计严格基于需求，研究未来使用者的"生活流程"；他强调功能主义的原则和成本控制，他的名言："（满足）人们的需求，而非奢侈的需求！"鲜明地代表了他的立场和风格。他试图尽可能地减少建筑设计中形式主义和表现主义元素，而强调设计应基于科学的原则，他认为"建造只是（一种）组织：社会的、技术的、经济的和物质的组织。"[3] 对他而言，建筑，是对人类环境的设计，"基于社会"，其目标在于通过"生活—支撑设计"以实现"我们社会的和谐组织"。由此，他的建筑具有强烈的社会向度，他试图将

1 （德）包豪斯档案馆，（德）玛格达莱娜·德罗斯特 . 包豪斯 1919–1933. 丁梦月，胡一可译 . 南京：江苏凤凰科学技术出版社，1917：166.

2 见网站：https：//www.bauhaus100.de/en/past/people/directors/hannes–meyer/.

3 原文：Building is just organisation：social，technical，economic and physical organisation.

包豪斯的概念应用于激进的社会革新。正是在这个时期，包豪斯开始将教学目标分为两类：生产或建造工程师和艺术家。而也正是在这个时期，包豪斯学生开始接受社会主义的影响，变得政治化和激进。因此，最终于 1930 年，格罗皮乌斯联合德绍市长、康定斯基等教师将其免职，以避免学校过多地受到政治影响。

2017 年扩展申报文本指出："包豪斯的复杂性和世界性影响在缺少迈耶作品的前提下是难以彻底理解的"[1]。他极大地革新了包豪斯的教育方式和设计理念，将"格罗皮乌斯时期英雄主义的'白色现代主义'特征"，转变为基于功能主义、科学性和成本控制的激进的建筑语言，而扩展列入的两处建筑作品正反映出包豪斯理念的转变，增加了包豪斯的复杂性和深度。

带阳台的住宅位于德绍东南部，是格罗皮乌斯规划设计的多登住宅区（Dessau–Törten Estate）的扩展。建筑建于 1930 年，每个住宅包括 18 个单元，每个单元 47 平方米。建筑呈现出明确的社会理想追求，平面设计展示出"包豪斯试图通过提升生活空间，提供可支付的社会住宅的目标"[2]，推动中低层阶层居民的混合居住。在功能方面，建筑建成之初设计的功能一直延续至今，这里一直是低收入居民的集合住宅。在建筑形式设计方面，与格罗皮乌斯的"白色现代主义"不同，建筑呈现出一种功能主义和经济性前提下的简朴风格，这也正是迈耶执教时期包豪斯所追求的。建筑的平面布局主要出于功能性的考虑，以期通过平面优化提升生活品质；北侧立面设计具有极强的雕塑感，将北侧楼梯间设计为封闭的、突出的立方体，与水平走向的室外走廊形成对比；南侧立面则简洁而富于功能的合理性，大面积窗户面向南面花园，将楼板从内部墙体延伸至外墙，使红色砖墙被混凝土楼板打断，形成一种强烈的水平线条。建筑内部的装饰、整体家具、楼梯扶手和外走廊栏杆等细节均出自包豪斯学生的设计，是其建筑与工艺结合的体现。

缔约国指出，这座建筑是迈耶执教时期"综合教育系统（Inclusive Educational System）"——将"科学、艺术知识和实践性工作、筹款于一体"的重要建成作品[3]；也是他本人激进的社会融合主张的反映[4]，对 20 世纪初社会住宅运动做出了突出的贡献[5]。

---

1 见 Nomination Text .2017. [2018–04–09]. http：//whc.unesco.org/en/list/729/documents/：91–92.

2 见 ICOMOS. Advisory Body Evaluation，2017. [2018–04–09]. http：//whc.unesco.org/en/list/729/documents/. 原文：Its plan demonstrates the philosophical goal of the Bauhaus to provide affordable social housing by optimising living space.

3 见 ICOMOS. Advisory Body Evaluation, 2017. [2018–04–09]. http：//whc.unesco.org/en/list/729/documents. 原文：Meyer was called upon to set up this department in 1927 and he made it part of an inclusive educational system that combined scientific and artistic knowledge with productive work and fund raising.

4 同上，原文：The idea was to create a social mix in a new residential area ……

5 见 Nomination Text . 2017. [2018–04–09]. http：//whc.unesco.org/en/list/729/documents/，原文：They made an autonomous，functional，cost–efficient and outstandingly well–conceived contribution to the nascent social housing movement of the 1920s.

图 24 带阳台的住宅北侧立面（来源：申遗文本）（左）
图 25 带阳台的住宅南侧立面（来源：申遗文本）（右）

ADGB 工会联盟学校虽然和带阳台的住宅具有截然不同的功能，是魏玛共和国新体制下工会成员的培训和教育场所，其功能空间的设计"试图表现小规模的先进教育模式"[1]。不过其设计理念和形式风格则延续了迈耶的一贯主张，被认为是他的代表作品。建筑根据不同使用功能，如校舍、学生宿舍、教师住宅、转变空间（Transformer Hut）等，精确计算和设计出一系列不同形式和比例的功能单元，以功能性原则将各部分有序排布于缓坡的场地之中，形成一处综合体。整体结构将钢筋混凝土和砖等承重构件结合使用，立面强调水平混凝土板和垂直砖承重结构的对比，形成了迈耶建筑艺术的典型特征。而玻璃和钢结构的使用则将不同空间灵活地联系在一起，加强了室内外的联系，使建筑和地形环境、周围景观融为一体。

ADGB 工会联盟学校选入遗产构成的理由，主要出于建筑设计对迈耶和包豪斯建筑系激进功能主义和严谨科学设计方法的反映。"ADGB 工会联盟学校彻底的功能主义，追求严格的建造和功能层面的逻辑。而对于地形环境的成功适应……以及对于窗户的使用……创造出室内和室外，建筑和自然之间的强烈联系……建筑的室内和室外设计都特意避免了纯装饰要素的使用……整体的建造，从大尺度的建设到细节构造，均是包豪斯建筑学校严谨方式和熟练工艺的杰出见证。"[2]

扩展文本的价值论述仍旧基于标准 ii、标准 iv 和标准 vi。文本对于标准 ii 的论述着墨不多，主要强调迈耶的实践是对先锋现代主义的延续，仅是从一种不同的视角出发，更加关注设计中的功能性、无装饰化、经济和科学分析。ICOMOS 的评估文件认为扩加强了标准 ii 的论述，"从亨利·凡·德·维尔德到密

---

1 见 ICOMOS. Advisory Body Evaluation. 2017. [2018–04–09]. http://whc.unesco.org/en/list/729/documents/，原文：……expressed model of progressive education in small groups.

2 见 Nomination Text. 2017. [2018–04–09]. http://whc.unesco.org/en/list/729/documents/，原文：The fully rationalised building complex of the ADGB Trade Union School pursues a rigorous constructional and functional logic. Furthermore, the successful adjustment to the topographical context …and the extensive, well-conceived use of windows…create a clear connection between interior and exterior, between architecture and nature.…In general the design, also of the interiors, aimed to avoid purely decorative embellishments. … All the construction work, from large-scale construction down to the smallest detail of the various materials put to use, attests to an exceptionally meticulous approach and skilled craftsmanship which characterises the architecture of the Bauhaus.

斯·凡·德·罗 [1]，这些包豪斯艺术家和建筑师对于 20 世纪现代主义是紧密联系在一起的"，而迈耶对包豪斯亦有特殊贡献：本人表达出鲜明的建筑设计原则，并将学生、助理建筑师紧密地联系起来进行建筑实践，促使了包豪斯建筑思想的转变，开始解决社会住宅和公共设施的问题。

而对于标准 iv，扩展文本强调两处建筑作品作为类型的独特性，它们首先是包豪斯集体实践保存至今"孤立"；其次，两处建筑各具特色，都在一定程度上是 20 世纪早期现代主义运动对特定方向探索的代表性实例：带阳台的住宅是两次世界大战期间富于理性集合住宅的建筑实例，是对社会住宅设计的探索；而 ADGB 工会联盟学校既是先锋的综合性教育理念在建筑空间上的反映，也是基于社会需求、科学分析和新材料应用的实践。ICOMOS 认可标准 iv 的论述，指出这两处建筑是"理解 20 世纪 30 年代现代建筑技术、社会和美学演进的里程碑"。[2]

4.4　现代建筑史视角下的迈耶与世界遗产构成的选择

从以上分析来看，包豪斯项目的扩展是非常成功的——在价值论述方面，建筑作品较其他主题具有一定优势，其明确的设计意图和形式使之更容易给予清晰地阐释。然而，以上论述并没有明确地回答这个问题，即扩展的两处遗产点是否和此前的 5 处构成要素具有同等的重要性和相似的全球影响力？

事实上，标准 ii 应重点论述扩展内容的影响力，但在文本中对这一问题的论述是不够的。而从现代建筑史视角出发，扩展申报的两处作品，是否和格罗皮乌斯设计的包豪斯学院一样具有全球的影响力，是值得讨论的。诚然，这两处遗产要素的列入有助于包豪斯概念和认识的完整性，甚至可以说使之更接近"包豪斯"在历史上的真实状况，让我们认识到包豪斯其实是一种复杂的、多元的，有时候自相矛盾的现代性思想的杂糅。然而，这种真实是否增加了包豪斯系列遗产作为一种叙事的突出性？或者说，历史的复杂性与完整性是否会与价值叙事的突出性产生矛盾？这值得思考。严格来讲，在很多案例中，包括在包豪斯这个扩展案例中，扩展的对象与最初列入时的价值是存在差异的。

回顾西方现代建筑史，可以清晰地发现，史学家对于格罗皮乌斯和迈耶主持下包豪斯设计思想的差异是有明确共识的。两人的作品往往都不在一个章节进行讨论。以包豪斯校舍为代表的格罗皮乌斯作品更具"表现主义"（Expressionism）

1　见 ICOMOS. Advisory Body Evaluation. 2017. [2018-04-09]. http：//whc.unesco.org/en/list/729/documents/，原文：ICOMOS considers that，from Henry van de Velde to Mies van der Rohe，the successive contributions of the Weimar and Dessau Bauhaus artists and architects to 20th century modernism are all bundled together as one.

2　同上，原文：The two buildings are landmarks for understanding the technical，social and aesthetic evolution of modern architecture in the 1930s.

或形式主义倾向，甚至被认为是战后国际主义形式的发端[1]："1923 年之后，包豪斯的态度变得十分'客观'，它与新客观运动发生了紧密的关系……尽管在德绍包豪斯本身的建筑物中尚存在形式主义的组合手法……"；"……德绍包豪斯依旧是不对称要素的形式主义构图"；[2] "包豪斯校园建筑最震撼人的，是其中形式思考的精确性……"[3]；"包豪斯建筑独特的英雄主义特征应归功于它所处的历史氛围，体现在它特定的形式中。这……代表一种完美的形式……"[4]。

与之相比，迈耶的作品则是被称作是"新客观派"或"严谨派"的，"……迈耶的贝尔瑙学校均是比较客观（sachlich）的作品"，"现在强调的是社会效果而不是美学因素"[5]；"他的新理想是使建筑成为生产体系的一部分，成为一种技术，完全抛弃形式的约束。建筑只有否定它的含义，放弃它的实际价值观，消除它的象征作用，它才能在世界上真正起到作用。"[6] 无疑，对于"包豪斯"而言，这两种在理念和表现形式上均存在巨大差异的作品是具有同样的重要性的，是其历史复杂性的表现。然而，世界遗产的遴选是否旨在恢复某种历史真实或复杂？在理论层面，这个问题值得深思。而在实际操作层面，对项目突出性的要求需要取舍、需要选择，这使得世界遗产往往只是历史真实的某个侧面或某个层面的反映，而非全部。

纵观 20 世纪初的现代主义运动，迈耶的确有其独到的贡献，这一点在近期得到认识与反思。不过，由于他离开包豪斯之后的经历，他对于 20 世纪中后期西方现代主义建筑设计思想发展的影响是不及格罗皮乌斯或密斯·凡·德·罗的。在 1930 年离开包豪斯后，迈耶和一群左翼包豪斯学生来到苏联，他在莫斯科建筑和工程学院授课，并在执教期间参与了"大莫斯科"（Great Moscow）的规划和设计。到了斯大林主义时期，一些包豪斯成员成为政治迫害的对象。迈耶于 1937 年回到瑞士，并在 1937 年主持了学生度假之家（Cooperative children's holiday home）的设计。在 1939 年，迈耶被墨西哥政府委任为墨西哥城城市发展和规划研究院的主任，而由于多种政治原因，他于 1941 年被免职。1949 年，他再次回到瑞士，此后没有能力再能实现任何建筑作品。[7]

1　威廉 J·R·柯蒂斯（William J.R. Curtis）. 20 世纪世界建筑史. 北京：中国建筑工业出版社，2011：196.

2　肯尼斯·弗兰姆普敦（Kenneth Frampton）. 现代建筑：一部批判的历史. 张欣楠译. 北京：生活·读书·新知三联书店，2012：136，149. 原文：1）After 1923 the Bauhaus approach became extremely 'objective', in the sense of being closely affiliated to the Neue Sachlichkeit movement. 2）…the Dessau Bauhaus still amounted to a formalist composition of asymmetrical elements.

3　威廉 J·R·柯蒂斯. 20 世纪世界建筑史. 北京：中国建筑工业出版社. 1996.

4　曼弗雷多·塔夫里（Manfredo Tafuri, Francesco Dal Co），《现代建筑》（Modern Architecture）. 北京：中国建筑工业出版社，2000：134.

5　肯尼斯·弗兰姆普敦.《现代建筑：一部批判的历史》. 北京：生活·读书·新知三联书店，2012：137，151. 原文：…Meyer's Bernau school were comparable sachlich works…；…More Bauhaus designs were being manufactured then ever before, although the emphasis was now placed on social rather than aesthetic considerations.

6　（意）曼弗雷多·塔夫里. 现代建筑. 北京：中国建筑工业出版社，150.

7　见网站：https://www.bauhaus100.de/en/past/people/directors/hannes-meyer/.

　　而包豪斯对于西方设计界的影响，主要是由于第二次世界大战中许多艺术家从德国移民至美国、加拿大、以色列等国家，他们在第二次世界大战中，特别是第二次世界大战后持续地进行教育革新和建筑创造所引发的。例如，格罗皮乌斯于 1937 年来到美国，在哈佛大学设计研究生院教授建筑设计，并在 1938 年于纽约现代艺术美术馆组织了一次关于包豪斯的展览（Bauhaus 1919–1928），宣传包豪斯的成就。而在 1946 年，他组建建筑联盟（The Architects Collaborative，TAC）再次推广包豪斯的理念。格罗皮乌斯对西方建筑界的影响通过其自身的事业，以及学生的影响力而扩散。相比，迈耶则很难称得上现代主义建筑"大师"的头衔。其实，在 1996 年申报文件的比较研究中，带阳台的住宅被用作与教师住宅进行比较，而没有最终入选。这鲜明地反映出这两次申报遴选标准的差异。

4.5　小结与讨论："封闭"OUV 语境下完整性与突出性价值的矛盾

　　包豪斯项目的扩展显示出在 OUV 阐述基本不变前提下，系列遗产扩展项目在遗产要素遴选时可能面临的困境：价值的突出性被迫与遗产的完整性放在一个"封闭的"语境中进行讨论，这很可能产生逻辑难以统一的困境。包豪斯项目的扩展因其恢复遗产的完整性和历史真实中的复杂性而得到咨询机构、缔约国的认可。然而，实际中，新增的遗产要素很难在主题与意义上与原有 OUV"完美"契合，正如格罗皮乌斯、迈耶、密斯三位包豪斯校长截然不同的建筑设计理念一样，新要素的加入使得新的角度、新的意义与新的阐释随之而来，这客观地需要对 OUV 进行重新论述，否则只可能证明原有申报与评估工作存在疏漏。

5　结论

　　无论是斯特拉斯堡项目所示的遗产区范围的扩张，还是包豪斯项目展现出的系列遗产构成要素的增加，世界遗产项目的扩展均需重新思考 OUV 的认识，思考遗产整体或部分与 OUV 的关系，思考遗产构成要素的选择标准。"理想"的世界遗产扩展模式应是源自对 OUV 的再认识、再发现，以此推动对于遗产完整性的思考，进而重新确定遗产构成的选择标准，评估构成要素与 OUV 之前的联系。然而在实际案例中，扩展往往从某种预设的遗产选择标准出发，并需要"确保"原有遗产构成保持不变，这就可能造成价值与构成之间内部逻辑的紊乱：价值不够突出的遗产要素的"乱入"势必会降低遗产的价值和质量，而价值突出要素的落选又势必造成遗产完整性的不足。扩展项目中价值突出性与遗产完整性之间的困境需要通过我们对 OUV 的深入认识和国际共识得到解决。

文化景观概念的演变：从英国湖区到南非蔻玛尼文化景观

文／史晨暄

  2017 年是《世界遗产名录》（以下简称《名录》）建立的第 40 年，《名录》上世界遗产的数量已达到 1073 个 [1]。本年度第 41 届委员会会议共列入 4 个文化景观项目，至此《名录》上的文化景观项目首次超过了 100 个 [2]。值得注意的是，这次会议上有两处特别的文化景观项目成功列入《名录》，即英国湖区与南非蔻玛尼文化景观。英国湖区在 30 年前的首次申报曾经推动了世界遗产概念中文化景观类型的产生，而最新列入《名录》的南非蔻玛尼文化景观则代表了当前对文化景观的认识中将有形遗产与无形遗产紧密结合的特点。二者一始一终，涵盖了文化景观类型的项目进入世界遗产领域以来的发展过程，也反映了这一概念的变迁。

  因此，本文从这两个案例切入，将世界遗产中的文化景观概念发展过程按照时间顺序分为四个阶段进行了回顾。纵观各个阶段，文化景观的内涵逐渐变得更加丰富，实例分布于各个 UNESCO 地区 [3]，包括的类型也更加多样。文化景观从侧重自然要素与文化要素的结合，发展到包容了物质文化遗产与非物质遗产的相互依存。然而，本文通过对《名录》中现有的文化景观项目的多种分析可见，《名录》中的文化景观在各地区、各类型、各主题间分布并不平衡，对全球自然与文化多样性的代表也尚不充分。因此，对文化景观的深入理解与充分识别，无疑有助于增加《名录》平衡性、代表性、可信性。基于上述分析，本文指出在未来文化景观的识别与保护中，应进一步考虑文化与其自然环境之间的关联，以及有形与无形文化遗产之间的相互依存。

---

[1] 截至 2018 年 4 月，世界遗产中心网站 http: //whc.unesco.org/en/list/.

[2] 截至 2018 年 4 月，《名录》有文化景观 102 项，根据世界遗产中心网站《名录》搜索工具进行高级搜索而得（搜索主题为文化景观类型）。包含搜索结果数据的网址为 http: //whc.unesco.org/en/list/?search=&id_sites=&id_states=&id_search_region=&id_search_by_synergy_protection=&id_search_by_synergy_element=&id_search_yearinscribed=&themes=4&criteria_restrication=&id_keywords=&type=&media=&order=country&description=.

[3] 即非洲地区、阿拉伯国家地区、亚洲和太平洋地区、欧洲和北美地区、拉丁美洲和加勒比地区，详见联合国教科文组织网站 http: //www.unesco.org/new/en/unesco/worldwide/regions-and-countries/.

1　本届会议中两个独特的文化景观申报

图 1　英国湖区国家
公园
（作者 DAVID ILIFF，图片
来源 https：//en.wikipedia.
org/wiki/Lake_District）

1.1　英国湖区国家公园：曾经推动文化景观类型的诞生

　　英格兰湖区位于英格兰西北部。这里的山谷由冰河时期的冰川塑造，后来发展出农牧交替的土地利用系统，特色是矮墙与农田交织，形成独特的景观。这里自然与人类活动相结合，湖泊倒映着起伏的群山，形成和谐之美。形态各异的房屋、庭院和景观增加了这里的特色。冰川湖泊、人居环境、考古遗址、岩石、农场、城墙、羊群等，成为从 18 世纪以来作家、风景画家所欣赏的对象。对这一景观的审美促进了 18 世纪之后如画风景和浪漫主义的产生和发展，将它表现在绘画和文学当中。这里使人们认识到美丽景观的重要性，并激发了早期的景观保护运动（图 1）。

　　英国湖区国家公园与世界遗产渊源已久。这个项目曾经在 1987 年、1990 年、2017 年三次申报列入《名录》，直至 2017 年才得以实现。早期湖区的申报项目直接促成了后来世界遗产中文化景观类型的出现，并推动了《实施〈保护世界文化和自然遗产〉的操作指南》（以下简称《操作指南》）中关于文化景观类型导则的制定。

　　1972 年的《世界遗产公约》（以下简称《公约》）强调了世界遗产包括自然与人类共同创造的产物，这显示出《公约》将文化与自然保护联系到一起的创造性。1980 年版的《操作指南》特别提出，"为了追随《公约》的精神，缔约国应尽可能申报那些突出普遍价值在文化和自然特色的结合方面具有特殊意义的项目"[1]。然而，《操作指南》长期以来分别针对文化遗产和自然遗产制定的遴选标准，使缔约

1　世界遗产中心网站 http：//whc.unesco.org/en/documents/ 文件编号 cc–80–conf016–5e.

国在申报时往往有明确的倾向性，申报项目为文化遗产或自然遗产，而文化与自然相结合方面具有突出价值的遗产（例如田园景观），则不容易被缔约国所识别和申报。虽然 1980 年版的《操作指南》自然遗产标准中包括"文化和自然要素特殊的结合""人类与其自然环境的互动"[1] 等内容，但是《操作指南》中仍缺乏对缔约国申报景观类型遗产的具体指导。

　　1984 年第 8 届世界遗产大会要求 ICOMOS、IUCN 与 IFLA 制定专门用于识别和申报混合遗产或田园景观的指南[2]。1985 年召开的"为了建立识别和申报文化与自然混合的田园景观的指南"的专家会议[3] 上，英国湖区作为文化与自然元素结合的代表被提出。专家组曾建议修订《操作指南》，将当时的标准 vi 改成"是文化和自然元素特殊联系的实例"，用以强调对景观类型遗产的识别。但是，1986 年的第 10 届执行局会议[4] 认为这些修订为时过早，还没有适用的申报，要求有申报案例时再修改标准。于是英国提出将申报一个田园景观，来帮助执行局全面的评估《操作指南》实用性，并对标准进行修改。

　　1987 年英国将"湖区国家公园（The Lake District National Park）"作为混合遗产申报，基于当时的文化遗产标准 ii、标准 vi、标准 v、标准 vi 及自然遗产标准 ii、标准 iii、标准 iv。IUCN 和 ICOMOS 都进行了评估。ICOMOS 建议它作为文化遗产列入《名录》，IUCN 则未能达成共识。于是第 11 届委员会会议决定推迟对湖区的审议[5]，澄清它作为文化景观类型申报的立场[6]，并建立了工作组进行深入研究。《公约》中文化遗产的定义中提出了"自然与人类的联合作品"，而当时的《操作指南》评价标准中将其归为自然遗产的价值。湖区国家公园申报引起的争论说明，需要重新考虑文化和自然结合项目的申报，解决《公约》定义与《操作指南》中评价标准的矛盾。工作组提出了文化与自然元素并存的遗产的四种类型，并将田园景观归入第四类，即由于文化和自然要素的结合而具有突出普遍价值。这就是世界遗产中文化景观概念的雏形。图 2 阐释了《公约》定义下混合的文化与自然遗产。

　　同年的 UNESCO 大会上 ICOMOS、IUCN 和 UNESCO 秘书处进一步讨论了这个问题，再次指出《操作指南》中的标准与《公约》条文 1 的定义不相符，发展"混

1　世界遗产中心网站 http：//whc.unesco.org/en/documents/ 文件编号 cc-80-conf016-5e.

2　世界遗产中心网站 http：//whc.unesco.org/en/documents/ 文件编号 SC.84/CONF.004/09. VIII 混合的文化 / 自然遗产和田园景观。

3　"Elaboration of guidelines for the identification and nomination of mixed cultural and natural propertie" 1985 年 10 月 11 日，巴黎。会议报告见世界遗产中心网站 http：//whc.unesco.org/en/documents/ 文件编号 SC.85-CONF.008-03.

4　世界遗产中心网站 http：//whc.unesco.org/en/documents/ 文件编号 CC.86CONF.001-11BUR. IV Elaboration of guidelines for the identification and nomination of mixed cultural and natural propertie.

5　世界遗产中心网站 http：//whc.unesco.org/en/documents/ 文件编号 CONF 005 VII.B.b.，Paris，1987.

6　世界遗产中心网站 http：//whc.unesco.org/en/documents/ 文件编号 sc-91-conf001-10e.

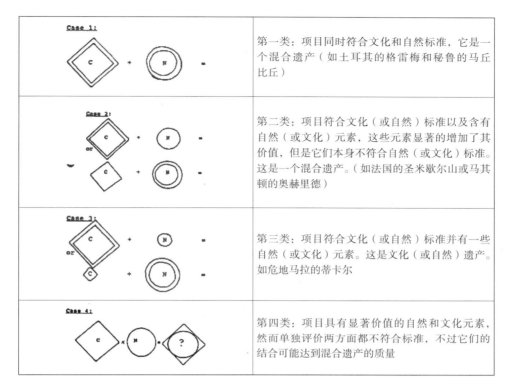

Case 1:	第一类：项目同时符合文化和自然标准，它是一个混合遗产（如土耳其的格雷梅和秘鲁的马丘比丘）
Case 2:	第二类：项目符合文化（或自然）标准以及含有自然（或文化）元素，这些元素显著的增加了其价值，但是它们本身不符合自然（或文化）标准。这是一个混合遗产。（如法国的圣米歇尔山或马其顿的奥赫里德）
Case 3:	第三类：项目符合文化（或自然）标准并有一些自然（或文化）元素。这是文化（或自然）遗产。如危地马拉的蒂卡尔
Case 4:	第四类：项目具有显著价值的自然和文化元素，然而单独评价两方面都不符合标准，不过它们的结合可能达到混合遗产的质量

图2 《公约》框架下混合的文化与自然遗产示意图[1]

合遗产"的概念合乎《公约》总体利益。《公约》的目标是对文化和自然共同保护，并且二者相互支持。对自然环境的威胁主要来自人类活动，因此，通过文化的因素来确保自然保护是必须的。反之亦然，文化遗产只有在考虑它们的环境（包括自然因素）时才能得到最好的保护。混合遗产的概念因此在保护中具有可实践的重要性。[2]

1988年的执行局会议认为，对于检验文化和自然元素相结合的项目，最大的困难在于ICOMOS和IUCN分别评价，使用不同的标准。为方便委员会的工作，执行局要求ICOMOS、IUCN和秘书处协作制定联合的标准，澄清田园景观和传统村庄的概念，起草关于这种申报的注释，并在全球文脉中进行比较研究[3]。

1990年英国再次根据当时的文化遗产标准ii、标准iii、标准v对湖区国家公园进行申报。ICOMOS建议根据标准iii列入，但委员会没有达成共识，因为没有明确的标准来评价这类遗产。湖区国家公园申报再次被推迟，等待对田园景观进一步的讨论，以及比较研究的结论。[4]

1 世界遗产中心网站 http: //whc.unesco.org/en/documents/ 文件编号 SC-87/CONF.005/INF.4 示意图作者 Michel Batisse.
2 世界遗产中心网站 http: //whc.unesco.org/en/documents/ 文件编号 SC.87CONF.005-09.
3 世界遗产中心网站 http: //whc.unesco.org/en/documents/ 文件编号 SC-88_CONF.007_13 III.
4 世界遗产中心网站 http: //whc.unesco.org/en/documents/ 文件编号 sc-91-conf001-10e.

1991 年制定文化景观标准的工作组提交了报告[1]，建议增加一条文化遗产标准："是一个文化景观的突出范例，由于文化和自然因素的集合，从历史、美学、人种学或人类学的角度具有重要性/意义，并且证明着自然与人类活动之间经历很长时期的和谐的平衡，它在不可逆的变化下变得珍稀和脆弱。"随后，按照委员会的要求[2]，世界遗产中心、ICOMOS 和 IUCN 合作举办了文化景观专家会议[3]，专家组建议微调《操作指南》中的文化遗产六条标准以评价文化景观。

1992 年第 16 届世界遗产大会通过了轻微修改的六条文化遗产标准，没有增加新的标准。由于之前的《操作指南》将"文化与自然相结合的价值"归入自然遗产评价标准与《公约》第二条对于自然遗产的定义不符（自然遗产的定义中没有提及人类与自然互动的结果）[4]，这次修订将关于"文化与自然结合的价值"从当时的自然遗产标准 ii 和标准 iii 中删除，也没有加入文化遗产评价标准当中。因此，《操作指南》的文化和自然遗产评价标准中不再有对于"文化和自然结合"、"人与自然互动"类型的突出普遍价值的评价。这方面的价值评估被归入新建立的文化景观申报导则中。

1994 年版《操作指南》中加入了文化景观作为文化遗产列入的导则[5]，并重申了 1980 年提出的"为了追随公约的精神，缔约国应该尽可能地使申报项目中包含那些，其突出普遍价值在文化和自然特色的结合方面具有特殊意义的项目"。这成为文化景观类型列入《名录》的重要转折点。1995 年，菲律宾科迪勒拉山的水稻梯田、葡萄牙的辛特拉文化景观等大量代表着人类文化与自然要素相互作用的项目列入《名录》，湖区国家公园却与世界遗产擦肩而过。

直至 2017 年，新的申报"英格兰湖区"才最终作为文化景观，根据标准 ii、标准 v、标准 vi 列入《名录》。这里的保护边界充分，保护状况良好，有足够的保护和管理计划。这是一个非常扎实的申报。ICOMOS 建议全部通过，列入。波兰、葡萄牙、牙买加、坦桑尼亚、土耳其、阿塞拜疆等国家纷纷表示支持，申报顺利通过。一个案例的申报跨越 30 年的时间，体现出世界遗产价值认定中一个新概念从产生、发展到应用于保护实践的漫长过程，也反映出缔约国对世界遗产的内涵和保护方法不断进行探索和创新的认知过程。

---

1 世界遗产中心网站 http：//whc.unesco.org/en/documents/ 文件编号 sc-91-conf001-10e.

2 世界遗产中心网站 http：//whc.unesco.org/en/documents/ 文件编号 whc-92-conf002-10adde.

3 法国 la petite Pierre 19921024-26，会议报告见世界遗产中心网站 http：//whc.unesco.org/en/documents/ 文件编号 whc-92-conf002-10adde.

4 Recommendation of a workshop on the World Heritage Convention held in February 1992, as part as the Forth World Parks Congress in Caracas, Venezuela.

5 1994 年版《操作指南》P13 段 35，见世界遗产中心网站 http：//whc.unesco.org/archive/opguide94.pdf.

1.2　南非蔻玛尼文化景观：非洲文化景观的典型代表

　　蔻玛尼文化景观位于南非北部与博茨瓦纳和纳米比亚的交界处。大片的沙地包含了从石器时代至今人类活动的证据，蔻玛尼萨恩人在这里形成了独特的文化以及在恶劣的沙漠环境下的生存方式（图3）。他们掌握了一套独特的植物学知识，发展出自己的文化实践活动和世界观。蔻玛尼文化景观是这个地区独特生活方式的证明，这种生活方式也在几千年中影响、塑造了当地的景观。

图3　蔻玛尼文化景观
（作者 Vinkie Tourism Enterprise，图片来源：http://experience-northerncape.com/visitor/news/northern-cape-ikhomani-cultural-landscape-world-heritage-site）

　　ICOMOS 在评估意见中认为，这个申报侧重的是蔻玛尼萨恩人生活和文化的延续性，特别是其语言和本土知识体系，并不侧重特定的有形遗产。因此 ICOMOS 认为，这个项目在现阶段不应列入《名录》，它不符合所申报的标准 iii、标准 iv、标准 v、标准 vi 中任何一条，也不符合真实性和完整性要求，因此 ICOMOS 给出了要求重报[1]（Deferral）的建议。

　　对于这样的评价，委员会成员国中安哥拉、坦桑尼亚、津巴布韦、布基纳法索等非洲国家率先提出异议。他们认为，ICOMOS 对申报项目存在误解，这里是非常重要的一个文化场所，它与萨恩人及其文化直接相关。这种场所的价值不是通常意义上的有形遗产的价值，这里存在着一种独特的可以被感知的经验，这对当地人民很有意义。没有其他的场所可以与其相比，因此这里有 OUV，值得列入。委员会其他成员也指出这里反映了人类的进化，并且有代代传承的独特文化、传统、知识和记忆，也符合真实性和完整性要求，并且是无形遗产与有形遗产共同保护的特殊实例。在绝大多数委员国的支持下，这个项目最终列入《名录》。

1　2015 年版《操作指南》中文版 P30 段 160。世界遗产中心网站 https://whc.unesco.org/en/guidelines/.

它的 OUV 究竟是什么？ ICOMOS 认为，在承认语言和文化多样性非常重要的同时，《世界遗产公约》是一项基于物质遗产的公约，UNESCO 框架有其他公约用来保护非物质形式的遗产，例如《保护非物质文化遗产公约》和《保护和促进文化表现形式多样性公约》。然而在非洲文脉中理解有形与无形遗产，二者密不可分。回顾迄今为止非洲地区列入《名录》的所有文化景观项目，可以带来一些启示。

1999-2017 年非洲地区共有 15 个文化景观列入《名录》，其中 12 个项目使用了标准 iii，12 个项目使用了标准 vi，占全部文化景观项目的 80%，是非洲文化景观申报使用最多的两条标准。这说明非洲的文化景观大部分承载着特殊的文化传统或文明，并联系到观念、信仰、文学、艺术及活态的传统等。这 15 个文化景观中有 10 个符合标准 v，占到 67%，说明它们大部分代表了一种或多种文化，体现出人类与环境的互动。这些文化景观没有一个符合标准 i，说明它们往往不具备最伟大、最杰出、最具有创造性天赋等方面的突出普遍价值。（表 1）

这些文化景观的共同特点是反映了特定的地方文化，与当地人民的民族情感和身份认同联系在一起。自然、宗教、信仰和仪式在这里紧密结合，成为一种文

非洲文化景观列入《名录》所使用的标准统计　　　　表 1

年份	名称	类型	i	ii	iii	iv	v	vi
1999	宿库卢文化景观	遗址 – 原始部落景观			√		√	√
2001	安布希曼加的皇家蓝山行宫	圣地 – 皇家圣地			√	√		√
2003	马托博山	岩画景观			√			√
2003	马蓬古布韦文化景观	遗址 – 考古遗址 – 宫殿		√	√	√		
2004	古帕玛库景观	聚落 – 泥屋人居景观					√	√
2005	奥孙—奥索博神树林	圣地 – 宗教神林		√	√			
2007	理查德斯维德文化植物景观	聚落 – 沙漠游牧景观					√	√
2007	洛佩——奥坎德生态系统与文化遗迹景观	遗址 – 雨林生态环境及人居遗址			√	√		√
2008	莫纳山脉的文化景观	聚落 – 奴隶避难所			√			
2008	米吉肯达卡亚圣林	圣地 – 祖先圣地			√		√	√
2011	孔索文化景观	田园景观 – 高地人居景观			√		√	
2011	萨卢姆河三角洲	聚落 – 三角洲人居景观			√		√	
2012	巴萨里乡村：巴萨里，福拉，贝迪克文化景观	田园景观 – 梯田人居景观			√		√	
2016	Ennedi 高地：自然和文化景观	岩画			√			
2017	蔻玛尼文化景观	文化空间 – 无形遗产的载体					√	√
使用次数			0	2	12	5	10	12

化的象征。诗歌、故事、传说与口述历史结合了这些景观和地点，农业、医学、工程、战争等方面的知识和生活习俗等通过它们代代传承，成为沿袭了许多世代的活的传统，构成了价值的组成部分。在这些案例中，有形与无形遗产的结合非常重要，而物质遗迹本身并不突出。南非的蔻玛尼萨恩人文化景观也属于这种类型。

　　非洲遗产中有形与无形遗产并重的特色，曾经推动世界遗产评价标准的更新。在非洲文化景观刚刚加入《名录》不久的 2000 年，"基于非洲文脉的真实性、完整性的津巴布韦会议"[1]就曾经提出，基于非洲文脉，价值的判断应该考虑有形和无形价值，以及价值历时的变化。"普遍价值"应该被理解为"人们在处理人类居住区、土地使用、与环境的互动、精神性等问题上，曾经怎样解决各种挑战。"[2]这样就在普遍价值的判断中加强了对精神活动的衡量。津巴布韦会议还提出，人们理解环境和周围现实的普遍方法可能通过不同方式表达出来。在非洲，这种方法是多元的，重要的是价值的传递，因而保持传统的地方团体的角色在现代化、全球化的压力下非常重要。会议进一步指出，语言是保护遗产重要的元素，关系到理解地点的意义，因此文化遗产不能与地方语言分割。

　　在非洲文脉中理解，标准 vi 能够识别突出的精神价值和神圣的本土的、无形的价值，可以用于那些物质遗存本身并不突出但是地点的精神有突出意义的、体现出人和地点之间关系的项目。这样的理解把人的实践活动纳入了遗产价值之中，将语言等无形元素与有形遗产相联系，推动了委员会在 2005 年修订的《操作指南》中放宽了对标准 vi 的限定条件，从"必须与其他标准联用"修订为"最好与其他标准联用"，也就是说标准 vi 获得了独立，可以在评价 OUV 时单独使用并由此将项目列入《名录》。这使得《公约》与非物质遗产建立了联系，尝试了对文化遗产的整体保护。

　　从这样的角度来看待南非蔻玛尼文化景观，就不难理解它为什么可以列入《名录》。它属于典型的非洲文化景观，是物质遗产与非物质遗产的结合，反映了文化与自然之间的平衡[3]，也可以理解为一种文化场所。正如第 41 届世界遗产大会会议上一些非洲缔约国代表所指出，这不是那种可供参观的场所，这里需要保护的是一种有形遗产所承载的无形价值。这种价值可以被感知，但需要参与其中才能体会。现有的标准更多地倾向于可以被书写的价值，它们并不适用这样的场所，因此标准需要修订[4]。还有代表认为，这里对于当地人的意义很独特，联系到萨恩人的语言，

1　世界遗产中心网站 http: //whc.unesco.org/en/documents/ 文件编号 whc–00–conf204–inf11e. Synthesis Report of Expert Meeting on Authenticity and Integrity in the African context, Great Zimbabwe, Zimbabwe, 26–31 May 2000.

2　世界遗产中心网站 http: //whc.unesco.org/en/documents/ 文件编号 whc–00–conf204–inf11e.

3　摘自土耳其代表发言。

4　摘自坦桑尼亚代表发言。

并展现出采集和狩猎的生活方式，没有其他地方可以与之相比，因此具有 OUV。[1]
更有代表指出，不同人群对于 OUV 有不同理解，文化、地理和教育的不同可能带
来误解，导致了不同的评估结论。[2]

　　这个项目最终根据标准 iv、标准 vi 列入《名录》。在世界遗产保护运动中，
缔约国的开放性和创新性，会不断推动着委员会识别新的价值类型，拓展世界遗
产概念的发展。这样的项目列入《名录》，将带来对世界遗产新的认识，改善世
界遗产项目分布的地区平衡性。但《公约》的定义毕竟是世界遗产的立足之本，
如何将概念的拓展与保护原则、保护措施相结合，确保世界遗产的真实性和完整
性及 OUV 得到长久的保持，是项目列入之后必须思考的问题。

2 世界遗产申报中文化景观概念发展的几个阶段

　　英国湖区国家公园文化景观的申报和列入经历了三十年的时间，而南非蔻玛
尼文化景观则经由委员会的讨论改变了 ICOMOS 的建议而得以在第一次申报时就
列入《名录》。这反映出世界遗产文化景观概念从产生到被缔约国广泛理解的漫长
过程，以及这一概念在缔约国的保护实践中不断充实和发展的过程。在文化景观
类列入《名录》的三十余年来，缔约国对这一概念的理解一直在发生变化。文化
景观项目申报的过程同时也是这一概念不断被建立的过程。

　　以下分四个阶段回顾了文化景观概念的演变历程。第一阶段（1978-1985 年）
为文化景观类型出现之前的酝酿阶段，委员会通过对混合遗产的列入探讨了文化
与自然的关系；第二阶段（1986-1994 年）为将文化景观作为混合遗产列入《名
录》的阶段，委员会对文化景观的评价标准逐步制定；第三阶段（1995-2004 年）
为委员会制定"全球战略"之后的转折时期，《名录》上的文化景观涵盖了所有的
UNESCO 地区，具有丰富的多样性；第四个阶段（2005-2017 年）为文化遗产评价
标准最近一次修订之后的应用阶段，反映出文化景观紧密联系地方社会和本土人
民的趋势。

2.1　第一阶段（1978-1985 年）文化景观的酝酿阶段

　　在 1978-1985 年期间，《名录》上先后列入了若干文化与自然混合遗产，但不
包括任何文化景观。这个阶段可视为文化景观出现之前的酝酿阶段。

---

1 摘自布基纳法索代表发言。
2 摘自克罗地亚代表发言。

图4　蒂卡尔国家公园（左）
（作者 Lionel Lalaité，图片来源：whc.unesco.org/en/list/64/）

图5　奥赫里德地区文化历史遗迹及其自然景观（右）
（作者 Graciela Gonzalez Brigas，图片来源：http://whc.unesco.org/en/list/99）

　　《公约》通过之后，第一批世界遗产于 1978 年列入《名录》。因为《公约》中单独的文化遗产和自然遗产定义，当时的《名录》上只包括文化遗产或自然遗产，不包括混合遗产或文化景观。不过《公约》的文化遗产的定义中提出了"自然与人类的联合作品"，与自然遗产并列。而当时的自然遗产评价标准 i 即包括"特殊的自然美"[1]，这是一种基于价值的判断，属于哲学范畴。将"自然美"纳入自然遗产评价标准，本身就涵盖了人类对自然面貌所寄托的情感，反映出人类与自然的精神联结。随后的修订中这条标准又增加了衡量"自然和文化元素的特殊结合"[2]。自然遗产评价标准 ii 则提及"自然和文化遗产融合在一起"[3]。自然遗产评价标准 iii 也包含"人类与其自然环境的互动"[4]。不过，在《名录》建立的初期，对这种价值的识别尚不明确。

　　1979 年，《名录》中首次出现了混合遗产蒂卡尔国家公园（图4）。同年列入的自然遗产奥赫里德地区文化历史遗迹及其自然景观（图5），于 1980 年扩展为文化与自然混合遗产，1979 年列为自然遗产的恩戈罗恩戈罗自然保护区，2010 年也扩展为文化与自然混合遗产。它们的共同特点是分别作为文化遗产或自然遗产都符合标准，这体现出世界遗产申报中对文化与自然关系的最初探索。

2.2　第二阶段（1986-1994 年）文化景观作为混合遗产

　　在 1994 年以前没有真正意义上的文化景观列入《名录》，因为《操作指南》中关于文化景观类型的定义尚未出现，标准也未制定。这个时期申报的自然与文化要素相结合的项目仍使用自然遗产标准评价，因此都列为自然遗产。1994 年以后，这样的项目逐个扩展为混合遗产，并归入文化景观类型。而 1995 年以后

1　世界遗产中心网站 http://whc.unesco.org/en/documents/ 文件编号 CC.77-CONF.001-04.

2　世界遗产中心网站 http://whc.unesco.org/en/documents/ 文件编号 CC-77-CONF.001-8rev.

3　世界遗产中心网站 http://whc.unesco.org/en/documents/ 文件编号 CC-77/CONF.001/8.

4　世界遗产中心网站 http://whc.unesco.org/en/documents/ 文件编号 CC-77/CONF.001/8.

申报的大部分文化景观就仅仅属于文化遗产了。因此 1986-1994 年可以视为将文化景观作为混合遗产列入《名录》的第二个阶段，即文化景观概念逐渐明确的阶段。

在这个阶段，缔约国开始探索将文化与自然要素紧密结合在一起的遗产地列入《名录》，但遇到了困难。在某些遗产地，人和自然环境的特定互动创造了生态平衡，形成具有美学和文化价值的景观。例如，东南亚的稻米梯田和英国的湖区就是这种类型的代表。而卡卡杜国家公园、马丘比丘历史圣迹等却申报为混合遗产，让委员会发现《公约》定义与标准的偏差。人类与自然的互动由自然遗产标准评价，然而按照《公约》定义它们只属于文化遗产。《公约》的文化遗产定义中包括人类与自然的联合作品，群组和遗址的定义中都考虑了自然和文化结合的景观。自然遗产定义没有提及人类干涉，因此经过人类改造的自然环境不符合自然遗产的定义。这给文化和自然元素结合的田园景观申报带来困难，并导致《名录》中自然与文化遗产严重不平衡[1]。

自然环境对创造遗产的文化产生了影响，而人类又改变或维持了自然景观。委员会要求就此进行主题研究，并修订文化和自然标准使得都能用于评价田园景观。委员会最初提出在文化遗产标准中增加衡量"文化和自然元素的特殊联系"的内容[2]。进一步研究表明了田园景观和混合遗产的区别——前者的突出普遍价值存在于文化与自然的结合，而非单独的评价两方面。田园景观作为活的遗产，不符合《公约》定义的自然遗产。最终，这种景观被归为"文化景观"，属于文化遗产。1992 年文化遗产标准进行了轻微的修订以容纳景观类型[3]，《操作指南》中还增加了"文化景观定义及申报导则"。

文化景观类型的出现是认识文化与自然间复杂作用的重要一步，带来《公约》中文化和自然遗产的靠近，但是文化景观概念也存在问题。它作为文化遗产列入《名录》之时，其单纯的文化价值尤其是物质遗迹又经常受到挑战。由于文化景观的出现，自然遗产标准中关于人类与自然互动、特殊的自然与文化元素的结合等内容被删除。这是对自然遗产狭窄的理解，加剧了《名录》在文化和自然方面的不平衡。这个阶段除了前文论述的英国湖区之外，还有以下几个重要案例标志了文化景观概念的发展。

1 1986 年《世界遗产名录》上有文化遗产 180 项，自然遗产 61 项，混合遗产 9 项.

2 1985 年 IUCN 关于混合遗址和田园景观标准的建议，出自"为了建立识别和申报文化与自然混合的田园景观的指南"的专家会议（Elaboration of guidelines for the identification and nomination of mixed cultural and natural properties）1985 年 10 月 11 日巴黎。会议报告见世界遗产中心网站 http://whc.unesco.org/en/documents/ 文件编号 SC.85-CONF.008-03.

3 出自"关于文化景观的专家会议"，1992 年 10 月 24 日法国皮埃尔（Pierre）。会议报告见世界遗产中心网站 http://whc.unesco.org/en/documents/ 文件编号 whc-92-conf002-10adde.

案例1：圣基尔达岛（1986/2004）

　　1986年，圣基尔达岛由于其自然特色和野生动物被首次列入《名录》，基于当时的自然遗产标准 iii、标准 iv。当年 ICOMOS 也对其文化价值进行了评估，并且认为其符合文化遗产评价标准 v。委员会特别指出，虽然这个项目被列入为自然遗产，但是这里具有人与自然和谐互动的文化价值 [1]。在当时的自然遗产标准之下这方面的价值被归为自然遗产的属性。直至2004年，这里的文化价值才被承认，符合文化遗产标准 iii、标准 v，成为一项混合遗产中的文化景观。

图6　汤加里罗国家公园（左）
（作者 S. A. Tabbasum，图片来源：whc. unesco. org/en/documents/ 109551）

图7　乌卢鲁 – 卡塔曲塔国家公园（右）
（作者 Emmanuel Pivard，图片来源：whc. unesco. org/en/documents/109936）

案例2：汤加里罗国家公园（1990/1993）

　　1990年汤加里罗国家公园（图6）作为自然遗产列入《名录》，基于当时的自然标准 ii、标准 iii。此后委员会修订了文化遗产的评价标准，并要求新西兰重新将这里申报为混合遗产。1993年，汤加里罗国家公园作为"联系的景观"[2] 成为文化景观及文化遗产，基于文化遗产标准 vi，从而肯定了1992年对《操作指南》文化标准的修订。它是第一处根据修改后的标准列入《名录》的文化景观，也是1992年关于文化景观的专家工作组 [3] 研究的关键案例之一。它的列入基于这里的自然面貌与宗教、艺术和文化之间强有力的联系，这对毛利人有重要意义，象征着这里的人类社区与其自然环境之间本质的精神联结。在这种情况下，其物质文化证据可能不重要甚至不存在 [4]。

1　原为 "The Committee noted that 'St. Kilda, though being recommended for inscription as a natural site in the World Heritage List, also had supportive cultural values as evidence of man's harmonious interaction with nature over time'"。会议报告见世界遗产中心网站 http：//whc.unesco.org/en/documents/ 文件编号 CC–86/CONF.001/11.

2　文化景观类型申报导则指出："最后一类是联系的文化景观。它的列入判断是由于与强力的宗教、艺术和文化联系的自然元素，而不是物质文化证据，后者可能不重要甚至消失了".

3　"关于文化景观的专家会议"，1992年10月24日法国皮埃尔（Pierre）。会议报告见世界遗产中心网站 http：//whc. unesco.org/en/documents/ 文件编号 whc–92–conf002–10adde.

4　出自1993年 ICOMOS 评估报告，见世界遗产中心网站 http：//whc.unesco.org/en/documents/ 文件编号 421bis–ICOMOS–487–en.

案例 3：乌卢鲁—卡塔曲塔国家公园（1987/1994）

澳大利亚的乌卢鲁—卡塔曲塔国家公园（图7）也有类似的经历。乌卢鲁国家公园于 1987 年作为自然遗产列入《名录》，1994 年基于文化遗产标准 v、标准 vi 扩展为混合遗产，属于文化景观。这里的自然景观是当地人传统信仰的一部分，作为文化景观列入肯定了这种文化，并引起对人与自然关系的反思。

2.3　第三阶段（1995-2004 年）文化景观包涵活的文化

在上一个阶段，《名录》中的文化景观项目只有来自欧洲和北美地区、亚洲和太平洋地区的申报。不仅如此，《名录》上全部项目在地区间的不平衡分布也引起了委员会的注意。1992 年的《名录》代表性分析[1]指出，欧洲遗产、基督教遗产、古代遗产、杰出建筑等过多，而其他地区、信仰、乡土建筑及现在遗产过少。所有的活态文化，尤其是"传统"的深度、价值、复杂、多样性以及人类与环境的关系表现很少。

1994 年的世界遗产全球战略会议[2]借鉴了人类学理论，提出人类历史不是"单独的纪念物"，而是由复杂和多维的文化群组，由社会结构、生活方式、信仰、知识系统和全世界不同的文化多层次的证明。因此，委员会要求世界遗产标准能更好地认识世界文化间关系，建立可以普遍实施的宽泛的类型，接受各种多样的、具有突出的普遍价值的文化表现，以确保《名录》反映世界上具有突出普遍价值的文化和自然的多样性。

全球战略会议提议通过人类学主题考虑文化的产物：土地和空间占有的模式、游牧和迁徙、工业技术、可持续的战略、水资源管理、人和货物的线路、传统居住区和它们的环境等，并识别了在广泛的人类学文脉中有潜质来填补《名录》代表性空白的领域：人类与土地的共存，即人类的运动（游牧、迁移），居住区，生计模式，技术革新；社会中的人，即人类互动，文化共存，精神性和创造力表达。这些思路都为文化景观的申报带来了启迪。

1998 年召开的关于全球战略的阿姆斯特丹会议[3]提出，"任何遗产均具备其独特性和特殊价值"，并将突出普遍价值解释为"一种对'所有人类文化都需要面临和对付的普遍性问题'的突出的回应。在自然遗产方面，这些问题可以在生物地

1　世界遗产中心网站 http://whc.unesco.org/en/documents/ 文件编号 Whc92-conf002-3。Itme6：Evaluation report on the implementation of the Convention.

2　世界遗产中心网站 http://whc.unesco.org/en/documents/ 文件编号 WHC-94/CONF.001/INF.4. Annex IV：Expert Meeting on the "Global Strategy" and thematic studies for a representative World Heritage List（UNESCO Headquarters, 20–22 June 1994）.

3　世界遗产中心网站 http://whc.unesco.org/en/documents/ 文件编号 WHC-98/CONF.203/INF.7.

理多样性中看到；在文化方面，可以在人类的创造性及这种创造性所导致的文化多样性中看到。"

随之而来，在1995–2004年这一阶段，《名录》上的文化景观项目不再局限于欧洲和北美以及亚洲和太平洋地区。阿拉伯地区、非洲和拉丁美洲的项目开始出现在《名录》上。各种类型的种植园，不仅包括大量欧洲的葡萄园，还包括古巴的烟草和咖啡种植园。产业遗产包括了盐矿、煤矿。人居环境包括沙漠、岛屿、河谷、高山等不同自然环境中的人类聚居。非洲的皇宫、民居、宗教圣地等也得以列入《名录》。人类文化和自然环境的多样性逐渐反映在文化景观的种类之中。

案例1：菲律宾科迪勒拉山的水稻梯田（1995）

菲律宾依富高的稻米梯田（图8）曾是1977年IUCN提交第1届世界遗产大会用于解释自然遗产评价标准的实例[1]。在IUCN提出的标准中指出，人类文化的演变也会被那些阐释"特殊的人类活动与其发生的生态系统的长期的连续的互动"的项目（例如菲律宾的伊富高的梯田农业景观）所证实。这个案例同时也是在文化景观概念的产生过程中作为典型代表的田园景观类型遗产。

图8　菲律宾科迪勒拉山的水稻梯田
（作者Patrick Veneno so，图片来源：whc.unesco.org/en/docu ments/129333）

1995年，委员会根据文化遗产评价标准iii、标准iv、标准v将其作为文化景观列入《名录》。世界遗产委员会评价"两千年以来，伊富高山上的稻田一直是依山坡地形种植的。种植知识代代相传，神圣的传统文化与社会使这里形成了一道美丽的风景，体现了人类与环境之间的征服和融合。"[2]

值得注意的是，这里还是哈德哈德圣歌的表演场所。在古老而广阔的稻米梯田上，伊富高人在播种、收获时都会表演叙述性的哈德哈德圣歌以反映稻米种植的重要性。在2001年哈德哈德圣歌被宣布为"人类口述和非物质遗产代表作"。这个实例充分反映出文化与自然、物质与非物质遗产之间内在的联系。

1　出自1977年"关于实施公约的问题"文件。见世界遗产中心网站http://whc.unesco.org/en/documents/ 文件编号CC.77–CONF.001–04.

2　http://whc.unesco.org/en/list/722.

案例 2：宿库卢文化景观（1999）

图9　宿库卢文化景观
（作者 Ishanlosen Odiaua，图片来源：whc. unesco.org/en/documents/120866）

宿库卢文化景观（图9）是《名录》上第一个非洲地区的文化景观，列入于1999年，基于标准 iii、标准 v、标准 vi。它包括酋长宫殿、广场和神圣图腾以及铁器工业遗迹，完整地体现了这里的社会原貌，包括有形和无形遗产[1]。社区与环境的关系反映出延续了许多世纪的精神和文化传统。文化构成要素，例如定期庆祝的节日和庆典，在社区中仍然延续，因为这是他们活的文化的一部分。

在这个案例当中，价值的传递所依托的是保持传统的地方团体的角色，而延续传统的文化空间则启迪了人们对于物质遗产与其承载的精神之间关系的思考。活的文化占据了重要位置，成为真实性的证明。这是非洲文化景观列入《名录》的坚实基础。非洲文化的多样性体现在人们对遗产的理解和对遗产保护的实践当中，通过不同的方式表达出来。这些实践促进了对遗产保护的非洲文脉的反思，成为具有非洲特色的突出普遍价值概念的基础。

案例 3：安布希曼加的皇家蓝山行宫（2001）

安布希曼加的皇家蓝山行宫由皇城、皇家墓地和一组祭祀建筑群组成。这里的传统设计、材料和布局是马达加斯加社会和政治结构自16世纪以来的代表。在过去的500年里，蓝山行宫一直是举行宗教仪式和祭祀的地方，同强烈的民族情感联系在一起，是马达加斯加人民文化身份最重要的象征。蓝山也一直是马达加斯加和世界各地朝圣者前往朝拜的地方。这里根据标准 iii、标准 iv、标准 vi 于2001年作为文化景观列入《名录》。[2]

在它的真实性陈述中特别提及了，在这里不同的元素代表着不同的传统技能和信仰：生者的家由木材和植被等活的材料建造，而逝者则安置在石头这样冰冷的惰性材料当中。对建筑材料的选择与使用联系到当地人民的传统与信仰，成为一种文化的表达。而在修缮当中对传统材料与建造方式的尊重成为维持真实性的证明。对于不同文化群体而言，真实性联系到文化身份，只有维持对文化特性的

1　http：//whc.unesco.org/en/list/938.
2　http：//whc.unesco.org/en/list/950.

真实表达，文化的创造力才能被发挥和延续。因而自这个阶段以后，对于遗产价值的理解和评估，逐渐打破了一种绝对的国际化标准，更多地考虑到不同文化的遗产对其文化的表达方式。

2.4　第四阶段（2005-2017年）多元文化身份的表达

在上一个阶段，伴随着全球战略的实施，文化景观类型遗产涵盖了活的文化以及文化之间的互动。每个教科文组织地区都有文化景观项目列入《名录》。2005年新修订的《操作指南》中，对标准 vi 放宽了限制，使得与宗教、艺术和文化具有紧密联系的文化景观有更多的机会列入《名录》。在将世界遗产视为可持续发展的动力，并将文化多样性作为教科文组织议程核心之一的时代，文化景观更多地联系到地方社会和本土人民，成为他们文化身份的象征。

在这个阶段，人类不同的生计模式、资源利用方式、社会发展途径，以及特定自然环境当中衍生的人类文化模式等都成为文化景观类型探讨的主题。从龙舌兰种植园到肉类加工厂，从奴隶避难所到现代花园城市，各种类型的文化景观列入《名录》，不断强调着文化与自然之间的复杂联系和相互依存的关系。大量实例证明，传统的土地使用方式和生计模式有助于保持生物多样性及文化多样性，而对自然资源的过度耗费则有可能带来文明的毁灭。这对于《公约》将文化与自然要素共同保护的独特理念起到了强大的支撑作用。

在保护世界遗产的实践当中人们逐渐认识到，当地人民对世界遗产的拥有权和保护权，他们的传统知识和价值体系是维持遗产地可持续发展的基础。遗产保护领域从更多地关注遗产地本身，转而关注遗产地人民如何看待他们的文化。对突出普遍价值的认定更多地联系到精神价值。相应的，对文化景观的认识也更多地联系到无形价值和地方群体。土著人民、文化差异、文化文脉和地方传统等因素在价值评估中得到了更多的重视。遗产保护策略成为保持文化身份和促进社会发展的途径之一。因此，一些以前没有引起足够重视的相对平凡和普通的景观，以及刚刚过去的 20 世纪甚至是当代的景观，也因为特殊的意义而列入《名录》。

案例 1：莫纳山脉的文化景观（2008）

莫纳山脉的文化景观依据标准 iii、标准 vi 于 2008 年列入《名录》。它是毛里求斯西南部的一个崎岖的山脉，直接进入印度洋。在 18 世纪和 19 世纪初这里被用作逃亡奴隶的避难所。这里与世隔绝，树木繁茂的悬崖几乎无法进入。逃跑的奴隶们在洞穴和山顶形成了小型定居点。联系到逃亡奴隶的口述传统使莫纳山成为奴隶争取自由、苦难和牺牲的象征。所有这些都关系到奴隶的故乡：非洲大陆、马达加斯加、印度和东南亚。事实上，毛里求斯作为东部奴隶贸易

图 10　莫纳山脉的文化景观（左）
（作者 Charles de Zordo, 图片来源：whc. unesco. org/en/docu ments/ 114348）

图 11　里约热内卢（右）
（作者 Ruy Salaverry, 图片来源：whc.une sco. org/en/docu ments/ 117438）

中的一个重要中转站，也因为大量生活在莫纳山上的逃亡奴隶而被称为"黑奴共和国"。[1]（图 10）

案例 2：里约热内卢——山与海之间的卡里奥卡景观（2012）

　　里约热内卢——山与海之间的卡里奥卡景观基于标准 v、标准 vi 于 2012 年作为文化景观列入《名录》。这个遗产地位于一个独一无二的城市环境之中，包括了塑造和激发城市发展的关键自然元素——帝如卡国家公园山脉的至高点一直到大海。它们还包括成立于 1808 年的植物园、科尔科瓦多山及其著名的基督雕像、瓜纳巴拉海湾周围的山丘、科帕卡巴纳海湾周围丰富的景观设计。它们形成了这座精彩城市的户外生活文化。里约热内卢也给音乐家、景观设计师和城市规划者提供了灵感。[2]（图 11）

3 《名录》中现有文化景观项目分析

　　经过上述几个阶段的发展，现有《名录》中文化景观类别下共 102 个项目[3]，其中 94 个文化遗产，8 个混合遗产，分布在 61 个缔约国，有 4 个跨境项目。从对《名录》上现有文化景观的列入年份统计可见，在文化景观列入《名录》的早期即

1　http://whc.unesco.org/en/list/1259.

2　截至 2018 年 4 月，《名录》有文化景观 102 项，根据世界遗产中心网站《名录》搜索工具进行高级搜索而得（搜索主题为文化景观类型）。包含搜索结果数据的网址为 http://whc.unesco.org/en/list/?search=&id_sites=&id_states=&id_search_region=&id_search_by_synergy_protection=&id_search_by_synergy_element=&search_yearinscribed=&themes=4&criteria_restrication=&id_keywords=&type=&media=&order=country&description=.

3　引自 htpp://whc.unesco.org/en/statesparties/ 截至 2017 年 1 月 31 日．

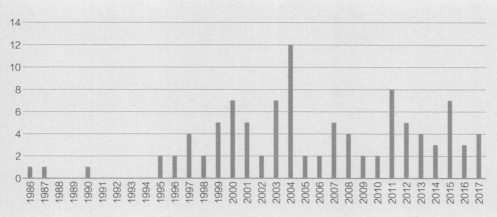

图 12　文化景观列入年份统计

1986–1994 年每年列入数量很少，基本在 1 个以下，这段时间是对这一概念的探索阶段。而 1995–2004 年，伴随着文化景观列入导则加入《操作指南》，成为文化景观数量增加最为迅速的十年，每年列入将近 5 个，尤其是 2004 年达到高峰。2005年以后，由于对缔约国每年申报数量的总体控制，每年列入的文化景观数量又有所回落。

　　至今，《名录》上包含了上百个文化景观项目，反映出不同地区丰富的文化多样性。然而，对目前《名录》上的文化景观项目数量分析可见，它们在不同地区、类型、主题间仍存在着一定的不平衡。以下从分布地区、评价标准、遗产类型、文化主题这几个方面分析了《名录》中现有文化景观项目的平衡性和代表性。

3.1　按分布地区分类

　　在《公约》的 193 个[1]缔约国中，拥有文化景观的有 61 个，约占 32%；没有文化景观的有 132 个，约占 68%。拥有 1 个文化景观的有 41 个国家，它们拥有的文化景观占总量约 40%；拥有 2 个以上文化景观的有 20 个国家，它们拥有的文化景观占总量约 60%。拥有文化景观最多的国家依次为法国（8 项）、意大利（7 项）、英国（5 项）、中国（5 项）、德国（原本 5 项，除名一项后为 4 项）。这 5 国拥有的文化景观占总量约 30%；其余各国拥有的文化景观占总量约 70%。（表 2）

　　以上情况说明了《名录》上现有文化景观项目在不同地区、不同缔约国之间分布的巨大不平衡。这样的分布方式很难被认为对于世界不同地区、不同文化具有均衡的代表性。文化景观反映了人类与其所处的自然环境之间的长期互动，这

1　引自 http://whc.unesco.org/en/statesparties/ 截至 2017 年 1 月 31 日。

各缔约国拥有文化景观数量统计　　　　表2

	缔约国数量	拥有的文化景观总量	占文化景观百分比
有 0 项文化景观	132	0	0%
有 1 项文化景观	41	41	40%
有 2 项文化景观	9	18	18%
有 3 项文化景观	6	18	18%
有 4 项文化景观	1	4	4%
有 5 项文化景观	2	10	10%
有 7 项文化景观	1	7	7%
有 8 项文化景观	1	8	8%
总数	193	102	100%

图13　各 UNESCO 地区文化景观分布比例图

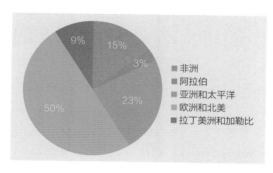

■ 非洲
■ 阿拉伯
■ 亚洲和太平洋
■ 欧洲和北美
■ 拉丁美洲和加勒比

种互动在各个地区、各种文化当中都普遍存在。然而，目前《名录》上已经列入的文化景观尚未反映出这种普遍性，它们不能充分代表不同的地区与文化，因而可能减损了整个《名录》的代表性、均衡性和可信性。这是目前在文化景观类型项目的申报与评估中亟需解决的问题。

在现有《名录》上的文化景观当中，欧洲和北美地区所列入的项目最多，占全部项目的50%，相当于其他各地区所列入的项目总和（图13）。阿拉伯地区所列入的项目最少，只占文化景观总量的3%，这无疑是极不合理的。从缔约国数量上看，欧洲和北美地区缔约国最多（51个），有文化景观的缔约国也最多（24个），占地区缔约国总数的47%；阿拉伯地区缔约国最少（19个），有文化景观的缔约国也最少（3个），仅占地区缔约国总量的16%；亚洲和太平洋地区、非洲地区、拉丁美洲和加勒比地区也有诸多缔约国，有文化景观的缔约国分别占39%、28%、18%。由此可见，阿拉伯地区、拉丁美洲和加勒比地区的文化景观在《名录》上都远未得到充分反映。

非洲地区共15个[1]文化景观项目列入《名录》，其中13个文化遗产，2个混合遗产，分布在13个缔约国（共46个缔约国）。非洲文化景观列入《名录》很晚，1999年才拥有第一项文化景观，即宿库卢文化景观。至今，非洲地区每年列入的文化景观项目平均不足一个，在《名录》上代表性仍然较低。（图14）

　　阿拉伯地区共 3 个文化景观项目列入《名录》，3 个均为文化遗产，分布在 3 个缔约国（共 19 个），分别列入于 1998 年、2011 年和 2014 年，平均每十年列入不足一个文化景观，是在《名录》上代表性最低的地区。

　　亚洲和太平洋地区共有 24 个文化景观项目列入《名录》，其中 21 个为文化遗产，3 个混合遗产，分布在 17 个缔约国（共 44 个），平均每年列入接近一个文化景观。

　　欧洲和北美地区共 51 个文化景观类项目列入《名录》，包括 48 个文化遗产，3 个混合遗产，分布在 24 个缔约国（共 51 个），其中 4 个为跨境项目。这个地区是文化景观列入最多的地区。1986 年英国的圣基尔达岛在人和自然和谐互动方面的价值就得到认可，1995 年葡萄牙的辛特拉文化景观列入《名录》，从此以后几乎每年都有文化景观项目列入，平均每年列入 2 个以上。1997–2004 年，是这个地区的文化景观增长的高峰，2004 年之后有所回落。

　　拉丁美洲和加勒比地区共有 9 个文化景观列入《名录》，9 个均为文化遗产，分布在 6 个缔约国（共 33 个），平均每三年列入不足一个，在《名录》上代表性也很低。（图 15）

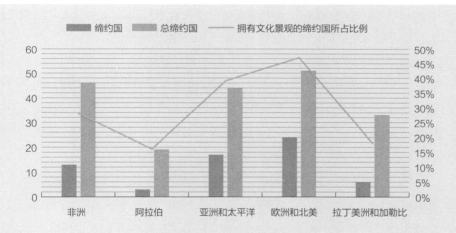

图 14　各 UNESCO 地区拥有文化景观缔约国比例图

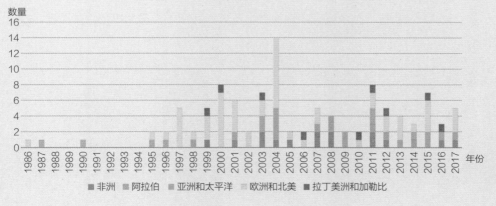

图 15　各 UNESCO 地区文化景观按照列入年份的总量统计

从不同地区的文化景观列入《名录》的时间来看，早期（1986–1997 年），仅有欧洲和亚洲的项目列入，其中欧洲的项目占 67%，亚洲的项目占 33%。1998 年第一个阿拉伯地区的文化景观项目列入《名录》，1999 年第一个拉丁美洲的项目和第一个非洲的项目列入《名录》，才打破了之前的格局。这之后的一个阶段（1998–2006 年）虽然欧洲列入的项目仍然占有绝对的优势，但是亚洲和太平洋地区、非洲和拉丁美洲地区列入的项目也有所增加。尤其是 2003 年其他各地区列入的总数第一次超过了欧洲和北美地区的列入数量。然而，2004 年欧洲和北美地区同时列入《名录》9 个文化景观，再次超过其他各地区列入的总和（5 个）。不过 2007 年及其以后的许多年中，欧洲和北美以外地区所列入《名录》的文化景观数量总和，都超过了欧洲和北美地区列入的数量。《名录》上文化景观在不同地区之间的平衡性得到一定改善。

3.2　按列入标准分类

《名录》上使用了标准 i 列入的文化景观项目仅为 6 个（图 16），只根据标准 i 列入的文化景观为 0 个。由此可见，文化景观类型往往不是具有雄伟、壮观等视觉震撼性的场所，而是看上去相对平常、普通的地方。使用了标准 ii 列入的文化景观项目为 37 个，仅根据标准 ii 列入的项目为 0 个。由此可见，一部分文化景观反映了文化的融合与交流，但仅仅如此还不足以作为文化景观列入《名录》。

《名录》上使用了标准 iii 列入的文化景观项目为 59 个，仅根据标准 iii 列入的文化景观为 3 个。其中 54 个文化遗产，5 个混合遗产，分布在 42 个缔约国。这是文化景观列入《名录》时使用最多的评价标准，占到全体文化景观的 60%，说明文化景观往往反映出一种独特的文化传统或文明，这是文化景观列入《名录》的主要价值所在。

《名录》上使用了标准 iv 列入的文化景观项目为 58 个，仅根据标准 iv 列入的文化景观为 2 个，其中 56 个文化遗产，2 个混合遗产，分布在 36 个缔约国。这也是评价文化景观时使用率很高的一条标准，使用率接近 60%。这说明文化景观往往代表了一种建筑、技术或者景观的杰出范式，证明了人类历史的特殊阶段。

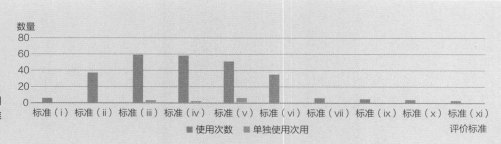

图 16　文化景观列入使用的评价标准统计

《名录》上使用了标准 v 列入的文化景观项目为 51 个；仅根据标准 v 列入的文化景观为 6 个。其中 47 个文化遗产，4 个混合遗产，分布在 40 个缔约国。标准 v 在评价文化景观的突出普遍价值时使用率达 50%，这说明半数的文化景观都是传统住区、土地使用或海洋使用的杰出实例，代表了独特的文化或展现了人类与自然的互动。这是评价文化景观最直接的一条标准，但它独立使用的次数也并不多。

《名录》上使用了标准 vi 列入的文化景观项目有 35 个；仅根据标准 vi 列入的文化景观为 0 个。其中 32 个文化遗产，3 个混合遗产，分布在 28 个缔约国。这说明相当一部分文化景观都联系到活态的传统、联系到重要的观念和信仰以及文艺作品等，超过了文化景观总数的三分之一，然而没有项目能够仅仅因此列入《名录》。

《名录》上使用了标准 vii 列入的文化景观项目有 6 个，分布在 7 个缔约国；使用了标准 ix 列入的文化景观项目为 5 个，分布在 6 个缔约国；使用了标准 x 列入的文化景观项目为 4 个，分布在 4 个缔约国；使用了标准 xi 列入的文化景观项目为 3 个，分布在 3 个缔约国。以上项目均为混合遗产。在将"人与自然的和谐互动"这条标准从自然遗产评价标准中移除之后，再也没有单独根据自然遗产评价标准列入《名录》的文化景观。这也在一定程度上造成了《名录》上文化遗产与自然遗产之间数量的不平衡，因为地球上大部分适于人类生存的环境都已经留下了人类的足迹，而这样的地区都被从自然遗产中排除了，文化遗产的数量自然会远远超过自然遗产。

对 1986–2017 年列入的所有文化景观分析可见，标准 i 的使用始终很少，标准 ii、标准 iii 的使用在 2003–2011 年比较多，近期又有所减少。标准 iv 的使用在 1997–2004 年、2011–2015 年都比较多，标准 v 的使用在 2003 年、2004 年和 2011 年、2012 年比较多，而标准 vi 的使用逐年有增加的趋势。（图 17）

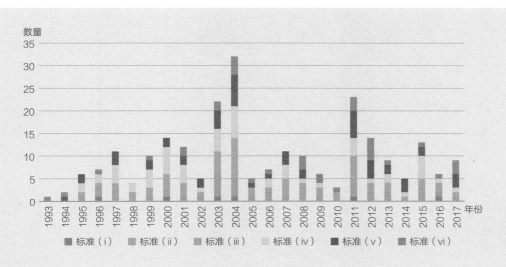

图 17　历年评价文化景观的各条标准使用次数统计

3.3 按遗产类型分类

以遗产类型为基础的分析方法一直被用于识别《名录》上低代表性类型。以 ICOMOS 在 2004 年对《名录》进行分析时所使用的遗产类型框架[1]为参考来分析历年登录的文化景观项目，仍然具有启示作用。[2]

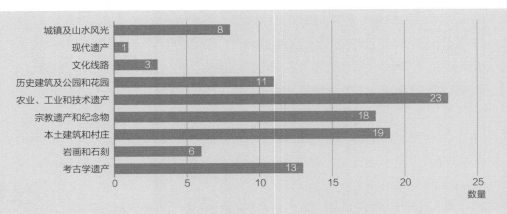

图 18 《名录》上文化景观类型统计

由图 18 可见，《名录》中文化景观涵盖许多不同类别，其中数量较多的几个类别分别是农业、工业和技术遗产（23 个），不同自然环境中的本土建筑、村庄及聚落（19 个）、宗教遗产和纪念物等圣地（18 个）。这三类数量的总和就超过了文化景观全部项目的 60%。数量最少的是文化线路（3 个）和现代遗产（1 个）。这两个类型的总和还不足全部数量的 4%。

在每个类型的内部，也可以看到遗产种类的不平衡。农业、工业与技术遗产中，列入最多的各种农业种植园占 13 项，其中 9 项均为欧洲的葡萄园及酿酒厂，占文化景观总量的近 10%。此外还有亚洲的水稻梯田，拉丁美洲地区的龙舌兰、咖啡、烟草种植园等各种农业景观。其次是各种矿业，包括煤矿、铁矿、盐矿、铜矿、银矿、锡矿，共计 5 项，其中 4 项均为欧洲的矿业景观。乌拉圭的"弗莱本托斯文化工业景区"是这个类别中唯一的肉类加工厂产业景观，其他各种产业在这个类别中都没有体现出来。

在不同环境的人类聚落中，表现较为充分的山地聚落景观，占 5 项；其次是滨水聚落景观和沙漠聚落景观，各占 4 项。此外，还有河沼泽、极地、草原、湿地等环境中的聚落景观列入。除此之外，其他自然条件下的聚落景观则没有出现在《名录》上。在各种圣地类型的景观中，与建筑、雕塑等人工景观结合在一起

---

1 出自 ICOMOS 报告《世界遗产名录：填补空白点——未来行动计划》。见世界遗产中心网站 http://whc.unesco.org/en/documents/ 文件编号 whc04-28com-inf13ae。

2 这里将《名录》上的文化景观项目按照遗产类型框架分成了不同的子项。有些文化景观可以归属于几个子项，在此考虑其最重要的价值载体及最突出的特征，归入一个主要的子项。

的宗教圣地最多，约占全部圣地的三分之二，而体现出人类与自然的精神联结的神山、神林、圣湖等自然崇拜场所等相对较少。

从不同类别的文化景观项目列入《名录》的时间顺序来看，早期（1986–1994 年）以建筑或考古遗址及其自然环境为主，并包括了澳大利亚和新西兰的土著人圣地。1995 年以后，欧洲的葡萄园及盐矿、亚洲的稻米梯田等纷纷列入《名录》。1999 年以后，伴随拉丁美洲的文化景观项目列入《名录》，烟草、咖啡等种植园等列入《名录》，同时非洲的部落文化景观、遗址和岩画也列入《名录》。在欧洲的大量文化景观之中，草原和湿地、岛屿、沙漠、河谷、湖泊、高山甚至极地等多种特殊自然环境下的人类聚居地得以列入，《名录》上的文化景观类型大大丰富。

2005 年以后，《名录》上的景观类型进一步多样化。拉丁美洲的龙舌兰种植园和肉类加工厂，非洲奴隶贸易线路的重要节点——印度洋岛国毛里求斯的逃跑奴隶避难所，生态系统中的雨林、高原、沼泽等纷纷列入《名录》。2016 年，巴西的潘普拉现代花园城市中心第一次作为现代建筑组合类型的文化景观列入《名录》。

3.4　按文化主题分类

以 ICOMOS 在 2004 年对《名录》进行分析时所使用的主题框架[1]为参考，统计《名录》上现有文化景观对不同主题的覆盖情况，可以识别低代表性的主题，给未来的文化景观申报提供参考，使之更好地服务于"全球战略"。在六个主题中，创造力的表达（39 个）、对自然资源使用（30 个）、精神回应（16 个）这几个主题的已经有相当多的项目列入，而文化关联（8 个）、人类迁徙（7 个）与科技发展（2 个）这几个主题代表性较低。（图 19）

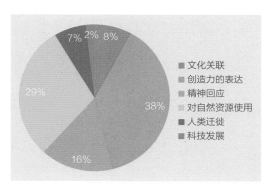

图 19　文化景观对不同遗产主题的覆盖情况统计

4　文化景观如何贡献于全球战略

《名录》建立至今整整 40 年，上千个文化与自然遗产纳入其中，然而《名录》仍显示出诸多空白。一些地区和遗产类型在《名录》上得到较为充分的表现，而

1　出自 ICOMOS 报告《世界遗产名录：填补空白点——未来行动计划》。见世界遗产中心网站 http://whc.unesco.org/en/documents/ 文件编号 whc04–28com–inf13ae.

另一些地区和类型则没有。1987-1993 年 ICOMOS 实施的全球研究证实了上述问题，而 1992 年加入《操作指南》的文化景观申报导则鼓励缔约国识别那些能反映人与自然的互动、可持续的土地使用方式、活的传统与文化、精神与信仰的文化遗产，以期填补《名录》的空白。

二十余年来，上百个具有突出普遍价值的文化景观纳入《名录》。委员会秉承着 1994 年通过的"全球战略"精神，致力于建立"有代表性的、均衡的、可信的《名录》"，然而结果仍不尽如人意。2004 年 ICOMOS 向第 28 届世界遗产大会提交了名为《名录》：填补空白点——未来行动计划"[1] 的分析报告，运用类型框架、年代和地区框架、主题框架对《名录》和《预备名录》进行了分析。分析显示《名录》空白依然大量存在，且文化景观项目在各地区间分布也十分不平衡，这种不平衡分布与其他遗产类型的不平衡分布大致相当。此后十余年又有若干文化景观列入《名录》，它们是否能够改变，又如何才能改变《名录》的平衡性和代表性呢？

4.1 改进地区分布的均衡性

ICOMOS 于 2004 年发布的研究报告中包含《名录》和《预备名录》中各地区文化景观类型项目的数量和比例[2]（截至 2004 年 2 月）。（图 20）

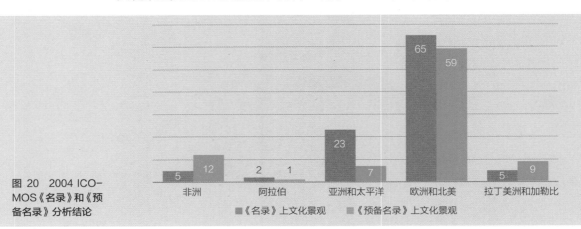

图 20 2004 ICO-MOS《名录》和《预备名录》分析结论

这份统计数据认为当时《名录》上共有文化景观 100 项，而目前世界遗产中心网站上的《名录》分类统计数据认为当时《名录》上共有文化景观 39 项，显然二者采取了不同的文化景观界定方法，以至于统计所得的文化景观数量并不一致。这也说明了对文化景观的识别是一个复杂的问题。不过，将当时 ICOMOS 的文化

---

1 出自 ICOMOS 报告《世界遗产名录：填补空白点——未来行动计划》page64,Table-4：Comparative analysis of World Heritage List and Tentative Lists by Category and Region.见世界遗产中心网站 http://whc.unesco.org/en/documents/ 文件.

2 出自 ICOMOS 报告《世界遗产名录：填补空白点——未来行动计划》page64，Table 4：Comparative analysis of World Heritage List and Tentative Lists by Category and Region。见世界遗产中心网站 http://whc.unesco.org/en/documents/ 文件编号 whc04-28com-inf13ae.

景观地区分布比例统计和当前根据世界遗产中心《名录》数据做出的地区比例统计对照，仍可见到从 2004 年以来《名录》上文化景观在不同地区间分布的平衡性有所改善。

在文化景观类型内部，2004–2018 年，欧洲和北美地区的绝对性优势从 67% 下降到 50%，亚洲和太平洋地区从 13% 上升到 23%，非洲从 10% 上升到 15%，拉丁美洲和加勒比地区、阿拉伯地区基本持平。（图 21、图 22）

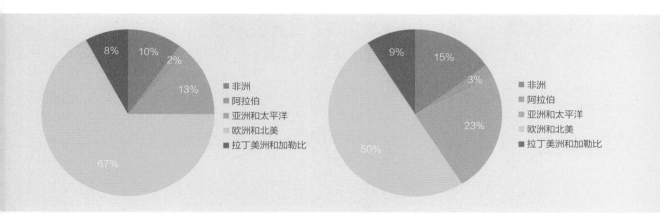

图 21　2004 年 各 UNESCO 地区文化景观分布比例（左）

图 22　2018 年 各 UNESCO 地区文化景观分布比例（右）

对比不同地区的缔约国数量和拥有文化景观的缔约国数量可以得知，欧洲和北美地区的比例最高，为 47%。阿拉伯地区最低，为 16%，因此在未来识别更多阿拉伯地区、拉丁美洲地区和非洲地区的文化景观，才能有效改变文化景观分布的不平衡性。

同时，对目前《名录》上的文化景观进行数量分析可见，当缔约国已经拥有一项文化景观列入《名录》时，有很大的可能性（大约三分之一）它会再次申报并列入其他文化景观项目。因此，帮助尚且没有文化景观的缔约国识别并申报第一项文化景观至关重要。在这个过程中缔约国的能力建设是基础，而通过上游程序对缔约国给予帮助是必要的，还可能需要通过国际援助为缔约国寻求资源。

4.2　增加遗产类型的代表性

文化景观的列入在一定程度上增加了《名录》的代表性，使其更多地包含了农业和技术遗产、活的文化及传统的证明、人类在不同自然环境中的生态聚落等。不过，文化景观类型仍有更大潜力来填补空白，建立更具代表性的《名录》。（图 23、图 24）

在《名录》上现有的文化景观类型中，农业、工业和技术遗产较多，不同自然环境中的人类生活聚落较多，宗教和祖先圣地较多。在第一大类中，种植园占到 57%，其中欧洲的葡萄园及酿酒厂就占到 40%。这种不平衡性是否与 2004 年

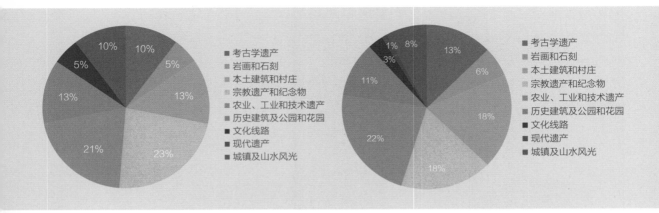

图23 2004年各类型文化景观所占比例（左）

图24 2018年各类型文化景观所占比例（右）

ICOMOS 提交的分析报告中所使用的分析框架有关联呢？显然，"《名录》：填补空白点——未来行动计划[1]"对此后十余年的缔约国的遗产识别和申报具有一定的指示作用，缔约国可能根据这份报告中的分析框架类型和报告所提示的低代表性主题识别更多文化景观。

在这份报告的类型框架中，与文化景观密切相关的遗址类别中，提及了岩画、雕刻、古人类遗迹、本土定居点、宗教圣地、工业农业景观、防御体系、朝圣线路、铁路与运河、墓地、联系的景观、现代景观等。值得注意的是，在农业、工业和技术遗产类别提及了"农田／牧场系统、葡萄园、农业景观、农业住区；水管理系统（堤坝、灌溉系统，等）；矿井、采矿景观、工厂；桥梁、运河、铁路、工业住区，等"。而上述内容是在《名录》中有一定代表性、缔约国比较熟悉如何申报的景观类型。

"行动计划"对于《名录》农业景观的空白，提及了小麦、大麦、玉米、小米、可可、焦糖、棉花、橡胶和水果等，这些项目现在依然没有列入。而其他未被提及的类型，例如在中国文化中意义深厚的茶树、桑树种植园等也都仍然空白。

对于产业景观，"行动计划"主要提及了矿井和工厂。在《名录》上的产业景观同样以欧洲和北美地区的工业遗产尤其是矿业遗产偏多。其他产业的遗迹，例如对于中国文化中十分重要的瓷器制造、丝绸生产、茶叶制作与纸张制造业等传统手工业，作为产业景观在《名录》上至今仍然没有得到反映。

在宗教圣地中，欧洲的天主教、亚洲的佛教与非洲的本土宗教在《名录》上有所反映，而且其他地区和国家的宗教表现仍不充分。对于具有宗教意义和象征意义的自然景观，如山脉、火山、森林、树林等，在《名录》上仍然很少，且仅仅来自非洲国家和澳大利亚、新西兰及夏威夷等地。其他地区的联系的景观，如中国西藏的神山圣湖等，仍很少列入。

---

1 出自 ICOMOS 报告《世界遗产名录：填补空白点——未来行动计划》。见世界遗产中心网站 http://whc.unesco.org/en/documents/ 文件编号 whc04-28com-inf13ae.

"行动计划"中提到的代表性较低的畜牧文化至今已有一定数量的文化景观列入，同时提及的保持传统生活方式的狩猎——采集社区的景观还很少出现在《名录》上。此外，现代景观无论在哪个地区都表现的较少。仅有的现代景观来自巴西，而其他地区的现代文化景观尚未得到识别。

4.3　促进文化与自然的共同保护

《世界遗产公约》致力于将文化与自然遗产放在同一个框架下进行保护，这是它超越 UNESCO 其他文化财产保护工具的独到之处，然而将文化与自然遗产并列的做法也带来对二者割裂的理解——一个场所只能属于文化遗产或者自然遗产。这甚至带来对《名录》平衡性的质疑——文化遗产比起自然遗产过多。实际上，在人类演化的漫长岁月中，人类的足迹早已涉足地球表面的大部分区域，人类与自然环境的互动无处不在。

早在《名录》建立之初，1976 年 IUCN 制定自然遗产标准曾包括"那些阐释人类文化演变，包含特殊的人类活动与其发生的生态系统的长期的连续的互动的项目（例如菲律宾的伊富高的梯田农业景观）。"[1]"人类社会在其中发展的沙漠、森林和草原"以及"地球演变历史主要阶段的清晰的实例（例如坦桑尼亚的奥杜威峡谷——在动植物、气候和其他影响演变的因素的文脉中，自然和文化遗产融合在一起阐释了史前人类的出现。）"[2]这些阐释说明人类发展中自然与文化要素往往相互交织、不可分割。1977 年版《操作指南》中的自然遗产标准中还包含对"特殊自然美"[3]的衡量，这涉及哲学概念，将自然遗产与文化价值建立了联系。随后的修订中这条标准还用于衡量"自然和文化元素的特殊结合"[4]，跨越了文化与自然遗产的分界。它在 1994 年的修订中被删除。

1992 年文化景观导则加入《操作指南》，确立了对文化与自然之间的互动进行保护。传统的、可持续的土地利用方式支持了生物多样性，而人类与其所处的特殊自然环境之间的精神联系，也是其文化身份不可或缺的组成部分。保护文化景观中表达的文化和生物多样性，可以更好地理解自然和文化的互动。通过对文化景观的识别与列入，世界遗产保护跨越了文化与自然的分界，朝向反映人与环境丰富互动的领域发展。

这种认识在 1994 年全球战略实施之后为世界遗产识别带来新的思路。土地和空间占有的模式、游牧和迁徙、工业技术、可持续的战略、水资源管理、人和货

1　世界遗产中心网站 http: //whc.unesco.org/en/documents/ 文件编号 CC.77-CONF.001-04.

2　世界遗产中心网站 http: //whc.unesco.org/en/documents/ 文件编号 CC.77-CONF.001-04.

3　世界遗产中心网站 http: //whc.unesco.org/en/documents/ 文件编号 CC.77-CONF.001-04.

4　世界遗产中心网站 http: //whc.unesco.org/en/documents/ 文件编号 CC-77-CONF.001-8rev.

物的线路、传统居住区和它们的环境等，许多在人类学主题下重新考虑的文化的产物都涉及人类与自然的互动。此后文化景观大量列入《名录》，为《公约》对于文化与自然的共同保护建立了声誉，也在一定程度上填补了《名录》的空白。

然而，将文化景观单方面地归为文化遗产，也使得《名录》上文化与自然遗产之间的不平衡性进一步加剧。如同 1996 年举办的"关于自然遗产申报的总体原则和标准"专家会议 [1] 所指出，没有地区是完全原始的，并且所有自然地区都在变动的状态中。那些传统社会和地方群体的活动，经常出现在自然地区中。当他们从生态学角度是可持续发展的，可能和地区的突出普遍价值相协调。如何认识这种广泛包含着人类活动印记的自然地区，以及普遍寄托着人类情感的自然面貌，是对文化景观的保护中需要进一步探讨的问题。

对文化景观的认识与保护，启迪了在世界遗产保护中深入思考文化与自然的关系以及人类文化的普遍性。一方面，自然环境让人类得以生存，人类则依靠文化的调适来适应环境，构成丰富文化多样性，并在文化创造和继承中肯定了不同群组的文化身份，因而自然环境也具有无形的、精神的价值。另一方面，文化同自然元素有特殊联系。特定的文化群组用不同的方式理解和对待他们的环境，那些生计的、精神的需求会对环境造成不同的影响，从而改变当地的生物多样性或地理多样性。因此，对文化和生物多样性共同的保护，是确保社会和生态可持续发展的关键。对文化与自然遗产的理解应该在更高的层面上得到统一，文化景观便是这种对统一的一种有益尝试。

4.4 建立有形与无形遗产的联结

1992 年的《名录》代表性分析 [2] 指出，《名录》不够均衡，所有活的文化，尤其是"传统"的深度、价值、复杂、多样性以及与环境的关系表现很少。委员会要求建立有"普遍代表性"的《名录》，包容"组成人类的不同文化的多样性"。在这样的思路下，1994 年世界遗产全球战略会议 [3] 借鉴了人类学理论，提出人类历史不是"单独的文物"，而是由复杂和多维的文化群组，由社会结构、生活方式、信仰、知识系统和全世界不同的文化多层次的证明。文化遗产的概念从这时开始放弃"纪念性建筑"视角，转向更加具有人类学视角和全球视野的"世界不同文

---

1 Expert Meeting on Evaluation of general principles and criteria for nominations of natural World Heritage sites (Parc national de la Vanoise, France, 22 to 24 March 1996。会议报告见世界遗产中心网站 http: //whc.unesco.org/en/documents/ 文件编号 WHC-96/CONF.202/INF.9.

2 世界遗产中心网站 http: //whc.unesco.org/en/documents/ 文件编号 Whc92-conf002-3。Itme6：Evaluation report on the implementation of the Convention.

3 Expert Meeting on the "Global Strategy" and thematic studies for a representative World Heritage List (UNESCO Headquarters, 20–22 June 1994)。会议报告见世界遗产中心网站 http: //whc.unesco.org/en/documents/ 文件编号 WHC-94/CONF.003/INF.6 附件。

化的物质证据”的概念，识别遗产的方法也从建筑类型学方法转向反映复杂的、动态的文化表现形式[1]的方法。

文化景观申报导则正是在这样的时期加入《操作指南》的。导则指出："最后一类是联系的文化景观。它的列入判断是由于与强力的宗教、艺术和文化联系的自然元素，而不是物质文化证据，后者可能不重要甚至消失了。"[2] 这里明确肯定了自然要素的文化价值，有形遗产的无形价值。它与当时刚刚修订的标准 iii"对于一种活着的或者已经消失的文化传统或者文明，是独特的或者至少特别的证明"[3]，标准 vi"与具有突出普遍重要性的事件或者活的传统、观念、信仰、艺术或者文学作品具有直接的或者切实的联系。（委员会认为根据这条标准列入必须只在特殊情况下，并且和其他标准联合起来申报。）"[4] 相互支撑，在有形与无形遗产之间搭建了桥梁。

同时，由于文化景观形成的特殊性，历史的延续性和地域的广阔性，尤其是它可能作为一种"活的文化"的载体，相关的物质证据不能置于文脉之外考虑，而是要置于与其物质和非物质环境的多样关系中考虑[5]。例如，对自然圣境、传统聚落、农业系统的理解、保护和管理，不能离开对创造了它们且继续塑造着它们的人的理解，对文化的尊重。许多自然圣境和文化景观对于当地人民的身份认同和精神世界有重大意义。因此当地人民的文化、习俗和传统在保护中有重要角色，即文化景观的保护离不开其中"人"的因素。（图25、图26）

图25　马拉柯什的
阿拉伯人聚居区
（作者 Maria Gropa，图片
来源：whc.unesco.org/
en/documents/110423）

---

1 Cultural expression，《保护和促进文化表现形式多样性公约》（UNESCO 2005）中定义，"文化表现形式"指个人、群体和社会创造的具有文化内容的表现形式。

2 1994年版《操作指南》P14段39（iii），见世界遗产中心网站 http://whc.unesco.org/archive/opguide94.pdf.

3 1994年版《操作指南》P10段24（iii），见世界遗产中心网站 http://whc.unesco.org/archive/opguide94.pdf.

4 1994年版《操作指南》P10段24（vi），见世界遗产中心网站 http://whc.unesco.org/archive/opguide94.pdf.

5 世界遗产中心网站 http://whc.unesco.org/en/documents/ 文件编号 WHC-94/CONF.001/INF.4.

图 26　雅马埃尔法那广场文化空间(右)
(作者 Ahmed Ben Ismaïl, 图片来源: https://ich.unesco.org/en/RL/cultural-space-of-jemaa-el-fna-square-00014)

在这种情况下，文化景观很可能成为非物质文化遗产[1]（口头传说和表述，包括作为非物质文化遗产媒介的语言；表演艺术；社会风俗、礼仪、节庆；有关自然界和宇宙的知识和实践；传统的手工艺技能）所存在或指示的场所，成为《保护非物质文化遗产公约》所定义的文化场所，或《人类非物质文化遗产代表作名录》[2]当中项目的物质载体。毕竟，任何非物质文化遗产也不能完全脱离物质而独立存在。《保护非物质文化遗产公约》指出，"这种非物质文化遗产世代相传，在各社区和群体适应周围环境以及与自然和历史的互动中，被不断地再创造，为这些社区和群体提供认同感和持续感，从而增强对文化多样性和人类创造力的尊重。"这与文化景观定义中的"人与自然的共同结晶"、"人类与其自然环境相互作用的多样表现形式"都是高度一致的。

因此，《名录》上的"菲律宾科迪勒拉山的水稻梯田[3]"成为《人类口述和非物质文化遗产代表作名录》上"依富高人的哈德哈德圣歌[4]"的关联场所，"马拉柯什的阿拉伯人聚居区[5]"关联到"雅马埃尔法那广场文化空间"[6]，"那不勒斯历史中心[7]"关联到"那不勒斯比萨饼师傅的艺术"[8]，类似的实例不胜枚举。因为正是世

1　UNESCO《保护非物质文化遗产公约》(2003).
2　2001 年称为《人类口述和非物质文化遗产代表作名录》.
3　Rice Terraces of the Philippine Cordilleras，菲律宾，1995 年列入《名录》.
4　Hudhud chants of the Ifugao，菲律宾，2001 年列入《人类口述和非物质文化遗产代表作名录》.
5　Medina of Marrakesh，摩洛哥，1985 年列入《名录》.
6　Cultural space of Jemaa el-Fna Square，摩洛哥，2001 年列入《人类口述和非物质文化遗产代表作名录》.
7　Historic Centre of Naples，意大利，1995 年列入《名录》.
8　Art of Neapolitan 'Pizzaiuolo'，意大利，2017 年列入《人类非物质文化遗产代表作名录》.

代生活在那里的人民创造了那些有形的或无形的遗产，二者本就相互依存，不可分割。无论是作为非物质遗产的创作者或传承者，还是作为文化景观的塑造者和使用者，相关的土著人民和地方团体才是这些精神和物质财富的管理者、传统知识的占有者。正如《自然圣境和文化景观在保护文化与生物多样性中的角色宣言》[1]所指出，尊重人民对自己土地和知识的权利，是保护生物和文化多样性的基础。

　　文化景观的概念诞生自世界遗产中文化遗产的概念，但却不终止于此。我们是否应该考虑如何跨越文化遗产、自然遗产的界限，突破有形遗产、无形遗产的壁垒，从而实现一种整体的遗产保护方法？在我们力求建立平衡的、有代表性的、可信的《名录》的同时，是否需要考虑文化和生物多样性在不同历史、地理和自然条件下可能有不同的表现形式？在《名录》上代表性不足的地区却可能在《人类口述和非物质文化遗产代表作名录》上得到充分的展现，反之亦然。我们是否需要一种包容不同《名录》的综合的评价方法？或许未来的申报案例和保护实践将带给我们答案。

1　通过于"保护文化与生物多样性：自然圣境和文化景观的角色"国际会议（20050530-0602，日本）.

后记

我本人与《世界遗产公约》、与清华缘分不浅。自 1989 年开始，我加入中国联合国教科文组织全国委员会工作，开始接触《世界遗产公约》。而自 1997 年秋，我转换角色，正式入职联合国教科文组织世界遗产中心，直接负责《世界遗产公约》在亚洲和太平洋地区的实施与国际合作。可以说，我亲身经历了中国自 1985 年加入《世界遗产公约》最初的十年，见证了中国逐步对世界遗产的保护理念和操作程序日益熟悉，体验了中国改革开放领域不断扩展、与世界遗产保护领域的交流与合作不断深入。时至今日，中国在世界遗产事业方面取得的成就令世界瞩目。世界遗产不仅成为积极传播中华优秀文化的窗口，更成为中国作为文明古国，包容并蓄，促进文明交流互鉴的重要平台。

与清华的结缘则始自 2002 年与恩师吕舟先生在清华园共同举办"教科文组织建筑遗产保护国际会议"。此后，2006 年我顺利通过考试，开始在清华大学建筑学院攻读建筑历史与理论方向博士学位，研究方向是我所熟悉的世界遗产保护管理。求学经历不仅使我领教了清华严谨的学术氛围，而且让我有幸深入接触到清华国家遗产中心这个年轻的团队。在吕舟老师的指导下，这支团队活跃在中国许多世界遗产地保护的理论研究和实践之中，他们对西方文化遗产的保护理念也有很深的理解。作为中国文化遗产界的领军人物，吕舟先生以他的国际视野和对世界文化遗产保护、培训和研究的独到见解，在我国大量文化遗产保护和规划实践中，本着"西学为用"、"中学为体"的精神，倾注了极大的精力，硕果累累。

今天，当被邀请为这本《变化中的世界遗产 2013–2019》写后记的时候，我欣喜地看到短短数年时间这支团队在世界遗产研究领域所取得的进展与成绩。事实上，以观察员的身份列席世界遗产大会，并以大会案例审议过程作为对象的研究不在少数。不过，一方面这其中一直缺少中国声音和影响力；另一方面，许多西方学者的研究视角是从国际外交政治出发，将教科文组织作为国际多边政治舞台，其中缺少世界遗产保护领域自身的专业辨析和特点。而这两点正是这本书的创新性所在。清华大学国家遗产中心自 2013 年开始研究，试图坚持以一种理想化的、第三方的遗产保护专业视角，关注世界遗产大会的审议和决策，关注全球范围世界遗产的申报、保护与管理状况，关注《操作指南》等世界遗产领域规则性文件的修订。这是非常难能可贵的。当然，作为清华大学国家遗产中心"观察"教科文组织世界遗产大会的"直接受益者",令我感到温暖的是,团队每次世界遗产大会的时候都会为我带来祖国的零食,而我总会留出一晚时间和他们分享一年中的工作经历和故事,这其中少不了八卦和吐槽,于这些年轻的学者,这似乎为他们的研究提供了不少线索,于我则成为世界遗产大会期间难得的轻松时刻。需要特别提及的是,这本书的英文版在教科文组织世界遗产中心管理层分享,大家评价很高。认为视角清新、观点客观翔实,反映了中国青年才俊们对世界遗产的独到见解和智慧。

行文至此,衷心期待这一富于远见与理想的研究能持续下去,取得更加丰硕的成果!

联合国教科文组织世界遗产中心亚洲和太平洋部主任   景峰

作者介绍

吕舟教授，清华大学建筑学院教授（博士生导师），清华大学国家遗产中心主任，中国建筑学会建筑史学分会理事长，国际文化财产修复与保护研究中心（ICCROM）理事，中国文物古迹保护协会（ICOMOS-CHINA）副主席，中国世界文化遗产专家委员会副主席。

吕舟教授长期从事文化遗产的研究、教学和保护实践，并培养了许多活跃在文化遗产保护一线的核心力量。主持三峡淹没范围文物保护工程重点项目云阳张飞庙搬迁设计、汶川震后文物抢救重点项目都江堰二王庙、伏龙观抢救保护设计、南水北调文物保护重点项目武当山遇真宫抬升保护设计。主持《中国文物古迹保护准则案例阐释》（2005 年），作为主要专家参加《中国文物古迹保护准则（2015 版）》的修订工作，曾担任在中国苏州召开的第 28 届世界遗产大会主席的文化遗产顾问，推动建立了联合国教科文组织亚洲和太平洋地区世界遗产保护与培训中心（二类中心），吕舟教授主持的文化遗产保护项目曾三次获得"教科文组织亚洲和太平洋地区文化遗产保护奖"和中国文物保护项目的最高荣誉，由于他在文化遗产保护领域的杰出贡献，2013 年 ICCROM 授予吕舟教授 ICCROM Award。

魏青，高级工程师，清源视野（北京）文化咨询有限公司董事长；国际古迹遗址理事会 ICOMOS 共享遗产专委会成员；鼓浪屿申报世界遗产文本及保护管理规划编写负责人。2002 年毕业于清华大学建筑学院，长年从事文化遗产保护工作，主持完成了多种类型文化遗产的保护规划编制，作为主要负责人参与了 512 震后都江堰二王庙抢救修复工程。自 2009 年开始，带领团队为福建厦门鼓浪屿申报世界遗产开展价值挖掘、文本编写、策略研究、规划编制以及申报全过程的咨询服务工作。致力于为文化遗产地的保护管理提供全方位的决策咨询。

史晨暄，2008 年毕业于清华大学建筑学院，获工学博士学位，师从吕舟教授。长期从事文化遗产的保护工作，关注世界文化遗产的申报和保护理论研究。参与北京中轴线申报世界文化遗产预备名录、景德镇御窑厂遗址申报世界文化遗产预备名录等项目的研究工作。出版博士论文《世界遗产四十年：文化遗产"突出的普遍价值"评价标准的演变》。曾参与《中国文物古迹保护准则案例阐释》《世界遗产与我们》《中国世界文化遗产 30 年》等著作的编写，以及关于在中国建立由联合国教科文组织赞助的地区世界遗产培训与研究中心的可行性研究等工作。自 2016 年至今参与清华大学国家遗产中心《世界遗产委员会会议年度观察报告》（以《世界遗产》增刊形式出版）的撰写工作。

孙燕，清华大学建筑学博士，高级工程师。长期从事文化遗产保护和规划工作，关注世界文化遗产的申报、保护理论研究。曾参与牛河梁世界文化遗产预备名录申报文本、鼓浪屿世界文化遗产申报文本、鼓浪屿文化遗产地保护管理规划的编制；负责红山文化遗址、辽代上京城和祖陵遗址、北京中轴线世界文化遗产预备名录申报的编制，世界遗产清西陵保护管理规划、青城山–都江堰保护管理规划、北京中轴线综合整治规划等项目的编制。参与《中国世界文化遗产 30 年》《世界遗产与可持续发展》《世界文化遗产保护与城镇经济发展》等著作的撰写。自 2013 年至今完成清华大学国家遗产中心《世界遗产委员会会议年度观察报告》（以《世界遗产》增刊形式出版）的撰写。

徐知兰，1983 年生，毕业于清华大学建筑学院，获得清华大学建筑学院学士学位、博士学位（建筑历史与理论专业，文化遗产保护方向）。现任清华大学建筑设计研究院文化遗产保护中心副主任 / 项目负责人 / 建筑师，高级工程师，文物保护工程责任设计师，从事文化遗产保护相关的设计、研究项目；曾参与过丝绸之路申遗价值阐释、中国文化线路申遗策略研究等国家文物局重点课题，第 36~38 届世界遗产大会观察报告等研究工作，发表相关学术论文多篇。

吕宁，清华大学工学博士，高级工程师，师从吕舟老师，从事多年文化遗产相关研究和保护实践。在国内外会议和期刊上发表论文二十余篇，参与 3 个重点国家课题，获得国家和省部级奖项 5 项，专利 1 项；负责保护实践三十多项，包括鼓浪屿申报世界遗产正式文本及系列服务、关圣故里申报世界文化遗产文本、青岛老城区申报世界遗产文本、乐山大佛世界遗产保护管理规划、明十三陵世界遗产保护管理规划等世界遗产申报和保护管理项目，响堂山石窟、云崖寺和陈家洞石窟、安岳石窟、蔚县城墙、白居寺等二十多处国保单位的保护规划，古月桥、佛光寺彩塑壁画、佛光寺墓塔等数项勘查修缮设计，千佛崖摩崖造像、巴中南龛等数项文化遗产监测和数字化等，随吕舟教授参加数次世界遗产大会，为 CHCC 世界遗产大会观察报告主要负责之一。

徐桐，北京林业大学城乡规划系讲师，清华大学博士后、日本东京大学博士，日本都市计画学会、中国建筑学会、国际古迹遗址理事会（ICOMOS）会员，全日本中国留学人员友好联谊会（全日学联）会长。主要研究方向为文化景观与遗产保护、城市保护与城市设计。主持包括国家自然科学基金、北京市社科基金等在内的纵向基金 4 项，参与 10 余项，出版个人专著《迈向文化性保护：遗产地的场所精神和社区角色》，发表学术论文 20 余篇。作为清华大学国家遗产中心观察团代表参加第 38、39、41 届世界遗产大会，参与撰写《世界遗产大会观察报告》《中国世界文化遗产 30 年》等书籍；参与五台山、蜀道等申遗课题研究、主持全国重点文物保护单位规划编制课题 10 余项。

赵东旭，清华大学建筑学博士在读，师从吕舟教授，研究方向为文化遗产真实性的理论研究。跟随清华大学国家遗产中心观察团代表参加第 39、40 界世界遗产大会，参与撰写《世界遗产大会观察报告》，完成《争议中的世界遗产》《勒·柯布西耶建筑作品申遗策略的演进》专题撰稿。

钟乐，清华大学博士研究生在读，师从吕舟教授，研究方向为文化遗产相关研究和保护实践。随吕舟教授参加 2019 年世界遗产大会，为 2019 年 CHCC 世界遗产大会观察报告"上游程序"部分撰稿。同时参与《中国文物古迹保护思想史》、2019 年北京国际设计周法源寺分会场策划等实践项目。

图书在版编目（CIP）数据

变化中的世界遗产：2013-2019 / 吕舟主编. —北京：中
国建筑工业出版社，2020.10
ISBN 978-7-112-25314-2

Ⅰ.①变… Ⅱ.①吕… Ⅲ.①自然遗产 – 世界 –
文集②文化遗产 – 世界 – 文集 Ⅳ.① S759.991-53
② K103-53

中国版本图书馆 CIP 数据核字（2019）第 121484 号

　　本书共分为"世界遗产全球战略的实施与机制建设""世界遗产申报与保护管理"
和"世界遗产近期焦点问题"三大部分。书中论文围绕 2013 年至今历年世界遗产委员
会会议内容展开讨论，关注全球范围世界遗产的申报、保护与管理，世界遗产领域不
同参与者的观点与认知角度，全球战略的实施效果，《操作指南》等世界遗产领域规则
文件的修订等多方面的问题。论文详细、深入地介绍世界遗产的国际管理体系、世界
遗产公约的运行方式、世界遗产的申报与保护管理，以及世界遗产大会所反映出的遗
产理论和保护实践发展的近期趋势。本书适用于文物行业管理人员、文化遗产保护领
域的从业人员、高校在读学生，关注文物保护、文化遗产保护的国内人员阅读使用。

责任编辑：唐　旭　张　华
文字编辑：李东禧
责任校对：王　烨

变化中的世界遗产 2013-2019
吕　舟　主编
＊
中国建筑工业出版社出版、发行（北京海淀三里河路 9 号）
各地新华书店、建筑书店经销
北京雅盈中佳图文设计公司制版
天津图文方嘉印刷有限公司印刷
＊
开本：787 毫米 ×1092 毫米　1/16　印张：22$\frac{1}{2}$　字数：441 千字
2021 年 5 月第一版　2021 年 5 月第一次印刷
定价：**198.00** 元
ISBN 978-7-112-25314-2
　　　（36062）